普通高等教育机械类应用型人才及卓越工程师培养规划教材

机械制造基础

主　编　关跃奇

副主编　白　泉　陈国强
　　　　蒋俊香　刘军安　茅　健

電子工業出版社
Publishing House of Electronics Industry
北京・BEIJING

内容简介

本书全面、系统地介绍了机械制造基础的基本知识。全书共分 3 篇 10 章。第 1 篇为“工程材料基础”，主要阐述了金属材料的性能，金属的内部结构与结晶，热处理方法和常用工程的种类及其选择；第 2 篇为“材料成形工艺基础”，主要阐述毛坯成形方法的工艺基础，成形方法和结构设计；第 3 篇为“机械制造工艺基础”，主要阐述零件加工方法的基础知识，常用加工方法综述和零件的结构设计，同时介绍现代制造技术。全书按照宽而不散、少而精，兼顾课堂教学和自学需要的原则进行选材，对传统机械制造基础的内容进行优化整合，注重实用。每章附有思考与练习题，便于学生复习掌握各章知识点。

本书可满足应用型本科、高职高专、成人高校机电类及近机类专业的教学需要，也可供机械制造工程技术人员参考。

图书在版编目（CIP）数据

机械制造基础/关跃奇主编. —北京：电子工业出版社，2014.7
普通高等教育机械类应用型人才及卓越工程师培养规划教材
ISBN 978-7-121-23091-2

Ⅰ. ①机… Ⅱ. ①关… Ⅲ. ①机械制造－高等学校－教材 Ⅳ. ①TH

中国版本图书馆 CIP 数据核字（2014）第 084789 号

策划编辑：李 洁（lijie@phei.com.cn）
责任编辑：谭丽莎
印　　刷：北京季蜂印刷有限公司
装　　订：北京季蜂印刷有限公司
出版发行：电子工业出版社
　　　　　北京市海淀区万寿路 173 信箱　邮编　100036
开　　本：787×1 092　1/16　印张：16　字数：441 千字
版　　次：2014 年 7 月第 1 版
印　　次：2017 年 3 月第 2 次印刷
定　　价：39.80 元

凡所购买电子工业出版社图书有缺损问题，请向购买书店调换。若书店售缺，请与本社发行部联系，联系及邮购电话：（010）88254888，88258888。

质量投诉请发邮件至 zlts@phei.com.cn，盗版侵权举报请发邮件至 dbqq@phei.com.cn。

本书咨询联系方式：lijie@phei.com.cn。

前　言

制造技术是将制造资源（物料、能源、设备、工具、资金、技术、信息和人力等），按照市场要求，通过制造过程，转化为可供人们使用和利用的工业品与生活消费品的应用技术，它既是科学技术走向实际应用的接口和桥梁，又是推动科学向前发展的基础。先进的制造技术对于创造物质财富和发展科学技术具有十分重要的意义。

制造业已成为各工业发达国家基本的支柱产业，所制造的物质财富达到整个国民经济总量的一半以上；要使国家和民族繁荣富强，必须大力创新制造技术，大力发展现代制造业。先进制造技术与现代科学技术密不可分，因此，制造技术教育必须适应科学技术的发展，必须适应现代制造业的需要，教育观念、教学内容、教学方法与手段都必须更新。

本书是根据教育部基础课程教学指导委员会颁布的“机械制造基础教学基本要求”，认真总结国内各兄弟院校关于本课程教学内容与课程体系教学改革的经验，并结合编者的教学实践，经结构优化、整合而成的一本强调应用基础知识的机械类专业基础课程教材，同时注重实践能力和创业能力培养的特点，着重培养既能动脑又能动手的应用型技术人才。

本书的编写主要有以下特点：

◆ 本书以加工方法为主线，着重分析各种加工方法的原理、过程和结构工艺性；
◆ 坚持“少而精”的原则，做到内容够用，重点突出；
◆ 充实了新材料、新工艺和新方法的“三新”内容，试图培养学生“大材料、大机械、大制造”的观念；
◆ 全书采用法定计量单位，材料牌号、工艺术语等全面贯彻国家最新标准；
◆ 在各章的后面都附有思考与练习题，以加强学生对基本概念的理解，培养学生分析问题和解决问题的能力。

本书可作为高等工科院校机械类、近机械类各专业的《机械制造基础》课程的通用教材，也可供有关工程技术人员参考使用。本书配有 PPT 课件，可登录电子工业出版社华信教育资源网（www.hxedu.com.cn）注册后免费下载。

全书由湖南工程学院关跃奇负责全书的统稿工作，并编写了前言、篇序、第 2 章、第 10 章；吉林农业科技学院蒋俊香编写了第 1 章、第 9 章；湖南工程学院刘军安编写了第 3 章；上海工程技术大学茅健编写了第 4 章；湖南工程学院陈国强编写了第 5 章、第 6 章；湖南工程学院白泉编写了第 7 章、第 8 章。

由于编者水平有限，书中难免出现错误与不妥之处，敬请读者批评指正。

编　者

2014 年 2 月

目　录

第 1 篇

工程材料基础

材料是人类用来制作各种产品的物质。人类生活与生产都离不开材料，它的品种、数量和质量是衡量一个国家现代化程度的重要指标。现代材料种类繁多，据粗略统计，目前世界上的材料总和已达 50 余万种。材料有许多不同的分类方法，机械工程中使用的材料常按化学组成分成金属材料、非金属材料两大类。

常用工程材料主要分为以下类型：

- 工程材料
  - 金属材料
    - 钢
      - 碳素钢
        - 碳素结构钢：碳素结构钢、优质碳素结构钢
        - 碳素工具钢：优质碳素工具钢、高级优质碳素工具钢
      - 合金钢
        - 合金结构钢：低合金结构钢、合金结构钢
        - 合金工具钢：量具、量具用钢、模具用钢
        - 特殊性能钢：不锈钢、耐热钢、耐磨钢
    - 铸铁：灰铸铁、球墨铸铁、蠕墨铸铁、可锻铸铁、合金铸铁
    - 有色金属：铜合金、铝合金等
  - 非金属材料
    - 高分子材料：塑料、橡胶、复合材料等
    - 陶瓷材料：普通瓷、氧化铝陶瓷、氧化硅陶瓷、碳化硅陶瓷、氮化硼陶瓷

机械制造业中的各种产品都是由种类繁多、性能各异的工程材料通过各种加工方法制成的零件构成的。

工程材料是指固体材料领域中与工程（结构、零件、工具等）有关的材料，包括金属材料和非金属材料等。金属材料因具有良好的力学性能、物理性能、化学性能和工艺性能而成为机器硅零件最常用的材料。

本篇主要介绍金属材料的结构、分类，常用金属材料的性能及改善性能所采用的热处理方法，使读者掌握金属材料的成分、组织和性能之间的关系，为合理选择材料和制订加工工艺打下基础。

第1章 金属材料

目前机械工业生产中应用最广的仍是金属材料，在各种机器设备所用的材料中，金属材料约占 90%以上。这是由于金属材料不仅来源丰富，而且还具有优良的力学性能、物理性能、化学性能和易于用各种加工方法成形的工艺性能。其优良的使用性能可满足生产和生活上的各种需要；优良的工艺性能则可使金属材料易于采用各种加工方法，制成各种形状、尺寸的零件和工具。金属材料还可通过不同的成分配制、不同的加工和热处理来改变组织和性能，从而进一步扩大使用范围。

1.1 金属材料的结构

1.1.1 金属的晶体结构

金属材料的各种性能取决于化学成分及其内部组织和状态，为此有必要弄清楚金属原子的聚集状态及其组织。对于固态物质，根据其内部原子的聚集状态不同可分为晶体和非晶体。晶体的内部原子在空间中作有规则的排列，如固态金属、金刚石等；非晶体的内部原子在空间中作杂乱无章的不规则堆积，如玻璃、沥青、石蜡、松香等。

晶体结构是指晶体中原子在空间的规则排列的方式，如图 1-1（a）所示，为了便于描述晶体内部原子排列的方式，把原子看成小球，并用假想的直线把小球连接起来，得到一个空间格架，称为晶格，如图 1-1（b）所示。分析晶格可以看出，其原子排列具有周期性的特征，因此只要取出一个能完全代表晶格的最小几何单元，就可以分析晶体中原子的排列方式，该最小几何单元称为晶胞，如图 1-1（c）所示。晶胞的各个棱边的长度称为晶格常数，单位为埃（$1\,\mathring{A}=10^{-10}\,m$）。

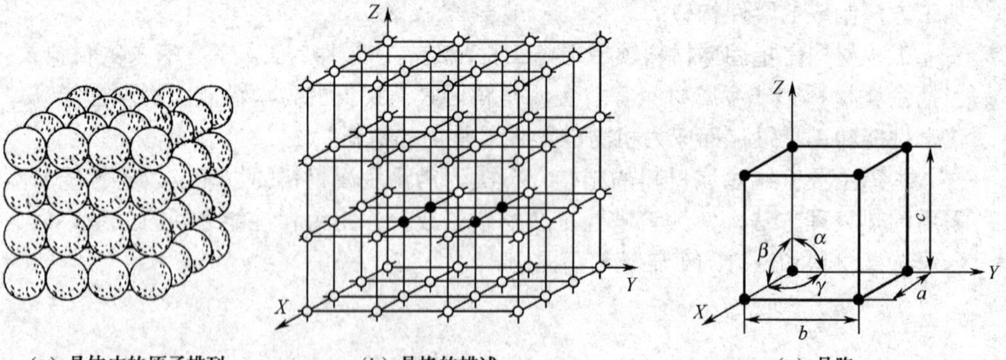

（a）晶体中的原子排列　（b）晶格的描述　（c）晶胞

图 1-1　晶体结构示意图

不同种金属的晶体结构是不同的，但工业上常用的金属绝大多数具有比较简单的晶体结构，最常见的有体心立方晶格、面心立方晶格和密排六方晶格。

1．体心立方晶格

如图 1-2（a）所示，体心立方晶格的晶胞是一个正六方体，在该立方体的八个角上和中心各排列着一个原子。体心立方晶胞每个角上的原子为相邻的八个晶胞所共有，因此每个晶胞包含的实际原子数为$1/8\times8+1=2$个。

属于体心立方晶格的金属有α-Fe ,Cr,Mo,W,V 等。它们都有较大的强度和较好的塑性。

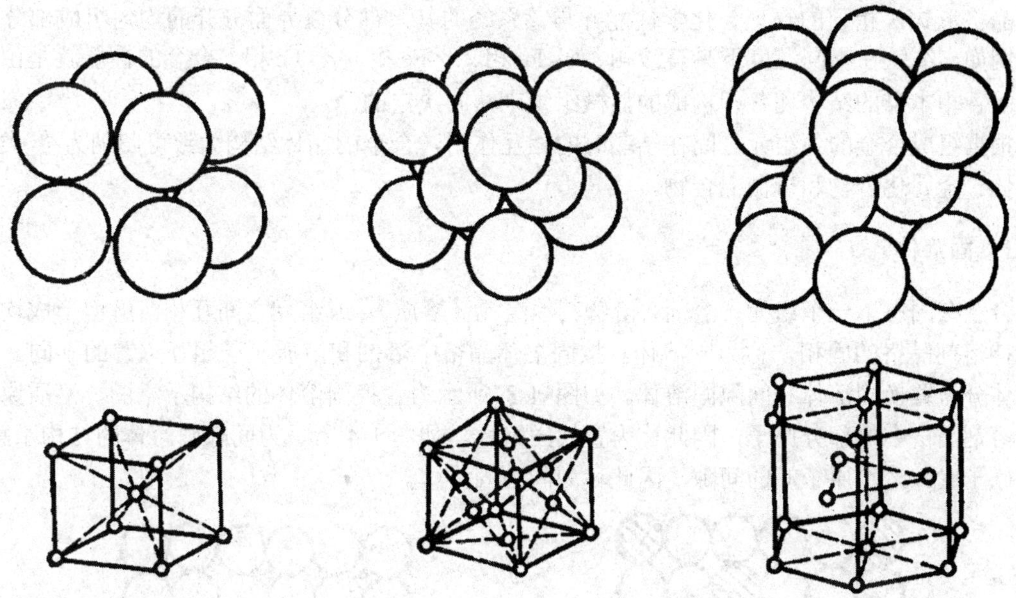

（a）体心立方晶胞　（b）面心立方晶胞　（c）密排立方晶胞

图 1-2　常见金属晶格的晶胞

2．面心立方晶格

如图 1-2（b）所示，面心立方晶格的晶胞也是一个正六方体，在该立方体的八个角上和六个面的中心各排列着一个原子。面心立方晶胞每个角上的原子为相邻的八个晶胞所共有，每个面心上的原子为两个晶胞所共有，因此每个晶胞包含的实际原子数为$1/8\times8+1/2\times6=4$个。

属于面心立方晶格的金属有γ-Fe ,Cu,Al,Ni,Ag 等。它们都有较好的塑性。

3．密排六方晶格

如图 1-2（c）所示，密排六方晶格的晶胞是一个六方柱体，在该六方柱体的十二个角上和上、下底面的中心各排列着一个原子，在上、下底面之间还均匀分布着三个原子。密排六方晶胞每个角上的原子为相邻的六个晶胞所共有，上、下底面中心上的原子为两个晶胞所共有，晶胞内部的三个原子为该晶胞所独有，因此每个晶胞包含的实际原子数为$1/6\times12+1/2\times2+3=6$个。属于密排六方晶格的金属有 Mg,Zn,Be,Cd 等。

由于各种金属的晶格结构和晶格常数不同，所以它们的性能也不相同。

1.1.2　合金的晶体结构

纯金属一般具有良好的导电性和导热性，但机械性能较差，如强度、硬度低，而且价格贵，因此在工业生产中应用的大多是合金。

合金是指由两种或两种以上的金属元素或金属元素和非金属元素，通过熔化或其他方法结合而成的具有金属特性的物质。例如，碳素钢和铸铁就是由铁和碳两个元素为主组成的合金，黄铜是由铜和锌组成的合金。

组成合金的独立的、最基本的单元称为组元，组元可以是金属、非金属元素或稳定的化合物。按照组元的数目，合金可分为二元合金、三元合金和多元合金。合金中具有同一化学成分，同一晶格形式，相同的物理、化学性能并与该系统的其余部分以界面分开的均匀组成部分称为相。例如，纯铁在不同温度下具有液相、δ-Fe相、γ-Fe相、α-Fe相。合金的性能就是由组成合金的各相本身的结构和各相构成的显微组织来共同决定的。

根据组成合金的各组元之间在结晶时的相互作用，合金的晶体结构大致可归纳为3类，即固溶体、金属化合物和机械混合物。

1．固溶体

合金在固态下一个组元（溶剂）溶解其他组元（溶质），或组元之间互相溶解而形成均匀的并保持溶剂晶格的固相，称为固溶体。按固溶体晶格中溶剂和溶质原子相互位置的不同，可将固溶体分为置换固溶体和间隙固溶体。如图1-3所示为置换固溶体的结构示意图，溶质原子替换了溶剂晶格中的部分原子，因此称为置换固溶体。如图1-4所示为间隙固溶体的结构示意图，溶质原子嵌入溶剂原子间的间隙，因此称为间隙固溶体。

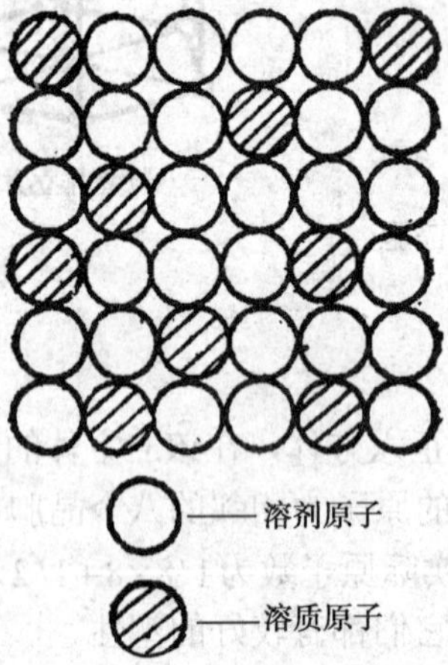

图1-3　置换固溶体的结构示意图

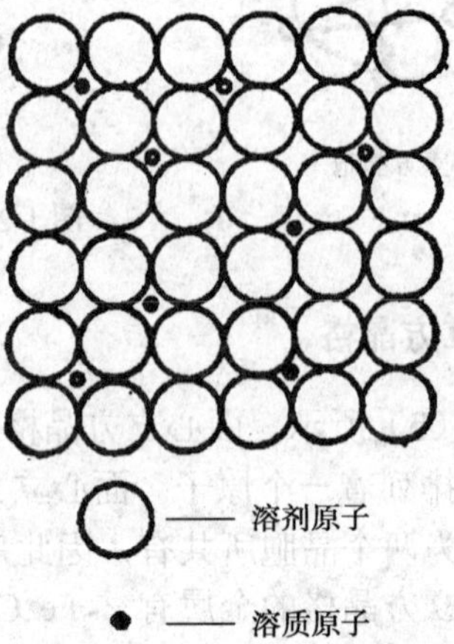

图1-4　间隙固溶体的结构示意图

当溶质原子溶解在溶剂晶体中时，由于置换固溶体中的溶质原子和溶剂原子的尺寸不同，以及间隙固溶体中的溶质原子一般均比溶剂晶格的间隙尺寸大，所以溶剂的晶格将发生畸变，晶格常数发生变化，如图1-5所示。晶格畸变将使合金的强度、硬度和电阻值升高，塑性、韧性下降，这种现象称为固溶强化。

2．金属化合物

金属化合物是组成合金的元素相互化合形成一种新的具有金属特性的物质，其晶体结构与性能和原组元均不相同。这种化合物可用分子式来表示。如铁碳合金中铁和碳组成晶格复杂的碳化物渗碳体（Fe_3C）。金属化合物一般具有熔点高、硬度高和脆性大的特点。

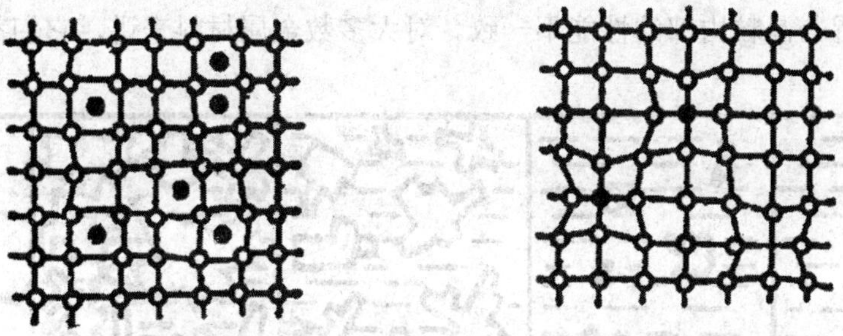

（a）间隙固溶体　　（b）置换固溶体

图 1-5 固溶体的晶格畸变

3．机械混合物

由两种或两种以上的组元、固溶体或金属化合物按一定质量比例组成的均匀物质称为机械混合物。其中各组成部分仍保持各自的晶格类型，在显微镜下可以明显分辨出不同的组成部分。例如，铁碳合金中的珠光体由铁素体和渗碳体组成，在显微镜下可明显区分铁素体和渗碳体。机械混合物的性能取决于各自组成部分的性能和相对数量，还取决于它们的大小、形状和分布。

1.1.3 金属的结晶

金属的结晶是指金属的原子由近程有序状态（液态）转变成长程有序状态（晶态）的过程。这一过程对金属的凝固组织和性能有很大影响。

金属的结晶过程可以用热分析法来研究，如图 1-6 所示为纯金属在非常缓慢地冷却时，温度随时间变化的曲线。该冷却曲线上有一水平段，表明该金属在此温度下由液体状态转变为固体状态，此温度称为结晶温度。在实际结晶过程中，金属液只有冷却到理论结晶温度 T_0（熔点）以下的某个温度 T_n 时才结晶，这称为过冷。理论结晶温度 T_0 和实际结晶温度 T_n 之差 ΔT 称为过冷度。过冷度和冷却速度有关，冷却速度越大，过冷度越大，金属液的实际结晶温度越低；反之，冷却速度越慢，过冷度越小，实际结晶温度越接近理论结晶温度。

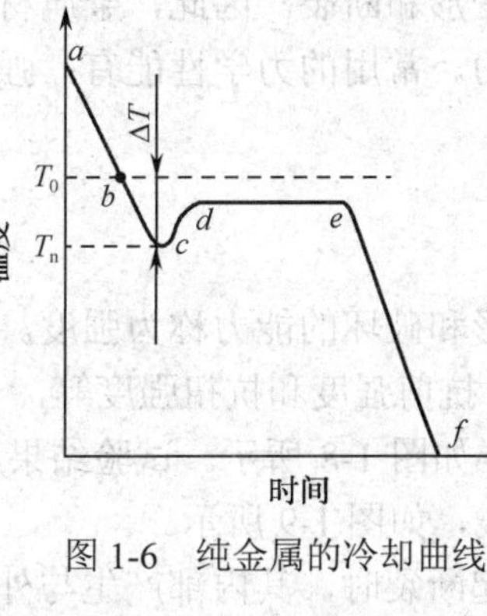

图 1-6 纯金属的冷却曲线

根据实验观察，金属的结晶过程是一个晶体形核和成长的过程。如图 1-7 所示，在液体金属开始结晶时，在液体中某些区域形成一些排列规则的原子团，成为结晶的核心，即晶核。随着凝固过程的继续，原子按一定规律向这些晶核聚集长大，同时在未凝固区域又形成一些新的晶核，直至各晶核长大后相互接触，液体完全消失。每个晶核成长为一个晶粒，由于各个晶粒成长时的方向不一，大小不等，所以在晶粒和晶粒之间形成界面，称为晶界。晶界上的原子排列不规则，使晶界与晶粒内部的性能不一致。对大多数金属材料来讲，它们都是由许多晶粒组成的多晶体。

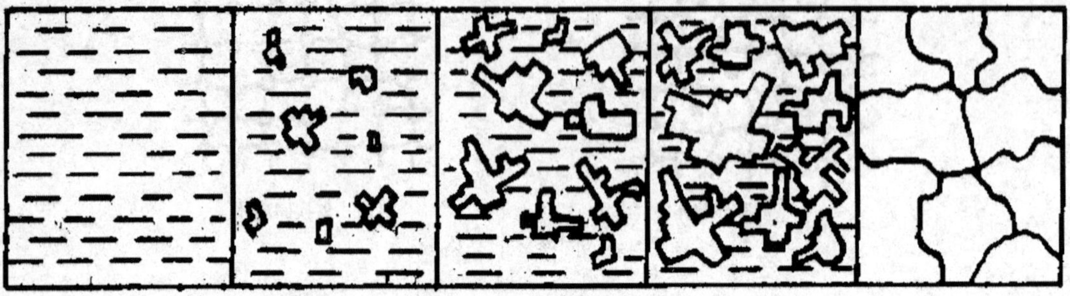

图 1-7 结晶过程示意图

金属凝固后的晶粒大小取决于凝固过程中形核的速度和晶核长大的速度，形核速度越快并且晶核长大速度越慢，晶粒越细。金属的晶粒大小对材料的机械性能有很大影响。晶粒越细，材料的强度和硬度越高，塑性和韧性越好。因为晶粒细小，所以晶界就多，而晶界上的原子排列极不规则，界面犬牙交错，加强了金属原子间的结合力。为此，在工业生产中，人们常用细化晶粒的方法来提高金属材料的机械性能，这称为细晶强化。

1.2 金属材料的性能

由于金属材料的品种很多，并具有各种不同的性能，能满足各种机械的使用和加工要求，故在生产上得到广泛应用。

1.2.1 金属材料的力学性能

金属材料的力学性能是指金属在不同环境因素（温度、介质）下，承受外加载荷作用时所表现的行为，这种行为通常表现为变形和断裂。因此，金属材料的力学性能可以理解为金属抵抗外加载荷引起的变形和断裂的能力。常用的力学性能有：强度、塑性、刚度、弹性、硬度、冲击韧度、断裂韧度和疲劳强度等。

1．强度

金属材料在外力作用下抵抗变形和破坏的能力称为强度。根据受力形式的不同，强度可分为抗拉强度、抗压强度、抗弯强度、抗剪强度和抗扭强度等，一般以测定材料的抗拉强度为主。

圆形低碳钢抗拉强度的拉伸试样如图 1-8 所示。试验结果所测得的载荷 P 和伸长量 Δl 之间的关系曲线，称为低碳钢的拉伸曲线，如图 1-9 所示。

当材料受外加载荷作用但未引起断裂时，其内部产生与外加载荷相平衡的内力。单位面积上的内力，称为应力。材料强度的高低通常是用应力 σ（单位为 MPa）表示的，即

$$\sigma = \frac{P}{A}$$

式中 P——试验时的外加载荷，单位为 N；

A——试样的横截面积，单位为 mm^2。

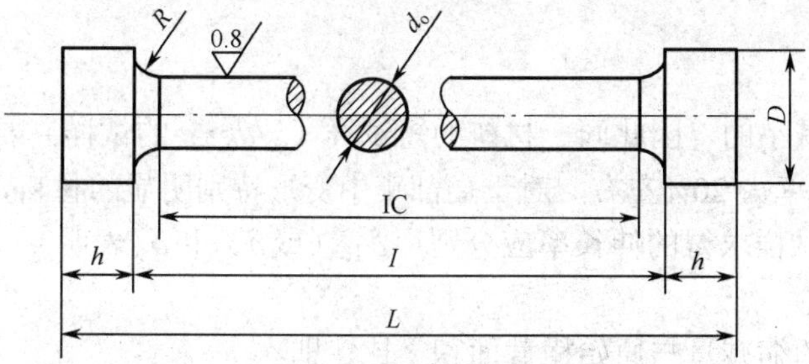

图 1-8　圆形拉伸试样

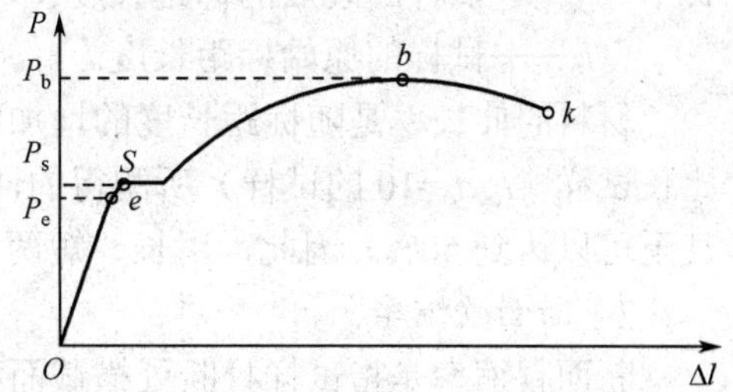

图 1-9　低碳钢的拉伸曲线

应力单位 MPa（兆帕）和 Pa（帕）为国际单位制，目前我国材料手册有的还是应用的工程单位制，即 kgf/mm^2（公斤力/毫米 ^{2}），两者的换算关系为 $1kgf/mm^2 \approx 10MPa = 10^7Pa$。

1）弹性极限

弹性极限是材料产生完全弹性变形时所能承受的最大应力值，即

$$\sigma_e = \frac{P_e}{A_o}$$

式中　P_e——试样发生完全弹性变形的最大载荷；

A_o——试样的原始横截面积。

由于弹性极限是表示金属材料在不产生塑性变形时所能承受的最大应力值，故它是工作中不允许有微量塑性变形零件的设计与选材的重要依据。

2）抗拉强度

抗拉强度是材料在断裂前所能承受的最大应力，用符号 σ_b（单位为 MPa）表示：

$$\sigma_b = \frac{P_b}{A_o}$$

式中　P_b——试样被拉断前所承受的最大拉力，单位为 N；

A_o——试样原来的横截面积，单位为 mm^2。

3）屈服点

试样刚开始产生塑性变形时的最小应力，或试样在拉伸过程中外力不增加但仍能继续伸长时的应力，叫作屈服点，用符号 σ_s（单位为 MPa）表示：

$$\sigma_s = \frac{P_s}{A_o}$$

式中，P_s 为试样屈服时所承受的拉力。由于许多金属材料没有明显的屈服现象，屈服点测定比较困难，所以工程上规定试样产生 0.2%残余塑性变形时的应力作为材料的条件屈服点，用 $\sigma_{0.2}$ 表示。

2．塑性

塑性是指金属材料在静载荷作用下，产生塑性变形而不破坏的能力。伸长率 δ 和断面收缩率是表示材料塑性好坏的指标。

1）伸长率（延伸率）

伸长率是指试样拉断后标距增长量与原始标距长度之比，即

$$\delta = \frac{l_k - l_o}{l_o} \times 100\%$$

式中 l_k——试样断裂后的标距长度；

l_o——试样的原始标距长度。

材料的伸长率是随标距长度的增加而减小的，因此同一材料的短试样（l_o/d_o=5 的试样）要比长试样（l_o/d_o=10 的试样）所测得的伸长率大 20%左右，对于局部集中变形特别明显的材料，甚至可以达到 50%。因此，用长、短两种试样求得的伸长率应分别用δ_{10}（或δ）和δ_5表明。

2）断面收缩率

断面收缩率是指试样拉断处横截面积的缩减量与原始横截面积之比，即

$$\psi = \frac{A_o - A_k}{A_o} \times 100\%$$

式中 A_k——试样断裂处的最小横截面积；

A_o——试样的原始横截面积。

虽然塑性指标通常不直接用于工程设计计算，但任何零件都要求材料具有一定塑性，这是因为在零件使用过程中，偶然过载时，能发生一定的塑性变形而不至于突然脆断。同时，塑性变形还有缓和应力集中、削减应力峰的作用，在一定程度上保证了零件的工件安全。此外，各种成形加工（如锻压、轧制、冷冲压等）都要求材料具有一定的塑性。

3．硬度

硬度是指金属材料抵抗其他更硬物体压入其表面的能力，也可以看作材料对局部塑性变形的抗力。工程上常用的硬度指标有布氏硬度（HBS 或 HBW）和洛氏硬度（HRC）。

1）布氏硬度

将直径为 D 的淬火钢球或硬质合金球，在外力 F 的作用下压入被测金属表面，停留一定时间后将外力去除，然后根据压痕直径 d 的大小，见图 1-10，可通过查表（表上已有硬度值的计算结果）确定材料的硬度值。硬度值的单位习惯上不加标注。根据 GB231—84 规定，布氏硬度符号分别用 HBS 或 HBW 表示，符号前为硬度值，符号后为试验条件。例如，120HBS10/1000/30 表示用直径为 10mm 的钢球在 1000kgf（9.807kN）试验力作用下保持 30s 测得的布氏硬度值为 120；500HBW5/750 表示用直径为 5mm 的硬质合金球在 750kgf（7.355kN）试验力作用下保持 10～15s（可以不标注）测得的布氏硬度值为 500。

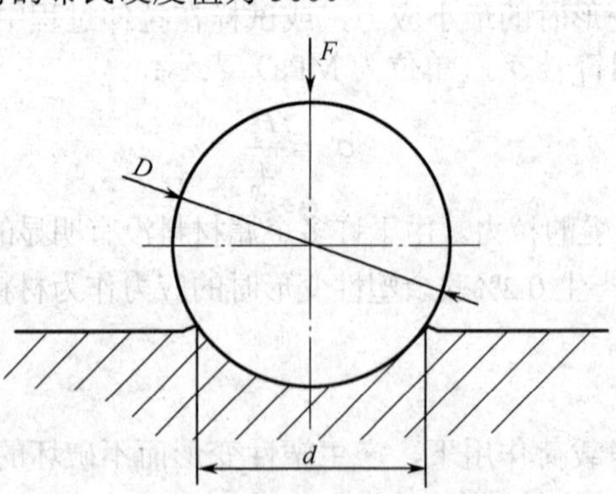

图 1-10 布氏硬度实验原理图

这种方法测定的硬度值准确。HBS 主要用于测定硬度不高的金属材料（HBS>450），如灰铸铁、有色金属，以及一般经退火、正火和调质处理的钢材；HBW 适用于测定硬度较高的金属材料（HBW≤650）。

2）洛氏硬度

将顶角为 120° 的金刚石圆锥（压头），施加 150kgf（1.471kN）的试验力压入工件表面，卸载后根据压痕的深度 $h=h_1-h_0$（其中 h_1 为总载荷 150kgf 作用下压头的压入深度，h_0 为预载荷 10kgf 作用下压头的压入深度），便可在硬度计刻度盘上（$\mathrm{HRC}=100-\dfrac{h}{0.002}$）直接读出硬度值，见图 1-11。其硬度符号为 HRC，符号前为硬度值，常用硬度值范围为 20～67HRC。它主要适用于调质钢和淬火钢等较硬材料的测定。与布氏硬度比较，此法操作简单迅速，可直接读数，但由于压痕小，使得测量误差稍大，通常可在零件的不同部位测量数次，取其平均值。

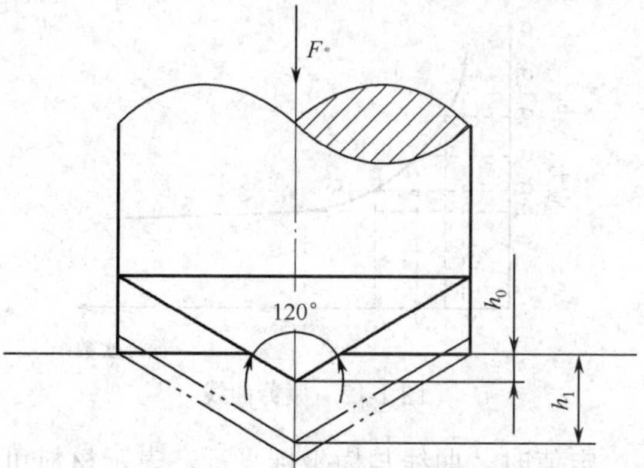

图 1-11　洛氏硬度实验原理

若需测量工件的高硬度薄层（如渗碳层、氮化层），则改用外加载荷为 60kgf（0.588kN），其硬度符号为 HRA，常用硬度值范围为 70～85HRA；若用于测量硬度较低的材料，可改用外加载荷为 100kgf（0.981kN），压头为 ϕ1.588mm 的钢球，其硬度符号为 HRB，常用硬度值范围为 25～100HRB。

洛氏硬度和布氏硬度在数值上有以下近似关系：HRC≈$\dfrac{1}{10}$ **HBS**。另外，硬度和强度间也存在一定的近似关系，如低碳钢 σ_b≈3.6**HBS** 等。

3）维氏硬度

洛氏硬度试验虽可采用不同的标尺来测定由极软到极硬金属材料的硬度，但不同标尺的硬度值间没有简单的换算关系，使用上很不方便。为了能在同一种硬度标尺上测定由极软到极硬金属材料的硬度值，特制定了维氏硬度试验。

维氏硬度试验的原理基本上和布氏硬度试验相同。它是用一个相对面间夹角为 136° 的金刚石正四棱锥体压头，在规定载荷 P 作用下压入被测试金属表面，保持一定时间后卸除载荷，然后再测量压痕投影的两对角线的平均长度 d，进而计算出压痕的表面积 F，最后求出压痕表面积上的平均压力（P/F），以此作为被测试金属的硬度值，称为维氏硬度，用符号 HV 表示。

与布氏硬度值一样，习惯上也只写出其硬度数值而不标出单位。在硬度符号 HV 之前的数值为硬度值，HV 后面的数值依次表示载荷和载荷保持时间（保持时间为 10～15s 时不标注）。例如，640HV30 表示在 30kgf 载荷作用下，保持 10～15s 测得的维氏硬度值为 640。

维氏硬度试验的优点是试验时所加载荷小，压入深度浅，因此适用于测试零件表面的淬硬层及化学热处理的表面层。同时，维氏硬度是一个连续一致的标尺，试验时载荷可任意选择，而不影响其硬度值的大小，因此它可用于可测定由极软到极硬的各种金属材料的硬度。维氏硬度试验的缺点是其硬度值的测定较麻烦，工作效率不如洛氏硬度试验高。

4．疲劳强度

前面介绍的均属静力指标。可是，在实际中，许多零件，如拖拉机上的曲轴、齿轮、弹簧等是在交变载荷作用下运转的。这些承受交变载荷的零件，在服役过程中，常常在低于屈服强度的应力下，发生突然失效（断裂），而无明显的塑性变形预兆，这种现象称为疲劳。

机械零件在服役中所承受的交变应力σ也叫作周期性载荷。它分为对称和不对称两种。零件在交变应力作用下，要经一定的周期次数才会产生疲劳断裂。实验测定金属材料所承受的交变应力与断裂前的应力周期次数有如图 1-12 所示的关系。

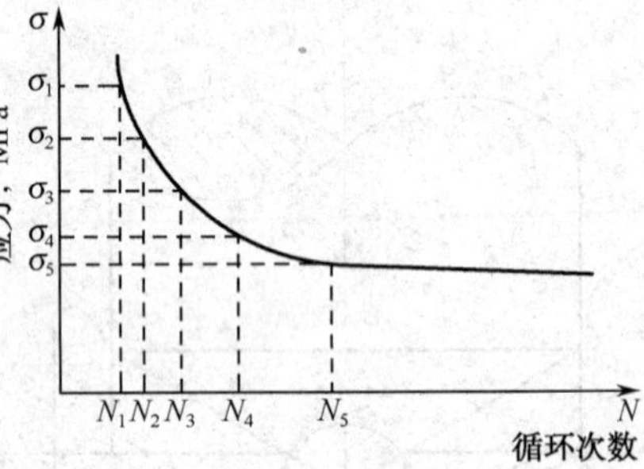

图 1-12　疲劳曲线

由图可知，当σ低到一定值时，曲线与横坐标平行，表示材料可经无限次应力循环而不失效。这一应力称为疲劳极限或疲劳强度，用σ_{-1}表示光滑试样的对称弯曲疲劳极限，用σ_{-1k}表示缺口试样的对称弯曲疲劳极限。

工程上指的疲劳强度，是指材料在一定的应力循环次数下不发生断裂的最大应力。一般规定钢铁材料的循环周次 $N=10^7$，非铁金属的 $N=10^8$。

发生疲劳断裂的原因，目前认为是由于材料内部的缺陷、微裂纹及材料在加工过程中所形成的磨痕、刀痕所致。另外，在服役中，零件局部应力集中也会导致裂纹的产生。上述这些裂纹，在交变应力作用下会逐步扩展，最后导致零件因有效截面减小而突然断裂。

为了提高机械零件的疲劳强度，一方面应在设计零件时改善零件的结构形状，避免应力集中；另一方面可以改善零件的加工光洁度和采用表面强化的方法。热处理工艺中的表面淬火、化学热处理等方法及喷丸处理等技术，已广泛用来提高零件的疲劳强度。

5．冲击韧度

以很大速度作用于工件上的载荷称为冲击载荷。许多零件和工具在工作过程中，往往受到冲击载荷的作用，如冲床的冲头、锻锤的锤杆、内燃机的活塞销与连杆和风动工具等。由于冲击载荷的加载速度高，作用时间短，使得金属在受冲击时，应力分布与变形很不均匀。因此，对承受冲击载荷的零件来说，仅具有足够的静载荷强度指标是不够的，还必须具有足够抵抗冲击载荷的能力。

金属材料在冲击载荷作用下，抵抗破坏的能力叫作冲击韧度。为了评定金属材料的冲击韧度，需进行一次冲击试验。一次冲击试验是一种动载荷试验，它包括冲击弯曲、冲击拉伸、冲击扭转等几种试验方法。本节将介绍其中应用最普遍的一次冲击弯曲试验。

一次冲击弯曲试验通常是在摆锤式冲击试验机上进行的，所用试样按 GB229—84 和 GB2106—80 规定。冲击试验标准试样有夏比 U 型缺口试样和夏比 V 型缺口试样两种，习惯上简称前者为梅氏试样，后者为夏氏试样。

试验时，将试样放在试验机两支座上，如图 1-13 所示，把质量为 G 的摆锤抬到 H 高度，如

图 1-14 所示，使摆锤具有位能 GHg（g 为重力加速度）。然后释放摆锤，将试样冲断，并向另一方向升高到 h 高度，这时摆锤具有位能 Ghg。因此，摆锤冲断试样失去的位能为 $GHg-Ghg$，这就是试样变形和断裂所消耗的功，称为冲击吸收功。根据试样缺口形状不同，冲击吸收功分别用 A_{KU} 和 A_{KV} 表示，单位为焦耳（J）。冲击吸收功的值可以从试验机的刻度盘上直接读得。冲击吸收功除以试样缺口底部处横截面积 F，即获得冲击韧度值 a_{KU} 和 a_{KV}，单位为焦耳/厘米^2（J/cm^2）。

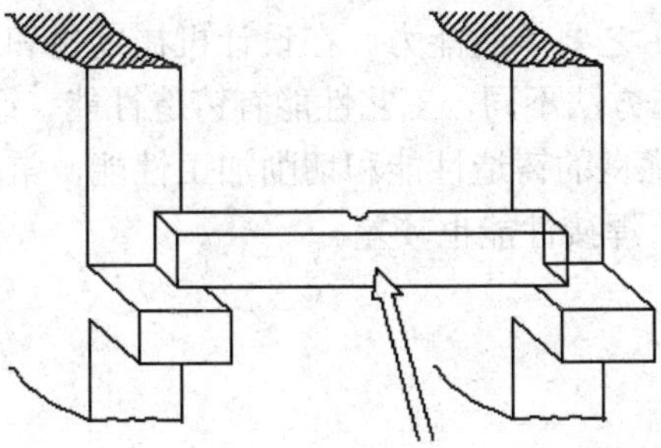
图 1-13　试样安放位置

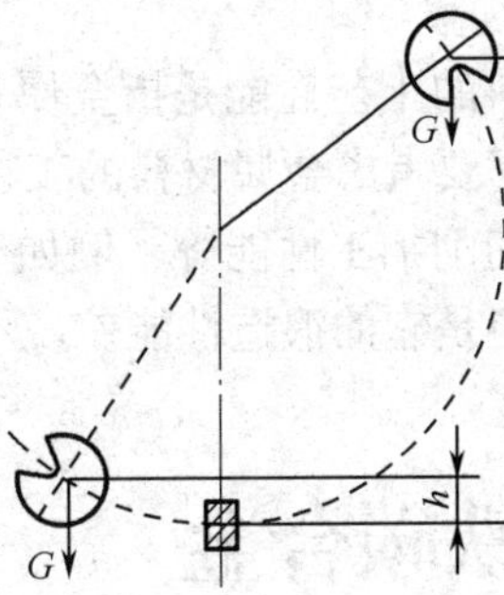

图 1-14　冲击试验原理图

一般把冲击韧度值低的材料称为脆性材料，值高的材料称为韧性材料。脆性材料在断裂前无明显的塑性变形，断口较平整，呈晶状或瓷状，有金属光泽；韧性材料在断裂前有明显的塑性变形，断口呈纤维状，无光泽。

必须指出，冲击韧度值实际上是没有明确的物理意义的。从试样来看，似乎它是冲断试样时，消耗在断口处单位横截面上的冲击吸收功，事实上，冲击吸收功中的大部分不是消耗于断开试样，而是消耗于断开试样前在缺口附近体积内的塑性变形。因此，冲击吸收功 A_{KU}（A_{KV}）值的大小不是直接取决于缺口处的横截面积，而主要取决于参与变形体积的大小，则冲击韧度值 $a_{KU}(a_{KV})$ 用 A_{KU}（A_{KV}）除以 F 来表示实际上并不合适。还应指出，韧度值相同的几种材料，往往其“韧”、“脆”情况并不一定相同。这是因为冲击吸收功 A_{KU}（A_{KV}）是由试样的弹性变形功、塑性变形功和撕裂功三部分组成的，而塑性变形功和撕裂功的大小，才能真正代表材料在冲击破坏时的“韧”、“脆”程度，因此冲击韧度值并不能代表材料真正的韧性。

1.2.2　金属材料的物理性能和化学性能

1．金属材料的物理性能

金属材料的物理性能是指不发生化学反应就能表现出来的一些性能，如密度、熔点、导电性、导热性、磁性和热膨胀性等。由于机器零件的用途不同，对金属材料的物理性能要求也不一样。例如，飞机和汽车上的许多零件和构件，要选用密度比较小的铝、镁合金来制造。又如电机、电器上的一些零件，常要考虑金属材料的导电性能等。

金属材料的物理性能对于热加工工艺有一定的影响，如铸钢、铸铁和铸造铝合金的熔点各不相同，因此，它们的熔炼工艺有很大的差别。又如高速钢的导热性很差，在锻造时应缓慢加热并适当保温一段时间，否则会产生裂纹。

2．金属材料的化学性能

金属材料的化学性能是指发生化学反应时才能表现出来的性能，如金属材料在室温或高温条件下被活泼介质所侵蚀。金属材料的化学性能包括抗氧化性、耐蚀性和化学稳定性等。

在腐蚀介质中或高温条件下工作的零件，比在空气或室温下的腐蚀更为厉害。在设计这类零件时，应该特别注意这类材料的化学性能。

1.2.3 金属材料的工艺性能

金属材料的工艺性能是指金属材料适应加工工艺要求的能力。在设计机械零件和选择其加工方法时，都要考虑金属材料的工艺性能。按工艺方法不同，工艺性能有铸造性能、锻造性能、焊接性能和切削加工性能等。例如，灰铸铁具有优良的铸造性能和切削加工性能，常用来铸造机械零件，但是它的锻造性能差，不能进行锻造，焊接性能也较差。

1.3 铁碳合金

工程材料成分不同、温度不同、组织不同和性能不同，状态图则给出了合金成分与温度、组织的关系，总结了合金的组织、性能随成分变化的一般规律。铁碳合金是现代工业生产中应用最为广泛的工程材料。下面就以铁碳合金为例，介绍铁碳合金及其状态图，以了解工程材料成分、组织与性能的关系。

1.3.1 铁碳合金的基本组织和性能

1．铁素体（F）

碳原子溶解到α铁中所形成的固溶体称为铁素体，因为α铁所处的温度较低，溶碳量极少（C<0.02%），故其性能接近于纯铁，强度、硬度低，塑性、韧性好。

2．奥氏体（A）

碳原子溶解到γ铁中所形成的固溶体称为奥氏体，因为γ铁所处的温度较高，溶碳量稍多（0.77%～2.11%），故其强度、硬度略高于铁素体，却又保持了较好的塑性、韧性。

3．渗碳体（Fe_3C）

铁原子与碳原子以3:1互相化合所形成的金属化合物称为渗碳体。渗碳体的含碳量为6.69%，其硬度很高，而塑性、韧性几乎等于零，脆性极大。渗碳体的金相显微组织的形态有片状、球状和网状，它的形态与分布对钢的性能有很大的影响。

4．珠光体（P）

珠光体是由层片状铁素体与渗碳体所组成的细密机械混合物，珠光体的性能介于层片状铁素体与渗碳体两者之间。

5．莱氏体（Ld）

在727℃以上，该组织由奥氏体与渗碳体所组成的机械混合物称为高温莱氏体。在727℃以下，该组织转变为由珠光体与渗碳体所组成的机械混合物，称为低温莱氏体。莱氏体组织硬度较高，脆性较大，常出现在白口铸铁中。

1.3.2 铁碳合金相图

钢铁的基本组成元素是铁和碳，统称为铁碳合金。含碳量低于 2.11%的称为钢，含碳量高于 2.11%的称为铸铁。

铁碳合金相图表述了在平衡条件下合金的成分、组织和温度之间的关系。由于钢和铸铁中的含碳量不超过 5%，所以在研究铁碳合金时，只考虑 $Fe\text{-}Fe_3C$ 部分，即通常所说的铁碳合金相图就是指 $Fe\text{-}Fe_3C$ 相图。如图 1-15 所示，图中各特性点、特性线的含义见表 1-1 和表 1-2。表 1-1 为各特性点的温度、成分及含义；表 1-2 为各特性线的含义。

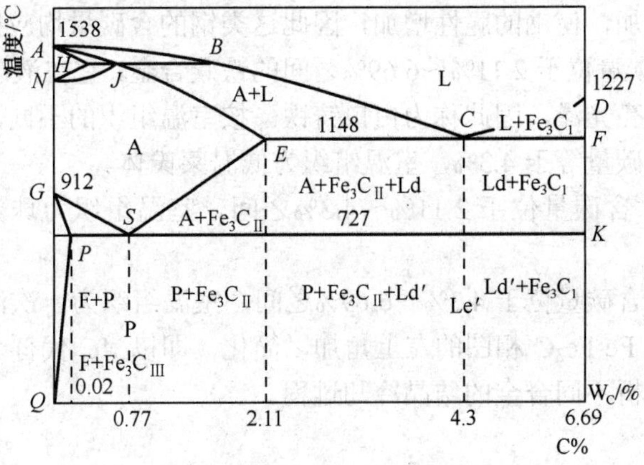

图 1-15　铁碳合金相图

表 1-1　铁碳合金相图中各特性点的温度、成分及含义

特性点	温度/℃	含碳量（%）	含　义
A	1538	0	纯铁的熔点
G	912	0	γ铁⇌α铁的转变点
D	1227	6.69	渗碳体的熔点
E	1148	2.11	钢与生铁的分界点
C	1148	4.3	共晶点（液体发生共晶反应形成莱氏体）
S	727	0.77	共析点（奥氏体发生共析反应形成珠光体）

表 1-2　铁碳合金相图中各特性线的含义

特　性　线	含　义
ACD	合金由液态凝固成固态的开始线（液相线）
AECF	合金由液态凝固成固态的终了线（固相线）
ECF	共晶转变线，即 L_c（1148℃）→A_E+ Fe_3C（其中，L_c 为 *C* 点成分的液体，A_E 为 *E* 点成分的奥氏体）
PSK（A_1 线）	共析转变线，即 A_S（727℃）→F_P+ Fe_3C（其中 A_S 为 *S* 点成分的液体，F_P 为 *P* 点成分的奥氏体）
ES（A_{cm} 线）	碳在奥氏体中溶解度的变化曲线
GS（A_3 线）	缓冷时 A 转变为 F 的开始线（或加热时 F 转变为 A 的终了线）

1.3.3 铁碳合金的组织转变

根据含碳量及室温下平衡组织的不同，铁碳合金可以分为工业纯铁、钢和白口铸铁三类。

（1）工业纯铁：含碳量小于0.0218%的铁碳合金，室温组织为铁素体。

（2）钢：含碳量在0.0218%～2.11%的铁碳合金，其高温固态组织为奥氏体。按室温组织的不同，它可分为以下几种。

共析钢：含碳量等于0.77%，室温组织全部为珠光体。

亚共析钢：含碳量小于0.77%，室温组织为珠光体加铁素体组成，随着含碳量接近0.77%，珠光体量逐渐增加而铁素体量逐渐减少。

过共析钢：含碳量位于0.77%～2.11%之间，室温组织为珠光体加渗碳体组成，随着含碳量增加，渗碳体量逐渐增加，使钢的脆性增加，因此这类钢的含碳量均应控制在1.3%以下。

（3）白口铸铁：含碳量位于2.11%～6.69%之间的铁碳合金，它在液态结晶时发生共晶反应，生成莱氏体。其断口白亮光泽，因此称为白口铸铁。按室温组织的不同，它可分为以下几种。

共晶白口铸铁：含碳量等于4.3%，室温组织为低温莱氏体。

亚共晶白口铸铁：含碳量位于2.11%～4.3%之间，室温组织为珠光体、二次渗碳体加莱氏体。

过共晶白口铸铁：含碳量位于4.3%～6.69%之间，室温组织为一次渗碳体加莱氏体。

为了分析方便，把Fe-Fe_3C相图的左上角加以简化，即以*AC*代替*ABC*，*AE*代替*AHJE*，再用此简化的相图来分析不同合金的结晶冷却过程。

1．共析钢

共析成分的钢，当冷却到液相线*AC*时，开始从金属液中不断结晶出奥氏体，继续冷却至固相线*AE*时，液相全部转变为固相奥氏体。单相奥氏体继续冷却，当冷却到共析线*PSK*时，奥氏体在恒温下发生共析反应，全部转变为珠光体。所谓共析反应是指由一种固相转变成两种固相机械混合物的过程。温度继续下降直至室温，珠光体不再发生变化，因此共析钢的室温组织为P。

2．亚共析钢

亚共析成分的钢，当冷却到液相线*AC*时，开始从金属液中不断结晶出奥氏体，继续冷却至固相线*AE*时，液相全部转变为固相奥氏体。单相奥氏体继续冷却，当冷却至*GS*线时，从奥氏体中开始转变出铁素体，继续冷却至共析线*PSK*时，剩余奥氏体在恒温下发生共析反应，形成珠光体，此时组织为铁素体加珠光体。继续冷却至室温，组织不再发生变化，因此亚共析钢的室温组织为F+P。

3．过共析钢

过共析成分的钢，当冷却到液相线*AC*时，开始从金属液中不断结晶出奥氏体，继续冷却至固相线*AE*时，液相全部转变为固相奥氏体。单相奥氏体继续冷却，当冷却至*ES*线时，从奥氏体中开始析出二次渗碳体，继续冷却至共析线*PSK*时，剩余奥氏体在恒温下发生共析反应，形成珠光体。此时组织为珠光体加二次渗碳体。继续冷却至室温，组织不再发生变化，因此过共析钢的室温组织为P+Fe_3C_{II}。

4．共晶白口铸铁

共晶成分的铸铁，当冷却到 *C* 点时，液态金属在恒温下发生共晶反应，形成高温莱氏体 Ld（$A+Fe_3C$）。所谓共晶反应是指由一种液相同时转变为两种固相机械混合物的过程。继续冷却时，碳在奥氏体中的含量沿 *ES* 变化，并不断从奥氏体中析出二次渗碳体。当冷却至共析线 *PSK* 时，剩余奥氏体在恒温下发生共析反应，形成珠光体，此时组织为低温莱氏体。继续冷却至室温，组织不再发生变化，因此共晶白口铸铁的室温组织为 Ld′（$P+Fe_3C_{II}+Fe_3C$）。

5．亚共晶白口铸铁

亚共晶成分的铸铁，当冷却到 *AC* 线时，开始从金属液中不断结晶出奥氏体，继续冷却至固相线 *ECF* 时，剩余液态金属在恒温下发生共晶反应，形成高温莱氏体 Ld（$A+Fe_3C$），此时组织为奥氏体加高温莱氏体。继续冷却时，碳在奥氏体中的含量沿 *ES* 变化，并不断从奥氏体中析出二次渗碳体。当冷却至共析线 *PSK* 时，剩余奥氏体在恒温下发生共析反应，形成珠光体。此时组织为珠光体加二次渗碳体再加低温莱氏体。继续冷却至室温，组织不再发生变化，因此亚共晶白口铸铁的室温组织为 $P+Fe_3C_{II}+Ld'$（$P+Fe_3C_{II}+Fe_3C$）。

6．过共晶白口铸铁

过共晶成分的铸铁，当冷却到 *CD* 线时，开始从金属液中不断结晶出一次渗碳体，继续冷却至固相线 *ECF* 时，剩余液态金属在恒温下发生共晶反应，形成高温莱氏体 Ld（$A+Fe_3C$），此时组织为一次渗碳体加高温莱氏体。继续冷却时，碳在奥氏体中的含量沿 *ES* 变化，并不断从奥氏体中析出二次渗碳体。当冷却至共析线 *PSK* 时，剩余奥氏体在恒温下发生共析反应，形成珠光体。此时组织为一次渗碳体再加低温莱氏体。继续冷却至室温，组织不再发生变化，因此过共晶白口铸铁的室温组织为 Fe_3C_I+Ld'（$P+Fe_3C_{II}+Fe_3C$）。

1.3.4　铁碳合金相图的应用

铁碳合金相图可用于分析钢和铸铁的组织转变，可作为选择材料的依据，此外还可用于铸造、锻造和热处理等作为制定热加工工艺的依据。

1．在铸造中的应用

根据相图可以知道各种成分的钢和铸铁的结晶温度，可确定合金的浇注温度；知道合金的凝固温度范围，可判断流动性及缩孔、缩松的倾向。共晶成分的合金，结晶温度较低，偏析较小，流动性好，因而铸造合金的成分常选用接近共晶的成分。

2．在锻造中的应用

当钢中有奥氏体组织时，塑性好，变形时抗力低，便于塑性变形，因此常选择在单相奥氏体区域的适当温度范围内进行锻造。

3．在热处理中的应用

相图反映了不同成分的合金在缓慢加热或冷却时，所发生的组织转变温度，是制定热处理工艺的依据。

1.4 常用金属材料

1.4.1 碳素钢分类和牌号

碳素钢分类方法很多，通常有以下几种。

（1）按含碳量分：低碳钢（<0.25%C）；中碳钢（0.3%～0.6%C）；高碳钢（0.6%～1.3%C）。

（2）按用途分：碳素结构钢和碳素工具钢两种。

碳素结构钢——用来制造各种工程构件（如桥梁、建筑材料等）和机器零件（如齿轮、轴等）。碳素结构钢又分为：渗碳钢——作渗碳件用（<0.25%C）；调质钢——作调质件用（0.3%～0.6%C）；弹簧钢——作弹簧用（0.6%～0.9%C）。

碳钢工具钢——用作各类刃、模、量具等。碳素工具钢又分为刃具钢、模具钢和量具钢。

（3）按质量等级分：普通碳素钢和优质碳灰素钢。

（4）按冶炼方法分：沸腾钢、镇静钢和半镇钢。

（5）按金相组织分：亚共析钢、共析钢、过共析钢。

1．普通碳素钢及其牌号

碳素结构钢的平均碳质量分数在 0.06%～0.38 %范围内，钢中含有害杂质和非金属夹杂物较多，但性能上能满足一般工程结构及普通零件的要求，因而应用较广。它通常轧制成钢板或各种型材（圆钢、方钢、工字钢、钢筋等）来供应。如表 1-3、表 1-4 所示为碳素结构钢牌号、化学成分与力学性能。

表 1-3　碳素结构钢牌号及化学成分（摘自 GB700—88）

牌　号	等　级	化学成分					脱氧方法
		W_C×100	W_{Ma}×100	W_{s1}×100	W_s×100	W_p×100	
				不大于			
Q195	—	0.66～0.12	0.25～0.50	0.30	0.050	0.045	F、b、Z
Q215	A	0.09～0.15	0.25～0.55	0.30	0.050	0.045	F、b、Z
	B				0.045		
Q235	A	0.14～0.22	0.30～0.65	0.30	0.050	0.045	F、b、Z
	B	0.12～0.20	0.30～0.70		0.045		
	C	≤0.18	0.35～0.80		0.040	0.040	Z
	D	≤0.17			0.035	0.035	TZ
Q255	A	0.18～0.28	0.40～0.70	0.30	0.050	0.045	Z
	B				0.045		
Q275	—	0.28～0.38	0.50～0.80	0.35	0.050	0.045	Z

注：Q235A、B 级沸腾钢锰含量上限为 0.60%。

碳素结构钢牌号表示方法是由代表屈服点的字母（Q）、屈服点数值、质量等号（A、B、C、D）及脱氧方法符号（F、b、Z、TZ）四部分按顺序组成的，如 Q235-A · F。质量等级符号反映了碳素结构钢中有害杂质（磷、硫）含量的多少，C、D 级的碳素结构钢中磷、硫含量最低，质量最好，可作为重要焊接结构件。脱氧方法符号“F”、“b”、“Z”、“TZ”分别表示沸腾钢、半镇静钢、镇静钢及特殊镇静钢。镇静钢和特殊镇静钢牌号中的脱氧方法符号可省略。

表 1-4　碳素结构钢力学性能（摘自 GB700—88）

编号	等级	拉伸试验												
		屈服点 σ_s/MPa						抗拉强度 σ_l /MPa	伸长率 σ_5×100					
		钢材厚度（直径）/mm							钢材厚度（直径）/mm					
		≤16	>16～40	>40～60	>90～100	>100～1150	>150		≤16	>16～40	>40～60	>90～100	>100～150	>150
		不　小　于							不　小　于					
Q195	—	（195）	（185）	—	—	—	—	315～390	33	32	—	—	—	—
Q215	A B	215	205	195	185	175	165	335～410	31	30	29	28	27	26
Q235	A B C D	235	225	215	205	195	185	375～460	26	25	24	23	22	1
Q255	A B	255	245	235	225	215	205	410～510	24	23	22	21	20	6
Q275	—	275	265	255	245	235	225	490～610	20	19	18	17	16	15

碳素结构钢一般以热轧空冷状态供应。其中牌号为 Q195 与 Q275 的碳素结构钢是不分质量等级的，出厂时既保证力学性能，又保证化学成分。而对于 Q215、Q235 和 Q255 牌号的碳素结构钢，当其质量等级为“A”级时，只保证力学性能，化学成分除硅、硫、磷外，其他成分不予保证；当为其余质量等级（“B”、“C”、“D”）时，力学性能和化学成分都应保证。

Q195 钢的含碳量很低，塑性好，常用作铁钉、铁丝及各种薄板，如黑铁皮、白铁皮（镀锌薄钢板）、马口铁（镀锡薄钢板）等；也可用来代替优质碳素结构 08 钢或 10 钢，制造冲压、焊接结构件。

Q275 钢属中碳钢，强度较高，可代替 30 钢、40 钢用于制造稍重要的某些零件，以降低原材料成本。其余三个牌号中的 A 级钢，一般用于不经锻压、热处理的工程结构件或普通零件（如制作机器中受力不大的铆钉、螺钉、螺母等）；有时也可制造不重要的渗碳件。B 级钢常用来制造稍微重要一些的机器零件和船用钢板，并可代替相应含碳量的优质碳素结构钢。

2．优质碳素结构钢及牌号

这类钢主要用于制造重要的机械零件。根据其化学成分可分为优质碳素结构钢与合金结构钢。

优质碳素结构钢中硫、磷的质量分数均限制在 0.035%以下，非金属夹杂物也较少。其牌号用两位数字表示，这两位数字表示钢中平均碳质量分数的万倍，如 45 号钢，表示平均碳质量分数为 0.45%；08 号钢，表示平均碳质量分数为 0.08%。

优质碳素结构钢按含锰量不同，分为普通含锰量（W_{Mn}为 0.25%～0.8%）及较高含锰量（W_{Mn}为 0.75%～1.2%）两组。含锰量较高的一组，在其牌号数字后加“Mn”。若是沸腾钢，则在牌号末尾加“F”。优质碳素结构钢牌号、化学成分、如表 1-5 所示。

表 1-5　优质碳素结构钢牌号化学成分

牌号	化学成分							
	W_c×100	W_{si}×100	W_{ma}×100	W_p×100	W_s×100	W_{Ni}×100	W_{cr}×100	W_{cu}×100
				不大于				
08F	0.05～0.11	≤0.03	0.25～0.50	0.035	0.035	0.25	0.10	0.25
10	0.07～0.14	0.17～0.37	0.35～0.65	0.035	0.035	0.25	0.15	0.25
35	0.32～0.40	0.17～0.37	0.50～0.80	0.035	0.035	0.25	0.25	0.25
45	0.42～0.50	0.17～0.37	0.50～0.80	0.035	0.035	0.25	0.25	0.25
65	0.62～0.70	0.17～0.37	0.50～0.80	0.035	0.035	0.25	0.25	0.25
65Mn	0.67～0.70	0.17～0.37	0.90～1.20	0.035	0.035	0.25	0.25	0.25

1.4.2　合金钢及其牌号

为了提高或改善钢的机械性能和工艺性能，或为了得到某种特殊的理化性能，在冶炼过程中会加入一定量的一种或几种元素，这些元素称为合金元素，这种钢称为合金钢。

1．合金钢分类

- 按用途分
  - 合金结构钢
    - 渗碳钢
    - 调质钢
    - 弹簧钢
    - 轴承钢
  - 合金工具钢
    - 刃具钢
    - 模具钢
    - 量具钢
  - 特殊性能
    - 不锈钢
    - 耐热钢
    - 耐磨钢
    - 磁钢

- 按合金元素含量分
  - 低合金钢（合金元素总含量<5%）
  - 中合金钢（合金元素总含量为 5%～10%）
  - 高合金钢（合金元素总含量>10%）

按所含合金元素种类分：铬钢、锰钢、镍钢、铬猛钢和硅猛钢等。

按金相组织分：珠光体钢、马氏体钢、贝氏体钢、奥氏体钢。

2．合金结构钢的牌号

（1）牌号前面的数字表示该钢号的含碳量，以万分之一为单位。

（2）数字后面的字母表示该钢号所含的主要合金元素。合金的含量用数字写在该元素的后面，表示其含量的百分数的平均值。若某合金元素含量小于 1.5%时，一般不用数字表示出来。

（3）若是高级优质钢，在牌号末尾加一个“A”。

例如，12CrNi3A 表示平均含碳量为 0.12%，铬含量<1.5%，镍含量为 3%的高级优质钢；40Cr 表示平均碳含量为 0.4%，含铬量<1.5%的铬钢；$09Mn_2$ 表示平均碳含量为 0.09%，含锰量大约为 2%的锰钢。

3．合金工具钢的编号

合金工具钢的编号也和合金结构钢一样采取数字和字母并列的方法，但是合金结构钢含碳量是在牌号前面用两位数字表示，而合金工具钢则用一位数字来表示。例如，9SiCr 表示平均含碳量为 0.9%（即以千分之一为单位）的硅铬合金工具钢。

某些合金工具钢的含碳量有超过 1%的，若用两位数字表示，容易与合金结构钢牌号混淆，为便于辨认，牌号前的碳含量就不予表示。例如，Mn13 表示含碳量超过 1%，并含有铬、钨和锰三种元素的合金工具钢。

4．特殊性能合金钢的编号

特殊性能合金钢的编号方法，基本上和合金工具钢相同，如 2Cr13 表示碳平均含量为 0.2%，铬含量为 13%左右。但有些特殊性能合金钢，只表示其主要的合金含量，其他含量就不予表示。例如，Mn13 表示含锰量约为 13%的高锰钢，其含碳量为 1%～1.3%，但在牌号上不予表示。

应当指出：有些特殊用途专用钢，它们有其独特的表示方法，如 GC15，牌号前面的“G”表示液动轴承钢，含铬量约为 1.5%，还含有 0.95%～1.05%的碳。特殊用途专用钢还有电工钢、道轨钢等，这里不再逐一列举。

1.4.3　铸铁和铸钢

铸铁是指含碳量大于 2.11%的铁碳合金。工业上常用铸铁的含碳量一般在 2.5%～4%之间，此外，还含有较多的锰、硅、磷、硫等元素。

铸铁与钢相比，虽然力学性能较低（强度低、塑性差、脆性大），但却有着优良的铸造工艺性、切削加工性、消震性和减磨性等。因此，铸铁在生产中仍获得了普遍应用。

铸铁中的碳，由于成分和凝固时冷却条件的不同，可以化合状态（Fe_3C）或游离状态（石墨）存在，这就使得铸铁在内部组织、性能及用途方面存在较大的差异。通常铸铁分为以下几种。

1．白口铸铁（简称白口铁）

一般含碳、硅、锰量较低而含硫量较高的铸铁，在冷却速度快时容易获得白口铁。其中的碳全都以 Fe_3C 的状态存在，因其断口呈银白色而得名。它的性能硬而脆，很难进行切削加工，因此，工业上很少直接用它来制造机器零件。白口铁主要用作炼钢的原料或通过热处理改变内部组织制取可锻铸铁零件。有时还可以通过对成分和冷却条件的控制，获得表层为白口铁的冷硬铸铁，用于制造车轮、轧辊等表面要求耐磨的零件。

2．灰口铸铁（简称灰铸铁）

一般含碳、硅、锰量较高而含硫量较低的铸铁，在缓冷下来时可以获得灰铸铁。其中的碳大部分以片状石墨存在，因其断口呈暗灰色而得名。

灰铸铁具有很好的铸造工艺性能，可以铸出形状复杂的薄壁铸件。同时，石墨片的存在使得切屑易于碎断，便于切削加工。它还有利于润滑，有着较好的减磨性。此外，石墨片还能迅速吸收机械震动，消震性较好。但是，石墨片是一种强度很低的非金属夹杂物，它的存在可以看作在金属基体中出现了微小的裂纹或空洞，这就严重地削弱了灰铸铁的抗拉强度，但对抗压强度影响不大。因此，灰铸铁常用作床身、底座、支架和箱体等受压零件。

我国灰铸铁的牌号根据 GB9439—88 规定，由灰铁汉语拼音首字母 HT 加一组数字组成，这一组数字表示该材料的最低抗拉强度（MPa），如 HT200，表示σ_b不低于 200MPa 的灰铸铁材料。常用牌号有 HT250、HT350、HT400 等。

3．可锻铸铁（简称马铁）

可锻铸铁是将白口铁铸件经过高温石墨化退火处理，使铸件中的 Fe_3C 分解，析出团絮状石墨而制成的。由于团絮状石墨比片状石墨表面积小，从而有效地减轻了对金属基体强度的削弱作用，所以它比灰铸铁具有更高的强度。与此同时，其塑性和韧性也相应得到了改善（但实际上并不可锻）。对于一些强度和韧性都有要求而形状复杂的小截面零件（一般有效厚度以不超过 25mm 为宜），如各种管接头、低压阀门、拖拉机、纺织机、缝纫机、农业机械、汽车和机床等附件，均可采用可锻铸铁制造。

我国可锻铸铁的牌号根据 GB9440—88 规定，由可铁汉语拼音首字母 KT 加显微组织代号（H 铁素体、B 铁素体十珠光体、Z 珠光体）加两组数字组成。这两组数字分别表示该材料的最低抗拉强度（单位为 MPa）和最低伸长率（δ），如 KTZ450-5，表示基体为珠光体，σ_b 不低于 450MPa，δ不低于 5%的可锻铸铁材料。常用牌号有 KTH350-10、KTZ600-3 等。

4．球墨铸铁

在灰铸铁铁水中加入一定量的球化剂（镁或稀土镁合金）和孕育剂（硅铁或硅钙合金），使铁水在凝固过程中结晶出球状石墨，就可以制成球墨铸铁。

由于球状石墨对金属基体强度的影响可减少到最低程度，故球墨铸铁不仅具有高的强度，还具有一定的塑性和韧性。在小能量、多次冲击条件下工作时，它也能显现出较好的使用性能。因此，用它可以代替部分铸钢件或锻钢件，制造承受较大载荷、受冲击和耐磨损的零件，如大功率柴油机的曲轴、凸轮轴、气缸套、活塞、齿轮、连杆、轧辊、水泵轴、中压阀门和汽车后桥等。

我国球墨铸铁的牌号根据 GB1348—88 规定，由球铁汉语拼音首字母 QT 加两组数字组成，这两组数字分别表示该材料的最低抗拉强度（单位为 MPa）和最低伸长率（δ），如 QT600-2，QT400-17，QT500-5 等。

球墨铸铁的主要缺点是凝固时的收缩率较大，易形成缩松，含硅量较高时在低温下使用易发生脆断，此外，形成白口铁的倾向也较大。同时，球墨铸铁对原铁水成分要求较严，对熔炼工艺与铸造工艺要求较高。

各类铸铁的具体牌号、力学性能及用途可查阅有关手册。表 1-6 仅对灰铸铁、可锻铸铁、球墨铸铁的牌号、力学性能、用途进行简要的对照说明。

表 1-6　灰铸铁、可锻铸铁、球墨铸铁的牌号、力学性能及用途的简要对照说明

铸铁种类	牌　号	力学性能				用途举例
		抗拉强度 MPa	抗压强度 MPa	硬　度 HBS	伸长率 δ(%)	
灰铸铁	HT200	200	750	170-210	—	床身、飞轮、机座、轴承座、气缸体、阀的壳全、齿轮箱、液压泵体等
可锻铸铁	KTZ450-5	450	屈服强度 280	152-219	5	曲轴、连杆、凸轮轴、摇臂、活塞环等
球墨铸铁	QT600-2	600	屈服强度 420	229-302	2	千斤顶塞，液压缸体、凸轮轴、曲轴、连杆、齿轮等

5．铸钢

与铸铁相比，铸钢具有较高的综合力学性能，特别是塑性和韧性较好，使铸钢件在动载荷作用下安全可靠。此外，铸钢的焊接性能较铸铁优良，这对于采用铸—焊联合工艺制造复杂件和重要机件而言十分重要。但是铸钢的铸造工艺性能差，为保证铸钢件的质量，还必须采取一些特殊的工艺措施，这就使铸钢件的生产成本高于铸铁。

我国碳素铸钢件的牌号根据 GB561—85 规定，用铸钢汉语拼音首字母 ZG 加两组数字组成，后面的两组数字，第一组代表屈服强度值，第二组代表抗拉强度值。铸钢的牌号有 ZG200-400、ZG230-450、ZG270-500、ZG310-640 等。

1.4.4　有色金属

除黑色金属钢铁以外的其他金属都称为有色金属。在机械制造业中，有色金属的使用量远比黑色金属少，但由于它们具备某些特殊的性能，如高的导电性和导热性（银、铜、铝等），优异的化学稳定性（铅、钛等），高的导磁性（铝合金、钛合金等）和很高的熔点（钨、铌、钽、锆等），所以有色金属仍是不可缺少的材料。

常用的有色金属主要有铜及铜合金和铝及铝合金两类。

1．铜及铜合金

1）纯铜

纯铜又名紫铜，它具有极好的导电和导热性，大多用于电气元件或用作冷凝器、散热器和热交换器等零件。纯铜还具有良好的塑性，通过冷、热态塑性变形可制成板材、带材和线材等半成品。纯铜在大气中具有较好的耐蚀性。

对纯铜性能影响较大的是杂质元素铋和铅，它们均使导电性下降，也会在塑性变形时带来脆性。因此，冶炼时对杂质元素的含量需严加控制。

我国工业纯铜的牌号由符号 T（铜字汉语拼音首字母）和顺序数字组成，如 T1、T2、T3、T4 等。其顺序数字越大，表示纯度越低。

2）黄铜

铜和锌的合金叫作黄铜。当黄铜中的含锌量小于 39%时，锌能全部溶解在铜的基体内。这

类黄铜具有良好的塑性，可在冷态或热态下经压力加工（轧、锻、冲、拉、挤）成形。当黄铜中的含锌量在 39%～46%之间时，在强度增高的同时，塑性会有所下降。这类黄铜适宜热态变形，主要用于制造散热器、油管、垫片、螺钉等。有时为了改善切削加工性会再加入少量的铅，使断屑容易，但零件的表面粗糙度数值会降低。常用牌号如 HPb59-1 铅黄铜，表示其含铜量为59%，含铅量为 1%，其余为锌的含量。

除此之外，锡的加入不仅有利于强度的提高，并能显著地增强其抗海水的耐蚀性，因此锡黄铜有海军黄铜之称。常用牌号有 HSn62-1 锡黄铜。加入铁、锰、铝、硅等元素，对进一步提高黄铜的强度、耐磨性和耐蚀性，具有较好的效果，这类黄铜有锰黄铜、铝黄铜和硅黄铜等。

铸造黄铜根据 GB1176—87 规定，其牌号前冠以 ZCu+主加元素符号+主加元素平均含量+辅加元素符号+辅加元素平均含量，如 ZCuZn38 表示含锌量为 38%的铸造黄铜，ZCuZn40Pb2 表示含锌量为 40%、含铅量为 2%的铸造铅黄铜。

3）青铜

青铜有锡青铜（铜锡合金）和无锡青铜（铜与铝、硅、铍等元素组成的合金）两种。

（1）锡青铜

锡青铜中的含锡量一般不超过 10%，过高会降低塑性。它具有良好的铸造性和高的耐磨性、耐蚀性，大多用于耐磨零件和与酸、碱、水蒸气等腐蚀介质接触的零件，如各种阀门、轴承套、对合螺母、轴瓦等。

（2）无锡青铜

由于锡的价格较贵，因而发展了不含锡的铜基合金，又称特殊青铜。常用的有铝青铜、铍青铜和铅青铜等。其中铝青铜的化学稳定性好，强度和硬度都超过锡青铜，具有较好的耐蚀性和耐磨性，还可进行锻压和热处理强化，常用来制造重要的齿轮、蜗轮、轴套和其他要求耐磨、耐蚀的零件。

加工青铜的牌号由符号 Q（青字汉语拼音首字母）和数字组成，如 QSn4-3，表示含锡量为4%、含锌量为 3%的锡青铜；QA17 表示含铝量为 7%的铝青铜。

铸造青铜根据 GB1176—87 规定，其牌号表示法与铸造黄铜类似，如 ZCuSn5pb5Zn5 表示含锡量为 5%、含铅量为 5%、含锌量为 5%的铸造锡青铜。

2．铝及铝合金

1）纯铝

纯铝呈银白色，其突出的优点是比重小，约为铁的三分之一。此外，纯铝还具有很好的导电性和导热性（仅次于银和铜）。因此，在电器工业中可以用铝代替铜做导线。纯铝在大气中的耐蚀性也较好，塑性也很好，因此在化工和日用品生产中同样获得了广泛的应用。

对纯铝性能影响较大的是杂质元素铁和硅，它们均使塑性、导电性和耐蚀性下降。因此，冶炼时对杂质元素的含量需严加控制。

我国工业纯铝的牌号由符号 L（铝字汉语拼音首字母）和顺序数字组成，如 L_1，L_2，…，L_7，其顺序数字越大，表示纯度越低。

2）铝合金

铝合金不仅比重小，而且大多数还可通过热处理方法来提高性能，因此在航空工业和制造轻质零、部件方面获得了广泛的应用。根据所加元素的不同，铝合金可分为铸造铝合金和形变铝合金两大类。

（1）铸造铝合金：在铸造铝合金中，铝硅合金（又名硅铝明）的应用较为广泛，具有较好的铸造性能，而且还能用变质处理的方法使强度进一步得到提高，如用作内燃机活塞、气缸头、气缸散热套等。

这类铝合金牌号根据 GB1173—86 规定，用合金代号和合金牌号表示。合金代号由铸铝两字汉语拼音首字母 ZL 和三位数字组成，其中第一位数字为主加元素的代号（1 表示 A1-Si 系合金；2 表示 Al-Cu 系合金；3 表示 Al-Mg 系合金；4 表示 Al-Zn 系合金），后两位数字表示顺序号，如 ZL_{102} 表示铸造铝硅合金材料，$ZalSi_{12}$ 表示平均含硅量为 12%的铸造铝硅系列合金材料。

（2）形变铝合金：这类铝合金主要有防锈铝、锻造铝、硬铝和超硬铝四种。它们大多通过塑性变形轧制成板、带、棒、线材等半成品使用。其中硬铝是一种应用较多的由铝、铜、镁等元素组成的铝合金材料。它除了具有良好的冲压性、焊接性和切削加工性外，经过热处理强化（淬火加时效）后强度和硬度能进一步提高，可以用作飞机结构支架、翼肋、螺旋桨和铆钉等零件。

防锈铝、锻造铝、硬铝和超硬铝的牌号分别采用汉语拼音字首字母（LF、LD、LY、LC）加顺序号表示，如 LY11 表示硬铝材料。

1.5 钢的热处理

热处理是将固态金属或合金在一个定界介质中加热、保温和冷却，以改变其整体或表面组织，从而获得所需性能的工艺方法。热处理不仅改善了钢材的性能，而且还可以使钢材获得新的性能，充分发挥金属材料的潜力。因此，很多重要零件都必须经过热处理，如机床上约有 80%的零件要经过热处理，汽车和拖拉机上约有 50%的零件要经过热处理。

1.5.1 热处理过程中的组织转变

热处理可以通过金属在固态下加热和冷却的方法，改变固态金属的组织。

1．加热和冷却时的转变温度

为了使钢件在热处理后获得所需性能，对于大多数热处理工艺，都要将钢加热到相变温度以上，使其组织发生变化。对于碳素钢；在缓慢加热和冷却过程中，相变温度可以根据 $Fe\text{-}Fe_3C$ 相图来确定。但是在生产中的加热和冷却过程中，合金有过冷和过热现象，也就是说，实际的相变温度和相图中的相变温度有一定差异。加热时实际相变温度偏高，冷却时偏低，随着加热和冷却速度的增加，这一种偏离现象更加严重，如图 1-16 所示，常用 A_{c1}、A_{c3} 和 A_{ccm} 表示加热时偏离的相变温度，用 A_{r1}、A_{r3} 和 A_{rcm} 表示冷却时偏离的相变温度。

2．钢在加热时的组织转变

将钢加热到相变温度以上时，其内部将发生组织转变。下面以共析钢为例，说明钢在加热时的组织转变。

由图 1-15 的 $Fe\text{-}Fe_3C$ 相图可知，共析钢在室温时具有珠光体组织。当它加热到 A_c 以上时，珠光体将转变为含碳量为 0.77%的奥氏体。

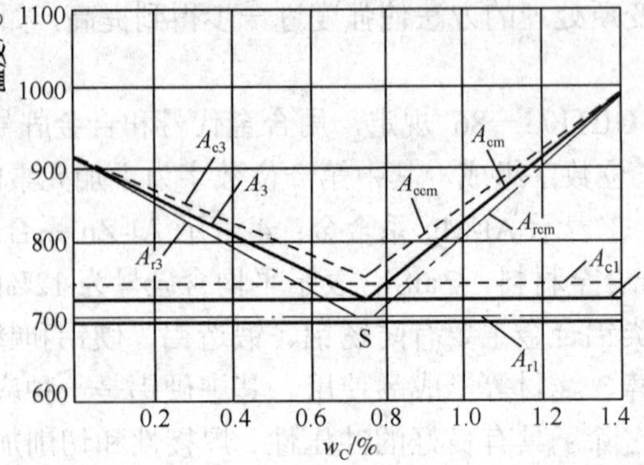

图 1-16 加热或冷却时相变温度的变化

奥氏体的形成过程是一个生核、晶核长大和均匀化的过程，符合结晶过程的普遍规律。钢加热时先在铁素体和渗碳体的晶界上出现许多奥氏体晶核，然后晶核不断长大，不断溶解渗碳体，当珠光体全部转变完成后，碳的浓度是不均匀的，在原来渗碳体的地方含碳量高，而铁素体处含碳量低。因此，必须继续保温一定时间，通过碳原子扩散，才能得到含碳量均匀的奥氏体组织。因此，钢在加热时需要一定的保温时间，这不仅是使工件热透，而且也是为了获得均匀的奥氏体晶粒，以便在冷却时获得均匀的组织和良好的性能。

对于亚共析钢和过共析钢，当加热到 A_{c1} 时，钢中只有珠光体转变成奥氏体，其余的铁素体和二次渗碳体仍不发生变化，随着加热温度的提高，铁素体和二次渗碳体才不断向奥氏体转变，直至加热温度超过 A_{c3} 或 A_{ccm} 以上时，钢中的各种组织才全部转变为奥氏体。

由于珠光体组织比较细密，形成奥氏体的晶核较多，所以当珠光体刚刚转变成奥氏体时，奥氏体的晶粒是比较细小的。但是若形成奥氏体后继续升高温度，或在较高温度下保温时间过长，就会引起奥氏体晶粒的长大；由于合金元素能细化奥氏体的晶粒，所以合金钢加热温度比碳素钢高，加热时间可以延长。

3．钢在冷却时的组织转变

钢经加热、保温后，获得细小的均匀奥氏体，然后以不同的方式冷却下来，直至 A_{c1} 以下的奥氏体发生组织转变。奥氏体转变后所获得的组织与转变温度和冷却方式有关。

热处理工艺中有两种冷却方式。

（1）连续冷却：已奥氏体化的钢，在连续冷却过长时，会使奥氏体发生组织转变，这种冷却方式叫作连续冷却。退火、正火和淬火等都是在温度连续下降过程中完成组织转变的。

（2）等温冷却：将已奥氏体化的钢，冷却到相变点以下某个温度后保持等温，使过冷奥氏体在该温度下发生相转变，这种冷却方式叫作等温冷却。等温淬火就是在某个温度完成组织转变的。

下面以共析钢为例，分析奥氏体在不同温度下冷却时的组织转变。

在缓慢冷却条件下，奥氏体在 A_1 温度下发生共析反应，产生珠光体。当冷却速度加快时，奥氏体的转变温度就会下降，即在 A_1 温度以下奥氏体尚未转变，这种奥氏体叫作过冷奥氏体。

当过冷奥氏体在 A_{c1}～550℃区间转变时，过冷奥氏体的产物是珠光体型的组织，因此称为珠光体转变区。实践证明，等温转变温度越低，过冷度越大，获得的珠光体组织越细小。

当过冷奥氏体在 A_{c1}～650℃区间转变时，得到粗片状珠光体组织。

当过冷奥氏体在 650～600℃区间转变时，得到较细片状珠光体组织，叫作索氏体。

当过冷奥氏体在 600～550℃区间转变时，得到最细片状珠光体组织，叫作托氏体。

珠光体组织中，层片越细，它的强度和硬度越高，塑性和韧性越好。

当过冷奥氏体在 550℃～Ms（Ms 为马氏体转变开始温度）区间转变时，得到贝氏体型组织的产物，它的组织由过量碳浓度的铁素体和微小的渗碳体混合而成。贝氏体比珠光体有更高的硬度。

如果过冷奥氏体迅速冷却到 Ms 点（对于共析钢，Ms 点的温度是 230℃）以下，这时只发生面心立方晶格的γ-Fe 转变为体心立方晶格的α-Fe，而碳原子已不能扩散，使α-Fe 中溶有过饱和的碳，这种碳在α-Fe 中的过饱和固溶体称为马氏体。

在连续冷却过程中，马氏体的量不增多，直至−50℃过冷奥氏体停止向马氏体转变。

马氏体具有很高的硬度和强度，但塑性和韧性则根据马氏体中的含碳量而定。含碳量低于 0.35%的马氏体，有较好的塑性和韧性。

1.5.2　钢的热处理工艺

在生产实践中，大多数机器零件或工具的制造不仅要经过冷、热加工工序，而且在加工工序之间还往往要安排多次热处理。例如，锉刀的加工路线是：下料—锻造—热处理（退火）—机械加工—热处理（淬火加低温回火）。通过热处理不仅可以改善材料的工艺性能，更重要的是能显著地提高材料的力学性能，延长零件或工具的使用寿命。

所谓热处理就是将零件或工具在固态范围内加热到一定的温度（奥氏体状态），再经过适当保温，然后以不同的方式冷却，使奥氏体分别向各种不同的组织转变，从而获得所要求性能的一种方法。这种方法与冷、热加工不同，一般来说，它不改变零件或工具的形状与尺寸。

热处理有普通热处理和表面热处理之分。它们的工艺过程都是由加热、保温和冷却三个阶段组成的。因此，可以用以温度、时间为纵、横坐标的图形来表示其工艺过程，这就是热处理工艺曲线，如图 1-17 所示。

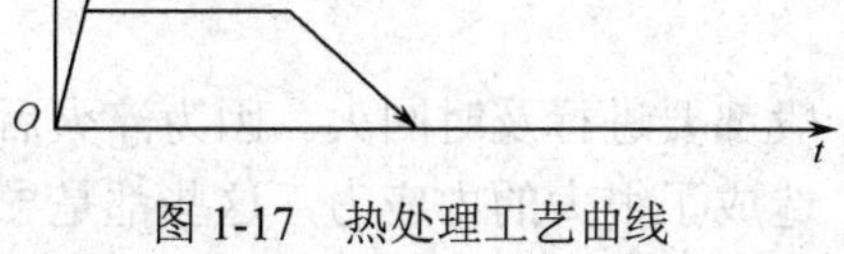

图 1-17　热处理工艺曲线

根据加热温度和冷却方式的不同，普通热处理有退火、正火、淬火与回火四种工艺方法。不同的工艺方法，可以获得不同的内部组织，从而具有不同的性能。

表面热处理包括表面淬火和化学热处理。前者仅通过改变表面层的组织，来达到强化表面层的目的；而后者通过改变表面层的化学成分和组织，来达到强化表面层的目的。

1. 退火

退火是将零件或工具加热到一定的温度，再保温一定时间，然后随炉或埋入导热差的介质（如石灰、砂坑等）中，缓慢冷却的一种热处理方法。其主要目的是：

（1）降低硬度，提高塑性，改善材料的切削加工性能；

（2）细化晶粒，均匀组织，改善材料的力学性能；

（3）消除铸件、锻件和焊接件在成形过程中产生的内应力。

根据具体材料和要求的不同，退火的种类有多种。例如，轴承钢为改善锻后切削加工性，并为最终淬火处理做好组织准备，应采用加热到 A_1 以上 20～30℃的球化退火，使珠光体组织成层片状。对结构钢锻或中小型铸件，应采用加热到 A_3 以上 20～30℃的完全退火，以达到细化晶粒、均匀组织的目的。对机床铸件（如床身、床脚、箱体等）应给予 500～600℃的低温退火，以消除其铸造内应力。

2．正火

正火是将零件或工具加热到一定的温度（A_3 或 A_{cm} 以上），再保温一段时间，然后从炉中取出零件置于空气中冷却的一种热处理方法。

正火的目的与退火相似，只是其冷却速度比退火略快，因此相同材料正火后的强度和硬度略高于退火后的强度的硬度。由于正火生产周期短，比退火经济，成本较低，所以常用于改善低碳钢、低碳合金和部分中碳钢（C<0.5%）零件的切削加工性。

3．淬火

淬火是将零件或工具加热到一定的温度（A_1 或 A_3 以上 30℃左右），再保温一定时间，然后从炉中取出以极快的速度冷却的一种热处理方法，其主要目的是：

（1）提高各类刀具、量具和模具的硬度和耐磨性；

（2）通过淬火与回火的适当配合，使零件获得较好的综合力学性能（如高的强度、好的韧性，高的弹性极限等）。

生产中常用的淬火冷却剂，随工件材质、形状和尺寸的不同而不同，碳钢大多用水，合金钢大多用油。对形状复杂、尺寸较小、变形要求严格的工件可采用盐浴或碱浴。

除整体淬火外，还有表面淬火。若工件仅要求表面具有高的硬度和耐磨性，可采用表面快速加热，同时给予快速冷却的方法达到表面淬火。目前常用的快速加热方法有火焰表面加热和电感应（高频、中频、工频和超音频）表面加热两类。后者加热均匀、容易控制、质量好，主要用于成批、大量生产。

4．回火

零件或工具经淬火后，一般都要进行及时回火。因为淬火后的组织硬度高、脆性大，加上工件内、外冷却速度不一致，造成了很大的内应力，这些都是导致工件变形和裂开的原因。所谓回火，就是将淬火后的零件或工具重新加热到临界温度（碳钢为 727℃）以下，再保温一段时间，然后在空气或油中冷却的一种热处理方法。通过回火，淬火件的脆性减小，内应力降低，调整了硬度，稳定了组织。

根据回火温度的不同，有低温回火（150～250℃）、中温回火（350～500℃）和高温回火（500～650℃）三种。其中低温回火主要用于要求高硬度、高耐磨性的工具类，经回火后的硬度约为 58～65HRC；中温回火主要用于各类弹性零件，经回火后的硬度约为 35～45HRC；高温回火主要用于要求综合力学性能较好的重要零件，经回火后的硬度约为 25～30HRC（相当于 250～300HBS）。淬火后进行高温回火的这种处理方法，在生产中又称为调质处理。

5. 表面热处理

1）化学热处理

所谓化学热处理就是将工件放在含有某种活性原子的介质（如煤油、尿素、氨气、甲酰胺、醇类等）中加热，介质发生分解，产生出活性原子（如 C 原子、N 原子等），活性原子渗透进工件的表面层，从而达到改变工件表面层成分、组织和性能的一种方法。

根据渗入元素的不同，表面层可以获得不同的性能。其中渗碳、渗氮、碳氮共渗（氰化）和渗硼等，主要是以强化表面层硬度和提高耐磨性为主。例如，低碳钢或低碳合金钢经过渗碳后，表面层由低碳成分增加到高碳成分，接着再给予淬火和低温回火，表面层就具有了硬而耐磨的特性；又如含有铬、钼、铝元素的结构钢，经过渗氮后，表面层不仅可以直接获得比渗碳更高的硬度和耐磨性，而且氮化层还具有较好的耐蚀、耐热性。

此外，为了使工件表面层获得某种特殊的物理、化学性能，目前大多通过渗入金属元素的原子（如渗铝、渗铬、渗钒等）来实现。由此可见，化学热处理是一种很有发展前途的热处理方法。这种方法在提高产品质量、延长产品使用寿命和节约贵重材料等方面都起着很大的作用。

2）表面淬火

表面淬火是利用快速加热的方法，仅对工件表面加热、冷却而不改变成分的热处理工艺。处理后的零件表面具有高的硬度和耐磨的马氏体组织，而其内部仍具有原来的组织。根据加热方式不同，表面淬火有两种。

（1）火焰加热表面淬火：用氧—乙炔火焰作为热源，对工件表面加热淬火的热处理工艺。燃烧的火焰喷射到工件表面，使它快速加热，然后喷水冷却。这种方法因设备简单、成本低，适用于处理大型工件，如轴、齿轮等。

（2）高频感应加热表面淬火：利用感应电流通过工件的热效应，使工件表面或局部加热，并进行快速冷却的热处理工艺，称为高频感应加热表面淬火。感应加热表面淬火是较先进的表面热处理工艺。它的优点是生产率高，加热温度和淬硬层厚度容易控制，淬火组织细小，机械性能比一般淬火工艺高，尤其是冲击值。但其设备费用昂贵，因此感应加热表面淬火主要用于大批生产的工厂。

思考与练习题

1-1 从原子结构上说明晶体与非晶体的区别。

1-2 如何用材料的应力—应变曲线判断材料的韧性？

1-3 立方晶系中指数相同的晶面和晶向有什么关系？

1-4 合金一定是单相的吗？

1-5 结合相图分析含 0.45% C，1.2% C 和 3.0% C 的 Fe-C 合金在缓慢冷却过程中的转变及室温下的组织。

1-6 说明 Fe-C 合金中 5 种类型渗碳体的形成和形态特点。

1-7 金属铸件的晶粒往往粗大，能否通过再结晶退火来细化其晶粒？为什么？

1-8 什么是热处理？常见的热处理方法有哪几种？

1-9 退火与正火工艺方法的主要区别是什么？

1-10 什么叫作淬火？淬火之后为什么一定要进行回火处理？回火温度高低与力学性能有

什么关系？

1-11 什么叫作调质？工件经调质处理之后，力学性能有什么特点？

1-12 什么叫作表面热处理？表面处理有几种方法？表面处理能否改变工件内部性能？

1-13 识别下列铸铁的牌号：HT200、KTH300-06、QT600-3、KTB400-05。

1-14 钢的分类方法有哪几种？钢的力学性能与含碳量有什么关系？

1-15 铸件有哪些特点？铸铁分为哪些种类？

1-16 铝和铝合金有哪些特性？铝合金分为哪几个类别？

1-17 铜和铜合金有哪些特性？铜合金分为哪几个类别？海船上的内燃机冷凝管选用何种铜合金合适？

第2章 非金属材料与新型材料

在工业生产中，除了大量使用金属材料以外，还广泛地采用高分子材料、陶瓷材料等非金属材料及复合材料、功能材料等新型材料。虽然高分子材料、陶瓷材料的某些力学性能不如金属材料，但它们具有金属材料不具备的某些特性，如耐腐蚀、电绝缘、隔音、减震、耐高温（陶瓷材料）、质轻、原料来源丰富、价廉及成形加工容易等优点，因而近年来应用越来越广泛。复合材料和功能材料是近些年新发展起来的，它们有着金属材料和非金属材料不可比拟的优点，是近些年材料科学研究的重点和前沿。

2.1 非金属材料

2.1.1 非金属材料的性能

通常认为除金属材料以外的材料都是非金属材料，主要有高分子材料、陶瓷材料、复合材料和功能材料等。非金属材料有着各种金属材料所不及的某些性能，如橡胶的高弹性，陶瓷的硬、脆、耐高温和抗腐蚀等，因此非金属材料在生产中的应用得到了迅速发展，在某些领域已成为不可取代的材料。

非金属材料的基本性能包括物理性能、力学性能、与水有关和与热有关的性能及耐久性能等。

1．非金属材料的力学性能

非金属材料的力学性能包括强度、刚度、韧性、蠕变性和减摩性等。一般来说，高分子材料的塑性、刚度、韧性都较钢低，但大多具有减摩性等特点。而陶瓷材料由于是离子键或共价键结合，其滑移系数比金属材料小得多，所以大多数陶瓷材料在常温下受外力作用时不产生塑性变形，而是在一定弹性变形后直接发生脆性断裂。此外，陶瓷中又存在气相，因此其冲击韧度、断裂韧度和抗拉强度比金属材料低得多。

非金属材料的力学性能主要是强度和变形，它们的概念与金属材料相同，这里着重介绍不同之处。

1）强度

非金属材料特别是脆性材料，如陶瓷、玻璃等，在相当低的应变值时就会发生断裂。因此，陶瓷等材料的应力—应变行为不能用拉伸试验确定，最常用的试验认识方法是弯曲试验。而高聚合物的应力—应变行为常常用拉伸试验测定。高聚合物的品种繁多，其力学性能变化范围也很广泛。

2）变形

非金属材料的变形除弹性变形、塑性变形与金属材料相同外，主要还需考虑蠕变、松弛等指标，它们对材料的使用影响较大。

材料在恒定载荷的作用下，随时间的延长，变形不断增大的现象称为蠕变。蠕变的发展与材料本身的性质、载荷的大小、温度和湿度等因素有关。材料的蠕变性能决定材料长期在载荷作用下的工作性能。

总变形不变，塑性变形增大，弹性变形减小，载荷与应力逐渐降低的现象称为松弛。

2．非金属材料的其他性能

非金属材料具有金属材料所无法比拟的一些优点，如质量轻、导热系数低、绝缘性好，还具有耐腐蚀性等优点，因此得到了广泛应用。

非金属材料的物理性能主要包括密度、孔隙和材料胀缩等，它是衡量材料质量和形态的主要指标。松散密度、密度和孔隙率是非金属材料的基本物理性能，能反映出材料的密实程度，对材料的其他性能影响很大。

1）松散密度

材料在自然状态下包括孔隙或空隙在内的单位体积的质量叫作松散密度。松散密度可用公式$\gamma_0=\dfrac{m}{V_0}$表示。式中，γ_0为松散密度，单位为kg/m^3；m为材料的质量，单位为kg；V_0为材料在自然状态下的体积，单位为m^3。

材料的松散密度通常是指在干燥状态下的材料质量。材料在自然状态下，常含有水分，会影响其质量和体积变化，因此对所测定的材料容重，必须注明其含水状态。

2）密度

材料在绝对密实状态下的单位体积的质量叫作密度。密度可用公式$\rho=\dfrac{m}{V}$表示。式中，ρ为密度，单位为kg/m^3；m为材料本身的质量，单位为kg；V为材料在绝对密实状态下的体积，单位为m^3。

3）孔隙

用孔隙率作为衡量孔隙的指标。孔隙率是指材料内部空隙体积占材料总体积的百分比。孔隙率用下式计算：$P=\dfrac{V_0-V}{V_0}\times100\%$，式中，$P$为孔隙率；$V_0$为材料在自然状态下的体积，单位为m^3；$V$为材料在绝对密实状态下的体积，单位为m^3。

4）材料胀缩

材料胀缩是由于大气中温度、湿度的变化或其他介质的作用引起的。材料在使用过程中，其胀缩常受到制品结构的限制，会造成制品开裂和变形。材料胀缩主要包括湿胀干缩、热胀冷缩和碳化收缩等。碳化收缩指硅酸盐类材料在大气中受二氧化碳的作用而碳化，产生体积收缩。这种收缩会使制品表面产生微裂纹，并随着碳化作用的深入而发展，从而影响制品的功能。

非金属材料在使用过程中都会与水接触，而水对材料性能的影响很大，特别是对强度、抗腐蚀性、耐久性等的影响更大。非金属材料与水有关的性能主要有亲水性、吸水性、耐水性和抗渗性等。

非金属材料与热有关的性能主要有导热性、热容、耐热性、耐燃性和耐火性等。

耐久性是指材料在使用过程中，长期受到载荷的作用及大气和其他介质、环境的影响，能正常工作、不被破坏、不失去原有性能的性质。影响耐久性的因素有物理作用、化学作用和生物作用。

2.1.2　高分子材料

高分子材料指以高分子化合物为主要组成部分的材料，也称为聚合物或高聚物。高分子材料包括塑料、橡胶、合成纤维和合成胶粘剂等。

1．概述

高分子化合物包括有机高分子化合物和无机高分子化合物两大类，有机高分子化合物又分为合成的和天然的。工程中使用的有机高分子材料主要是人工合成的高分子聚合物，简称高聚物。工程上的高分子材料由大量大分子链集聚而成，大分子链的长短不一。组成聚合物的大量大分子链具有统计分布规律，其分子质量叫作相对分子质量。相对分子质量越大，聚合物的黏度越大、流动性越差、成形温度范围越窄，但强度、硬度越高。碳是组成高分子链的主要元素，碳的四个共价键呈对称的三维棱锥形态。

高聚物在不同的温度下呈现出三种不同的物理状态，即玻璃态、高弹态或黏流态，因而具有不同的性能，这对高聚物的成形加工和使用具有重要意义。如图 2-1 所示为线形无定形高聚物的温度—形变曲线。

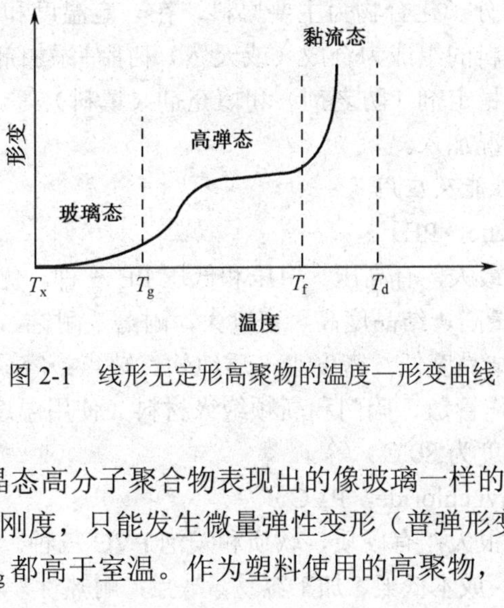

图 2-1　线形无定形高聚物的温度—形变曲线

1）玻璃态

当温度低于 T_g 时，非晶态高分子聚合物表现出的像玻璃一样的非晶态固体的这种物理状态称为玻璃态。玻璃态有一定刚度，只能发生微量弹性变形（普弹形变）。塑料是室温下处于玻璃态的高聚物，因此塑料的 T_g 都高于室温。作为塑料使用的高聚物，它的 T_g 应该越高越好。

2）高弹态

当温度在 T_g～T_f 之间时，高聚物表现出的物理状态称为高弹态。处于高弹态的高聚物在外力作用下能发生较大的可逆形变（高弹形变）。橡胶是在常温下处于高弹态的高聚物，因此橡胶的 T_g 都低于室温。作为橡胶使用的高聚物，它的 T_g 应该越低越好。

3）黏流态

当温度升高到黏流化温度 T_f 时，高聚物成为流动的黏液，这种状态叫作黏流态。黏流态是高聚物成形加工时的工艺状态。由单体聚合物生成的高聚物原料一般为粉末状、颗粒状或块状，将高聚物原料加热至黏流态后，可以通过喷丝、吹塑、挤压和模铸等方法进行加工。黏流态也是有机胶黏剂的工作状态。

有机高分子材料的物理、化学反应具有以下四个特点。

① 聚合反应：将低分子化合物（单体）结合成高分子化合物的过程，有加聚反应和缩聚反

应两种。前者是将不饱和键打开，重新一个一个连接聚合成大分子链。后者是析出水、氨和甲醇等低分子物质聚合成大分子链。

② 交联反应：使高分子从线形结构转变为体形结构的这种变化，有官能团交联反应和辐射交联反应两种。

③ 裂解反应：在各种外界因素作用下，高聚物发生链的断裂，使相对分子质量下降的反应。

④ 老化：在长期使用过程中，高分子材料受到各种因素作用，结构组成会发生变化，从而失去弹性，出现龟裂、变硬变脆、发黏软化等现象。

高分子材料的成形方式有挤出成形、注射成形、吹塑成形、压塑成形和压注成形等。

2．塑料

在当前机械工业中，塑料是应用最广泛的非金属材料。塑料的品种很多，按树脂的性质分成热塑性塑料和热固性塑料两大类；按使用范围可分为通用塑料、工程塑料和特种塑料。通用塑料主要有聚乙烯、聚丙烯、聚氯乙烯、聚苯乙烯、酚醛塑料和氨基塑料等，它们可作为日常生活用品，包装材料及一般小型机械零件。工程塑料常见的品种有 ABS、有机玻璃、环氧树脂和聚甲醛等，和通用塑料相比，它具有优异的力学性能、电性能、化学性能及耐热性、耐磨性和尺寸稳定性等，因此常在汽车、机械、化工等部门用来制造机械零件和工程结构。

塑料是以天然或合成高分子化合物为主要原料，在一定温度和压力下塑制成形的，具有良好可塑性的高分子材料。塑料的组成为合成（或天然）树脂+添加剂。

添加剂主要有增塑剂、稳定剂（防老剂）和填充剂（填料）等。固化剂、润滑剂、着色剂、发泡剂和阻燃剂等，可视情况加入。

1）常用的热塑性塑料性能及应用

（1）聚乙烯（Polyethylene，PE）

热塑性通用塑料，产量最大，有高压、中压和低压 PE 三种。优点：原料来源丰富，价格低廉。低压 PE 的相对分子质量高、结晶度高、密度大，耐磨、耐蚀，电绝缘性好，质地坚硬。高压 PE 的相对分子质量低、结晶度低、密度小，质地软。缺点：容易发生环境应力开裂现象。

应用：低压 PE 用于制作管道、阀门和高频绝缘材料（使用温度为 100℃）等；高压 PE 用来制作薄膜、软管（使用温度为 80℃）等。

（2）聚氯乙烯（Polyvinyl chloride，PVC）

热塑性通用塑料，产量很大，有硬质、软质和发泡 PVC 三种。优点：化学稳定性高、绝缘性好、阻燃耐磨、消声减震、成本低廉、加工容易。缺点：耐热性差、冲击强度低、有一定毒性。

应用：硬质 PVC 常用于代替不锈钢，制作化工设备、耐蚀容器（储槽、管道、风机外壳）等；软质 PVC 加入 30%～40%增塑剂，用于制作耐酸碱软管、电线包皮或绝缘层、薄膜等；发泡 PVC 加入发泡剂，用于隔音、隔热、制作防震包装等。

（3）聚酰胺（Polyamide，PA）

热塑性工程塑料，俗称尼龙（有 PA6、PA12 和 PA66），是最早发现能承受负荷的塑料，在机械工业中广泛应用。优点：具有一定的强度，良好的韧性，摩擦系数低，良好的自润滑性，较好的耐蚀性。缺点：热稳定性差，有一定吸水性（影响制件尺寸精度和强度）。

应用：耐磨的机械零件，如齿轮、蜗轮和轴承等，使用温度为 100℃。

（4）丙烯晴—丁二烯—苯乙烯共聚物（ABS）

热塑性工程塑料，也称为“塑料合金”，兼有三种单体的特性，在机械和化学工业应用广泛。优点：强度高、刚度大、韧性好，还可在表面电镀其他材料。缺点：不耐高温、不耐燃、耐气候性差。

应用：齿轮、泵叶轮、电话机及仪器仪表外壳、方向盘等。

（5）聚四氟乙烯（PTEE，F4）

热塑性工程塑料，俗称“塑料王”，是各塑料中产量最大、应用最广的一种。优点：优异的耐蚀性能（在强酸、强碱和强氧化剂中不受腐蚀），热稳定性高，使用温度宽（-180～250℃），摩擦系数极低且有自润滑性和良好的绝缘性。缺点：强度较低，加工成形性差（不能像一般热塑性塑料那样成形）、成本高。

应用：化工耐蚀管道和阀门等，机械行业的自润滑轴承、垫圈、活塞环等，高频电子仪器的绝缘等，医学上代替血管、人工心肺装置等。

（6）其他塑料

① PC/ABS（聚碳酸酯和丙烯腈—丁二烯—苯乙烯共聚物和混合物）：PC/ABS 具有 PC 和 ABS 两者的综合特性，如 ABS 的易加工特性和 PC 的优良机械特性和热稳定性。PC 和 ABS 的比率将影响 PC/ABS 材料的热稳定性。PC/ABS 这种混合材料还显示了优异的流动特性，其收缩率在 0.5%左右。

典型应用范围：计算机和商业机器壳体、电气设备、草坪园艺机器、汽车零件仪表板、内部装修及车轮盖等。

② PC/PBT（聚碳酸酯和聚对苯二甲酸丁二醇酯的混合物）：PC/PBT 具有 PC 和 PBT 两者的综合特性，如 PC 的高韧性和几何稳定性及 PBT 的化学稳定性、热稳定性和润滑特性等，其收缩率在 0.5%左右。

典型应用范围：齿轮箱、汽车保险杠及要求具有抗化学反应和耐腐蚀性、热稳定性、抗冲击性及几何稳定性的产品。

③ PC（聚碳酸酯）：PC 是一种非晶体工程材料，具有特别好的抗冲击强度、热稳定性、光泽度、抑制细菌特性、阻燃特性及抗污染性。PC 的缺口冲击强度非常高，并且收缩率很低，一般为 0.1%～0.2%。PC 有很好的机械特性，但流动特性较差，因此这种材料的注塑过程较困难。在选用何种品质的 PC 材料时，要以产品的最终期望为基准。如果塑件要求有较高的抗冲击性，就使用低流动率的 PC 材料；反之，可以使用高流动率的 PC 材料，这样可以优化注塑过程。

典型应用范围：电气和商业设备（计算机元件、连接器等），器具（食品加工机、电冰箱抽屉等）和交通运输行业（车辆的前后灯、仪表板等）。

④ PET（聚对苯二甲酸乙二醇酯）：玻璃化转化温度在 165℃左右，材料结晶温度范围是 120～220℃。PET 在高温下有很强的吸湿性。对于玻璃纤维增强型的 PET 材料来说，在高温下非常容易发生弯曲形变。可以通过添加结晶增强剂来提高材料的结晶程度。用 PET 加工的透明制品具有光泽度和热扭曲温度。可以向 PET 中添加云母等特殊添加剂使弯曲变形减到最小。如果使用较低的模具温度，则使用非填充的 PET 材料也可获得透明制品。

典型应用范围：汽车工业（结构器件如反光镜盒，电气部件如车头灯、反光镜等），电气元件（如马达壳体、电气连接器、继电器、开关和微波炉内部器件等），工业应用（如泵壳体和手工器械等）。

⑤ PP（聚丙烯）：半结晶性材料，比 PE 更坚硬并且有更高的熔点。由于均聚物型的 PP 在温度高于 0℃以上时非常脆，因此许多商业的 PP 材料是加入 1%～4%乙烯的无规则共聚物或更高比率乙烯含量的钳段式共聚物。共聚物型的 PP 材料有较低的热扭曲温度（100℃）、低透明度、低光泽度、低刚性，但是有更强的抗冲击强度。PP 的强度随着乙烯含量的增加而增大。PP 的软化温度为 150℃。由于结晶度较高，所以这种材料的表面刚度和抗划痕特性很好。PP 不存在环

境应力开裂问题。通常采用加入玻璃纤维、金属添加剂或热塑橡胶的方法对 PP 进行改性。由于结晶，所以 PP 的收缩率相当高，一般为 1.8%～2.5%。加入 30%的玻璃添加剂可以使收缩率降到 0.7%。均聚物型和共聚物型的 PP 材料都具有优良的抗吸湿性、抗酸碱腐蚀性和抗溶解性。然而，它对芳香烃（如苯）溶剂、氯化烃（四氯化碳）溶剂等没有抵抗力。PP 也不像 PE 那样在高温下仍具有抗氧化性。

典型应用范围：汽车工业（主要使用含金属添加剂的 PP，如挡泥板、通风管和风扇等），器械（如洗碗机门衬垫、干燥机通风管、洗衣机框架及机盖、冰箱门衬垫等）和日用消费品（草坪和园艺设备，如剪草机和喷水器等）等。

⑥ PPE（聚丙乙烯）：一般都混入了其他热塑性材料，如 PS、PA 等。这些混合材料一般仍称为 PPE 或 PPO。混合型的 PPE 或 PPO 比纯净的材料有好得多的加工特性。特性的变化依赖于混合物，如 PPO 和 PS 的比率。混入了 PA66 的材料在高温下具有更强的化学稳定性。这种材料的吸湿性很小，其制品具有优良的几何稳定性。混入了 PS 的材料是非结晶性的，而混入了 PA 的材料是结晶性的。加入玻璃纤维添加剂可以使收缩率减小到 0.2%。这种材料还具有优良的电绝缘特性和很低的热膨胀系数。

典型应用范围：家庭用品洗碗机、洗衣机等电气设备的控制器壳体、光纤连接器等。

⑦ PS（聚苯乙烯）：大多数商业用的 PS 都是透明的、非晶体材料。PS 具有非常好的几何稳定性、热稳定性、光学透过特性、电绝缘特性及很微小的吸湿倾向。它能够抵抗水和稀释的无机酸，但能够被强氧化酸（如浓硫酸）所腐蚀，并且能够在一些有机溶剂中膨胀变形。其典型的收缩率为 0.4%～0.7%。

典型应用范围：产品包装、家庭用品、餐具、托盘等，电器（透明容器、光源散射器、绝缘薄膜等）等。

⑧ SA（苯乙烯—丙烯腈共聚物）：坚硬、透明。苯乙烯成分使 SA 坚硬、透明并易于加工；丙烯腈使 SA 具有化学稳定性和热稳定性。SA 具有很强的承受载荷的能力、抗化学反应能力，抗热变形特性和几何稳定性。SA 中加入玻璃纤维添加剂可以增加强度和抗热变形能力，减小热膨胀系数。SA 的软化温度约为 110℃。载荷下挠曲变形温度约为 100℃。SA 的收缩率约为 0.3%～0.7%。

典型应用范围：电气插座、壳体等，日用商品、厨房器械（如冰箱装置、电视机底座、卡带盒等），汽车工业（如车头灯盒、反光镜、仪表盘等），家庭用品（如餐具、食品刀具等）和化装品包装等。

⑨ 烯丙酯类树脂：是以烯丙基为基础的酯类。以一元酸或二元酸为基础的烯丙酯可用作低粘性单体或热塑性预聚体。它们常常用作不饱和树脂的交链剂，也用在增强热固性模塑料和高性能透明物的加工成形中。树脂在高温高湿条件下仍保持原有的电性能，模塑制品具有尺寸稳定性、耐化学性、机械强度好及耐热性能好等优点。添加阻燃剂的烯丙酯类树脂模塑料可在市场上购买到，一些品种已被美国保险商实验室认可。某些烯丙酯类树脂具有抗燃级 UL94 V—0 可燃度级，并有抗强电弧引燃性与抗电弧径迹性。

典型应用范围：商业上应用最广泛的烯丙酯类是邻苯二酸二烯丙酯及间苯二酸二烯丙酯单体与预聚物，它们都很容易转化成热固性模塑料及玻璃布和纸张的预浸料。

2）常用的热固性塑料性能及应用

（1）酚醛塑料（PF）

酚醛塑料俗称“电木”，由酚醛树脂加添加剂制成。优点：强度高、刚度大、耐热性好、绝缘性好、耐酸腐蚀、摩擦系数低、制件尺寸稳定。缺点：不耐强碱腐蚀。

典型应用范围：齿轮、凸轮、轴承、开关等电绝缘器件。

（2）环氧塑料（EP）

环氧塑料俗称“万能胶”，由环氧树脂加增塑剂、固化剂、填料等制成。优点：突出的尺寸稳定性和耐久性，强度高、耐酸碱腐蚀、电绝缘性良好等。缺点：固化剂有毒、成本高。

典型应用范围：层压塑料、绝缘器件和黏结剂等。

3．橡胶

橡胶和塑料的区别是：橡胶在很宽的温度范围内（-50～150℃）处于高弹态，在较小的外力作用下能发生很大的变形，当外力取消后能很快地恢复到近似原来的状态，这种极其宝贵的高弹性是其他任何材料所没有的。同时，橡胶有优良的伸缩性和可贵的积蓄能力的作用，因而成为常用的弹性材料、密封材料、减震防震材料和传动材料。橡胶品种甚多，按其原料来源可分为天然橡胶和合成橡胶两大类，就合成橡胶而言，通常依其用途分为通用合成橡胶和特种橡胶。橡胶的性能，从不同的使用角度可以有一系列要求，如定伸强度、抗撕裂强度、耐磨性、回弹性、伸长率、永久变形、耐寒、耐高温、电性能和透气性等。其中最主要的是高弹性和机械性能。

常用橡胶的性能特点和用途如下。

1）天然橡胶

天然橡胶是聚异戊二烯混合体，来源于橡胶树的胶乳。优点：具有耐磨性、耐蚀性、耐低温性、介电性好，易于加工成形。缺点：耐油、耐溶剂性差，抗臭氧老化性差。

典型应用范围：轮胎、胶鞋和胶管等。

2）丁苯橡胶

丁苯橡胶是合成橡胶，是产量最大、应用最广的通用橡胶，是丁二烯和苯乙烯的共聚物。优点：具有耐磨性、耐热性、耐油性和抗老化性，特别是耐磨性超过天然橡胶，价格低廉。缺点：强度低、成形性不佳。

典型应用范围：轮胎、胶鞋和胶管等。

3）氯丁橡胶

氯丁橡胶俗称“万能橡胶”，是氯丁二烯聚合物。优点：机械性能与天然橡胶相似，耐磨、耐热、耐油、抗老化等。缺点：耐寒性差、密度大、成本高。

典型应用范围：三角皮带、运输带、腐蚀介质输送管、胶粘剂等。

2.1.3　陶瓷材料

陶瓷材料是无机非金属材料，具有熔点高（一般在 2000℃以上）、硬度高（莫氏硬度为 9.0 左右）、化学稳定性好、绝缘性好（没有自由电子）、耐高温、耐腐蚀（正离子被负离子包围，不易和氧发生反应）等特点。

1．陶瓷材料的分类

陶瓷大致可分为传统陶瓷及特种陶瓷两大类。陶瓷一般以天然硅酸盐为原料，其生产过程比较复杂，但基本的工艺是原料的制备、坯料的成形和制品的烧成或烧结（使坯件瓷化的工艺称为烧成，温度一般为 1250～1450℃。获得高致密程度的瓷化过程称为烧结）三个步骤。陶瓷是一种相固体材料，含有晶相、玻璃相和气相三种显微组织。

晶相：多相多晶体，主要由离子键、共价键结合；有金属氧化物和含氧酸盐两种；决定着陶瓷的机械性能，是陶瓷的主要组织组成物。

玻璃相：非晶态固体，烧结熔化后冷却的非晶态玻璃；作用是粘结晶相、降低烧结温度、抑制晶相长大、填充气孔等，但降低陶瓷的熔点和热稳定性，机械性能较低；一般占组织组成的 20%～40%。

气相：气体形成的气孔，常孤立分布在玻璃相中；可减小陶瓷密度、吸收震动能量，但降低陶瓷强度和绝缘性能；一般应控制在 10%以下；作为保温材料时要增加气孔率。

传统陶瓷（普通陶瓷）主要是指黏土制品，原料经粉碎、成形、烧结而成的产品。特种陶瓷（新型陶瓷）是用化工原料（包括氧化物、氮化物、碳化物、硅化物、硼化物、氟化物等）采用烧结工艺制成的具有各种特殊力学、物理或化学性能的陶瓷。若按性能特点和用途分类，传统陶瓷可分为日用陶瓷、建筑陶瓷、电器绝缘陶瓷、化工陶瓷、多孔陶瓷（过滤、隔热用瓷）等，它们可满足各种工程的需要；特种陶瓷可分为电容器陶瓷、压电陶瓷、磁性陶瓷、电光陶瓷和高温陶瓷等，广泛用于尖端科学领域中。

2．常用陶瓷材料性能及应用

1）普通陶瓷

普通陶瓷是以黏土为原料，经配制烧结而成。其主要晶相是莫来石（$3Al_2O_3·2SiO_2$）、SiO_2，玻璃相占 30%～60%，气相占 1%～3%。优点：良好的耐蚀性、电绝缘性、成形性，成本低廉。缺点：强度低（玻璃相多的缘故）、易软化。

典型应用范围：耐腐蚀的容器和管道、电绝缘的电瓷等。

2）氧化铝陶瓷

氧化铝陶瓷是以 Al_2O_3（占 45%以上）为主要成分的特种陶瓷。其主要晶相是 Al_2O_3、SiO_2，随 Al_2O_3 含量的不同而不同。有刚玉、刚玉/莫来石和莫来石三种类型的氧化率陶瓷。优点：强度高（普通陶瓷的 3～7 倍）、硬度高（90HRC）、耐磨性很好、电绝缘性好，可在高温下长期工作等。缺点：脆性大、抗热震性差。

典型应用范围：内燃机火花塞、金属拉丝模、切削冷硬铸铁和淬火钢的刀具、熔化金属的坩埚和导弹整流罩等。

3）氮化硅陶瓷

氮化硅陶瓷是以 Si_3N_4 为主要成分的特种陶瓷，有反应烧结和热压烧结两种。其主要晶相是 Si_3N_4，六方晶系，共价键化合物。性能特点：化学稳定性好、耐腐蚀、硬度高，摩擦系数小且有自润滑作用，热膨胀系数低，抗热震性能好，绝缘性能好。

典型应用范围：石化用密封环、高温轴承、电硅泵管道/阀门（反应烧结）或简单的耐磨、耐高温刀具（热压烧结）等。

4）氮化硼陶瓷

氮化硼陶瓷是以 BN 为主要成分的陶瓷。其晶体结构为六方晶系，与石墨相似。性能特点：其强度比石墨高，有良好的耐热性（在氮气或惰性气体中最高使用温度达 2800℃），是典型的电绝缘材料和优良的热导体，具有良好的化学稳定性和机械加工性能。

典型应用范围：冶炼用坩埚、器皿、管道、半导体容器和各种散热绝缘件、玻璃制品模具等。

2.2 新型材料

2.2.1 复合材料

复合材料是由两种或两种以上性质不同的材料经人工合成的多相固体材料。它不仅保留了组成材料的优点，还具有单一材料所不具有的优异性能。因此，复合材料发展迅速，在各个领域都得到了广泛应用。例如，先进的 B-2 隐形战斗轰炸机的机身和机翼大量使用了石墨和碳纤维复合材料，这种材料不仅比强度大，而且具有雷达反射波小的特点。

1．复合材料的分类及性能

复合材料按组成材料分有金属/金属复合材料、金属/非金属复合材料和非金属/非金属复合材料；也可以按性能分成结构复合材料和功能复合材料；还可以按增强物质分成粒子增强复合材料、纤维增强复合材料与层合复合材料。

复合材料的优点是比强度/比模量高，抗疲劳性能好，破损安全性好，减震性能好，以及具有良好的自润滑和耐磨性；缺点是断裂伸长率小，抗冲击性较差，横向强度较低并且成本较高。

2．典型复合材料

1）纤维增强复合材料

纤维增强复合材料中承受载荷的主要是增强纤维，而增强纤维处于基体之中，彼此隔离，其表面受到基体的保护，因而不易受到损伤；塑性和韧性较好的基体能阻止裂纹的扩展，并对纤维起到黏结作用，复合材料的强度因而得到很大的提高。

（1）玻璃纤维热塑性增强复合材料：以 20%～40%玻璃纤维为增强剂和 60%～80%热塑性树脂（基体）为黏结剂（如尼龙、聚碳酸脂、ABS、聚苯乙烯等）制成的。优点：强度和比强度高，冲击韧性好，绝缘性好，耐腐蚀，抗老化，易于加工成形等。

应用：质量小、强度高的受力/受热结构件、传动零件和绝缘件等。

（2）玻璃纤维热固性增强复合材料：由 60%～70%玻璃纤维和 30%～40%热固性树脂（环氧树脂、酚醛树脂、聚脂、有机硅等）组成，俗称“玻璃钢”。优点：密度小、强度高、绝缘好、耐腐蚀、易着色和成形等。缺点：弹性模量低、刚度差、耐热性不好并且易于老化等。

应用：航空航天雷达罩、螺旋桨叶片、轻型船/舰/艇、耐腐蚀容器和管道等。

（3）纤维/金属复合材料：纤维/金属复合材料是最有发展前途的金属基复合材料，一般由强度高、弹性模量高，但韧性差的纤维与强度低、弹性模量低，但韧性好的金属基体组成。常用纤维有碳纤维、硼纤维、碳化硅纤维等。常用基体有铝及其合金、铜及其合金、钛及其合金等。优点：高温强度好、冲击韧性好，耐热性/耐磨性/导热性都好，尺寸稳定不老化等。缺点：工艺复杂，价格昂贵。

应用：航天飞机外壳、飞机蒙皮、螺旋桨、涡轮发动机压气机叶片和返回器具外壳等。

2）颗粒增强复合材料

颗粒增强复合材料中承受载荷的主要是基体，颗粒增强的作用在于阻碍基体中位错和分子链的运动，从而达到增强的效果。增强效果与颗粒的体积含量、分布、粒径及粒间距有关，粒径为

0.01～0.1μm 时的增强效果最好。当粒径小于 0.01μm 时，位错容易绕过，难以对位错运动起阻碍作用；当粒径大于 0.1μm 时，会造成附近基体中应力集中，或使颗粒本身破碎，反而导致材料强度降低。常见的颗粒复合材料有两类：一类是颗粒增强树脂复合材料，如在塑料中添加颗粒状填料，橡胶用碳黑增强等；另一类是颗粒增强金属复合材料，如陶瓷颗粒增强金属复合材料等。

3）层合复合材料

层合复合材料由两层或两层以上不同性质的材料复合而成，以达到增强的目的。三层复合材料是以钢板为基体，烧结铜为中间层，塑料为表面层制成的。它的物理、力学性能主要取决于基体，而摩擦、磨损性能取决于表面塑料层。中间多孔性青铜使三层之间获得可靠的结合力。表面塑料层通常为聚四氟乙烯（如 SF-1 型）和聚甲醛（如 SF-2 型）。这种复合材料与单一塑料相比，承载能力提高 20 倍，导热系数提高 50 倍，热膨胀系数降低 75%，从而改善了尺寸稳定性，常用作无油润滑轴承、机床导轨、衬套和垫片等。夹层复合材料是由两层薄而强的面板或蒙皮与中间夹一层轻而柔的材料构成。面板一般由强度高、弹性模量大的材料组成，如金属板、玻璃等。而心部结构有泡沫塑料和蜂窝格子两大类，这类材料的特点是密度小，刚性和抗压稳定性好，抗弯强度高，常用于航空、船舶、化工等工业，如飞机、船仓隔板和冷却塔等。

2.2.2 磁性材料

磁性材料是电力、电子、能源、信息乃至各行各业不可缺少的基础材料，例如，变压器的铁芯，发动机与电动机的转子与定子，计算机的磁盘、磁带、磁鼓，人造卫星上探测星际磁场的探头，收音机、录音机、电视机和洗衣机等家用电器无一可离开磁性材料。因此，可以说，如果没有磁性材料就没有现代工业技术。

人们最早认识的磁性材料是天然磁石，它的主要成分是 Fe_3O_4。现代工业中用的磁性材料主要有软磁材料、硬磁材料（永磁材料）及超导磁材料等。

1．软磁材料

软磁材料是矫顽力小于 0.8kA/m 的磁性材料。纯铁、低碳钢、铁-硅合金（硅钢片）、铁-镍合金、铁-钴合金和铁-铝合金等是常用的软磁金属材料。例如，在变压器、发电机等电力设备中大量使用硅钢片。在工业生产中，常选择含有 3.2%Si 左右的硅钢，经过退火处理和冷轧变形，成为薄板带，根据需要再叠合成不同形状的铁芯。

除了金属软磁材料外，铁氧体软磁材料同样被广泛地应用。所谓铁氧体是以铁为主要成分的一种或几种金属元素的复合氧化物。铁氧体软磁材料主要有三大类别，即尖晶石型铁氧体（如 $MnFe_2O_4$）、石榴石型铁氧体（如 $R_3Fe_5O_{12}$，其中 R 代表钇、钪及稀土族元素）和六角晶型铁氧体（如 $PbFe_{12}O_{19}$、$BaFe_{12}O_{19}$ 等）。铁氧体软磁材料由于具有高电阻率，使得它在交变电磁场中表现出很小的集肤效应和涡流损耗，因此在无线电、高频、微波、脉冲等领域得到了广泛应用，通信、广播、电视、计算机、航天技术及家用电器中也都离不开铁氧体磁性材料。

另一类软磁材料是非晶态磁性合金。通常的合金材料都是晶态结构，但人们可以采用气相沉积、液相急冷或高能离子注入等方法获得非晶态金属合金。在非晶态合金中，原子的排列是不规则的，因此它又称为金属玻璃。典型的非晶态软磁材料是由原子比例为 80%的铁、钴和镍，和原子比例为 20%的硼、碳、硅、磷或铝组成的，这种非晶态合金具有一系列优良的性能，特别是它的电阻率较高、涡流损耗低，电阻温度系数小，用作变压器铁芯、磁记录、磁传感器与电机材料时具有很大的优越性。

2．硬磁材料

具有高矫顽力、高剩磁和宽磁滞回线的磁性材料称为硬磁材料或永磁材料，常叫作永久磁铁。永久磁铁经外加磁场饱和磁化之后，在移去外加磁场时，磁铁两个磁极之间的空隙中可以产生恒定磁场，对外界提供有用的磁能。

金属永磁材料主要有 Al-Ni-Fe 合金、Al-Ni-Co 合金及稀土永磁合金等。稀土永磁材料是以稀土金属与过渡族金属形成的金属间化合物为基的永久磁铁，常见的有 Co_5（Co、Cu、Fe）型、R_2Co_{17} 型及 R-Fe-B 型等。

近年来，R-Fe-B 型永磁材料以其优异的永磁性能受到世界各国的高度重视，其成分为：W_{Nb} 为 15%～17%，W_B 为 6.0%～8.5%，其余为铁。铁氧体永磁材料中常用的有 $BaFe_{12}O_{19}$ 等。永久磁铁广泛用于永磁电机、电声器件、仪表、磁力机械、磁性轴承、磁悬浮、磁分离技术等许多领域，是很有生命力的功能材料。

2.2.3　超导材料

1．金属材料的超导电性

一般金属材料在温度接近绝对零度（0K）时，其电阻率随着温度的下降而趋近于一个有限的常数。而某些纯金属、合金和化合物却在温度接近绝对零度时，在对应于某一特定的温度 T_C 附近，其电阻突然变为零，同时物体内部失去磁通而成为完全抗磁性的物质，这种现象称为超导电性。在超导电体中没有电能损耗，电流可以永恒地流动。人们发现并研究较多的超导体有 W、Be、Cd、Zn、Mo、Al、Pb、Nb 等纯金属，Nb-Ti、Nb-Zr-Ti、Nb-Zr-Ta 等合金材料，NbTi、Nb_3Sn、V_3Ga、Nb_3Ga、Nb_3Al、Nb_3Ge、$PbMo_6S_8$ 等化合物。

2．超导材料的应用

超导电性具有广泛的应用前景。利用超导输电，可以大大降低输电损耗（一般导体输电的损耗为 7%左右）；超导电力储存可用于储存夜间的电力为白天提供大量电能；利用超导体无功率损耗的特点可获得强磁场，超导磁体在热核反应、磁流体发电、磁悬浮列车、高能物理实验、磁场炼钢和磁轴承等许多方面有着广泛的应用前景。

近年来，人们在超导研究方面又有许多新的进展，在提高超导体的临界温度 T_C、临界磁场 H_{CZ} 和临界电流密度 J_C 等方面，以及在发现新的超导材料方面，都不断地获得了新的成果。目前已知有几十种纯金属，1000 多种合金和化合物具有超导电性。随着研究的深入进行，超导材料的工业应用将为人类带来巨大的利益。

2.2.4　形状记忆合金

1．金属材料的形状记忆效应

形状记忆合金是一种具有形状记忆效应的金属材料，它是在低温下改变形状，一旦受热后就回到原状的合金。

合金的形状记忆效应的机理源于热弹性马氏体可逆相变，且这种相变的可逆性是不仅在晶体结构而且在晶体的位向上都能恢复到相变前的母相状态，也就是说，试件相变之后在温度变化的条件下，能够回到和冷却、变相前相同的母相状态，进而完成一次完整的形状恢复。

将记忆合金材料加工成所需要的形状并加热到高温，让它记住这个形状（即进行记忆处理），随后淬火冷却到马氏体相变区，施加外力使试件发生一定的变形，再将温度升高，试件将完全恢复到原来的形状。例如，将 TiNi 合金丝沿着螺纹卷成线圈，固定两端，在 300℃保温 1 小时，冷却到室温并将线圈拉直，然后将其浸泡在热水中，则它立即恢复为线圈形状。

TiNi 合金的形状记忆处理是在 400～500℃保温几个小时，CuZnAl 合金的形状记忆处理是在 800～850℃保温约 10 分钟。

2．形状记忆合金的应用

形状记忆合金在国防、航空航天、石油化工及民用工业中均得到了应用。此外，形状记忆合金作为机器上的形状记忆驱动器、太阳能热机元件、冷暖空调机温敏元件等已有许多应用实例。除了上述方面的应用外，形状记忆合金在医学上已有几十种应用，如脊柱侧弯矫形棒、人造关节、接骨板、骨髓针及人工心脏用人工肌肉等，这些应用在解决医学难题和减少病人痛苦方面发挥了极为重要的作用。

2.2.5 纳米材料

1．纳米科学技术

目前，通常把亚微米级（0.1～1μm）体系称为介观领域，纳米体系是介观领域中的一个特定的研究范围，0.1～100nm（$1nm=10^{-9}m$）尺寸范围是纳米体系研究的主要对象。

纳米科学技术就是研究尺寸范围在 0.1～100nm 的物质组成的纳米体系的运动规律、相互作用及各种可能的实际应用；纳米科学技术的本质是在纳米尺寸（10^{-9}～10^{-7}）范围内认识与改造自然，通过操作和排列原子、分子，创造新的物质。

纳米科学技术主要研究的内容有以下 7 个部分：①纳米物理学；②纳米化学；③纳米材料学；④纳米生物学；⑤纳米电子学；⑥纳米加工学；⑦纳米力学。纳米科学技术将人类的科技活动延伸到物质的分子、原子领域，从而开辟了人类认识世界的新层次。

2．纳米材料

纳米材料一般都是人工制备的，然而在自然界中发现有许多纳米微粒、纳米固体，例如，人和兽类的牙齿表层就是由纳米微粒构成的。

人工制备纳米材料的历史，有据可考的至少有 1000 多年了。在我国古代，制造铜镜时，表面涂上了一层纳米氧化锡薄层；古人还利用燃烧蜡烛收集碳黑，用作墨和染料的原料，古代用的防腐涂料氧化锡与纳米尺寸的碳黑也许就是最早的人工纳米材料。现在，人工制备纳米材料的方法主要有：①球磨和机械合金化技术；②化学合成技术；③等离子电弧合成技术；④电火花制备技术；⑤激光合成技术；⑥生物学制备技术；⑦磁控溅射技术；⑧燃烧合成技术；⑨喷雾合成技术等。

1）纳米材料的分类

纳米结构单元是构成纳米结构块体、薄膜和多层膜等纳米材料的基本单元，包括原子团簇、纳米微粒、人造原子、纳米管、纳米棒、纳米丝和同轴纳米电缆等。按照纳米微粒的结构状态，纳米材料又可以分为纳米微晶体材料、纳米非晶体材料和纳米准晶体材料；根据纳米微粒键的形式，还可以把纳米材料分为纳米金属材料、纳米离子晶体材料、纳米半导体材料及纳米陶瓷材料。

2）纳米复合材料

纳米复合材料大致包括三种类型：一种是 0-0 复合，即不同成分、不同相或不同种类的纳米粒子复合而成的纳米固体，这种复合体的纳米粒子可以是金属与金属、金属与陶瓷、金属与高分子、陶瓷与陶瓷、陶瓷与高分子等构成的纳米复合体；第二种是 0-3 复合，即把纳米粒子分散到常规的三维固体中，例如，把金属纳米粒子弥散到另一种金属或合金中，或者放入常规的陶瓷材料或高分子中，用这种方法获得的纳米复合材料由于它的优越性能而具有广泛的应用前景；第三种是 0-2 复合，即把纳米粒子分散到二维的薄膜材料中，这种 0-2 复合材料又可分为均匀弥散和非均匀弥散两大类（均匀弥散是指纳米粒子在薄膜中均匀分布，人们可根据需要控制纳米粒子的粒径及粒间距；非均匀弥散是指纳米粒子随机地分散在薄膜基体中）。

3）纳米结构与纳米材料的应用

由于纳米材料具有许多奇特的物理、化学、力学等特性，科学家们预计，这种人们用肉眼看不见的极微小的物质将给各个领域带来一场产业革命。

纳米结构可应用于量子磁盘、高密度记忆存储元件、单电子晶体管、高效能量转化装置、微型传感器、离子分离器、超高灵敏度电探测器和高密度电接线头等。例如，计算机中具有存储功能的磁盘，一般存储密度达到 10^6～10^7bit/in^2，光盘问世后，存储密度提高到 10^9bit/in^2。有人试图采用减少磁性材料颗粒尺寸的方法继续提高磁盘的存储密度，却受到超磁性的限制。当人们将纳米结构应用于磁盘存储之后，便设计出了新型的量子磁盘，可使磁盘尺寸缩小到原来的 1/10000，存储密度可达 10^{11}bit/in^2。

由于纳米材料在磁、光、电、敏感性等多方面呈现出常规材料不具备的特性，所以它在磁性材料、电子材料、光学材料、高密度材料的烧结、催化、传感、陶瓷增韧等方面具有广阔的应用前景。表 2-1 列出了纳米材料的一些应用情况，可供参考。

表 2-1　纳米材料的应用

性　能	用　途
磁性	磁记录、永磁材料、吸波材料、磁光元件、磁存储、磁探测、磁制冷材料
光学性能	吸波隐身材料、反光材料、光通信、光存储、光开关、光过滤材料、光导电体发光材料、光学非线性元件、红外线传感器、光折变材料
电学性能	导电浆料、电极、超导体、量子器件、压敏和非线性电阻
热学性能	低温烧结材料、热交换材料、耐热材料
敏感特性	湿敏、温敏、气敏、热释电
显示、记忆特性	显示装置（电学装置、电泳装置）
力学性能	超硬、高强、高韧、超塑性材料，高性能陶瓷和高韧、高硬涂层
催化性能	催化剂
燃烧性能	固体火箭和液体燃料的助燃剂、阻燃剂
流动性	固体润滑油、油墨
悬浮特性	各种高精度抛光液
其他	医用（药物载体、细胞染色、细胞分离、医疗诊断、消毒杀菌）过滤器，能源材料（电池材料、储氢材料），环保用材（污水处理、废物料处理）

思考与练习题

2-1 什么是热固性塑料和热塑性塑料？叙述它们的性能特点并举出几个应用实例。

2-2 什么是橡胶？叙述其性能特点并举出几个应用实例。

2-3 什么是陶瓷？普通陶瓷与特种陶瓷有何区别？举例说明它们的应用。

2-4 什么是复合材料？复合材料分为几类？举例说明复合材料在工业和日常生产中的应用。

2-5 你认为非金属材料与复合材料在经济建设与人民生活中的意义如何？它们的发展前景如何？

2-6 什么是软磁材料？什么是硬磁材料？各有哪些应用？

2-7 什么是超导材料？它对现代工业技术有何意义？

2-8 什么是合金的形状记忆效应？记忆合金有何应用价值？

2-9 什么是纳米材料？纳米材料有哪些应用价值？

第 2 篇

材料成形工艺基础

制造加工工艺实质上就是一种材料成形工艺。依据材料成形学观点，从物质组成方式上可把机械零件成形方法分为如下三种类型：①受迫成形，它是利用材料的可成形性，在特定的边界和外力约束条件下的成形方法，例如，铸造、锻造、粉末冶金和高分子材料注射成形工艺方法就属于这一类；②去除成形，是将一部分材料有序地从基体中分离出去的成形方法，例如，传统的车、铣、刨、磨切削加工及电火花、激光切割等特种加工工艺方法；③堆积成形，是运用合并与连接等手段，将材料有序地合并堆积起来的成形方法，如快速原型制造、焊接等，这种成形方法又称添加成形。

铸造是将液态合金浇注到具有与零件形状相适应的铸型空腔中，待其冷却凝固后，获得零件或毛坯的方法。

金属压力加工是借助外力的作用，使金属坯料产生塑性变形，从而获得具有一定形状、尺寸和力学性能的原材料、毛坯或零件的加工方法。压力加工方式很多，主要有轧制、挤压、拉拔、自由锻、模锻和板料冲压等。前三种方法一般用来制造常用金属材料的板材、管材、线材等原材料；锻造主要用来制造承受载荷的机器零件的毛坯，如机器的主轴、重要齿轮等；而板料冲压广泛用于制造电器、仪表零件等。

焊接是一种永久性连接金属材料的工艺方法。焊接过程实质是利用加热、加压或两者兼用，借助于金属原子的结合和扩散作用，使分离的金属材料牢固地连接起来。在现代制造中，焊接技术起着十分重要的作用。无论是在钢铁、车辆、航空航天、石化设备、机床、桥梁等行业，还是在电机电器、微电子产品、家用电器等行业，焊接技术都是一种基本的，甚至是关键性或主导性的生产技术。

塑料的成形加工是将粉末状、颗粒状或液体状的塑料原料制造成具有实用价值的塑料制品。

粉末冶金技术是一门重要的材料生产技术，在粉末冶金生产中，制粉、压型和烧结是最主要的工序。用粉末冶金方法生产的各种粉末合金材料、粉末合金零件和工具在许多工业部门都得到了广泛的应用。

本篇主要介绍基于受迫成形的有关铸造、锻造和基于堆积成形的焊接成形等金属材料成形工艺方法，粉末冶金的一般生产过程及其特点，常用非金属材料（如工程塑料）的成形工艺方法，使读者掌握这些金属材料毛坯的组织结构和性能，为合理选择材料毛坯加工工艺方法打下基础。

第 3 章　铸造成形

3.1 概述

铸造成形是指熔炼金属，制造铸型，并将熔融（或液态）金属浇入铸型，凝固后获得一定形状和性能的铸件的成形方法，所铸出的产品称为铸件。

铸造成形在工业生产中应用十分广泛，铸件所占的比重也很大。例如，在机床、发动机中，铸件占总质量的 70%～90%；在风机、压缩机中，铸件占总质量的 60%～80%；在农业机械中铸件占总质量的 40%～70%。铸造成形具有以下优点。

（1）可获得形状复杂的零件毛坯。特别是可获得具有复杂内腔的毛坯，如发动机机体、机床箱体和床身、燃气轮机的蜗轮片及各类造型精美复杂的工艺品等。

（2）适应性广。工业中常用的各种金属，如铸铁、碳钢、合金钢、铝合金和铜合金等都可用于铸造；各种形状尺寸、质量和批量的零件毛坯，如质量由几克到几百吨，壁厚从 0.5mm 到 1m 以上的铸件均可铸造。

（3）成本低。铸造用原材料来源广泛，价格低廉，并可回收利用报废的钢铁重新熔炼。此外，砂型铸造生产不需要复杂、精密的设备，投资少，见效快。

（4）机械切削加工量少。由于铸件的尺寸和形状与零件非常接近，机械切削余量较小（有的甚至无须加工），所以节约了金属材料，减少了切削加工的工作量。

铸造成形目前还存在若干较难解决的问题：因金属是在高温液态下成形的，故在凝固冷却过程中，易产生缺陷，如晶粒粗大、气孔、缩孔、缩松和夹渣等，从而影响到铸件的力学性能，尤其是使得承受冲击载荷的能力降低；此外，铸造生产工序繁多，工艺过程难以准确控制，导致铸件质量不够稳定，废品率较高；铸造的生产和环境条件还比较差，等等。

铸造按照铸造方法可分为砂型铸造和特种铸造两大类。砂型铸造是最基本的铸造方法，约占铸件数量的 90%以上。

3.2 铸造成形基础

金属的铸造性能是评价金属铸造成形获得优质铸件的能力。熟悉金属的铸造性能，是合理设计铸件结构和正确进行铸造工艺设计的重要条件。金属的铸造性能一般通过金属的流动性和收缩性等指标来衡量。

3.2.1 金属的流动性

金属的流动性是指熔融金属充满型腔，获得轮廓清晰、形状完整的铸件的流动能力。它是金属固有的性质，与金属种类、化学成分、凝固方式及其他物理性能（如黏度、热容量、导热等）有关。熔融金属的流动性通常用“螺旋形标准试样”的螺旋线长度来衡量，如图 3-1 所示。在比较不同金属的流动性时，应在相同的铸型和浇注条件（浇注温度为同一过热度）下进行测定。在相同的浇注条件下浇注出的试样越长，表示金属的流动性越好。

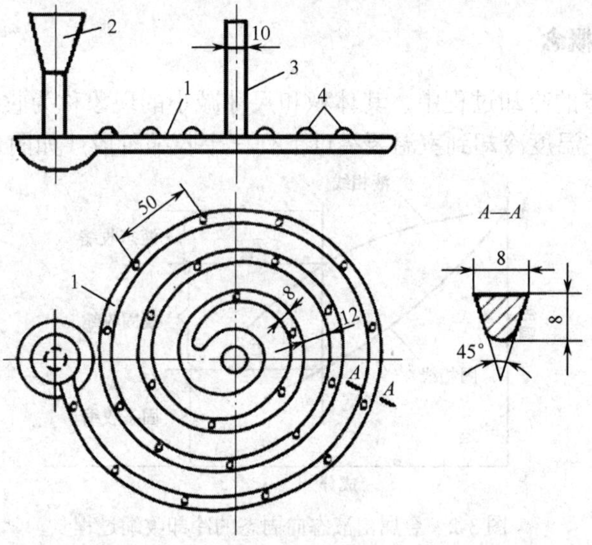

1—试样；2—浇口杯；3—冒口；4—试样凸点

图 3-1　螺旋形标准试样

如表 3-1 所示为几种金属的流动性测试结果，其中灰铸铁、硅黄铜的流动性最好，铸钢的流动性最差。灰铸铁中碳和硅的含量不同，流动能力明显发生变化。另外，硫和磷的含量对流动性也有制约作用：硫会降低铁水的流动性，一般利用锰来平衡它的不良作用；磷可降低铸铁的共晶温度，因此可提高流动性。

表 3-1　几种金属的流动性测试结果

金属种类	铸　型	浇注温度（℃）	螺旋线长度（mm）
灰铸铁　C+Si=6.2%	砂型	1300	1800
C+Si=5.2%			1000
C+Si=4.2%			600
铸钢（0.4%C）		1600～1640	100～200
锡青铜（9%～11%Sn，2%～4%Zn）		1040	420
硅黄铜		1100	1000
铝合金	金属型	680～720	700～800

影响金属流动性的因素很多，凡是影响液态金属在铸型中保持流动的时间和流动速度的因素，如金属本身的化学成分、杂质含量及外部条件（如温度、充型压力等）都将影响流动性。纯金属和共晶成分的熔点低，因而流动性最好；高熔点夹杂物的元素会降低金属的流动性；能形成低熔点化合物且降低金属液强度的元素，能提高金属的流动性。

3.2.2 金属的收缩性

1．金属收缩性的概念

金属由液态向固态的冷却过程中，其体积和尺寸减小的现象称为收缩。收缩是铸造金属的物理性质。金属从浇注温度冷却到室温要经过下列三个收缩阶段（如图 3-2 所示）。

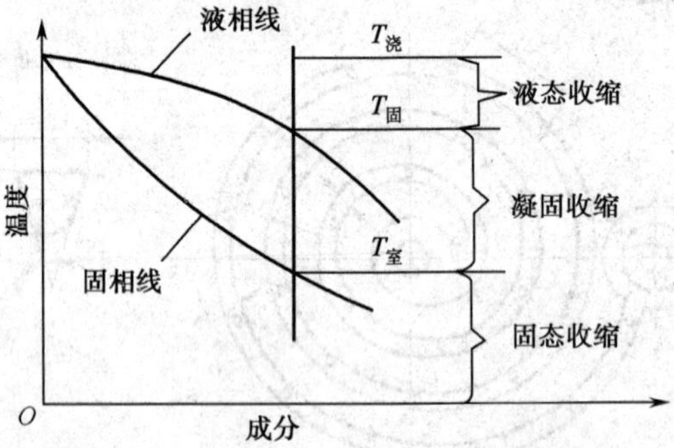

图 3-2　金属由液态向固态的冷却收缩过程

（1）液态收缩：即从浇注温度冷却到凝固开始温度（液相线温度）的收缩（$T_{浇}-T_{液}$）。

（2）凝固收缩：即从凝固开始温度冷却到凝固终止温度（固相线温度）的收缩（$T_{液}-T_{固}$）。

上述两个阶段的收缩表现为金属的体积缩小，一般用体积收缩率ε_{V} 表示，即

$$\varepsilon_{V}=\frac{V_{铸型}-V_{铸件}}{V_{铸件}}\times 100\% \tag{3-1}$$

（3）固态收缩：即从凝固终止温度冷却到室温的收缩（$T_{固}-T_{室}$）。

这种收缩虽然也是体积变化，但只能引起铸件外部尺寸的变化，因此通常用线收缩率ε_{L} 来表示，即

$$\varepsilon_{L}=\frac{V_{铸型}-V_{铸件}}{V_{铸件}}\times 100\% \tag{3-2}$$

2．影响收缩性的因素

影响收缩性的主要因素有化学成分、浇注温度、铸件结构与铸型条件等。

1）化学成分

碳钢随碳含量增加，凝固收缩增加，而固态收缩稍减。一般情况下，灰铸铁的线收缩率为 0.7%～1.0%；非铁金属的线收缩率为 1.0%～1.6%；碳素钢的线收缩率为 1.6%～2.0%。几种铸造金属的收缩率见表 3-2。

表 3-2　几种铸造金属的收缩率

金属种类		灰铸铁			白口铸铁	球墨铸铁	碳钢、合金钢	锡青铜	硅黄铜	铝硅合金	铝铜合金	铝镁合金
		中小件	中大件	特大件								
收缩率（%）	自由收缩	1.0	0.9	0.8	1.75	1.0	1.6～2.0	1.4	1.7～1.8	1.0～1.2	1.6	1.3
	受阻收缩	0.9	0.8	0.7	1.5	0.8	1.3～1.7	1.2	1.6～1.7	0.8～1.0	1.4	1.0

2）浇注温度

浇注温度越高，过热度越大，其液态收缩量增加，金属总的收缩率增大。

3）铸件结构与铸型条件

金属在铸型中并不是自由收缩，而是受阻收缩。其阻力来自两个方面：一是铸件各个部分的冷却速度不同，因互相制约而对收缩产生的阻力；二是铸型和型芯收缩的机械阻力。

3.3 砂型铸造

3.3.1 砂型铸造生产过程

砂型铸造的基本生产过程如图 3-3 所示，其中造型和造芯是砂型铸造中重要的生产环节之一，它直接影响到铸件的质量和成本。

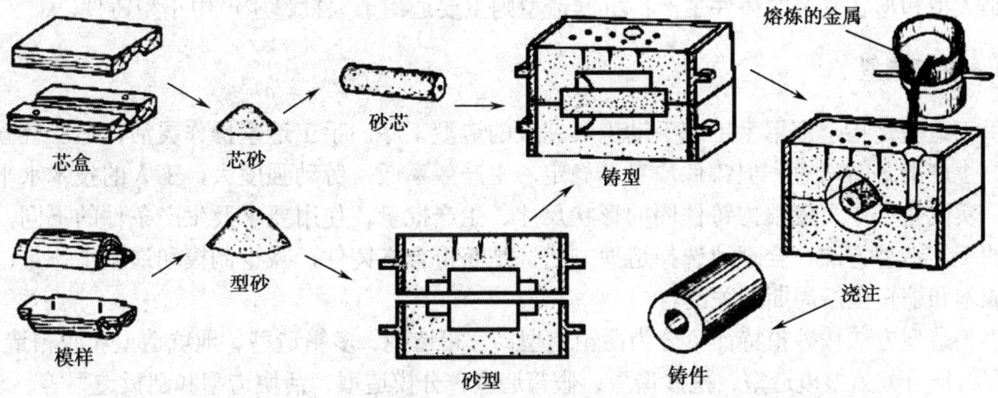

图 3-3　砂型铸造的基本生产过程

3.3.2 造型材料

凡是用来制造铸型或型芯的材料统称为造型材料。砂型铸造的造型材料包括型砂、芯砂和涂料等。合理地选用和配制造型材料，对提高铸件的质量，降低生产成本，减少材料浪费及提高生产效率等具有十分重要的意义。

型（芯）砂是由砂、黏结剂、附加物和水等组成的。型（芯）砂中的主要成分是砂，一般采用石英砂（SiO_2），有时也使用铬矿砂、镁砂及锆砂等性能优良的特种砂。黏结剂一般用黏土和膨润土，也使用水玻璃、植物油、合脂及树脂等。为了改善型（芯）砂的某些性能，如提高型砂的耐火性和透气性，防止粘砂和粘模，可在型砂中加入适量的附加物（如木屑、煤粉等），此外，还需加入适量的水。根据铸造工艺要求，型（芯）砂应具备以下性能。

（1）可塑性。型（芯）砂的可塑性是指在外力作用下，容易获得清晰的模样轮廓，外力去除后，仍能保持其形状的性能。

（2）强度。型（芯）砂的强度是指型（芯）砂抵抗外力破坏的能力。它包括湿强度、干强度、热强度等。型砂的强度随黏土含量和铸型紧实度的增加而增加，砂粒越细，型砂的强度越高。型砂的含水量对强度也有较大的影响，过多过少都会使强度变低。

（3）透气性。型（芯）砂的透气性是指具有空隙，能使气体通过的性能。液态金属浇注时，铸型和型芯在高温作用下会产生大量气体，如型砂中的水分蒸发，有机物的燃烧等，而液体金属内部也会析出一些气体。若型（芯）砂的透气性差，部分气体将滞留在金属内部不能排出，铸件凝固后就会形成气孔。

（4）耐火性。型（芯）砂的耐火性是指在高温金属液的作用下不软化、不熔化的性能。当型砂的耐火性不足时，砂粒将被烧融而粘在铸件表面上，形成一层难以清除的粘砂层，使切削加工时刀具很快磨损，粘砂严重时会使铸件报废。

（5）退让性。型（芯）砂的退让性是指具有随着铸件的冷却收缩而被压缩体积的性能。型砂退让性差时，铸件收缩受阻，易产生应力、变形，甚至裂纹。

3.3.3 造型方法

砂型铸造的造型方法分为手工造型和机器造型两大类。手工造型主要用于单件小批量生产，特别是大型和形状复杂的铸件生产；机器造型则主要适用于大批量生产中小型铸件。

1. 手工造型

手工造型是指全部用手工或手动工具完成的造型工序。手工造型操作灵活，适应性强，成本低，生产准备时间短。但铸件质量不稳定，生产效率低，劳动强度大，工人的技术水平要求较高。实际生产中，应根据铸件图的形状尺寸、生产批量、使用要求及生产条件的不同，选用合适的手工造型方法。合理地选择造型方法，是获得合格铸件，减少制模和造型工作量，降低生产成本和缩短生产周期的关键。

手工造型方法按砂箱特征可分为两箱造型、三箱造型、多箱造型、地坑造型和脱箱造型等；按模型特征可分为整模造型、挖砂造型、假箱造型、分模造型、活块造型和刮板造型等。表 3-3 所示为各种手工造型方法的特点及其适用范围。

表 3-3　各种手工造型方法的特点及其适用范围

造型方法		主要特点	适用范围
按砂箱特征分类	两箱造型 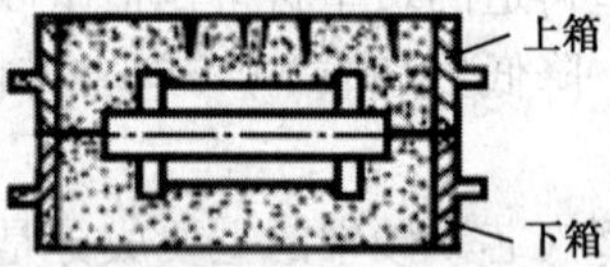	铸型由上型和下型组成，造型、起模、修型等操作方便	适用于各种生产批量，各种大、中、小铸件
	三箱造型 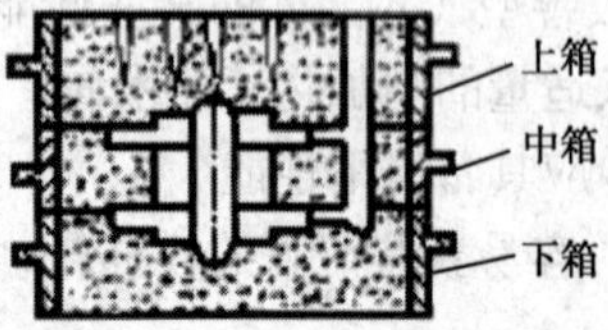	铸型由上、中、下三部分组成，中型的高度必须与铸件两个分型面的间距相适应。三箱造型费工，应尽量避免使用	主要用于单件、小批量生产具有两个分型面的铸件

续表

造型方法		主要特点	适用范围
按砂箱特征分类	地坑造型 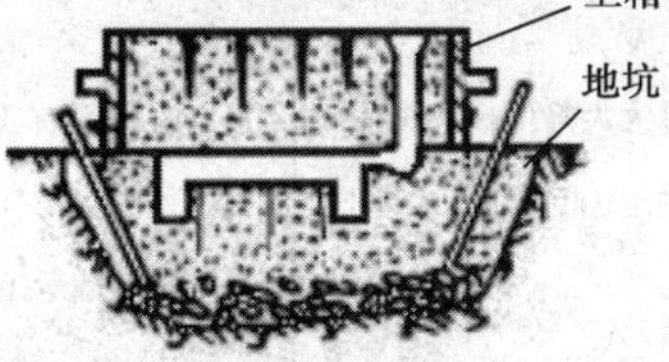	在车间地坑内造型，用地坑代替下砂箱，只需一个上砂箱，可减少砂箱的投资。但造型费时，而且要求操作者的技术水平较高	常用于砂箱数量不足，制造批量不大的大、中型铸件
	脱箱造型 	铸型合型后，将砂箱脱出，重新用于造型。浇注前，必须用型砂将脱箱后的砂型周围填紧，也可在砂型上加套箱	主要用于生产小铸件，砂箱尺寸较小
按模型特征分类	整模造型 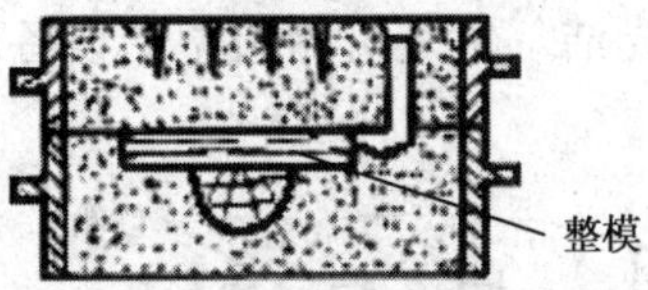	整体模、分型面为平面，铸型型腔全部在一个砂箱内。造型简单，铸件不会产生错箱缺陷	适用于一端为最大截面，且为平面的铸件
	挖砂造型 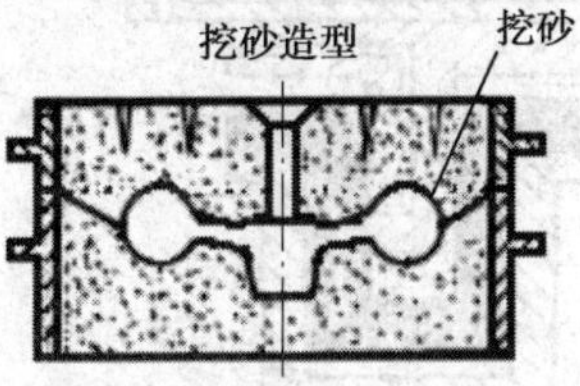	模样是整体的，但铸件的分型面是曲面。为了起模方便，造型时用手工挖去阻碍起模的型砂。每造一件，就挖砂一次，费时、生产率低	用于单件或小批量生产分型面不是平面的铸件
	假箱造型 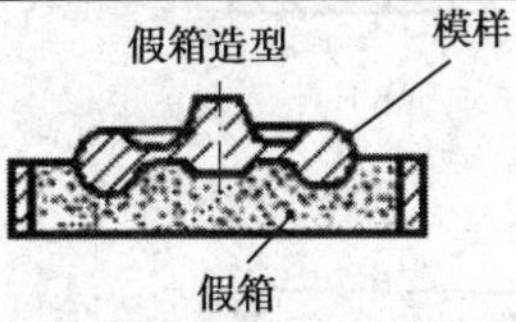	为了克服挖砂造型的缺点，先将模样放在一个预先做好的假箱上，然后放在假箱上造下型，省去挖砂操作。操作简便，分型面整齐	用于成批生产分型面不是平面的铸件
	分模造型 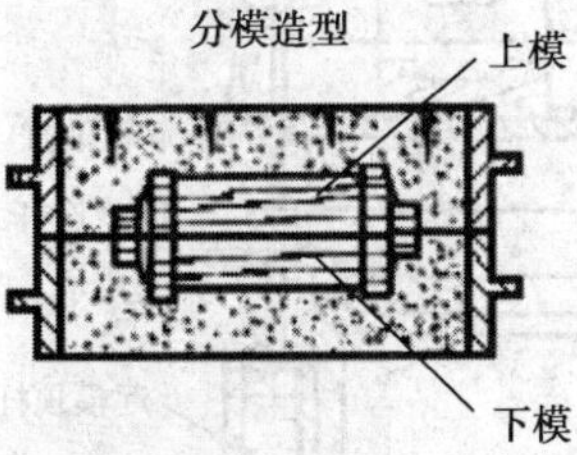	模样沿最大截面分为两半，型腔位于上、下两个砂箱内。造型方便，但制作模样较烦琐	常用于最大截面在中部的铸件
	活块造型 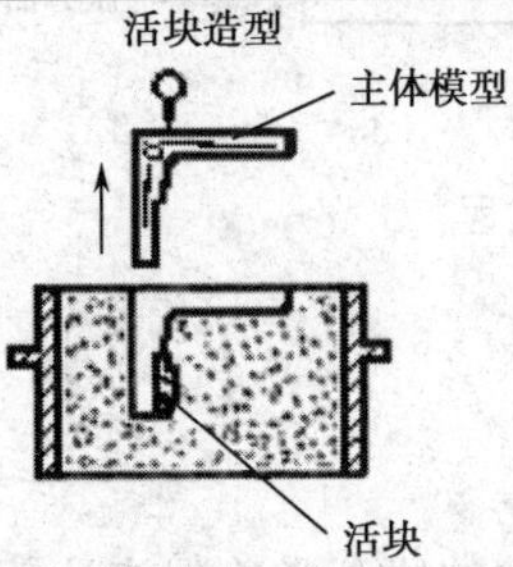	铸件上有妨碍起模的小凸台、肋条等。制模时将此部分做成活块，在主体模样起出后，从侧面取出活块。造型费时，要求操作者的技术水平较高	主要用于单件、小批量生产带有突出部分，难以起模的铸件

续表

造型方法		主要特点	适用范围
	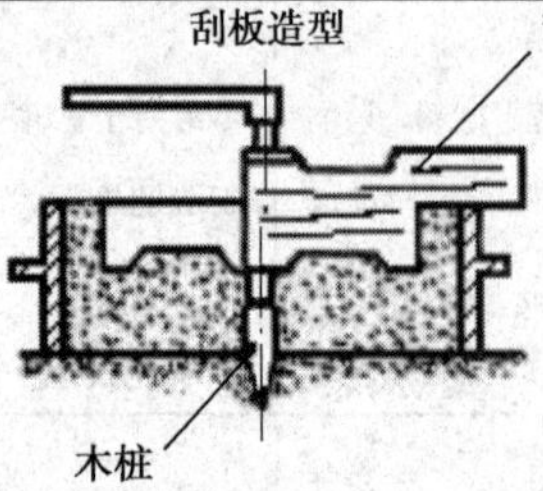	用刮板代替模样造型。可大大降低模样成本，节约木材，缩短生产周期。但生产率低，要求操作者的技术水平较高	主要用于有等截面的或回转体的大、中型铸件的单件或小批量生产

2．机器造型

将造型过程中的两项最主要的操作——紧砂和起模实现机械化的造型方法称为机器造型。图 3-4 所示为震压式造型机的紧砂造型过程，它的特点是：生产率高，每小时可生产几十箱以上；对工人操作技术水平要求不高，易于掌握；造型时所用的砂箱和模板用定位导销准确定位，并由造型机保证精度实现垂直起模，铸件精度高，表面较光洁。但是机器造型的设备及工艺装备费用高，生产准备时间长，因此适用于成批、大量生产。

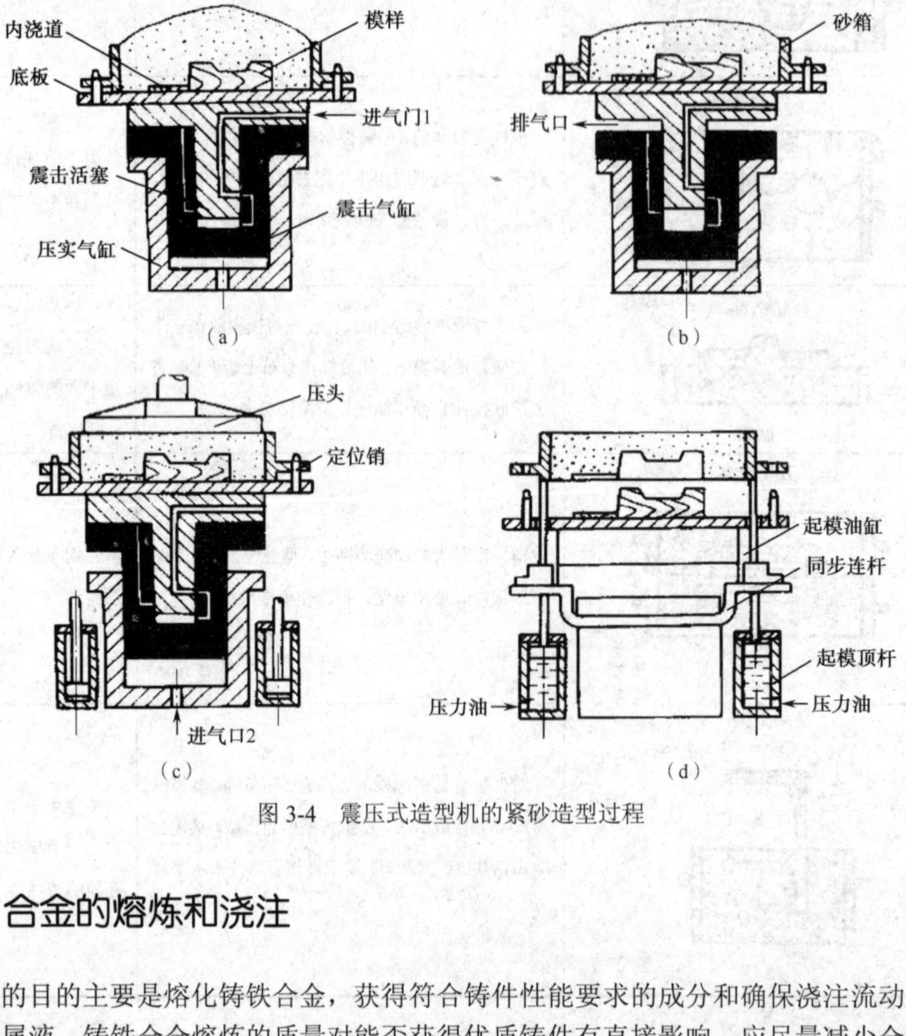

图 3-4　震压式造型机的紧砂造型过程

3.3.4　合金的熔炼和浇注

熔炼的目的主要是熔化铸铁合金，获得符合铸件性能要求的成分和确保浇注流动性的适当温度的金属液。铸铁合金熔炼的质量对能否获得优质铸件有直接影响，应尽量减少金属液中的气体和夹杂物，提高熔炼设备的熔化率，降低燃料消耗，减少对环境的污染，以达到最佳的技术、经济和环保指标。

1．铸铁的熔炼

熔炼铸铁的设备有冲天炉、电弧炉和感应电炉等，其中以冲天炉应用最广。

冲天炉的构造如图 3-5 所示。炉壳由钢板焊成，内砌耐火砖炉衬，上部有加料口，下部有环形风带，从鼓风机鼓出的空气经风带、风口进入炉内，炉缸底部与前炉相通，前炉下部是出铁口，侧面上方有出渣口。

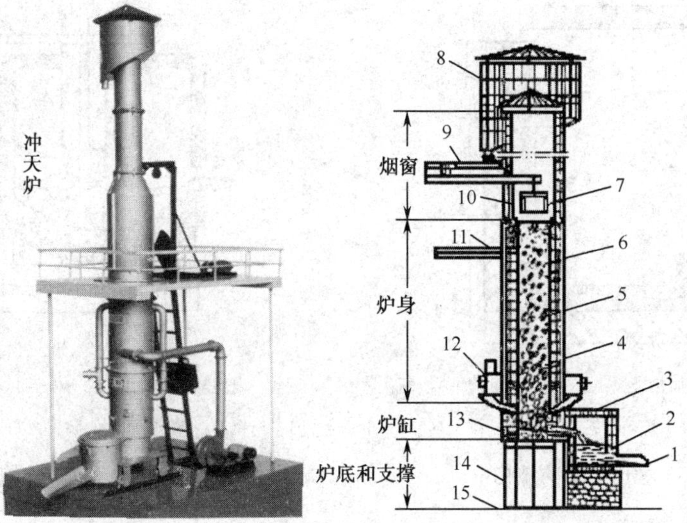

1—出铁口；2—出渣口；3—前炉；4—底焦；5—金属料；6—层焦；7—加料桶；8—火花罩；9—加料机；10—加料口；11—加料台；12—风机；13—炉底；14—炉腿；15—地面

图 3-5　冲天炉的构造

冲天炉熔炼用的炉料包括金属料、燃料和熔剂。

金属料主要是高炉生铁、回炉铁、废钢和铁合金等。其中废钢的作用是降低铁水的含碳量，提高铸铁的力学性能；铁合金用来调整铁水的化学成分，如硅、锰、铬等元素的含量。

冲天炉的燃料为焦炭。焦炭要求灰分少，发热值高，硫磷含量低，并有一定块度要求。每批炉料中金属料与焦炭的质量之比称为铁焦比。铁焦比反映冲天炉的熔炼效率，一般冲天炉的铁焦比为 8:1～12:1，即消耗 1t 焦炭可熔炼 8～12t 铁水。

熔剂主要采用石灰石（$CaCO_3$）和萤石（CaF_2）。它们在熔炼过程中与铁水中的有害成分反应，产生熔点低、比重轻、易流动的熔渣，便于与铁水分离。

冲天炉熔炼的铸铁具有良好的铸造性能、操作方便、熔化率高、成本低、应用较广泛。其缺点是炉况不稳定，铁水化学成分波动大，热效率低，污染较大。目前感应电炉和电弧炉应用的比例逐步增加。

2．铸钢的熔炼

铸钢的熔点比较高（大于 1400℃），流动性差，收缩也大，易产生偏析，高温液态时易氧化和吸气，因此铸钢的铸造性能比铸铁差。但铸钢的力学性能比铸铁好，一般用来制造对强度、塑性、韧性有较高要求的，形状复杂的铸件。

常用的铸钢的熔炼设备有感应电炉、电弧炉等。生产批量较小时，多用感应电炉进行熔炼。感应电炉的结构如图 3-6 所示。将铜管线圈通入工频（50Hz）交变电流，产生的交变磁场使金属块料产生感生电流，形成内部环流，快速将铸钢料加热熔化。经过炉前理化检验确定钢的成分符合要求后，去气除渣，出钢浇注。电弧炉（见图 3-7）多用于批量较大的铸造生产，利用电弧放电产生高温来熔化钢料。以上两种电炉熔炼的共同特点是加热快速，操作方便，较易准确地控制钢的合金成分，利于生产优质的钢铸件。

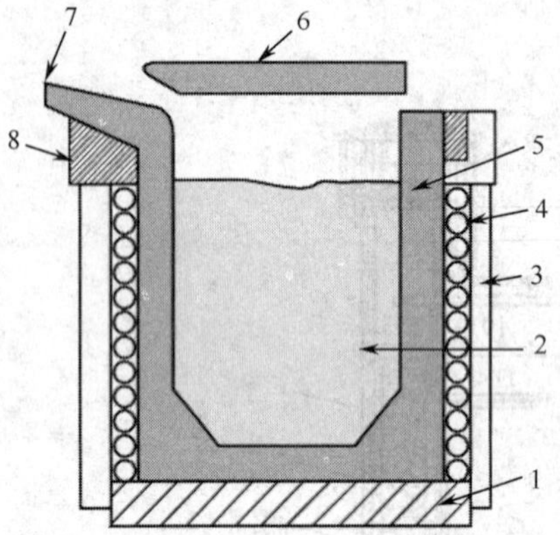

1—隔热材料；2—被加热金属；3—铁芯；4—加热线圈；
5—耐热材料；6—炉盖；7—出口；8—耐火砖

图 3-6　感应电炉的结构

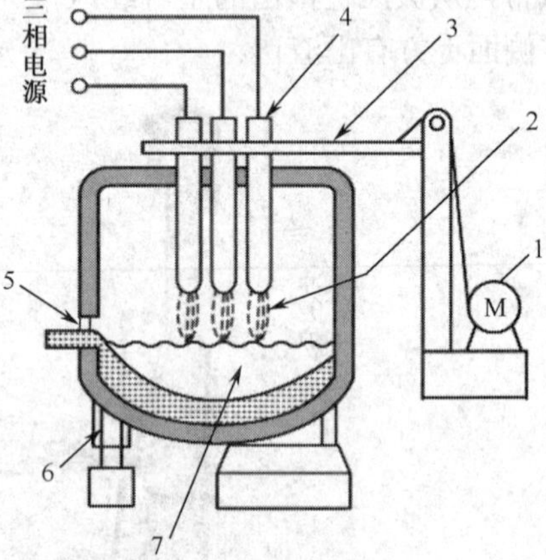

1—电极升降用电机；2—电弧；3—电极臂；4—石墨；
5—出钢口；6—炉体倾倒装置；7—被加热金属（废钢铁）

图 3-7　电弧炉的结构

3．非铁金属的熔炼

铸造用的非铁金属主要有铸造铜合金、铸造铝合金、镁合金、锌合金和钛合金等。它们大多熔点较低，采用坩埚炉进行熔炼，图 3-8 所示为电阻坩埚炉构造示意图。它是通过电阻元件通电进行加热的，金属料在坩埚内受热熔化。电阻坩埚炉的优点是炉气为中性，炉温容易控制，操作简便，劳动条件好。其缺点是熔炼时间长、生产率较低和能耗大等。

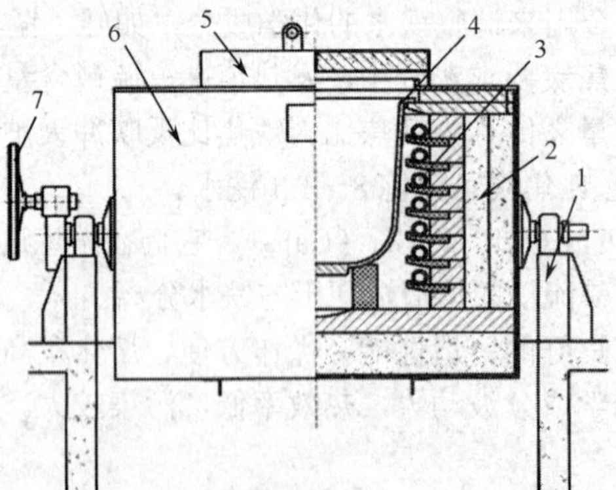

1—炉架；2—炉衬；3—加热器；4—坩埚；5—炉盖；6—炉外壳；7—倾炉机构

图 3-8　电阻坩埚炉构造示意图

3.3.5　落砂、清理与检验

1．落砂

将铸件与型砂、砂箱分开的操作称为落砂。铸件在砂型中冷却至一定温度（<400℃）以后方可进行落砂。落砂过早，易造成铸件变形，表面氧化，内部组织冷却过快导致形成白口组织，甚至开裂。落砂过迟，铸件收缩受阻增大，产生变形和裂纹，铸件冷却过慢而导致内部组织晶粒粗大，同时还会延误后续生产。

大批量生产时，常采用振动、抛丸、高压水力和水爆等机械落砂方法进行落砂，以节省人力，提高生产效率。

2．清理

落砂后从铸件上清除表面黏砂、多余金属（包括浇注系统、冒口、飞边和氧化皮等）的过程称为清理。

手工清理时，常使用一些手工工具，如锤、锯、锉、錾和手提砂轮机等进行清理操作。大批量生产时，可用清理滚筒、喷砂、抛丸和浸渍等方法清理铸件表面氧化物、粘砂、毛刺等。

铸件清理完毕后还要进行退火等热处理或自然时效，以使铸件材料满足性能要求。

3．检验

铸件的检验主要包括铸件表面质量检验、铸件内在质量检验及铸件质量的综合鉴定等。铸件的表面质量包括铸件的表面缺陷、尺寸精度、质量偏差和表面粗糙度等。铸件外观质量优劣既影响后续加工工艺和后续加工的消耗，也影响铸件的使用性能。

一般来说，可用目测及简单的工具检查显露在铸件表面及表皮下的缺陷，如铸件表面粘砂、气孔、砂眼、裂纹等。对怀疑表皮下有缺陷的铸件，可用尖嘴小锤敲击检查；对用目测不易发现的裂纹，可通过敲击铸件，听其声音来判断，或者通过磁粉探伤、X 射线和γ射线探伤、超声波探伤及压力试验等方式进行检验。

3.3.6　铸造生产常见缺陷

在铸造生产过程中，由于影响铸件质量的因素很多，所以容易产生各种类型的缺陷。一般来说，铸件结构及铸造工艺对铸件质量的影响最大。表 3-4 列出了常见铸件缺陷及其产生原因和防止方法。

表 3-4　常见铸件缺陷及其产生原因和防止方法

缺陷名称与特征		产 生 原 因	防 止 措 施
孔洞类缺陷	（1）气孔：多位于铸件内部，内壁光滑，呈椭圆形、圆形等。析出性气孔尺寸小，分散在铸件各断面上；浸入性气孔较大，集中在局部	a．熔炼工艺不合理，浇注温度过高，浇注工具烘干不彻底。金属液吸入较多气体，易产生析出性气孔 b．砂型透气性差，排气不畅，型（芯）砂太湿，浇注温度偏低，易产生浸入性气孔	a．改进熔炼和浇注工艺，减少金属液含气量 b．改进造型工艺，提高砂型透气性，减少铸型发气量 c．改进浇注系统，增加明冒口和排气口，提高金属流动性，提高浇注排气能力

续表

缺陷名称与特征		产 生 原 因	防 止 措 施
孔洞类缺陷	（2）缩孔和缩松：位于铸件厚大部位，形状不规则，内壁粗糙并带有枝状晶	a．铸件结构不合理，局部过于厚大，壁厚不均匀 b．浇注系统、冒口、冷铁等设置不合理，补缩和凝固顺序控制不当 c．金属化学成分影响，浇注温度过高，使金属收缩量偏大	a．改进设计铸件结构 b．调整浇注系统、冒口、冷铁的设置和补缩能力 c．调整合金成分，适当降低浇注温度
	（3）砂眼：分布在铸件表面或内部，孔眼内带有砂粒，形状不规则	a．砂型强度不足，结构不合理，有尖角等易损部位，在金属液冲刷下损坏 b．型腔和浇口内散砂未吹净，合箱时铸型局部损坏，型（芯）砂散落	a．改进铸件结构设计 b．增强砂型强度或加强易损部位局部强度 c．改进合型动作，认真检查型腔和浇口是否吹净
	（4）渣眼：多在铸件上表面，孔眼内有熔渣，形状不规则	a．浇注时除渣不彻底，挡渣不良，断流等 b．浇注系统不合理，浇注位置不能浮渣等 c．浇注温度过低，流动时渣不易上浮	a．提高浇注质量 b．改进浇注系统和浇注位置 c．适当提高浇注温度
形状偏差类缺陷	（5）错箱：铸件在分型面处错位、偏差	a．合箱时未对准标记 b．模样定位错、孔间隙过大，定位不准确 c．上、下箱未夹紧，搬动砂箱时有错移	a．合箱标记准确定位切实 b．改进模样定位精度 c．固定和夹紧上下箱，搬动时小心 d．改用整模、活砂等造型方法，使铸件在同一个砂箱内
	（6）偏芯：铸件的孔或内腔偏离正确位置	a．芯头与芯座间隙过大，安放定位不准确 b．芯子悬臂过长，造成下垂 c．内浇口开设方向不当，金属液冲歪芯子 d．合箱不合理，造成芯子偏差	a．合理设计芯头与芯座，确保安放和定位 b．合理放置芯撑 c．改进内浇口开设方向 d．小心合箱，避免翻动带芯铸型
	（7）变形：铸件形状弯曲或扭曲	a．结构设计不合理，壁厚差异过大 b．铸型退让性差 c．铸件冷却控制不当，落砂过早或过迟	a．改进铸件结构 b．改善铸型退让性 c．合理选择开箱时机，并及时退火 d．针对易变形部位在模样上设计一定的反挠度或增加拉筋
	（8）浇注不足：铸件形状残缺、不完整，边角轮廓不清晰，多出现在浇口远端	a．浇注温度过低，浇注速度过慢 b．合金流动性不能满足铸件设计壁厚 c．直浇道过低，充型压力不足 d．局部排气不畅造成气堵	a．改进浇注工艺 b．改进铸件设计或选用流动性好的合金 c．改进浇口结构，提高充型压力 d．增强铸型排气能力，增设局部排气口
断裂类缺陷	（9）冷隔：在铸件上金属未熔合，有接缝或凹陷	a．浇注温度过低，浇注速度过慢或断流 b．充型压力不足，浇口位置不当或太小 c．合金流动性差	a．改进浇注工艺 b．改进浇注系统，提高充型压力和金属流量 c．选择流动性较好的合金
	（10）裂纹：热裂断面氧化无光泽，纹缝曲折不规则，冷裂断面无氧化或边缘少氧化，纹缝较平直	a．铸件结构不合理，厚薄不均匀，尖角应力集中 b．砂型退让性差 c．浇注温度过高，合金收缩过大 d．落砂时机不当，过早或过迟 e．合金化学成分中的硫、磷含量过高	a．改进铸件结构，增加圆角 b．改善砂型退让性 c．改进浇注工艺 d．选择合适落砂时机并及时退火 e．严格控制合金成分
表面缺陷	（11）粘砂：铸件表面黏附一层砂粒与金属混合物	a．浇注温度过高 b．型（芯）砂耐火性差 c．未刷涂料或涂料太薄 d．型腔表面过粗，不致密	a．改进浇注工艺 b．提高型（芯）砂耐火性 c．合理刷涂料 d．提高面砂质量，改进造型工艺

续表

缺陷名称与特征		产 生 原 因	防 止 措 施
组织缺陷	（12）白口：铸铁件硬脆，难以加工，断口呈银白色	a．合金成分不当 b．落砂过早，铸件冷却过快 c．铸件壁过薄	a．合理控制合金成分 b．合理选择落砂时机，并及时进行退火

3.4 铸造工艺设计

为了获得健全的合格铸件，减小铸型制造的工作量，降低铸件成本，在砂型铸造的生产准备过程中，必须合理地制定出铸造工艺方案，并绘制出铸造工艺图。铸造工艺图是在零件图上用规定的工艺符号表示铸造工艺内容的图形。图中应表示出铸件的浇注位置、分型面、铸造工艺参数（如机械加工余量，拔模斜度，铸造收缩率，型芯的数量、形状及固定方法和浇注系统等）。铸造工艺图是制造模样、芯盒、造型、造芯和检验铸件的依据。如图3-9所示是铸造工艺图的绘制实例。

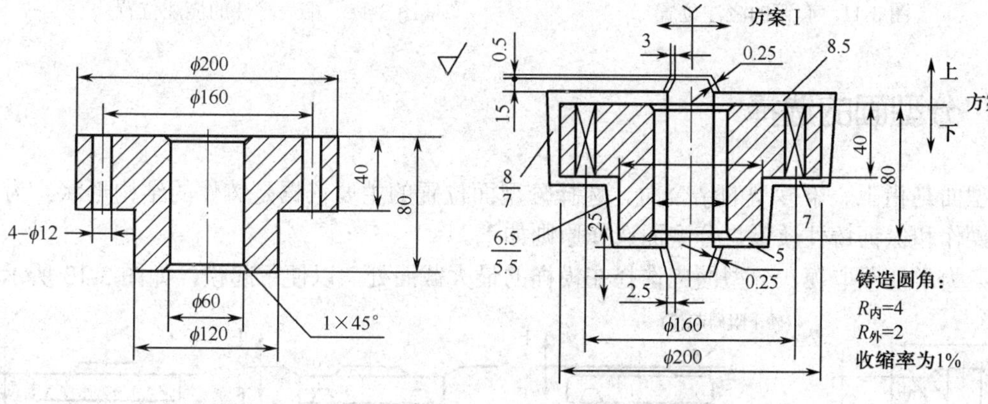

（a）零件简图　　（b）铸造工艺图

图3-9　连接盘零件简图和铸造工艺图

3.4.1 浇注位置的确定

浇注位置是指浇注时铸件在铸型中所处的空间位置。铸件的浇注位置正确与否，对铸件的质量影响很大。选择浇注位置时应考虑如下原则。

（1）质量要求高的加工面、工作面或大平面应该朝下，如图3-10（a）、（c）所示。若工艺上难以实现，也应该尽量使这些部位处于侧面或斜面的位置（如图3-10（b）所示）。因为金属液中的气泡、夹渣等易上浮，致使铸件上部产生缺陷的概率比下部多，另外，其组织也不如下部致密，质量较差。

（2）为防止铸件薄壁部分产生浇注不足或冷隔等缺陷，应将面积较大的薄壁部分置于铸型下部或使其处于垂直或倾斜位置，如图3-11所示。对于流动性较差的合金更应注意这一原则。

（3）应将铸件容易形成缩孔，且截面较厚的部分放在分型面附近的上部或侧面，以便在铸件厚壁处直接安置冒口，使之实现自下而上的顺序凝固，有利补缩，如图3-12所示。

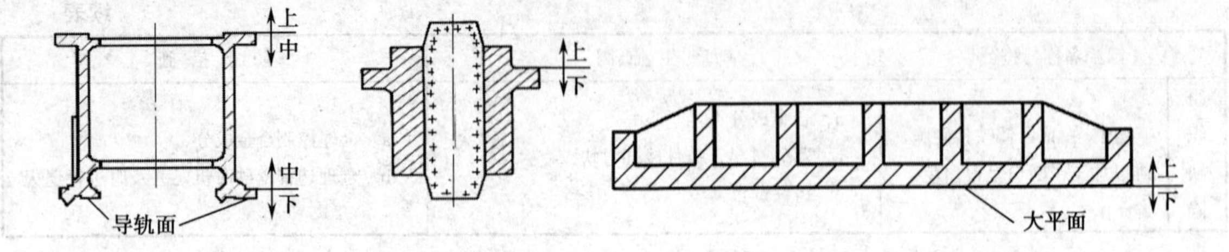

（a）机床导轨面　（b）套筒圆柱面　（c）检测用平板面

图 3-10　重要面或大平面的浇注位置选择

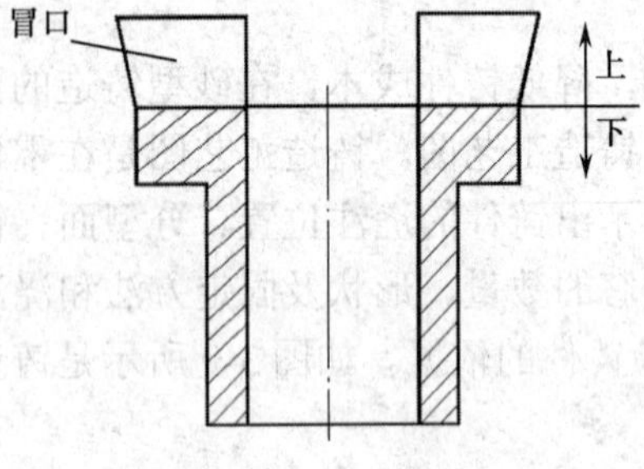

图 3-11　套筒的浇注位置

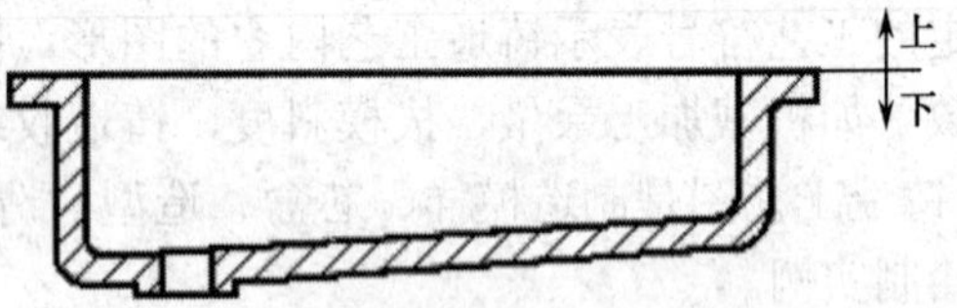

图 3-12　箱盖薄件的浇注位置

3.4.2　分型面的选择

分型面是指上、下砂型的结合面。选择分型面位置的主要依据是铸件的结构形状。为了便于造型操作和保证铸件质量，分型面选择原则如下。

（1）为了便于取模，分型面应选择在模样的最大截面处，以便于起模，如图 3-13 所示。

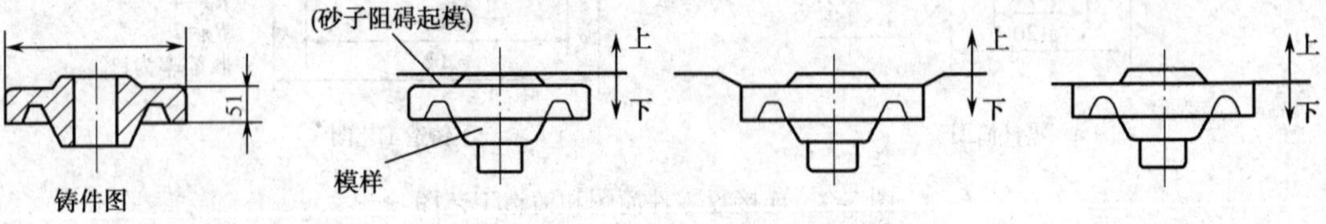

（a）不正确　（b）正确　（c）正确

图 3-13　分型面应选择在模样的最大截面处

（2）尽量减少分型面数目。机器造型或批量生产时应采用一个分型面，两箱造型。分型面尽量取平面，避免采用挖砂、活块（机器造型时不能采用挖砂和活块工艺），如图 3-14 所示。

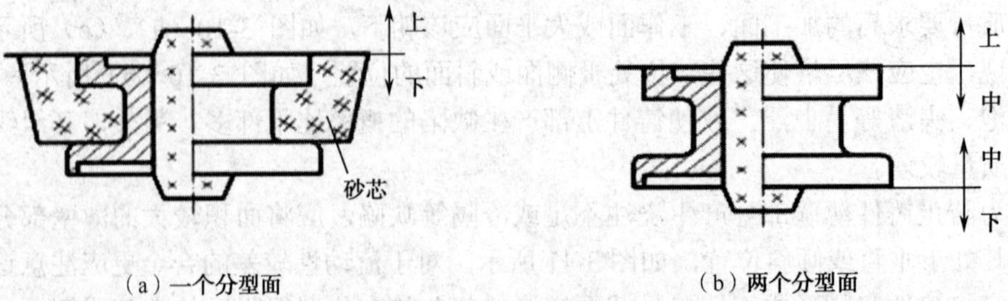

（a）一个分型面　（b）两个分型面

图 3-14　确定分型面数目的实例

（3）分型面与浇注位置要一致，铸件中重要的加工面应朝下或垂直于分型面。因为浇注时液态金属中的渣子和气泡总是浮在上面，所以铸件上表面的缺陷较多，如图 3-15 所示。

（a）重要加工面朝上，不合理　　（b）重要加工面朝下，合理

图 3-15　分型面的确定

（4）应使铸件的全部或大部分放在同一砂型中，以减少错箱和飞边毛刺，提高铸件尺寸精度，如图 3-16 所示。

（a）正确　　（b）不正确

图 3-16　管子堵头分型面位置的选择实例

3.4.3　铸造工艺参数

在铸造工艺方案初步确定之后，还必须选定铸件的加工余量、起模斜度、收缩率和型芯头尺寸等具体参数。

1．加工余量和最小铸出孔

加工余量：为了保证铸件加工面尺寸和零件精度，在铸件工艺设计时预先增加，然后在机械加工时要切去的金属层厚度，称为加工余量。一般灰铸铁小件的加工余量为 3～5mm。

对于过小的孔、槽，由于铸造困难，所以一般不予铸出。不铸出孔、槽的最大尺寸与合金种类、生产条件有关。单件小批生产的小铸铁件上直径小于 30mm 的孔一般不铸出。

2．起模斜度

为使模样容易从铸型中取出或型芯自芯盒中脱出，在平行于起模方向的模样或芯盒壁上应做出斜度，称为起模斜度，通常为 15′～3°。模样高度越高，其斜度应越小，模样内壁的斜度应大于外壁的斜度。通常上型中模样内壁斜度取 10°，下型中模样内壁斜度取 3°～5°。

3．铸造圆角

在零件图上凡两壁相交处的内角和转弯处均应设计成圆角，称为铸造圆角。一般中、小件的圆角半径可取 3～5mm。圆角也用红线表示。

4．收缩率

由于铸造合金的收缩，所以铸件在冷却后要比铸型型腔尺寸要小，为保证铸件应有的尺寸，制造模样时，必须使模样尺寸大于铸件尺寸。其放大的尺寸称为收缩量。收缩量的大小与金属的线收缩率有关，灰铸铁为 0.7%～1.0%，铸钢为 1.5%～2.0%，铸造有色合金为 1.0%～1.5%。

3.5 铸造结构的工艺性

铸件结构的铸造工艺性是指所设计的铸件结构在满足使用性能要求的前提下，铸造成形的可行性和经济性，即铸造成形的难易程度。良好的铸件结构应与相应金属的铸造性能和铸件的铸造工艺相适应；同时还应使铸件生产的工艺过程尽量简化、方便，并使铸件的缺陷得到减少和防止产生；其次，铸件的结构设计还应考虑到切削加工、装配和运输等方面的要求。

3.5.1 铸造工艺对铸件结构的要求

铸件结构应尽可能使制模、造型、制芯、合箱和清理过程简化，避免不必要的人力、物力的消耗，防止废品的产生，并为实现机械化生产创造条件。因此进行铸件设计时，必须考虑铸造工艺对铸件结构的要求，详见表 3-5。

表 3-5 铸造工艺对铸件结构的要求

对铸件结构的要求	设计不合理的铸件结构	设计较合理的铸件结构
1. 铸件的外形必须力求简单、造型方便		
铸件应具有最少的分型面，从而避免多箱造型和不必要的型芯	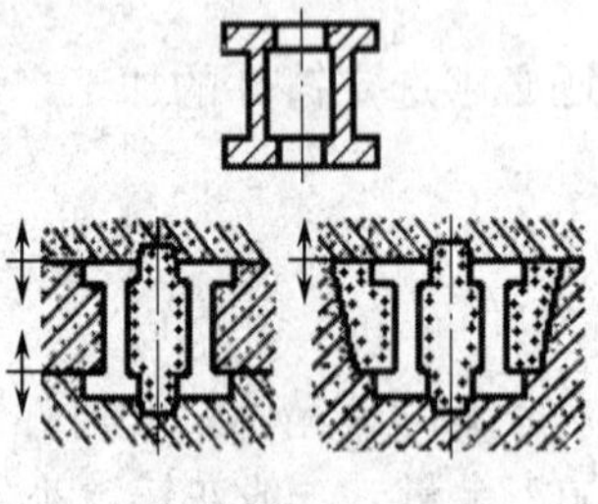	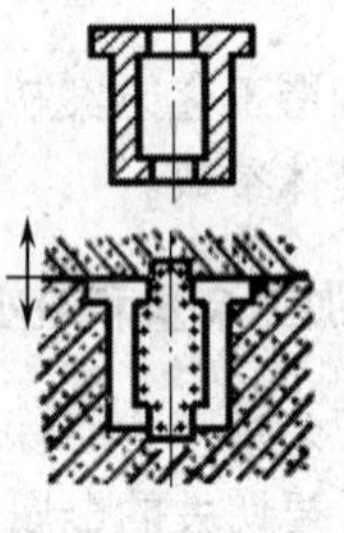
铸件加强筋的布置应有利于取模	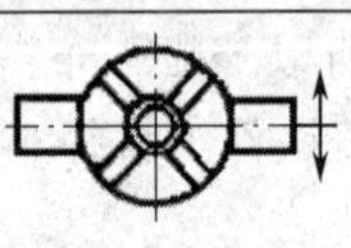	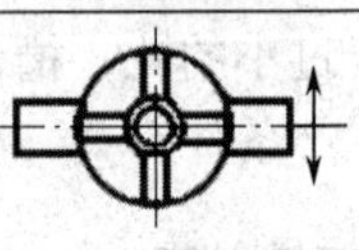
铸件侧面的凹槽和凸台的设计应有利于取模，尽量避免不必要的型芯和活块	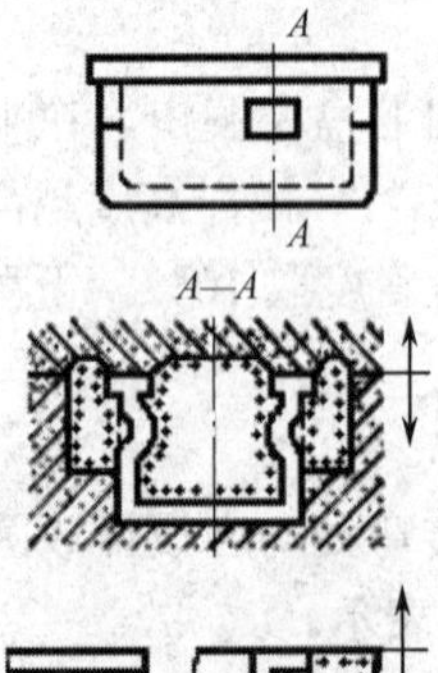	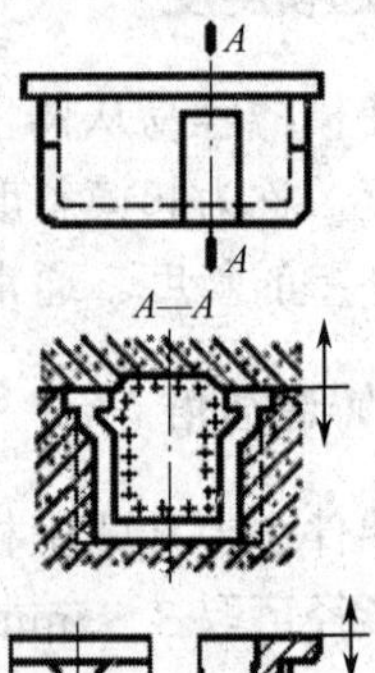

续表

对铸件结构的要求	设计不合理的铸件结构	设计较合理的铸件结构
铸件设计应注意避免不必要的曲线和圆角结构，否则会使制模、造型等工序复杂化	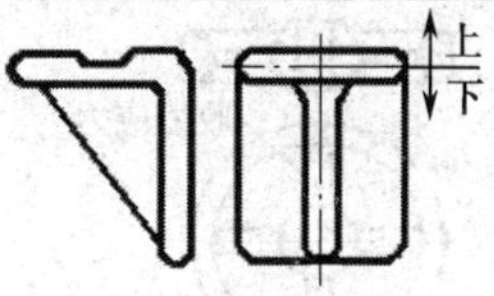	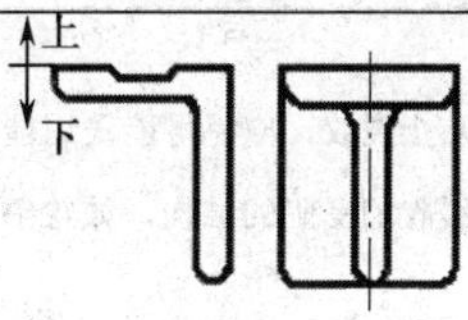
凡沿着起模方向的不加工表面，应给出结构斜度	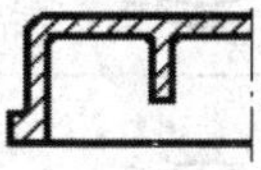	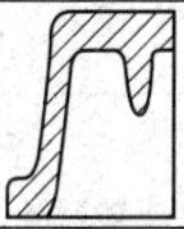
2．铸件的内腔必须力求简单，尽量少用型芯		
尽量少用或不用型芯	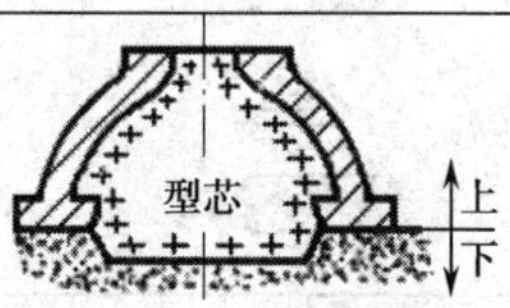	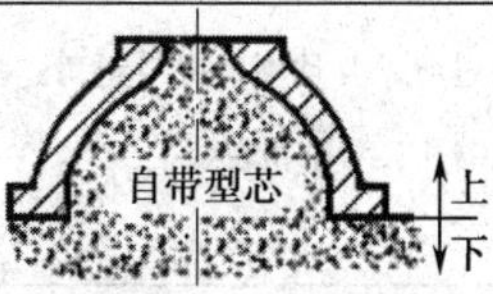
型芯在铸型中必须支撑牢固和便于排气、固定、定位和清理（图中 *A* 处需放置型芯撑）	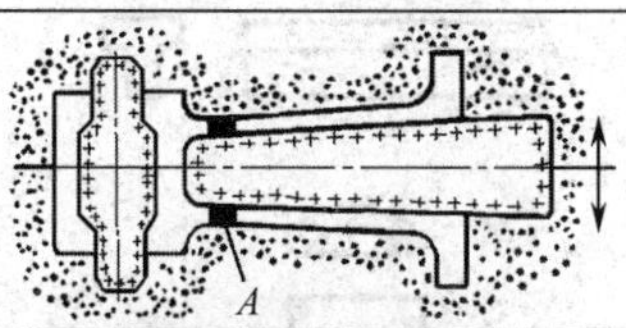	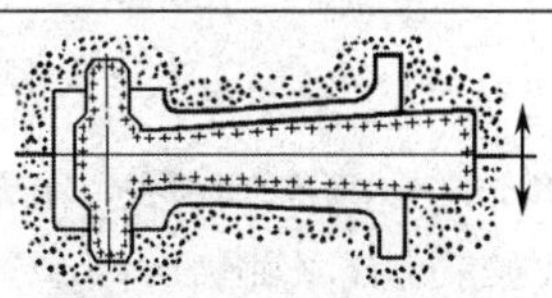
为了固定型芯，以及便于清理型芯，应增加型芯头或工艺孔	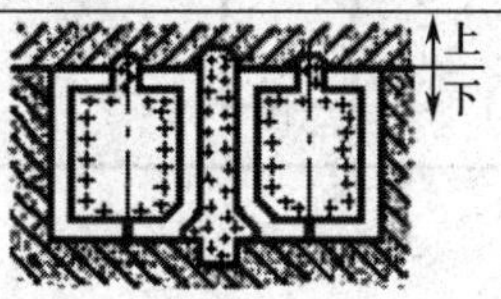	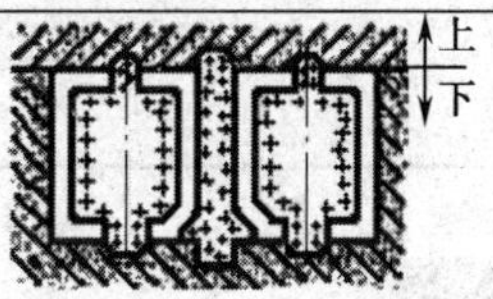

3.5.2　铸造性能对铸件结构的要求

如果铸件结构设计不考虑金属铸造性能的要求，会导致缩孔、变形、裂纹、气孔和浇注不足等铸件缺陷的产生。金属铸造性能与铸件结构之间的关系见表 3-6。

表 3-6　金属铸造性能对铸件结构的要求

对铸件结构的要求	不好的铸件结构	较好的铸件结构
铸件的壁厚应尽可能均匀，否则易在厚壁处产生缩孔、缩松、内应力和裂纹	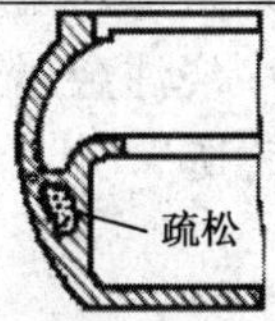	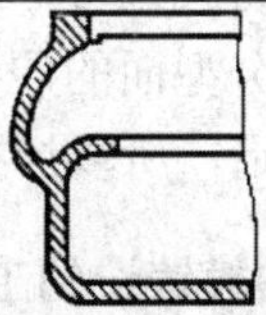
铸件内表面及外表面转角的连接处应为圆角，以免产生裂纹、缩孔、粘砂或掉砂缺陷	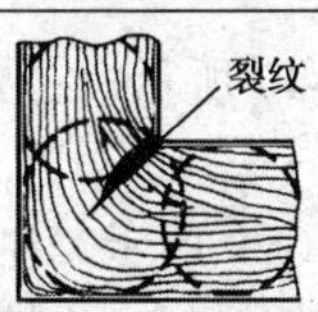	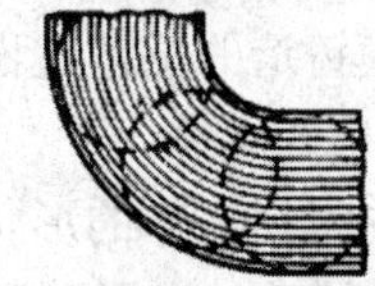
铸件上部大的水平面（按浇注位置）最好设计成倾斜面，以免产生气孔、夹砂和积聚非金属夹杂物	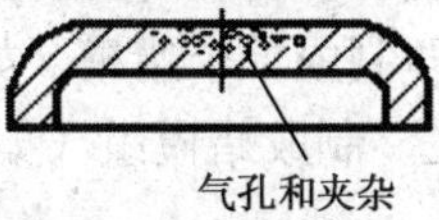	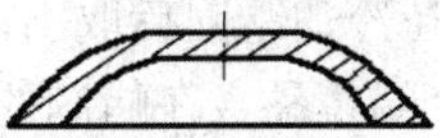

续表

对铸件结构的要求	不好的铸件结构	较好的铸件结构
为了防止裂纹，应尽可能采用能够自由收缩或减缓收缩受阻的结构，如轮辐设计成弯曲形状	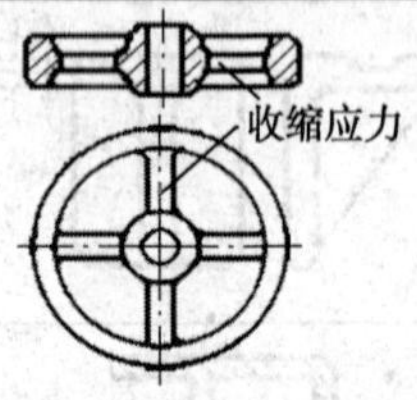	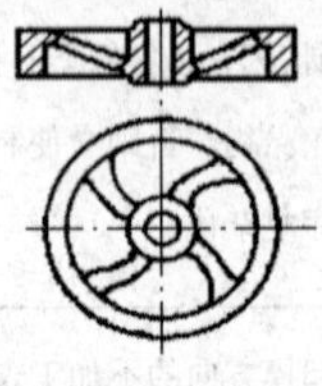
在铸件的连接或转弯处，应尽量避免金属的积聚和内应力的产生，厚壁与薄壁相连接要逐步过渡，并且不能采用锐角连接，以防止出现缩孔、缩松和裂纹	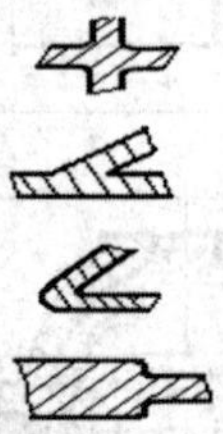	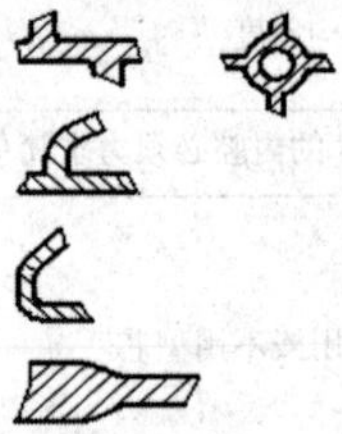
对细长件或大而薄的平板件，为防止弯曲变形，应采用对称或加筋的结构	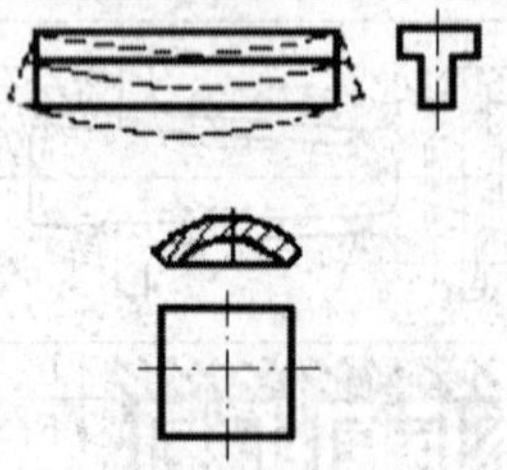	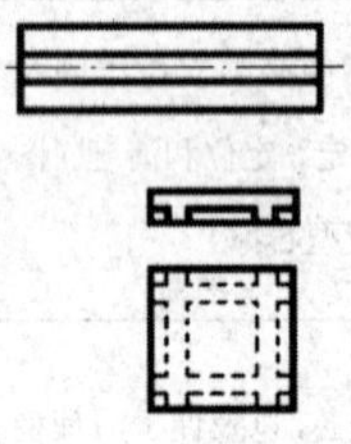

3.6 特种铸造方法

3.6.1 熔模铸造

熔模铸造亦称精密铸造，是指将金属液浇注到由熔模制成的壳型铸型内，待冷凝后破壳清理，获得所需铸件的成形方法。它是先用易熔材料制成精确的模样和浇注系统，然后用若干层耐火材料将其包覆，经过硬化、干燥后，再加热型壳，使模样熔化流走，再用高温焙烧型壳，即制成无分型面的硬型壳，最后向型壳中浇注金属液从而获得所需铸件。由于模样广泛采用蜡制材料制造，所以熔模铸造又称“失蜡铸造”。

1. 熔模铸造的工艺过程

熔模铸造的工艺过程示意图如图 3-17 所示，主要包括以下几个步骤。

1）制造蜡模

首先根据工件的形状（如图 3-17（a）所示）制造金属模型（如图 3-17（b）所示）；再将 50%石蜡和 50%硬脂酸配制成制造蜡模的蜡料，将熔化的蜡料压入金属模型（如图 3-17（c）所示）；待冷却凝固后取出，修去毛刺即制成单个蜡模（如图 3-17（d）所示）；为提高生产率，可将单个蜡模黏合在蜡制的浇注系统上，制成蜡模组（如图 3-17（e）所示）。

2）型壳制造

将耐火材料涂挂在蜡模组上，以制成一定强度的耐火壳型（如图 3-17（f）所示）。耐火涂料是用水玻璃作黏结剂与石英粉配制而成的。

3）脱蜡

将型壳放入 85～95℃的热水中，使蜡模熔化而流出，铸型壳里便形成了铸型空腔（如图 3-17（g）所示）。

4）焙烧

为了排出型壳内的残留挥发物，提高型壳的强度和质量，需放入 850～950℃的电炉内对型壳进行焙烧。

5）浇注

为防止浇注时型壳变形或破裂，一般将型壳放入铁箱，周围用干砂填紧，然后便可进行浇注（如图 3-17（h）所示）。

6）破壳清理

敲掉型壳，切掉浇冒口，清理铸件表面，即得到所需铸件。

对于铸钢件，还需进行退火或正火，以便获得所需的力学性能。

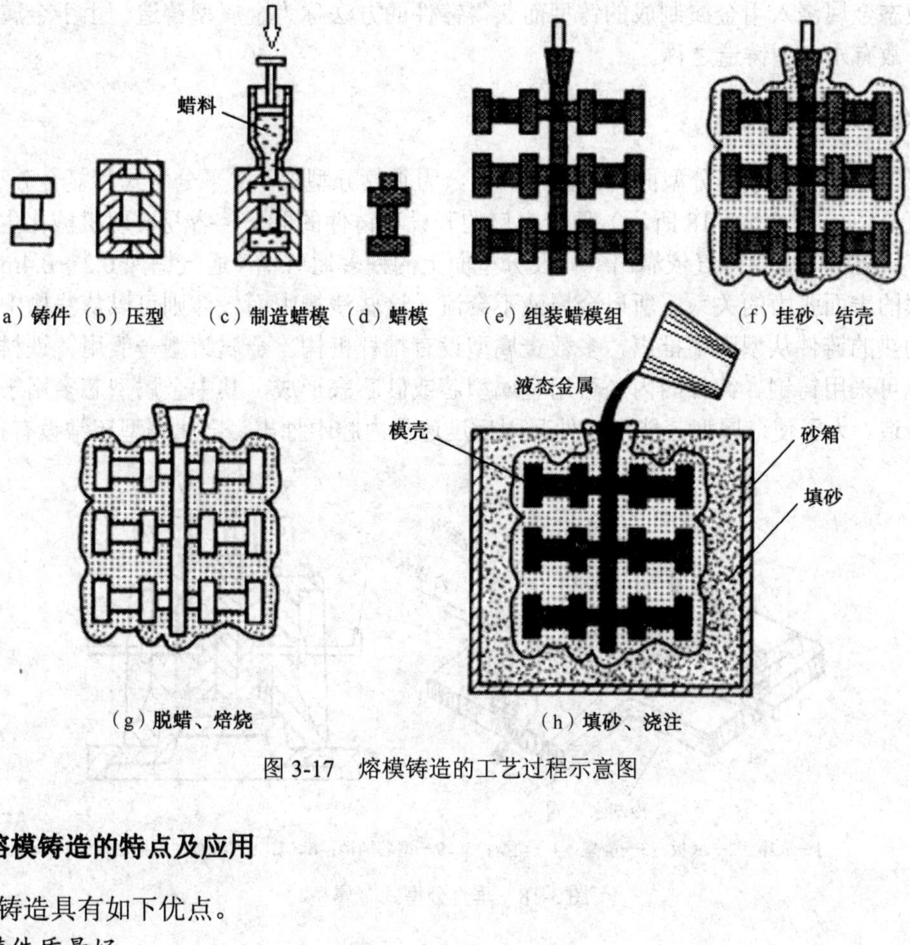

图 3-17　熔模铸造的工艺过程示意图

2．熔模铸造的特点及应用

熔模铸造具有如下优点。

1）铸件质量好

由于铸型精密，没有分型面，所以尺寸精度可达 IT14～IT11；表面粗糙度 Ra 的值可达 6.3～1.6μm，即熔模铸造可以实现少、无切屑加工。

2）能够铸造形状复杂的铸件

由于熔模铸造自身的工艺特点，故可铸造出砂型及其他铸造方法难以铸造的复杂形状的铸件。如果将铸型型壳预热后浇注，还可铸造出形状复杂的薄壁件（最小壁厚为 0.7mm）。

3）能够铸造各种合金铸件

由于型壳用高级耐火材料制成，故能铸造各种合金，特别适用于那些高熔点合金及难切削加工的合金（如高锰钢、磁钢、耐热合金等）的铸造。

4）不受生产类型的限制

熔模铸造既能用于大批大量生产，也能用于单件小批生产，还能实现机械化流水线生产。

熔模铸造的主要缺点是：工艺过程烦杂，生产周期较长（4～15 天），且造型材料昂贵，铸件的成本较砂型铸造高出数倍。另外，因蜡模易变形和受型壳强度的限制，熔模铸造一般只适用于小型零件的铸造（从几十克到几千克），最大不要超过 25 千克。目前，熔模铸造主要用于生产汽轮机、涡轮发动机的叶片，泵的叶轮，大型切削刀具，汽车、拖拉机和机床上的小型零件等。

3.6.2 金属型铸造

将液态金属浇入用金属制成的铸型而获得铸件的方法称为金属型铸造。由于金属铸型可反复使用，故有永久型铸造之称。

1．金属铸型的构造

金属铸型的种类按其分型面的位置不同可分为垂直分型式、水平分型式和复合分型式三种。其中垂直分型式（如图 3-18 所示）便于浇口的开设和铸件的取出，容易实现机械化生产，因此应用最广。金属铸型的排气依靠出气口及分型面上的许多通气槽（通气槽深 0.2～0.4mm），由于液态金属的表面张力的关系，所以金属液不会流入这些浅槽中而气体则可以从浅槽中逸出。为了能将灼热的铸件从型腔中推出，多数金属型设有推杆机构。金属铸型一般用铸铁材料制成，必要时也可采用铸钢。铸件的内腔可用金属型芯或砂芯来形成，其中金属型芯多用于非铁金属铸件的铸造。为了使金属型芯能在铸件凝固后迅速从内腔中抽出，金属铸型还常设有抽芯机构。

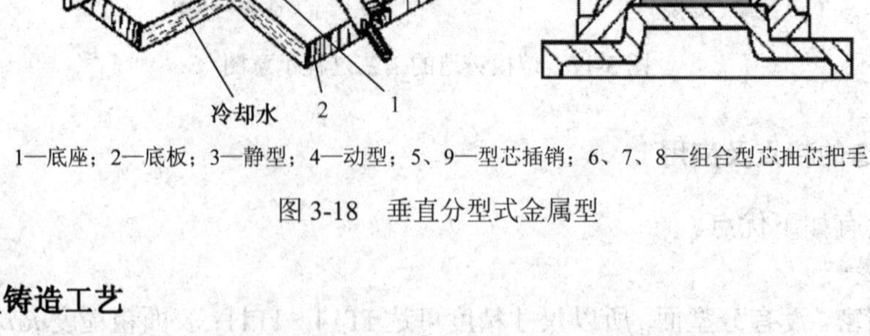

1—底座；2—底板；3—静型；4—动型；5、9—型芯插销；6、7、8—组合型芯抽芯把手

图 3-18 垂直分型式金属型

2．金属型铸造工艺

由于金属铸型导热较快，没有透气性和退让性，为延长金属铸型的使用寿命和获得较高质

量的铸件，必须严格控制其铸造工艺。

1）喷刷涂料

金属型型腔和型芯表面必须喷刷涂料，以保护型腔工作表面，延长其使用寿命，获得较高表面质量的铸件。涂料可分为衬料和表面涂料。衬料以耐火材料为主，厚度为 0.2～1mm；表面涂料为可燃物质（如灯烟、油类），每次浇注前喷涂一次，以产生隔热气膜。

2）保持金属铸型一定的工作温度

保持金属铸型一定的工作温度的目的是减缓铸型对铸件的急冷作用，以减少铸件的缺陷。同时，因缩小了铸型与金属液的温差，所以铸型的寿命得到提高。金属铸型的工作温度因铸件材料不同而不同。铸造铸铁件时，工作温度为 250～350℃；铸造非铁金属时，工作温度为 100～250℃。因此，金属铸型在开始铸造时要预热，在连续生产过程中，必须利用散热装置（如铸型内水循环系统）来散热。

3）掌握适合的出型时间

由于金属铸型无退让性，浇注后如果铸件在铸型中停留时间过长，容易引起过大的内应力而导致开裂，甚至卡住铸型，所以铸件冷凝后，应及时从铸型中取出铸件。通常小型铸铁件的出型时间为 10～60s，铸件温度为 780～950℃。

4）防止铸铁件产生白口组织

铸铁件壁厚的设计不宜过薄（一般大于 15mm），并要控制铁水化学成分，使之有较高的碳硅总含量（不小于 6%）；此外，若采用孕育处理的铁水，对预防白口也有显著效果。

3．金属型铸造的特点及应用

与砂型铸造相比，金属型铸造具有以下优点。

（1）一型多铸，节约造型材料。一个金属型可以浇注几百甚至上万次，节约了大量的造型材料。

（2）铸件质量高。金属型铸造具有较高的铸件尺寸精度（可达 CT13～CT11）和表面质量（*Ra* 可达 25～12.5μm），可以减小机械切削加工余量。

（3）铸件力学性能较高。由于金属铸型导热性好，铸件冷却较快，所以晶粒较细，组织致密，提高了铸件的力学性能。例如，铜、铝合金薄壁件的抗拉强度较砂型铸造可提高 10%～20%。

（4）生产率高，适合于大批量生产。

（5）劳动环境较好。因不用型砂，使得车间面貌改观，劳动条件得到改善。

但金属型铸造也具有如下缺点：金属型制造成本高，生产周期较长；金属型无退让性且透气性较差，铸件易产生裂纹、气孔等缺陷；铸件的结构形状不能太复杂，且不适宜生产尺寸过大、过薄的铸件。

目前，金属型铸造主要用于非铁合金铸件的大批量生产，如铝活塞、气缸盖、油泵壳体、铜瓦衬套和轻工业品等；也可用于形状简单的黑色金属件的生产。

3.6.3 离心铸造

离心铸造是指将液态合金浇入高速旋转（250～1500r/min）的铸型中，使金属液在离心力的作用下充填铸型并结晶而得到所需铸件的方法。

1．离心铸造的类型

离心铸造主要用于生产圆筒形铸件，为使铸型旋转，离心铸造必须在离心铸造机上进行。根据铸型旋转轴线空间位置的不同，离心铸造机可分为立式（或倾斜）和卧式两类。立式离心铸造机上的铸型是绕垂直轴旋转的（如图 3-19（a）所示），其特点是便于铸型的固定和金属液的浇注，但自由表面（即内表面）呈抛物线状，使铸件上薄下厚，且铸件的高度越大，壁厚的差别也越大，因此这种铸造方式仅用于高度小于直径的圆环类铸件。卧式离心铸造机上的铸型是绕水平轴线旋转的（如图 3-19（b）所示）。由于铸件各部分的冷却条件相近，当离心铸造机转速足够高时，此种铸造方式铸出的圆筒形铸件无论在轴向还是在径向的壁厚都是均匀的，所以适用于生产长度较大的套筒、管类铸件，它也是目前最常用的离心铸造方法。

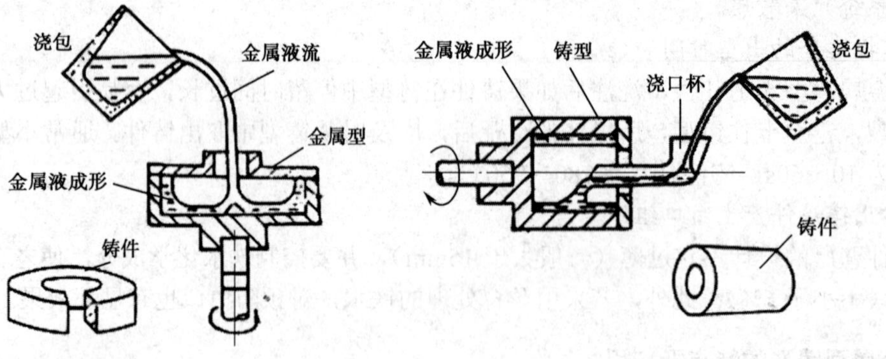

（a）立式离心铸造　　（b）卧式离心铸造

图 3-19　离心铸造示意图

2．离心铸造工艺

离心铸造既可在金属型中浇注，也可在砂型中浇注。目前应用最广泛的是金属型离心铸造，因为金属型浇注的铸件质量好，生产率高，劳动条件也较好。离心铸造浇注温度的控制方法与金属型铸造相同，比砂型铸造高 20～30℃，而浇注速度则较快。浇注筒状铸件时，铸件的内孔将由金属液的自由表面形成，内孔的大小取决于金属液的多少，一般可用定容积法和定质量法来控制。

3．离心铸造的特点及应用

离心铸造具有如下主要优点。

（1）铸件在离心力作用下成形，铸件内部不易产生缩孔、气孔和夹渣等缺陷，致密性好，同时金属铸型冷却快，铸件晶粒细小，因而力学性能较高。

（2）不需要用浇冒口，可提高金属液的利用率。

（3）制造空心圆筒状铸件时，不需要用型芯。

（4）由于金属液在离心力的作用下充型，故充填性好，可以铸造薄壁件和流动性较差的合金铸件。

（5）便于铸造双层金属结构，例如，在滑动轴承制造中，可在钢套内表面上镶铸薄层铜衬，这样不仅节省了铜材，降低了成本，而且还可获得外层高强度而内层表面耐磨、耐腐蚀的铸件。

但离心铸造尚有不足之处，如铸件内表面尺寸不准确且内表面粗糙，加工余量大，不适宜铸造比重偏析大的合金（因密度较大的组织容易集中于表层而产生化学成分不均匀的比重偏析缺陷）等。此外，设备投资较大，受到生产规模的限制，不适宜单件小批生产。

目前，离心铸造主要用于各种空心回转体类铸件和要求组织致密、强度较高的回转体成形铸件的生产；既可铸造重达几吨的铸件，也可铸造最小孔径为ϕ7mm 的铸件；既可铸造钢、铸铁，也可铸造非铁金属。

3.6.4 压力铸造

压力铸造简称压铸，是指将液态或半液态金属在外加（50～1500）×10^5Pa 压力作用下，快速地（充型时间为 0.1～0.2s）压入金属铸型中，并让其在压力下结晶而获得铸件的一种铸造方法。高压和高速是压力铸造区别于一般金属型铸造的重要特征。

1．压力铸造的工艺过程

压力铸造是在压铸机上进行的，压铸机主要是由压射机构和合型机构组成的。压射机构的作用是将金属液压入金属型腔，合型机构则用于开合压铸型，并在压射金属液时保持铸型合紧，防止金属液从分型面溢出。压铸机上所用的铸型为金属压铸型，由静型和动型组成，也装有抽芯机构和推杆顶出铸件机构。

压铸机按照压室的特点，可分为热室式（如图 3-20 所示）和冷室式（如图 3-21 所示）两种；按照加压的方向又可分为立式和卧式两种。压铸机的规格通常以合型力的大小来表示，国产型号有 JZ103、JZ213（热室式）和 J116、J140（冷室式）等。

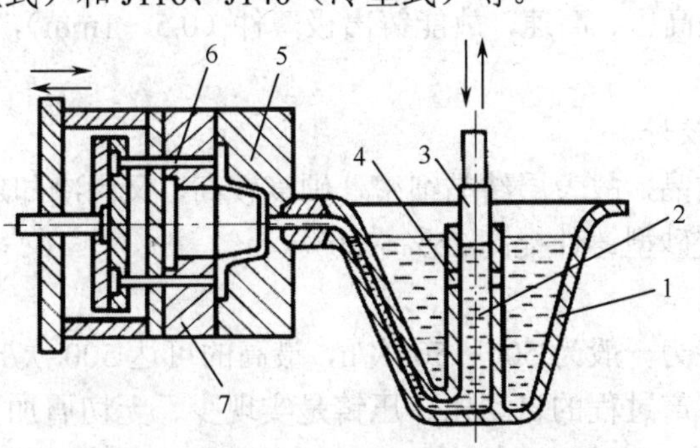

1—热坩埚；2—压室；3—压射活塞；4—入口孔；5—静型；6—推杆；7—动型

图 3-20 热室式压铸机示意图

热室式压铸机将熔化金属用的坩埚与压室连成一个整体，压室浸在液态金属中，以杠杆机构或压缩空气为动力进行压铸，这种压铸机仅能压铸熔点较低的金属，一般较少使用。

冷室式压铸机的压室不与坩埚炉相连，只有在压铸时才将液态金属浇入。这种压铸机一般采用液压系统为动力，合型力很大［（0.5～25）×10^5N］。这种压铸机能压铸熔点较高的合金，目前使用较多。冷压室卧式压铸机的工作过程如下。

1）倾注金属

先闭合压型，用手工将定量勺内的金属液通过压室上的注液孔向压室内注入（如图 3-21（a）所示）。

2）压铸

压射冲头将金属液压入压型中（如图 3-21（b）所示）。

3）开型取铸件

铸件凝固之后，抽芯、开型（动型左移），冲头前伸使铸件离开压室，此后由顶出机构顶出铸件（如图 3-21（c）所示）。

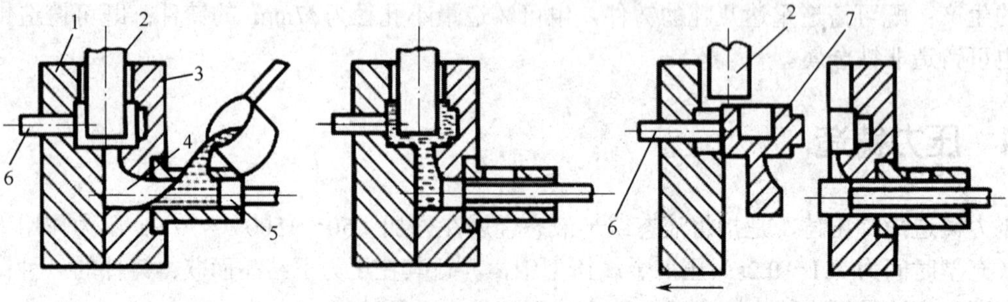

（a）注入金属液　（b）进行压铸　（c）取出铸件

1—动型；2—型芯；3—静型；4—压室；5—压射活塞；6—推杆；7—铸件

图 3-21　冷压室卧式压铸机工作过程

2．压铸的特点及应用

压铸与其他铸造方法相比，有如下优点。

1）铸件质量好

压铸件尺寸精度可达 CT13～CT11，表面质量可达 *Ra*6.3～1.6μm。

2）可压铸出形状复杂的薄壁件或镶嵌件

因压铸型精密，又是高压、高速，故能铸出极薄件（0.5～1mm），也能直接铸小孔（直径可达 0.7mm）和螺纹。

3）铸件的力学性能较好

压铸件因在压力下结晶，故表层结晶细密，硬度较高，又因冷却速度快，故金相晶粒较细，强度较高，如抗拉强度较砂型铸件提高 25%～30%。

4）生产率高

国产压铸机的生产能力一般为 50～150 次/h，最高的可达 500 次/h，因此其生产率较其他铸造方法高，且易于实现生产过程的自动化。压铸是实现少、无切屑加工的有效途径之一。

压铸也存在以下缺点：压铸机造价高，压铸型结构复杂，制造费用高，生产费用高，生产周期长；金属液充型速度高，凝固快，补缩困难，铸件易产生小气孔和缩松等缺陷；压铸件也不能用热处理来提高零件的力学性能；同时，压铸目前还很难铸造高熔点的黑色金属。当然，随着科学技术的发展，如加氧压铸、真空压铸、黑色金属压铸等新工艺的出现，压铸的一些缺点也有了克服的可能。

目前，压铸主要适用于大批大量生产中、小型非铁金属件，其中以锌合金和铝合金压铸件的应用最为广泛。

思考与练习题

3-1 列举普通车床中五种铸件的名称，分析这些零件为什么要选用铸件。

3-2 型砂应具备哪些性能？这些性能对铸件质量有哪些影响？

3-3 手工造型有哪些基本方法？它们各自的特点是什么？适用于哪些铸件？

3-4 分析选择题4图中零件的浇注位置与分型面，并找出最佳方案。

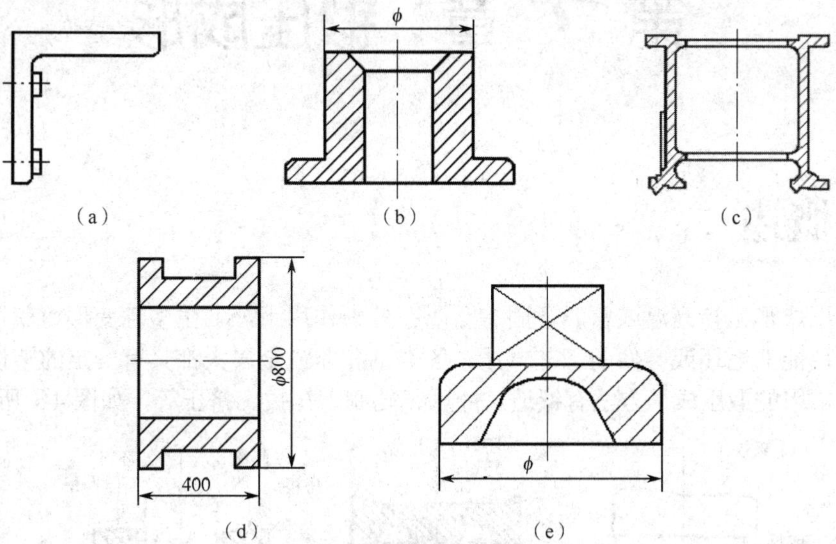

题4图　各类零件的结构图

3-5 铸件结构设计不合理时，可能会使铸件产生哪些缺陷？

3-6 修改题6图中铸件的结构。

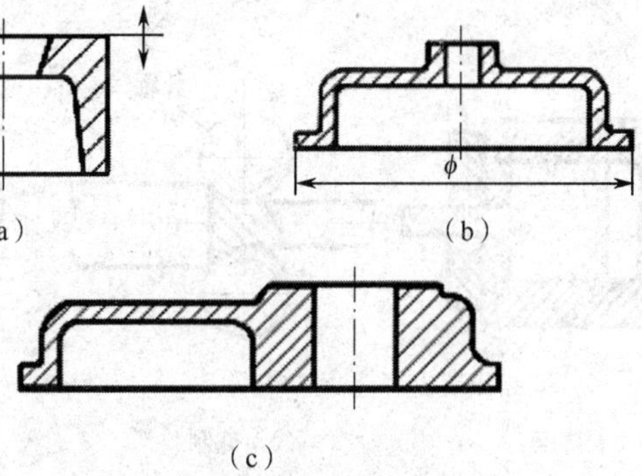

题6图　零件的结构工艺性

3-7 熔模铸造的工艺过程是怎样的？其工艺特点和应用范围如何？

3-8 试述压力铸造、离心铸造的工艺特点和应用范围。

3-9 为什么铸件要有结构圆角？如题9图所示铸件上哪些圆角不够合理？应如何修改？

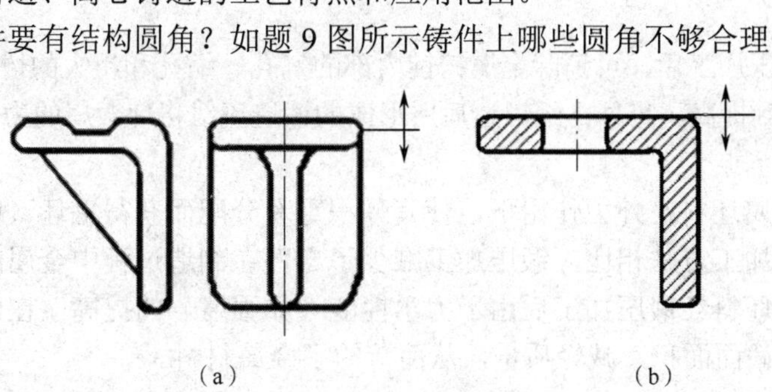

题9图　铸造结构圆角

第4章 锻压成形

4.1 概述

金属锻压成形是指高温或常温下固态金属在外力作用下，产生塑性变形而获得所需尺寸、形状及力学性能的毛坯或零件的工艺方法。各类钢和非铁金属大都具有一定的塑性，均可进行锻压成形。常用的锻压成形方法有锻造、冲压、轧制、拉拔、挤压等，如图 4-1 所示。

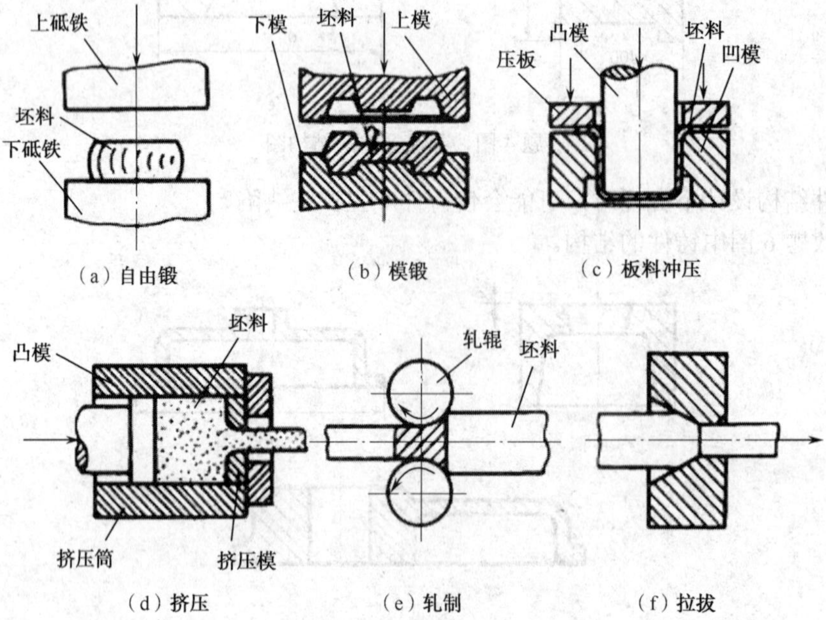

图 4-1 常用的塑性成形方法

锻压成形不仅可以改变坯料的形状和尺寸，而且可以改善金属坯料的内部组织，提高其力学性能和物理性能。锻压加工方法与其他加工方法相比具有以下优点。

1）力学性能高

金属坯料经锻压加工后，可消除金属铸锭内部的气孔、缩孔和粗大的树枝状结晶等缺陷，使组织致密，强度得到提高。另外，经锻造后所形成的锻造流线将使金属的力学性能呈各向异性。

2）节约金属

锻压生产是金属坯料在外力作用下，使其体积重新分配而获得毛坯（或零件）的形状和尺寸的过程。与切削加工方法相比，锻压加工减少了零件在制造过程中金属的消耗，材料的利用率高。另外，金属坯料经锻压加工后由于力学性能（如强度）的提高，在同等受力和工作条件下可以缩小零件的截面面积，减轻质量，从而节约了金属材料。

3）生产率高

锻压生产与切削加工相比生产率大大提高，使生产成本降低。例如，用模锻成形内六角螺钉，其生产率比使用切削加工方法约提高 50 倍。特别是对于大批量生产，锻压生产具有显著的经济效益。

4）适应性广

用锻压方法既能生产出小至几克的仪表零件，又能生产出大至数吨的锻件。

锻压生产虽然具有以上优点，但也受到以下几个方面的制约。

（1）锻件的结构工艺性要求较高。形状复杂，特别是内腔形状复杂的零件或毛坯难以甚至不能锻压成形。

（2）通常锻压件（主要指自由锻毛坯）的尺寸精度不高，还需配合切削加工等方法来满足精度要求。

（3）锻压加工方法需要重型的机器设备和较复杂的模具，模具的设计、制造周期长，初期投资费用高。

尽管锻压生产存在一定的不足，但从提高锻件的力学性能这一方面考虑，锻压生产显示出其特有的优越性，特别是对于那些不能通过热处理方法来提高力学性能的金属材料，锻压生产是提高其力学性能的最好途径。

金属锻压成形在机械制造中占有重要的地位。各类机械中受力复杂的重要零件，如传动轴、机床主轴、重要齿轮和起重机吊钩等，大都采用锻件作为毛坯。对于飞机，锻压件制成的零件约占各类零件数量的 85%，而汽车、拖拉机、火车等占 60%～80%。各类仪器、仪表、电器及生活用品中的金属制件绝大多数都是冲压件。轧制、挤压、拉拔主要用于生产型材、棒材、线材、板材及各种管材等，而轧制和挤压现也用来生产各种零件。

4.2 锻压成形基础

塑性是金属的重要特性，塑性变形不仅可以使金属获得一定的形状和尺寸，而且还会引起金属内部组织与结构的变化，使铸态金属的组织与性能得到一定程度的改善。因此，了解金属的塑性变形过程及金属的组织结构与性能的变化规律，以及加热的影响，对改进锻压成形工艺，提高产品质量和合理使用金属材料等具有重要意义。

4.2.1 金属塑性变形的实质

金属受外力后，首先产生弹性变形，当外力超过一定限度后，才产生塑性变形。弹性变形是在外力作用下，金属原子偏离平衡位置，使金属产生的变形。这时原子位能提高，具有返回低位能的倾向。当外力取消后，原子返回平衡位置，变形也就消失。塑性变形是在外力的作用下，金属内部原子沿一定的晶面和晶向产生了滑移或孪生的结果。

1. 单晶体的塑性变形

单晶体的变形过程如图 4-2 所示。如图 4-2（a）所示为晶体未受外力时的原始状态；当晶体受到外力作用时，晶格将产生弹性畸变，如图 4-2（b）所示，此为弹性变形阶段；若外力继续增加，超过一定限度后，晶格的畸变程度超过了弹性变形阶段，则晶体的一部分将会相对另一部分发生滑移，如图 4-2（c）所示；晶体发生滑移后，去除外力，晶体的变形将不能全部恢复，因而产生了塑性变形，如图 4-2（d）所示。

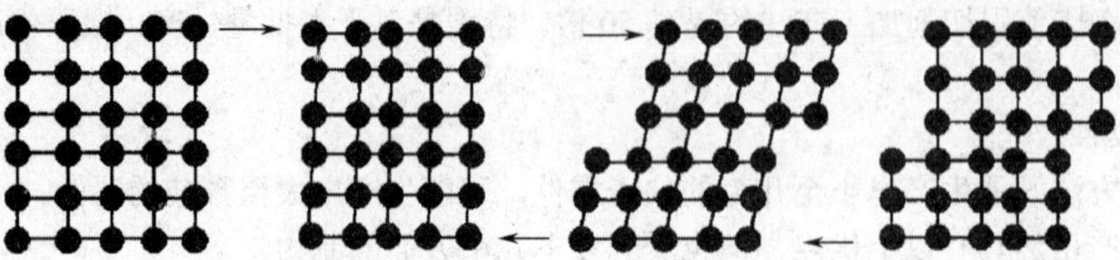

图 4-2 单晶体的变形过程

2．多晶体的塑性变形

实际使用的金属材料大多是由多晶粒组成的，每个晶粒在塑性变形时，将受到周围位向不同的晶粒及晶界的影响与约束，即每个晶粒不是处于独立的自由变形状态。晶粒变形时既要克服晶界的阻碍，又需要其周围晶粒同时发生相适应的变形来协调配合，以保持晶粒间的结合和晶体的连续性，否则将导致晶体破裂。多晶体的变形过程如图 4-3 所示。

大量实验结果表明，多晶体的塑性变形正是由于存在晶界和各晶粒的位向差别，因此其变形抗力要比同种金属的单晶体高得多。

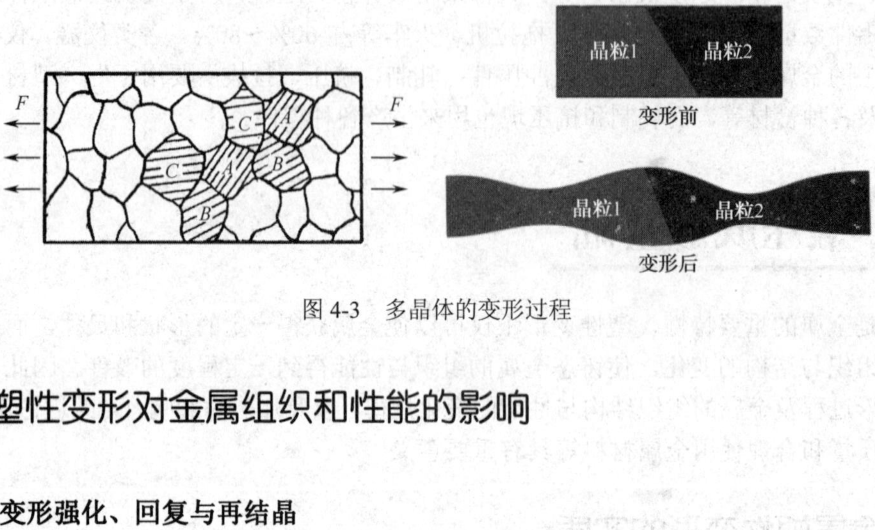

图 4-3 多晶体的变形过程

4.2.2 塑性变形对金属组织和性能的影响

1．冷变形强化、回复与再结晶

金属材料经塑性变形后，其组织和性能发生了一系列重大变化。组织上的变化表现为晶粒沿金属流动方向伸长，晶格畸变，位错密度增加，产生内应力及碎晶。性能上的变化表现为随着变形程度的增加，强度及硬度显著提高，而塑性和韧性则很快下降。变形度越大，性能的变化也越大。这种由于塑性变形的变形度增加，使金属的强度、硬度提高，而塑性下降的现象称为冷变形强化或加工硬化。

加工硬化现象在工程技术中具有重要的实用意义。首先可利用加工硬化来强化金属，提高金属强度、硬度和耐磨性。特别是对那些不能用热处理强化的材料，如纯金属、某些铜合金、铬镍不锈钢和高锰钢等，加工硬化更是其唯一有效的强化方法。

加工硬化还可以在一定程度上提高构件在使用过程中的安全性。因为构件在使用过程中，往往不可避免地会在某些部位（如孔、键槽、螺纹及截面积过渡处）出现应力集中和过载荷现象。在这种情况下，由于金属能加工硬化，局部过载部位在产生少量塑性变形后，提高了屈服强度并与所承受的应力达到了平衡，变形就不会继续发展，从而在一定程度上提高了构件的安全性。

加工硬化也有其不利的一面。由于它使金属塑性降低，所以给进一步冷塑性变形带来困难，并使塑性成形时的能量消耗增大。为了使金属材料能继续变形，必须进行中间热处理来消除加工硬化现象。这就增加了生产成本，降低了生产率。

为了消除加工硬化效应，恢复材料的塑性，以便继续进行变形加工，或为了消除变形过程中产生的内应力，就要对工件进行退火处理。

经塑性变形后的工件，在退火加热温度不太高时，冷变形金属的显微组织无明显变化，只能使内应力明显降低和消除，金属的力学性能没有显著变化，即强度、硬度下降很少，塑性提高不多，这一过程称为回复。

当加热温度较高，塑性变形后金属被拉长的晶粒重新形核、结晶，变为等轴晶粒，这称为再结晶。再结晶后的金属，强度、硬度显著下降，塑性和韧性显著提高，内应力完全消除。开始产生再结晶现象的最低温度称为再结晶温度。纯金属的再结晶温度与熔点的大致关系是：

$$T_{再} \approx 0.4\, T_{熔}\ (\mathrm{K})$$

再结晶完成后，若加热温度继续升高或加热时间延长，金属的晶粒便开始不断长大。再结晶后的金属的力学性能与再结晶晶粒度关系很大，晶粒越细小，金属的综合力学性能越好。

金属的加工硬化、回复及再结晶过程中的力学性能变化如图4-4所示。

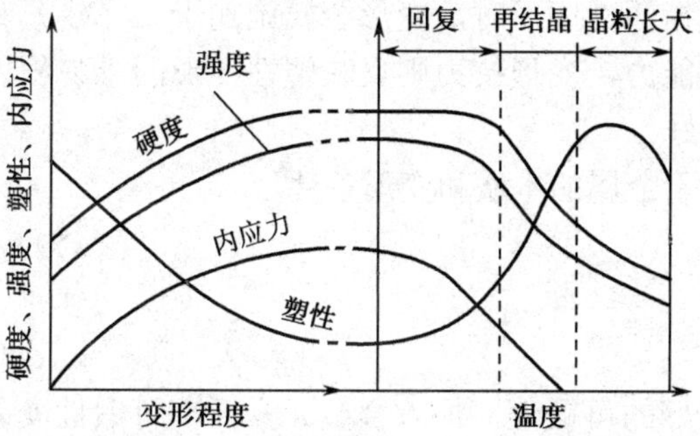

图4-4　加工硬化、回复及再结晶过程中的力学性能变化

2．冷变形、热变形、温变形

1）冷变形

冷变形指在再结晶温度以下的变形，如冷轧、冷拉、冷挤压和冷冲压等。对于大多数金属材料来说，冷变形是在室温下进行的，可以避免金属加热的缺陷，获得较高的精度和表面质量，并能提高工件的强度和硬度。但冷变形时变形抗力大，需使用较大吨位的设备，在多次变形中需增加再结晶退火和其他辅助工序。目前，冷变形主要局限于低碳钢、非铁金属及合金的薄件和小件加工。

2）热变形

热变形指在再结晶温度以上的变形，如热锻、热轧和热挤压等。在变形过程中加工硬化和再结晶软化同时存在。为了使加工硬化随时为再结晶所克服，热变形温度常比再结晶温度高得多。例如，钢的最低再结晶温度为480～600℃，热锻温度为800～1250℃。

3）温变形

温变形指在高于室温和低于再结晶温度范围内进行的变形，如温锻和温挤压等。

3．锻造流线

在热加工变形过程中，粗大的晶粒破碎，并沿着金属流动的方向拉长，与此同时，含有非金属夹杂的晶界也沿此方向拉成长形。当变形度足够大时，这些夹杂物可被拉成条状。拉长的晶粒可因再结晶变成细小的晶粒，但晶界与晶内的夹杂物不能参与再结晶，仍呈拉长的状态，形成纤维组织，也称锻造流线。例如，曲轴中的锻造流线分布如图 4-5 所示。

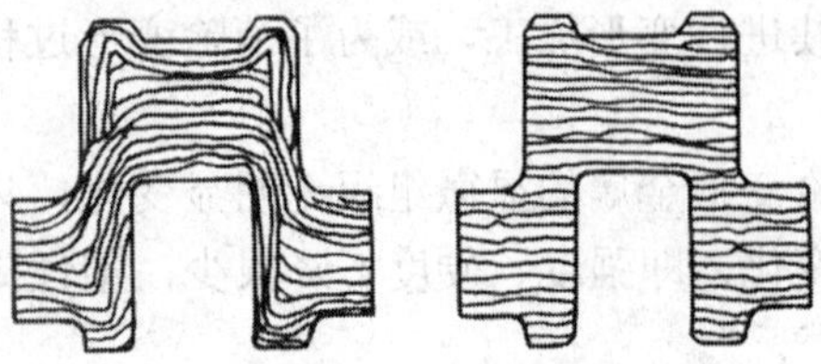

（a）纤维分布合理　　（b）纤维分布不合理

图 4-5　曲轴中的纤维组织分布

纤维组织的稳定性很高，热处理或其他方法都无法消除它，只能在热变形过程中改变它的分布方向和形状。因此，在设计和制造零件时，应充分发挥纤维组织纵向性能高的优势，限制横向性能差的劣势。

4.2.3　金属的锻造性能

金属的锻造性能是衡量材料经受塑性成形难易程度的工艺性能，其优劣常用塑性和变形抗力综合衡量。变形抗力是指塑性成形时，变形金属施加于工（模）具单位面积上的反作用力。塑性反映金属塑性变形的能力，变形抗力则反映塑性变形的难易程度。因此，材料的塑性高，变形抗力小，则锻造性能好。

金属的锻造性能取决于金属的本质和变形条件。

1．金属的本质

1）化学成分的影响

纯金属一般都具有良好的可锻性，加入合金元素后，可锻性变差。合金元素的种类、含量越多，特别是加入钨、钼、钛等提高高温强度的元素，可锻性越差。碳钢的可锻性比合金钢好，低合金钢的可锻性比高合金钢好。

2）组织结构的影响

金属在单相状态下的可锻性较多相状态的好，因为多相状态下各相的塑性不同，变形不均匀会引起内应力，甚至开裂。因此，一般金属锻造时最好使其处于单相固熔体状态，而化合物的数量越多越难以进行塑性加工。例如，碳钢锻造时要加热到单相的奥氏体区域。此外，铸态组织和粗晶组织由于塑性较差，所以不如锻轧组织和细晶组织的可锻性好。

2．变形条件

变形条件是指变形时的温度、速度、应力状态和坯料表面状况等。

1）变形温度的影响

在一定的变形温度范围内，随着温度的升高，原子动能增加，原子间的结合力削弱，使其塑性提高、变形抗力减小，改善了金属的可锻性。热变形的变形抗力通常只有冷变形的 1/15～1/10，因此在生产中得到了广泛的应用。

金属的加热应控制在一定的温度范围内。温度过高会产生氧化和过热等缺陷，甚至使锻件产生过烧（晶界发生氧化或熔化）而报废，因此应严格控制锻造温度范围。

2）变形速度的影响

变形速度指单位时间内的变形程度。变形速度对金属锻造性能的影响是矛盾的。如图 4-6 所示，一方面，由于变形速度的增大，回复和再结晶不能及时克服加工硬化现象，金属表现出塑性下降、变形抗力增大（图 4-6 中的 *a* 以左），可锻性变差；另一方面，金属在变形过程中，消耗于塑性变形的能量有一部分转化为热能，使金属温度升高（称为热效应现象），变形速度越大，热效应现象越明显，则金属的塑性提高，变形抗力下降（图 4-6 中的 *a* 以右），可锻性变好。图中的 *a* 为临界变形速度。

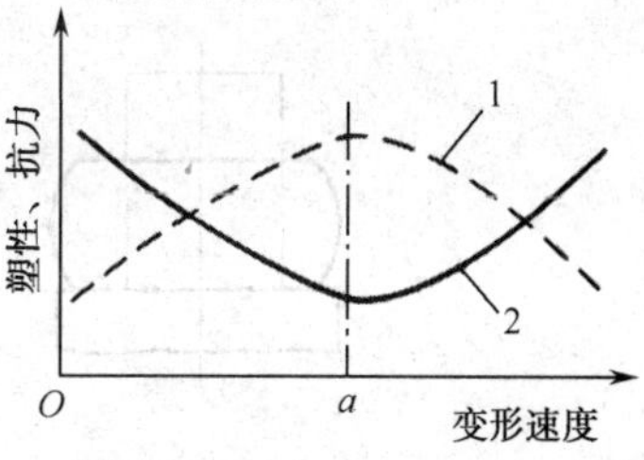

1—变形抗力曲线；2—塑性变化曲线

图 4-6　变形速度对金属可锻性的影响

4.3 自由锻

4.3.1 自由锻的特点及应用

自由锻是利用冲击力或压力，使金属在上、下砧铁之间，产生塑性变形而获得所需形状、尺寸及内部质量的锻件的一种加工方法。自由锻时，除与上、下砧铁接触的金属部分受到约束外，金属坯料朝其他各个方向均能自由变形流动，不受外部的限制，无法精确控制变形的发展，因此称为自由锻。

自由锻的工具简单、通用性强，生产准备周期短，主要应用于单件、小批量生产，修配及大型锻件的生产和新产品的试制等。自由锻件的质量范围可由不及一千克到二三百吨。对于大型锻件，自由锻是唯一的加工方法，这使得自由锻在重型机械制造中具有特别重要的作用，例如，水轮机主轴、多拐曲轴、大型连杆和重要的齿轮等零件在工作时都承受很大的载荷，要求具有较高的力学性能，常采用自由锻方法生产毛坯。

4.3.2 自由锻的基本工序

自由锻的工序包括基本工序、辅助工序和修整工序。变形量较大、改变坯料形状和尺寸以实现锻件基本成形的工序称为基本工序，它是锻件成形过程中必需的变形工序，如镦粗、拔长、冲孔、弯曲、扭转、错移和切断等；为使基本工序操作方便而进行的预变形工序称为辅助工序，如压钳口和切肩等；用以减少锻件表面缺陷而进行的工序称为修整工序，如校正、滚圆和平整等。

1．镦粗

沿工件轴向进行锻打，使其长度减小，横截面积增大的操作过程称为镦粗。它常用来锻造齿轮坯、凸缘和圆盘等零件，也作为锻造环和套筒等空心锻件冲孔前的预备工序。镦粗可分为完全镦粗和局部镦粗两种形式，如图 4-7 所示。

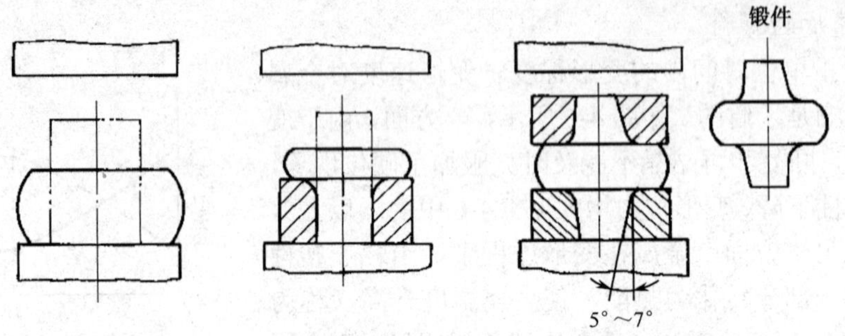

（a）完全镦粗　（b）端部局部镦粗　（c）中间局部镦粗

图 4-7　镦粗

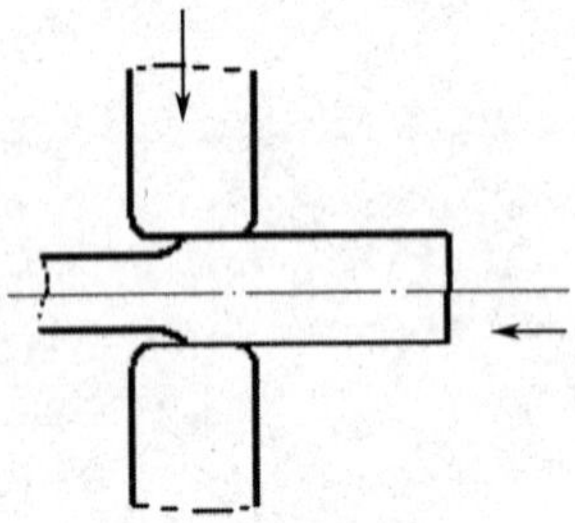

图 4-8　拔长

2．拔长

拔长是沿垂直于工件的轴向进行锻打，以使其截面积减小而长度增加的操作过程，如图 4-8 所示，常用于锻造轴类和杆类等零件。

3．冲孔

冲孔是用冲头在坯料上冲出通孔或不通孔的锻造工序，常用于锻造齿轮、套筒和圆环等空心锻件。

在薄坯料上冲通孔时，可用冲头一次冲出，即单面冲孔，如图 4-9（a）所示。若坯料较厚，可先在坯料的一边冲到孔深的 2/3 深度后，拔出冲头，翻转工件，从反面冲通，以避免在孔的周围冲出毛刺，如图 4-9（b）所示，也称双面冲孔。直径小于 25mm 的孔一般不冲出，而是采用钻削的方法进行加工。

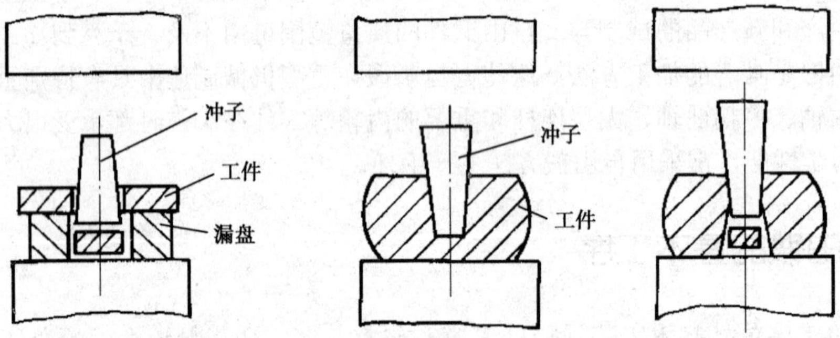

（a）薄坯料冲孔　（b）厚坯料冲孔

图 4-9　冲孔

4．弯曲

弯曲是采用一定的工（模）具将坯料锻弯成所需形状的锻造工序，用于吊环和链环等工件的锻制，如图 4-10 所示。

5．扭转

扭转是将坯料的一部分相对于另一部分绕其轴线旋转一定角度的锻造工序（如图 4-11 所示），用于锻制曲轴和麻花钻等工件。

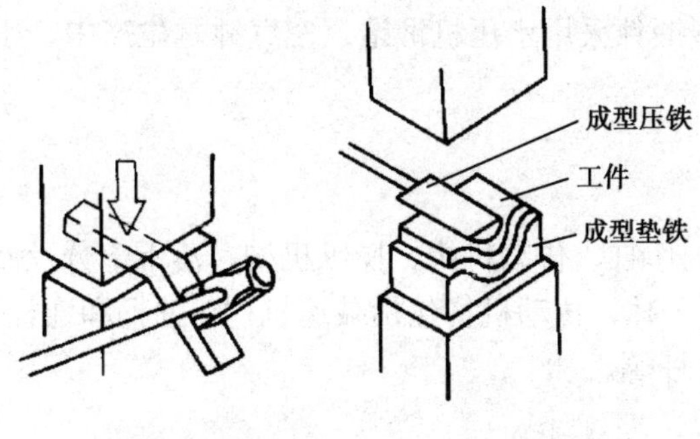

（a）角度弯曲　（b）成型弯曲

图 4-10　弯曲

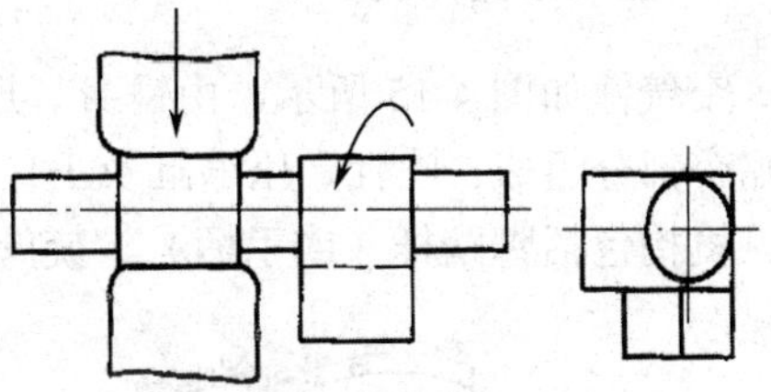

图 4-11　扭转

扭转时应将坯料加热到始锻温度，受扭转变形的部分必须表面光滑，面与面的相交处应过渡均匀，以防扭裂，经扭转后的锻件，应进行退火处理。

6．错移

错移是将坯料的一部分相对于另一部分平移错开的锻造工序（如图 4-12 所示），用于锻制双拐或多拐曲轴。错移前，先在错移部位压肩，然后加垫板及支撑，锻打错开，最后修整。

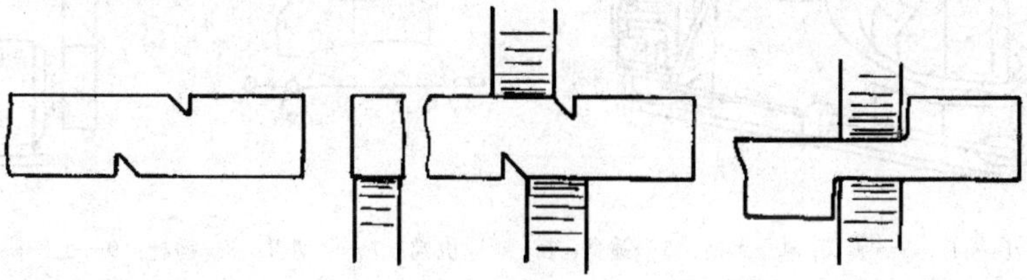

（a）压肩　（b）锻打　（c）修整

图 4-12　错移

7．切断

切断是分割坯料或切除锻件余量的锻造工序，用于下料或切除料头等。如图 4-13 所示为切方形坯料，如图 4-14 所示为切圆形坯料。

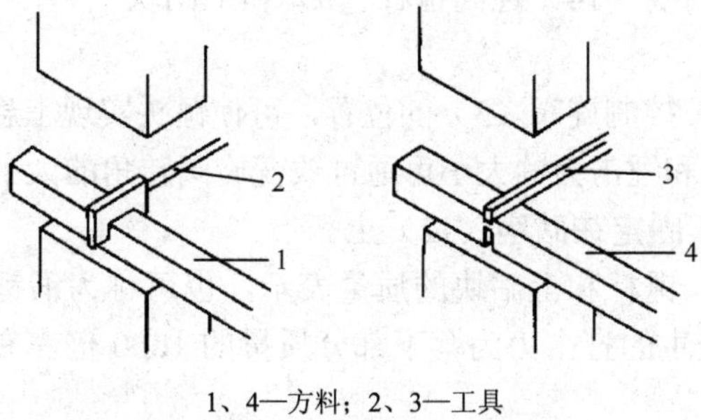

1、4—方料；2、3—工具

图 4-13　方形坯料的切断

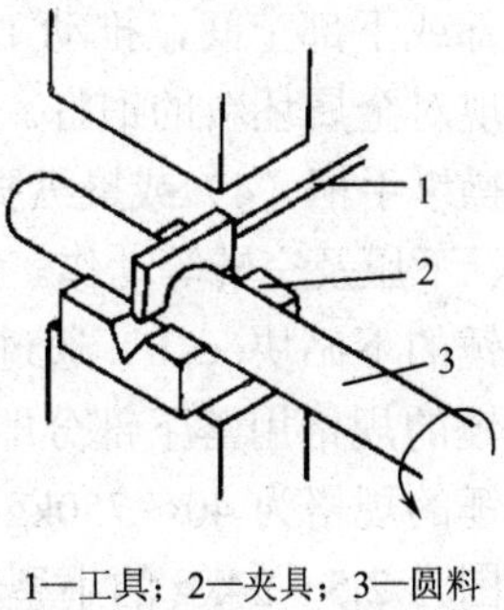

1—工具；2—夹具；3—圆料

图 4-14　圆形坯料的切断

4.3.3　自由锻设备

机器自由锻是目前工厂中应用最广泛的锻造方法，常根据锻件的大小选择不同的锻造设备。

中小锻件采用空气锤或蒸汽—空气锤锻造，大型锻件采用水压机锻造。空气锤是生产中、小型锻件的通用锻造设备，在生产中应用最广。

1．空气锤的结构

空气锤如图 4-15 所示，由锤身、压缩缸、工作缸、传动机构、操纵机构、落下部分及砧座等几个部分组成。吹什、压缩缸及工作缸体铸成一体，传动机构包括减速机构、曲柄和连杆等；操纵机构包括脚踏杆（或手柄）、旋阀和连接杠杆等。

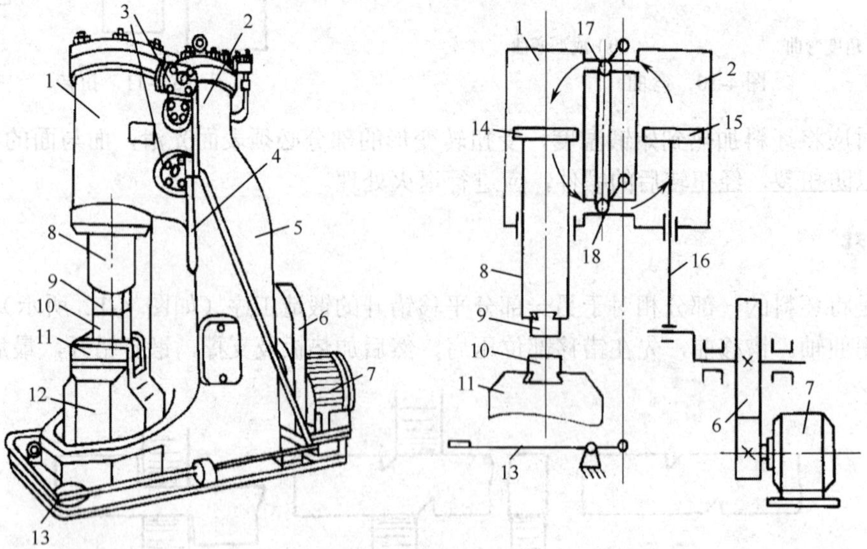

1—工作缸；2—压缩缸；3—旋阀；4—手柄；5—锤身；6—减速机构；7—电动机；8—锤杆；9—上砧块；10—下砧块；11—砧垫；12—砧座；13—脚踏杆；14—工作活塞；15—压缩活塞；16—连杆；17—上旋阀；18—下旋阀

图 4-15 空气锤的外形结构及工作原理示意图

2．空气锤的工作原理

空气锤是将电能转化成压缩空气的压力能来产生打击力的。

电动机（7）经齿轮减速机构（6）带动曲柄转动，连杆（16）推动活塞在压缩缸（2）内做上下往复运动，把空气压缩；控制上、下旋阀（17）、（18），可使压缩空气交替进入工作缸（1）的上部或下部空间，推动工作缸内的活塞（14）连同锤杆（8）和上砧块（9）一起上下运动，以实现对金属坯料的锻打。

通过操纵手柄（4）或操纵脚踏杆（13）控制旋阀（3）的位置，可使锤头实现上悬、连续打击、单击、下压及空转等动作。锤头的行程和锤击力的大小可通过改变旋阀转角的大小来控制。

空气锤的下砧块（10）通过砧垫（11）固定在砧座（12）上。

空气锤的规格用落下部分即工作活塞、锤杆和上砧块的质量表示，也可称为锻锤的吨位。国产空气锤的规格为 40～750kg，空气锤产生的打击力为落下部分质量的 1000 倍左右，可以锻造质量范围为 2.5～84kg 的小型锻件。

4.3.4 自由锻的结构工艺性

设计自由锻成形的零件时，必须考虑自由锻设备和工具的特点，零件结构要符合自由锻的工艺性要求。对自由锻锻件结构工艺性总的要求是，在满足使用要求的前提下，锻件形状应尽量简单和规则。具体要求见表 4-1。

表 4-1　自由锻锻件的结构工艺性

要　求	举　例		说　明
	不 合 理	合　理	
避免锥体和斜面结构	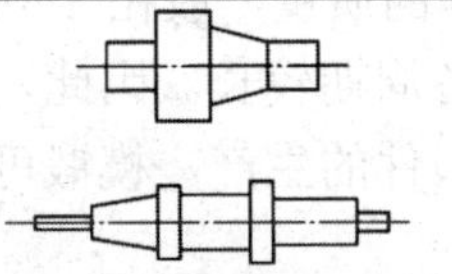	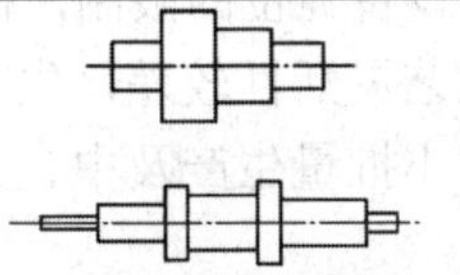	圆锥体的锻造必须使用专门工具，锻造比较困难，工艺过程复杂，应尽量避免
避免椭圆形、工字形等复杂形状的截面，特别要避免曲面相交的空间曲线	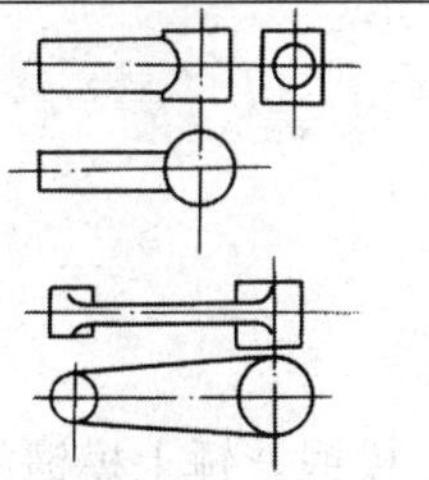	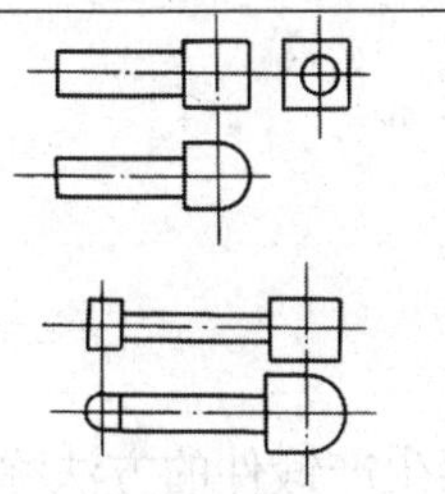	圆柱体与圆柱体交接处的锻造很困难，应改成平面与圆柱体交接，或平面与平面交接，消除空间曲线
避免凸台、加强筋等	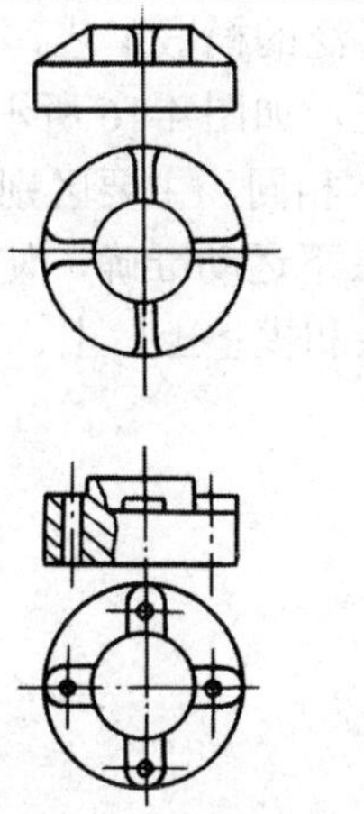	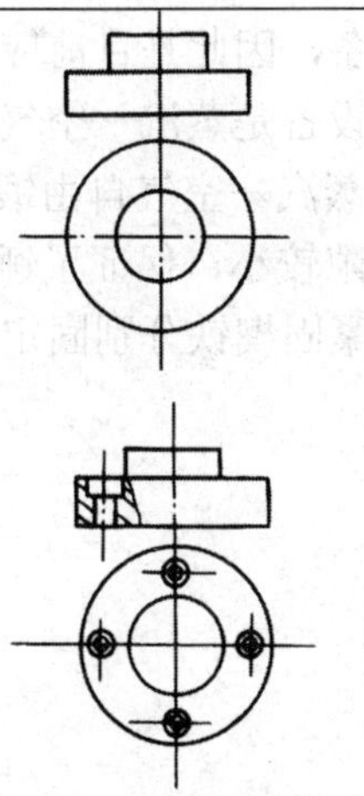	加强筋与表面凸台等结构难以用自由锻方法获得，应避免这种设计
尽量避免横截面急剧变化或形状复杂的情况	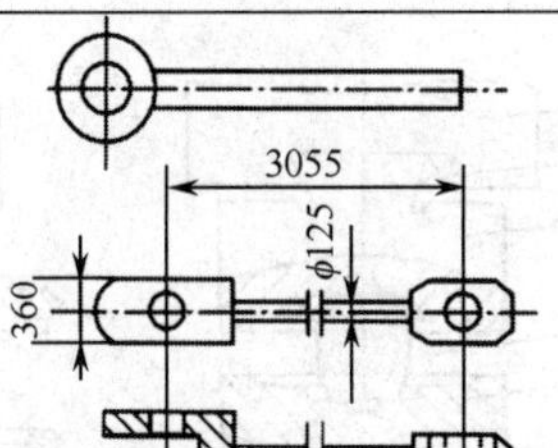	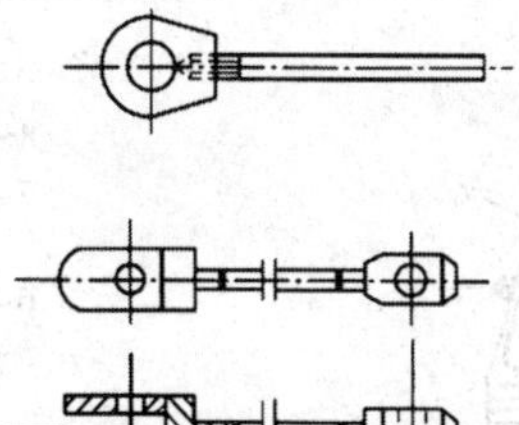	横截面积急剧变化或形状复杂的零件，应分成几个容易锻造的简单部分，再用焊接或机械连接方式组合成整体

4.4 模锻

4.4.1 模锻的特点及应用

在模锻设备上，利用高强度锻模，使金属坯料在模膛内受压产生塑性变形，而获得所需形状、尺寸及内部质量的锻件的加工方法称为模锻。与自由锻相比，模锻具有如下优点：

（1）生产效率较高，模锻时，金属的变形在模膛内进行，能较快获得所需形状；

（2）能锻造形状复杂的锻件；

（3）模锻件的尺寸较精确，表面质量较好，加工余量较小；

（4）模锻操作简单，劳动强度低。

但是模锻生产受模锻设备吨位的限制，模锻件的质量一般在 150kg 以下。模锻设备投资较大，模具费用较昂贵，工艺灵活性较差，生产准备周期较长。因此，模锻适合于小型锻件的大批大量生产，不适合单件小批量生产及中、大型锻件的生产。模锻可分为锤上模锻、压力机上模锻和胎模锻等。

4.4.2 模锻的种类

1. 锤上模锻

在模锻锤上进行模锻生产锻件的方法称为锤上模锻。锤上模锻的工艺适应性较强，且模锻锤的价格低于其他模锻设备，因此是目前应用最广泛的模锻工艺。

锤上模锻使用的主要设备是蒸汽—空气模锻锤，如图 4-16 所示。

模锻锤的工作原理与蒸汽—空气自由锻锤基本相同，主要区别是模锻锤的锤身直接与砧座连接，锤头与导轨间的间隙较小，保证了锤头上、下运动准确，使上、下模对准。锻模由带燕尾的上、下模组成，通过紧固楔铁分别固定在锤头和模垫上，上、下模之间为模膛，如图 4-17 所示。

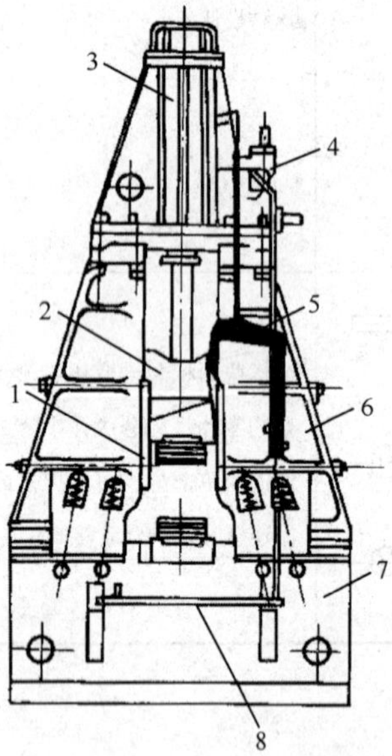

1—导轨；2—锤头；3—气缸；4—配气机构；

5—操纵杆；6—锤身；7—砧座；8—踏板

图 4-16 蒸汽—空气模锻锤

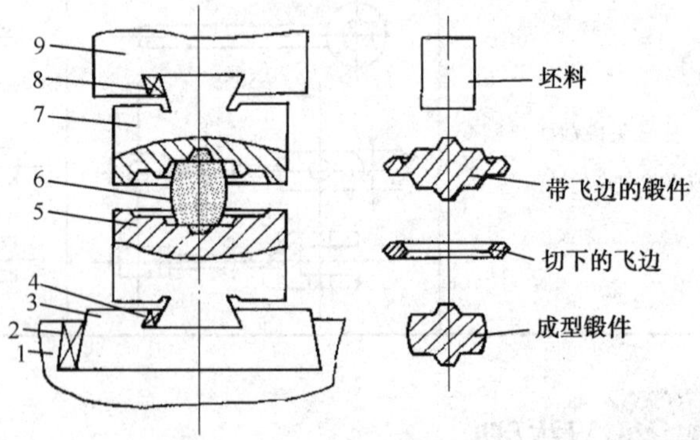

1—砧座；2、8—楔铁；3—模座；4—楔块；

5—下模；6—坯料；7—上模；9—锤头

图 4-17 单模膛锻模及锻件成形过程

模膛内与分模面垂直的面都有 5°～10° 的斜度，其作用是有利于锻件出模。面与面之间的交角都是圆角，以利于金属充满模膛及防止应力集中使模膛开裂。

锻制形状简单的锻件时，锻模上只开一个模膛，称之为终锻模膛。终锻模膛四周设有飞边槽，它的作用是在保证金属充满模膛的基础上容纳多余的金属，防止金属溢出模膛。由于存在飞边槽，所以锻件沿分模面周围形成一圈飞边（如图 4-17 所示），飞边可用切边压力机切去。同样，带孔的锻件不可能将孔直接锻出，而是留有一定厚度的冲孔连皮，锻后再将连皮冲掉。

复杂锻件则需要在开设有多个模膛的锻模中完成。多个模腔分制坯模膛、预锻模膛和终锻模膛。图 4-18 所示的延伸、滚压和弯曲均属制坯模膛，坯料依次在这三个模膛内锻打，使其逐步接近锻件的基本形状，然后再放入预锻和终锻模膛内进行预锻和终锻，最后切除毛边，得到所需形状和尺寸的锻件。

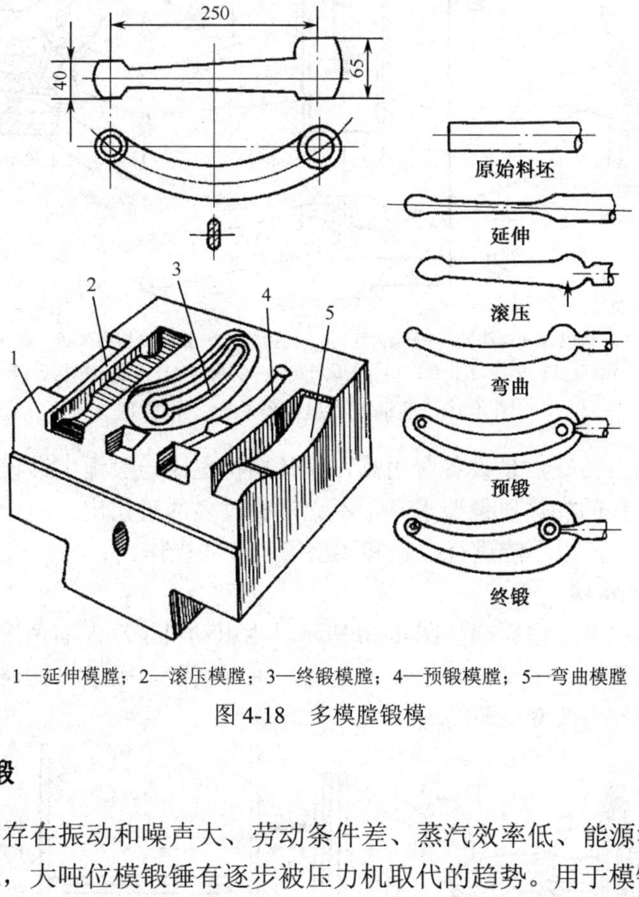

1—延伸模膛；2—滚压模膛；3—终锻模膛；4—预锻模膛；5—弯曲模膛

图 4-18　多模膛锻模

2．压力机上模锻

模锻锤在工作中存在振动和噪声大、劳动条件差、蒸汽效率低、能源消耗多等难以克服的缺点。因此，近年来，大吨位模锻锤有逐步被压力机取代的趋势。用于模锻生产的压力机有曲柄压力机、摩擦压力机、水压机和平锻机等。

1）曲柄压力机上模锻

曲柄压力机的结构和工作原理如图 4-19 所示。电动机通过飞轮释放能量，曲柄连杆机构带动滑块沿导轨做上、下往复运动，进行锻压工作。锻模分别安装在滑块的下端和工作台上。

与锤上模锻相比，曲柄压力机上模锻具有以下一系列优点。

（1）作用于坯料上的锻造力是压力，不是冲击力，工作时振动和噪声小，劳动条件得到改善。

（2）坯料的变形速度较低。这对于低塑性材料的锻造有利，某些不适合在锤上锻造的材料，如耐热合金和镁合金等，可在压力机上锻造。

（3）锻造时滑块的行程不变，每个变形工步在滑块的一次行程中即可完成，并且便于实现机械化和自动化，具有很高的生产率。

（4）滑块运动精度高，并有锻件顶出装置，使锻件的模锻斜度、加工余量和锻造公差大大减小，因而锻件精度比锤上模锻件高。

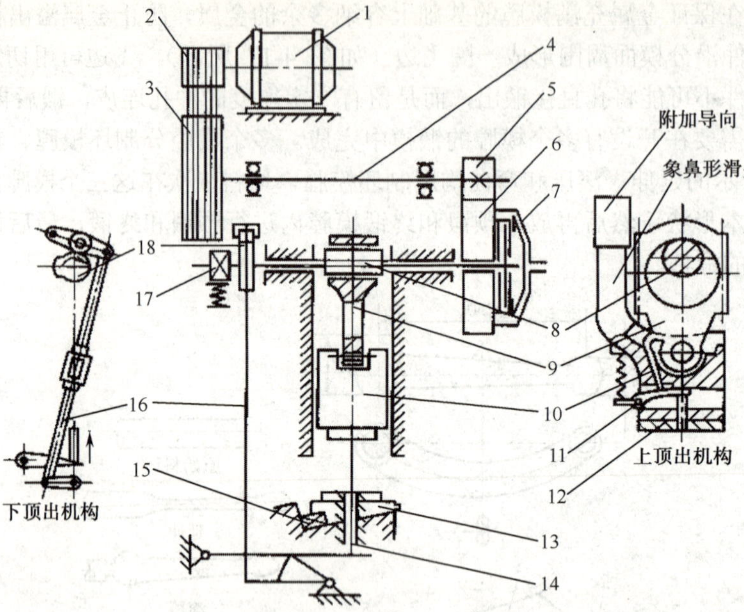

1—电动机；2—小皮带轮；3—飞轮；4—传动轴；5—小齿轮；6—大齿轮；7—圆盘摩擦离合器；8—曲柄；9—连杆；10—滑块；11—上顶出机构；12—上顶杆；13—楔形工作台；14—下顶杆；15—斜楔；16—下顶出机构；17—带式制动器；18—凸轮

图 4-19　曲柄压力机的结构及工作原理

这种模锻方法的主要缺点是设备费用高，模具结构也比一般锤上锻模复杂，仅适用于大批量生产的场合；对坯料的加热质量要求高，不允许有过多的氧化皮；由于滑块的行程和压力不能在锻造过程中调节，所以不能进行拔长和滚挤等工步的操作。

2）摩擦压力机上模锻

摩擦压力机的结构及工作原理如图 4-20 所示。由电动机带动左右两个摩擦盘旋转，通过摩擦力使飞轮和主螺杆旋转，带动滑块上、下运动，进行模锻。操纵机构控制左、右摩擦盘分别与飞轮接触，利用摩擦力改变飞轮转向。

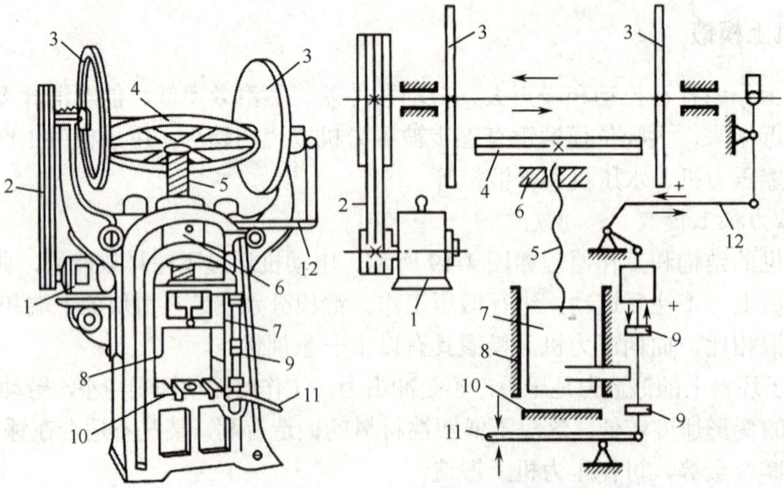

（a）外形　　（b）工作原理

1—电动机；2—三角带；3—摩擦盘；4—飞轮；5—螺杆；6—螺母；7—滑块；8—导轨；9—限位挡铁；10—工作台；11—手柄；12—操纵机构

图 4-20　摩擦压力机的结构及工作原理

摩擦压力机的行程速度介于模锻锤和曲柄压力机之间，滑块行程和打击能量均可自由调节，坯料在一个模膛内可以多次锤击，能够完成镦粗、成形、弯曲和预锻等成形工序和校正、精整等后续工序。

摩擦压力机构造简单，投资费用少，工艺适应性广，但传动效率低，一般只能进行单模膛模锻，广泛用于中批量生产的小型模锻件，以及某些低塑性合金锻件。

3）水压机模锻

水压机的工作速度低，行程大，压力高，并且可以调节，既有顶出装置，又可以从几个方向施加压力（多向模锻水压机）。巨型水压机的压力达到几十万 kN，工作平台面积达几十平方米。它适用于模锻大型钢、钛合金、铝合金和镁合金锻件等，特别是大型航空锻件，如飞机框架和起落架大梁等。

4）平锻机模锻

平锻机模锻简称平锻，是镦锻长杆件、管件的头部和用棒料制造带通孔环形件的常用方法，如制造长轴的法兰部分和轴承环等。如图 4-21 所示为平锻机模锻件成形工序。

工作时，活动凹模移动，将端部已加热的棒料夹住，然后由固定在主滑块上的多工位凸模进行镦锻，使金属充满模具的模膛。如果棒料的变形部分长度大于棒料直径的 3 倍，则必须在预锻和终锻之前对棒料端部进行一次或几次积聚，避免镦锻时棒料弯曲或产生折叠。锻通孔时，先锻出带盲孔的锻件，然后在冲头穿孔时将锻件与棒料分离。平锻件一般不产生飞边或只产生较小的飞边，因此材料的利用率高，但需要将棒料夹住后锻造，这就要求棒料有较小的直径公差。

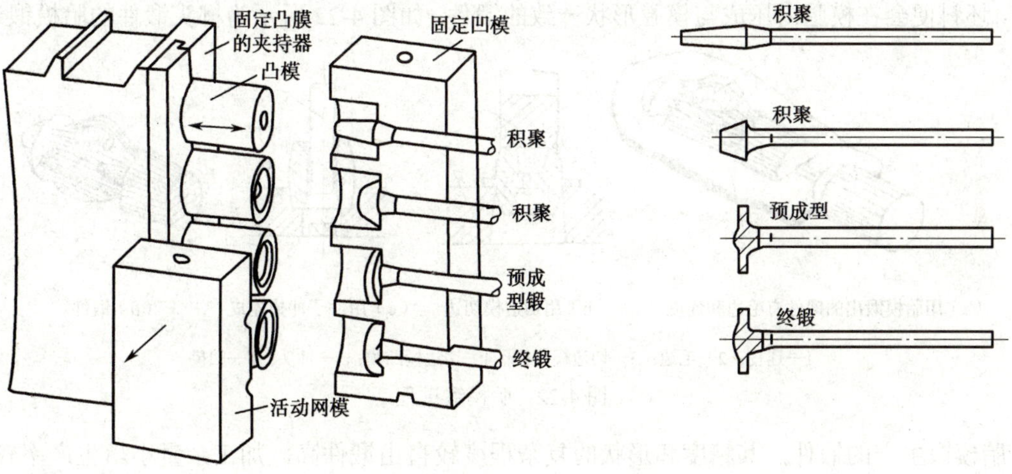

图 4-21 平锻机模锻件成形工序

摩擦压力机、曲柄压力机、平锻机和水压机等工艺特点的比较见表 4-2。

表 4-2 压力机上模锻方法的工艺特点比较

锻造方法	设备类型		工艺特点	应用
	结构	构造特点		
摩擦压力机上模锻	摩擦压力机	滑块行程可控，速度为 0.5～1.0m/s，带有顶料装置，机架受力，形成封闭力系，每分钟行程次数少，传动效率低	特别适合于锻造低塑性合金钢和非铁金属；简化了模具设计与制造，同时可锻造更复杂的锻件；承受偏心载荷能力差；可实现轻、重打，能进行多次锻打，还可进行弯曲、精压、切飞边、冲连皮和校正等工序	中、小型锻件的小批量和中批量生产

续表

锻造方法	设备类型		工艺特点	应用
	结构	构造特点		
曲柄压力机上模锻	曲柄压力机	工作时，滑块行程固定，无振动，噪声小，合模准确，有顶杆装置，设备刚度好	金属在模膛中一次成形，氧化皮不易除掉，终锻前常采用预成形及预锻工步，不宜拔长、滚挤，可进行局部镦粗，锻件精度较高，模锻斜度小，生产率高，适合短轴类锻件	大批大量生产
平锻机上模锻	平锻机	滑块水平运动，行程固定，具有互相垂直的两组分模面，无顶出装置，合模准确，设备刚度好	扩大了模锻适用范围，金属在模膛中一次成形，锻件精度较高，生产率高，材料利用率高，适合锻造带头的杆类和有孔的各种合金锻件，对非回转体及中心不对称的锻件较难锻造	大批大量生产
水压机上模锻	水压机	行程不固定，工作速度为 0.1～0.3m/s，无振动，有顶杆装置	模锻时一次压成，不宜多膛模锻，适合于锻造镁铝合金大锻件和深孔锻件，不太适合于锻造小尺寸锻件	大批大量生产

3．胎模锻

胎模锻是介于自由锻和模锻之间的一种锻造方法，它是在自由锻锤上使用简单模具（称为胎模）生产锻件的一种常用锻造方法。胎模锻时，胎模自由地放在锤头和上砧块之间，先采用自由锻方法将坯料预锻成近似锻件的形状，然后放入胎模模膛中，用锻锤打至上、下模紧密接触时，坯料便会在模膛内压成与模膛形状一致的锻件。如图 4-22 所示为榔头锻件的胎模锻过程。

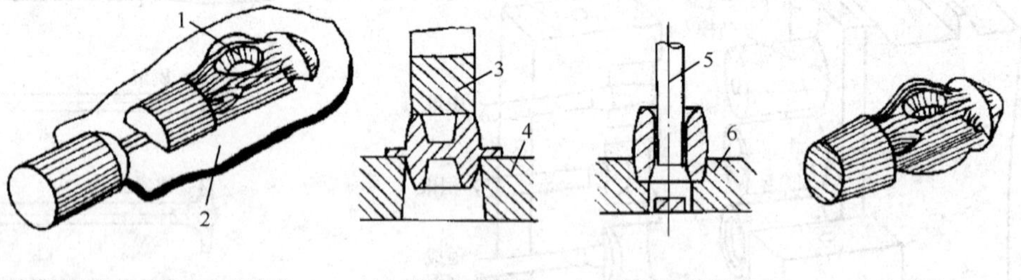

（a）用胎模锻出的锻件有毛边和连皮　（b）用切边模切边　（c）用冲子冲掉连皮　（d）锻件

1—连皮；2—毛边；3—切边模凸模；4—切边模凹模；5—冲头；6—凹模

图 4-22　胎模锻过程

胎模锻生产的锻件，其精度和形状的复杂程度较自由锻件高，加工余量小，生产率较高，而且胎模结构简单，制造方便，无须昂贵的模锻设备，是一种既经济又简便的锻造方法，广泛用于小型锻件的中、小批量生产。

4.4.3　模锻的结构工艺性

设计模锻零件时，应根据模锻特点和工艺要求，使零件结构符合下列原则，以便于模锻生产和降低成本。

（1）模锻零件必须具有合理的分模面，以使制模方便，金属易充满模膛，锻件便于出模及减少余块。

（2）锻件上与分模面垂直的非加工表面应设计出结构斜度，非加工表面所形成的角都应按模锻圆角设计。

（3）零件外形力求简单、平直和对称，尤其应避免薄壁、高筋和凸起等结构，以使金属容易充满模膛和减少工序。图 4-23（a）所示的锻件的凸缘薄而高，中间凹槽很深，难于用模锻方法锻制。图 4-23（b）所示的锻件扁而薄，锻造时薄的部分很快冷却，不易充满模膛。图 4-23（c）所示的零件有一个高而薄的凸缘，使锻模的制造和取出锻件都很困难。假如对零件功用无影响，改为图 4-23（d）所示的形状，锻制成形就很容易了。

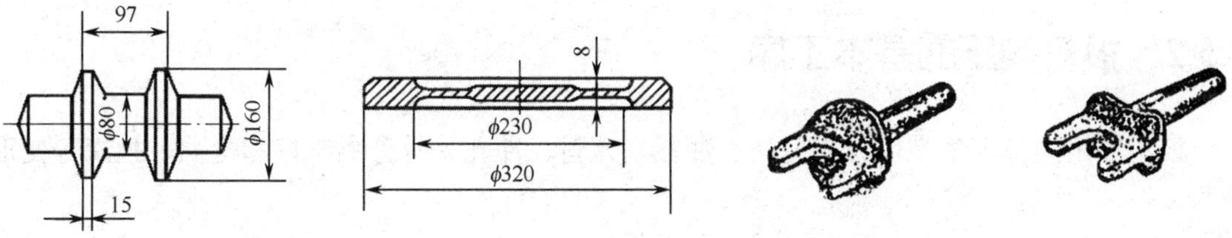

（a）　（b）　（c）　（d）

图 4-23　模锻零件形状

（4）设计时应尽量避免深孔、深槽或多孔结构。图 4-24 所示的零件上 4 个 ϕ20mm 的孔就不能锻出，只能用机械加工成形。

在可能的条件下，应采用锻—焊组合工艺，简称为锻焊工艺（如图 4-25 所示），以减少敷料。

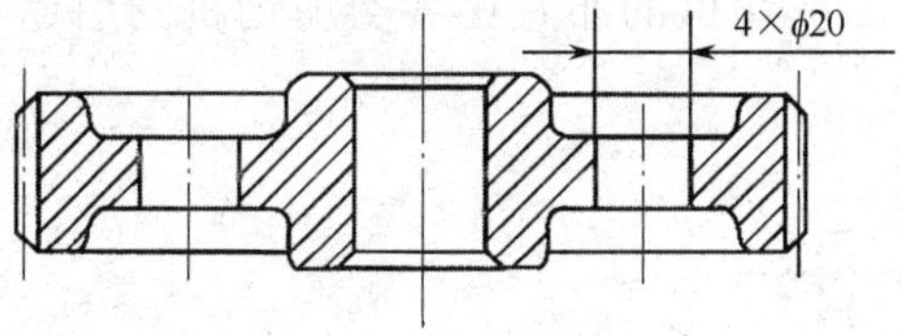

图 4-24　多孔齿轮

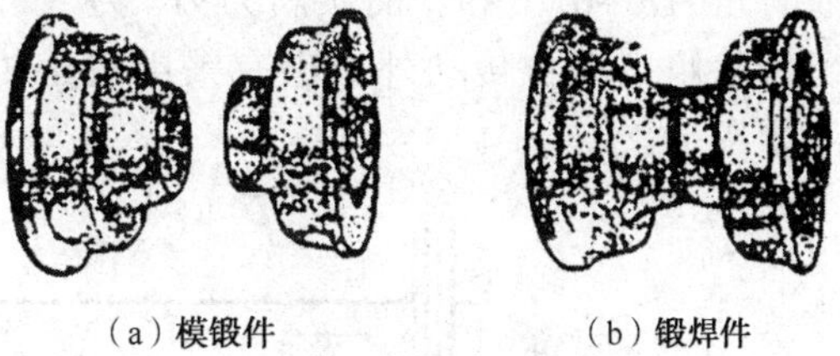

（a）模锻件　（b）锻焊件

图 4-25　锻焊结构模锻零件

4.5 板料冲压

4.5.1　板料冲压的特点及应用

板料冲压是利用模具，借助冲床的冲击力使板料产生分离或变形，获得所需形状和尺寸的制件的加工方法。这种方法通常是在冷态下进行的，因此又称为冷冲压。所用板料厚度一般不超过 6mm。

用于冲压加工的材料应具有较高的塑性。常用的有低碳钢、铜、铝及其合金。此外，非金属板料也常用于冲压加工，如胶木、云母、石棉板和皮革等。

板料冲压具有如下特点。

（1）冲压生产操作简单，生产率高，易于实现机械化和自动化。

（2）冲压件的尺寸精确，表面光洁，质量稳定，互换性好，一般不用再进行机械加工，即可作为零件使用。

（3）金属薄板经过冲压塑性变形获得一定的几何形状，并产生冷变形强化，使冲压件具有质量轻、强度高和刚性好的优点。

（4）冲模是冲压生产的主要工艺装备，其结构复杂，精度要求高，制造费用相对较高，因此冲压适合在大批量生产条件下采用。

冲压加工的应用范围广泛，既适用于金属材料，也适用于非金属材料；既可加工仪表上的小型制件，也可加工汽车覆盖件等大型制件。它在汽车、拖拉机、航空、电器、仪表及日常生活用品等行业中，都占有极其重要的地位。

4.5.2 板料冲压的基本工序

板料冲压的基本工序可分为剪切、冲裁（落料、冲孔）等分离工序和弯曲、拉深等变形工序两大类。

1．剪切

剪切是使坯料沿不封闭轮廓分离的工序。剪切一般在剪床（又称剪切机）上进行，其剪切过程如图 4-26 所示。电动机带动皮带轮、齿轮和曲轴转动，曲轴的转动使滑块及上刀刃做上、下运动，进行剪切工作（下刃口固定在工作台上）。在工作过程中，刀片压入金属（包括弹性压入和塑性压入），然后金属滑移直至断裂。为减小剪切力，将上刀刃与水平面做成斜角为α=6°～9°的倾斜刀刃。刀片可采用碳素工具钢、合金工具钢或热模具钢制成。剪切机除用电动机传动外，也有采用液压传动的。剪切机的布置由各类剪切机的用途和生产需要决定。

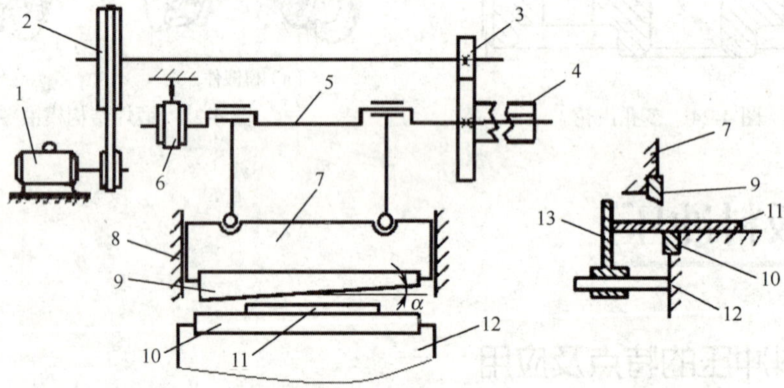

1—电动机；2—皮带轮；3—齿轮；4—离合器；5—曲轴；6—制动器；7—滑块；
8—导轨；9—上刀刃；10—下刀刃；11—工件；12—工作台；13—挡板

图 4-26 剪床的剪切过程

剪床的主要技术参数是能剪板材的厚度和长度，如 Q11-2×1000 型剪板机，表示能剪板材的最大厚度为 2mm，长度为 1000mm。

2．冲裁

冲裁是利用冲模使坯料沿封闭的轮廓分离的工序，是落料和冲孔的总称，如图 4-27 所示。落料时，冲下的部分为工件，带孔的周边为废料，而冲孔则相反。冲裁所用的冲床如图 4-28（a）所示，其工作原理类似子剪床。

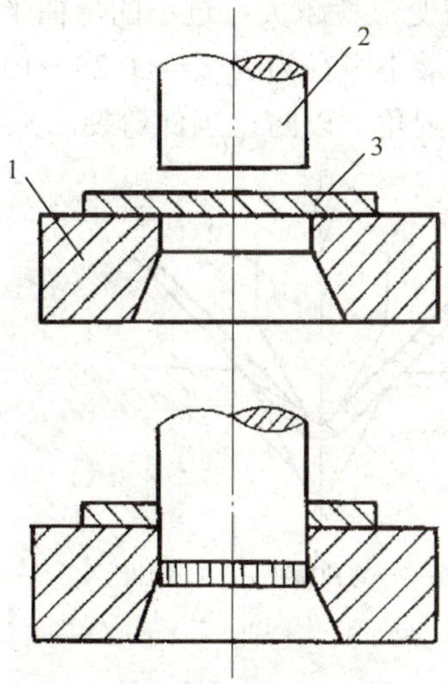

1—凹模；2—凸模；3—板料；

图 4-27　冲裁

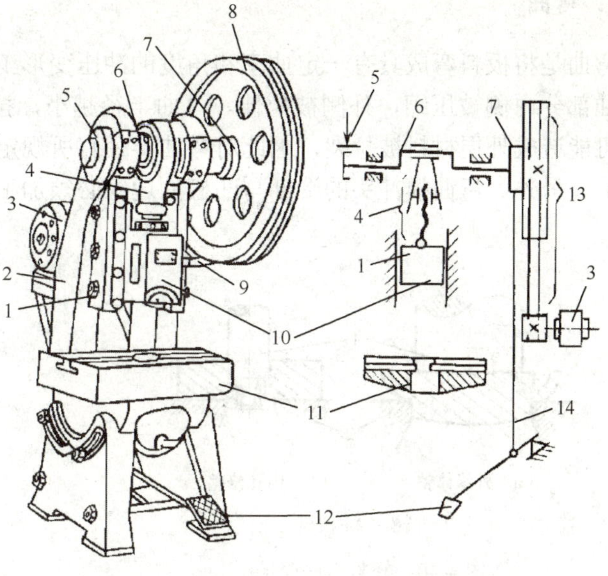

（a）外观图　（b）传动简图

1—导轨；2—床身；3—电动机；4—连杆；5—制动器；6—曲轴；7—离合器；8—带轮；9—V 带；10—滑块；11—工作台；12—踏板；13—V 带减速系统；14—拉杆

图 4-28　开式双柱冲床

1）冲裁变形过程

冲裁时，板料的变形和分离过程如图 4-29 所示。凸模和凹模的边缘都带有锋利的刃口。当凸模向下运动压住板料时，板料受到挤压，产生弹性变形，进而产生塑性变形，当上、下刃口附近材料内的应力超过一定限度后，即开始出现裂纹。随着冲头（凸模）继续下压，上、下裂纹逐渐向板料内部扩展直至汇合，板料即被切离。

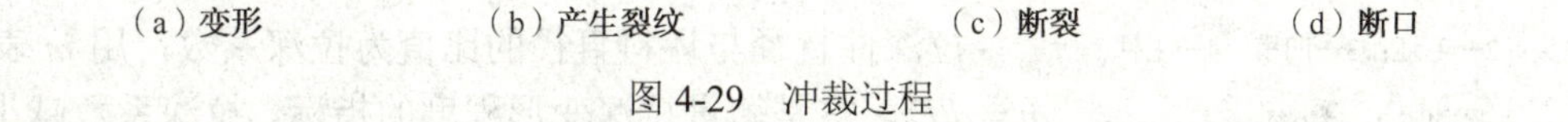

（a）变形　（b）产生裂纹　（c）断裂　（d）断口

图 4-29　冲裁过程

冲裁后的断面可明显地分为光亮带、剪裂带、圆角和毛刺四部分。其中光亮带具有最好的尺寸精度和光洁的表面，其他三个区域，尤其是毛刺则降低了冲裁件的质量。

2）修整

修整是利用修整模沿冲裁件的外缘或内孔，切去一薄层金属，以除去塌角、剪裂带和毛刺等，从而提高冲裁件的尺寸精度和降低表面粗糙度的工序。修整在专用的修整模上进行（如图 4-30 所示）。修整时单边切除量为 0.05～0.2mm，修整后的切面粗糙度 *Ra* 值可达 0.25～0.63μm，尺寸精度可达 IT6～IT7。

3．弯曲

弯曲是将板料弯成具有一定曲率和角度的冲压变形工序，如图 4-31 所示。弯曲时，板料的被弯曲部分内侧被压缩，外侧被拉伸。弯曲半径越小，拉伸和压缩变形就越大；过小的弯曲半径有可能造成外层材料被拉裂，因此对弯曲半径有所规定［弯曲的最小半径为 R_{min}=（0.25～1）板厚］。另外，弯曲模冲头的端部与凹模的边缘必须加工出一定的圆角，以防止工件弯裂。

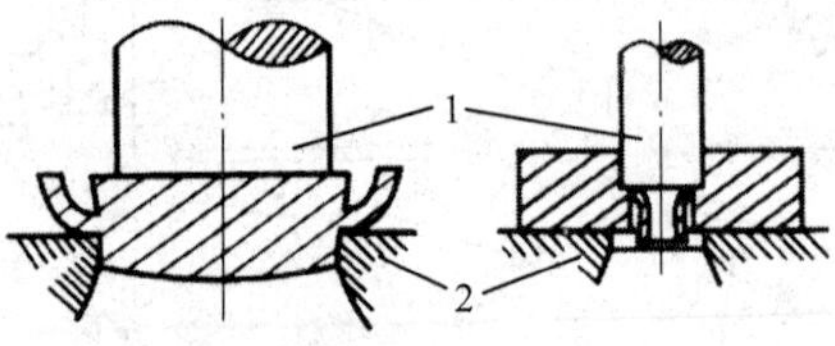

（a）外缘修整　（b）内孔修整

1—凸模；2—凹模

图 4-30　修整工序简图

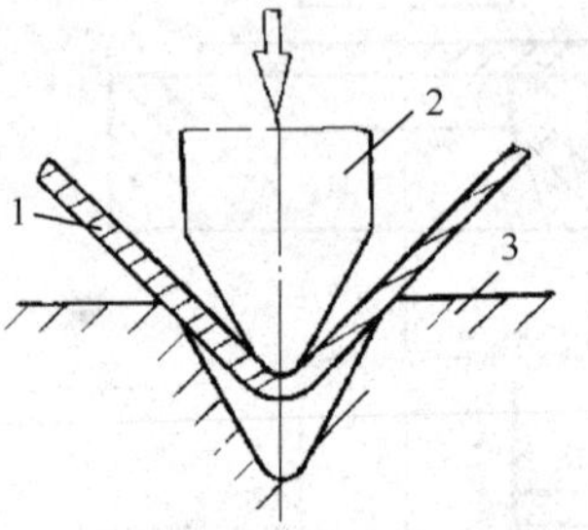

1—板料；2—弯曲模冲头；3—凹模

图 4-31　弯曲

由于塑性变形过程中伴随着弹性变形，所以弯曲后冲头回程时，弯曲件有回弹现象，回弹角度的大小与板料的材质、厚度及弯曲角等因素有关（一般回弹角度为 0°～10°），因此弯曲件的角度比弯曲模的角度略有增大。

4．拉深

拉深是将板料变形为筒形、锥形、球形和方盒形等中空形状零件的工序，又称拉延。

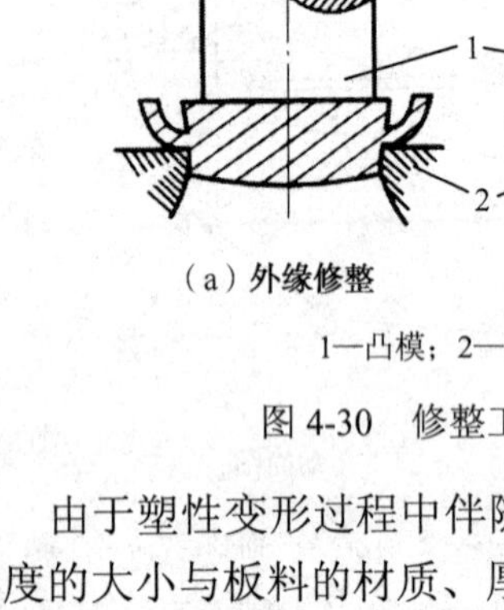

1—冲头；2—毛坯；3—凹模；4—工件

图 4-32　拉深

1）拉深过程

如图 4-32 所示，把直径为 D 的平板坯料放在凹模上，在凸模作用下，板料被拉入凸模和凹模的间隙中，形成空心零件。拉深件的底部一般不变形，只起传递拉力的作用，厚度基本不变。零件直壁由坯料外径 D 减去内径 d 的环形部分所形成，由于受拉力作用，所以厚度有所减小。而直壁与底部之间的过渡圆角处被拉薄得最严重。拉深件的凸缘部分，圆周切向受压应力作用，厚度有所增大。

2）拉深系数

拉深件直径与坯料直径的比值为拉深系数，用 m 表示，即 $m=d/D$。它是衡量拉深变形程度的指标。拉深系数越小，表明拉深件直径越小，变形程度越大，坯料被拉入凹模越困难。一般情况下，拉深系数 m 不小于 0.5～0.8。当拉深深度较大，不能一次拉深成形时，可采用多次拉深工艺，如图 4-33 所示。

3）拉深缺陷

拉深成形过程中最常见的质量问题是拉裂和起皱。拉深中最危险的部位是直壁与底部的过渡圆角处，当拉应力值超过材料的强度极限时，坯料将被拉裂形成废品，如图 4-34（a）所示。为防止拉穿，拉深模具的凸、凹模必须具有一定圆角，保证 $r_{凸} \leqslant r_{凸}=(5\sim10)S$；控制凸凹模间隙 Z 应稍大于板厚 S，一般 $Z=(1.1\sim1.2)S$；限制拉深系数不能过小；拉深时加润滑剂，以减小摩擦，降低拉深件壁部的拉应力，减少模具的磨损。

拉深过程中另一种常见的缺陷是起皱，如图4-34（b）所示，它是凸缘部分在切向压应力过大时发生的现象。起皱可采用设置压边圈的方法解决。起皱与板料的相对厚度（*S*/*D*）和拉深系数有关，相对厚度越小或拉深系数越小，越容易起皱。

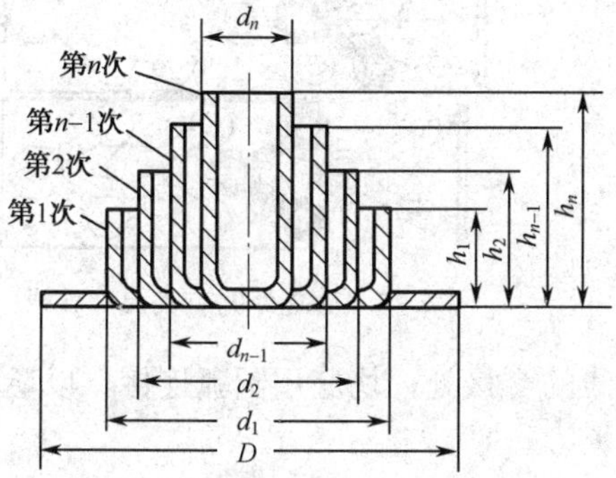

图4-33 多次拉深时的圆筒直径

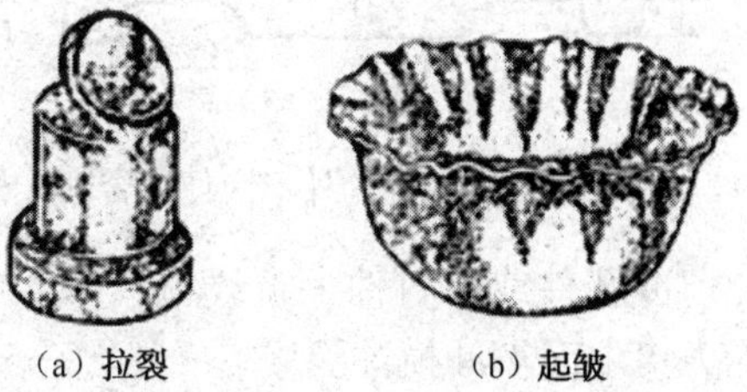

图4-34 拉深废品

5．其他成形工序

（1）将工件上的孔或边缘翻出竖立或有一定角度的直边的成形方法称为翻边，如图4-35（a）所示。

（2）利用模具使空心件或管状件由内向外扩张的成形方法称为胀形，如图4-35（b）所示。

（3）利用模具使空心件或管状件的口部直径缩小的局部成形工艺称为缩口，如图4-35（c）所示。

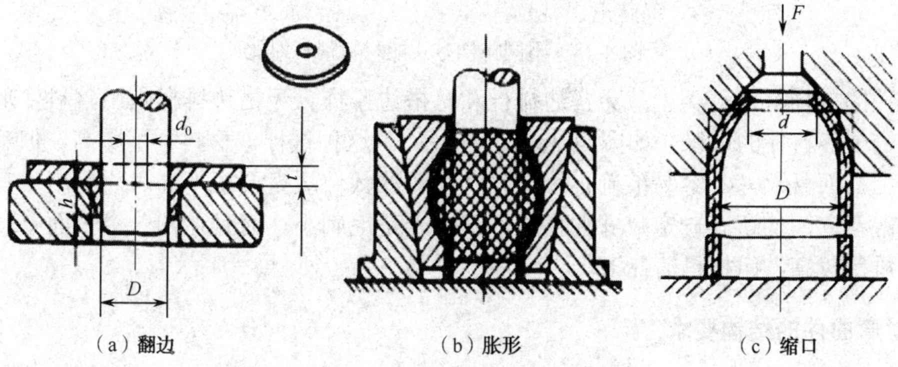

图4-35 其他成形工序

4.5.3 板料冲压的结构工艺性

冲压件的结构设计不仅应保证它具有良好的使用性能，而且应保证它具有良好的工艺性能，以减少材料的消耗，延长模具寿命，提高生产率，降低成本及保证冲压件质量等。

1．对冲裁件的结构要求

冲裁件的外形应力求简单和对称，应尽可能采用圆形、矩形等规则形状，并便于合理排样，将废料减到最少，如图4-36所示。

（1）落料件的外形和冲孔件的孔形应力求简单、对称，应尽可能采用圆形、矩形等规则形状。同时，应避免窄条、长槽及细长悬臂结构，否则制造模具困难、模具寿命低。

（2）孔径、孔距不宜太大，其尺寸应满足图 4-37 所示的要求。

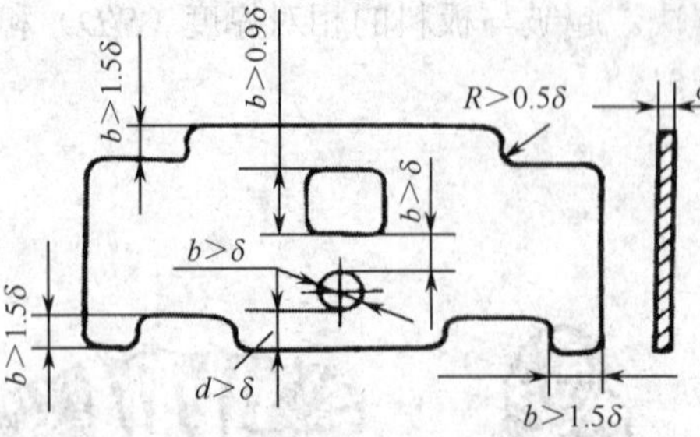

图 4-36　冲裁件的外形应便于合理排料

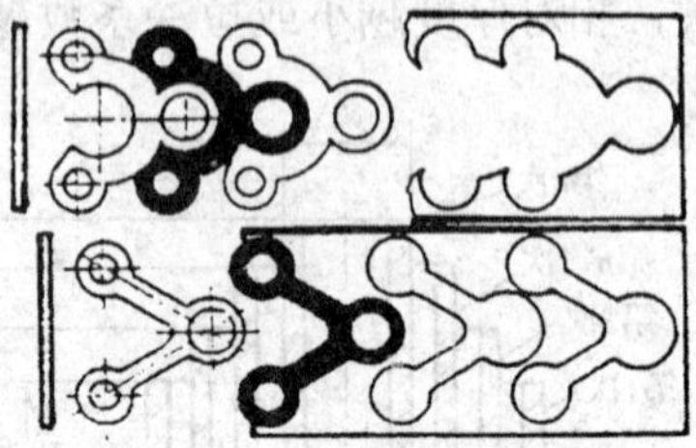

图 4-37　冲裁件的有关尺寸要求

（3）冲孔件或落料件上直线与直线、曲线与直线的交接处，均应用圆弧连接，以避免尖角处因应力集中而被冲模冲裂。

（4）冲裁件的排样。排样是指落料件在条料、带料或板料上进行合理布置的方法。排样合理可使废料最少，材料利用率大为提高。如图 4-38 所示为同一个冲裁件采用四种不同的排样方式的材料消耗对比。

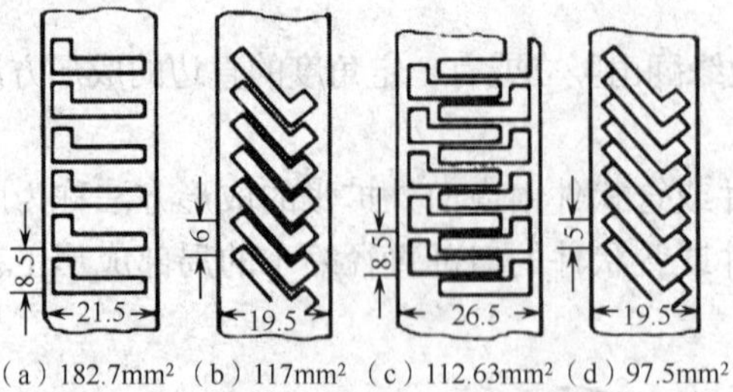

（a）182.7mm²（b）117mm²（c）112.63mm²（d）97.5mm²

图 4-38　不同排样方式的材料消耗对比

落料件的排样有两种类型：无搭边排样和有搭边排样。无搭边排样是用落料件形状的一个边作为另一个落料件的边缘（如图 4-38（d）所示）。这种排样，材料利用率高，但毛刺不在同一个平面上，而且尺寸不容易准确，因此只有在对冲裁件质量要求不高时才采用。有搭边排样即在各个落料之间均留有一定尺寸的搭边。其优点是毛刺小，而且在同一个平面上，冲裁件尺寸准确，质量较高，但材料消耗多。

2．对弯曲件的结构要求

（1）形状应尽量对称，弯曲半径不能小于材料允许的最小弯曲半径，并应考虑坯料的纤维方向，以免弯裂，见图 4-39。

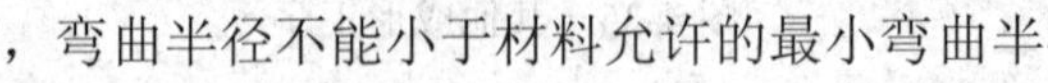

图 4-39　弯曲线与流线方向的关系

（2）弯曲弧 R 距离孔边 L 不能太近，否则孔形容易改变，如图 4-40 所示。为防止板料在冲压时发生偏移或窜动，应利用坯料上的已有孔或另加定位孔与模具上的导正销配合定位。

（3）弯曲边不宜过短，否则不易成形，如图 4-41 所示，应使弯曲件的直边长 $H>2\Delta$，以免弯曲边过短不易弯曲成形。如果要求 H 很短，则需先留出适当的余量以增大 H，弯好后再切去多余材料。

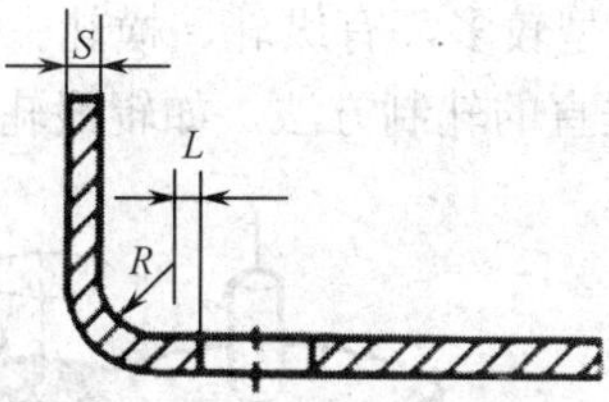

图 4-40　带孔的弯曲件

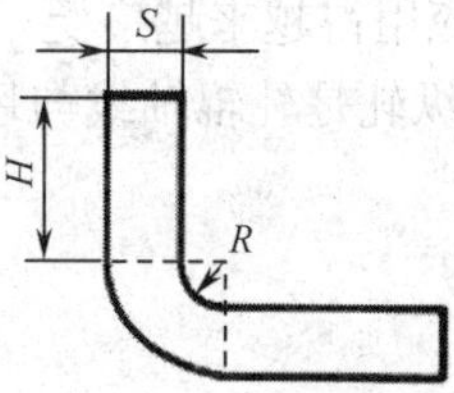

图 4-41　弯曲边高

3．对拉深件的结构要求

（1）外形力求简单、对称，且不宜太深，以减少拉深次数，并容易成形。

（2）圆角半径不宜太小。在不增加工艺的情况下，圆角半径的最小允许值如图 4-42 所示。

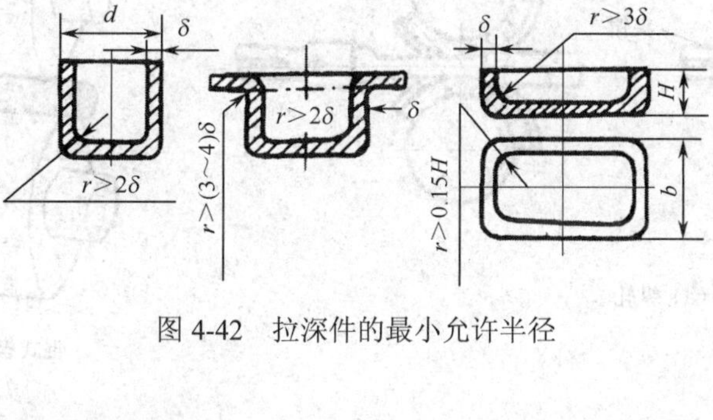

图 4-42　拉深件的最小允许半径

4.6　锻压成形新工艺

4.6.1　精密模锻

精密模锻是利用普通模锻设备，直接锻造出不必再切削加工的零件的一种先进工艺。精密模锻具有锻件精度高（尺寸精度可达 IT12），表面质量好（表面粗糙度值 Ra 可达 1.6μm），力学性能好，材料利用率高等优点，广泛用于大量生产中、小型零件的场合。

精密模锻与普通模锻相比，具有如下工艺特点：

（1）精确计算原始坯料的尺寸，严格按坯料质量下料；

（2）精细清理坯料表面，除净坯料表面的氧化皮、脱碳层及其他缺陷等；

（3）采用无氧化或少氧化加热方法，尽量减少坯料表面形成的氧化皮；

（4）锻模的设计和制造必须精确；终锻模膛的精度一般要比锻件的高两级；为排除模膛中的气体，减少金属流动阻力，使金属更好地充满模膛，在凹模上开有小孔；

（5）模锻时，对锻模进行充分润滑和冷却，避免模膛磨损和因温度升高而降低模膛精度；

（6）精密模锻一般都在刚度大、精度高的曲柄压力机、摩擦压力机或高速锤上进行。

4.6.2 轧制成形

轧制是指金属材料在旋转轧辊的压力作用下，产生连续塑性变形，获得所需的截面形状并改变其性能的加工方法。轧制除用于生产各种金属型材、板料和管材外，还用来生产各种零件，在机械制造业中应用得越来越广泛。零件轧制的类型较多，有纵轧、横轧、斜轧和楔横轧等，如图 4-43 所示。纵轧是轧辊轴线与坯料轴线互相垂直的轧制方法，如辊锻轧制、碾环轧制等。

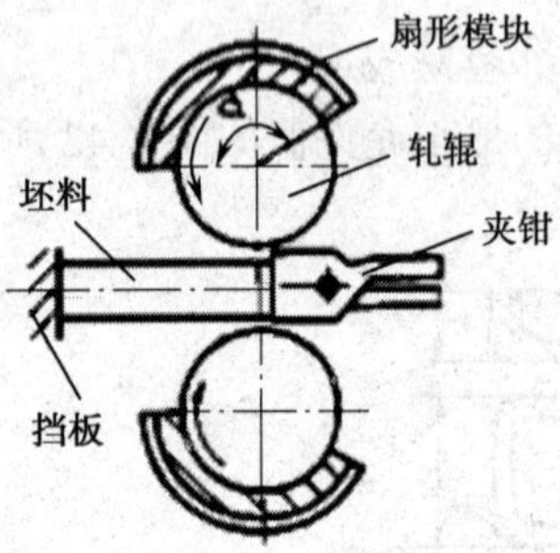

（a）纵轧

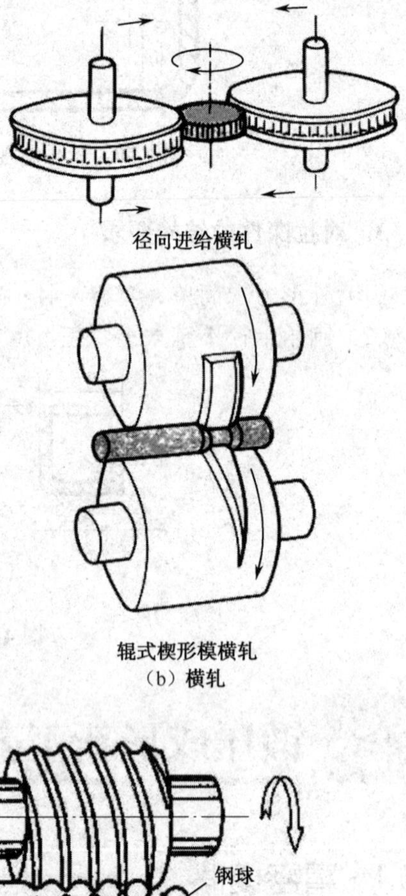

（b）横轧

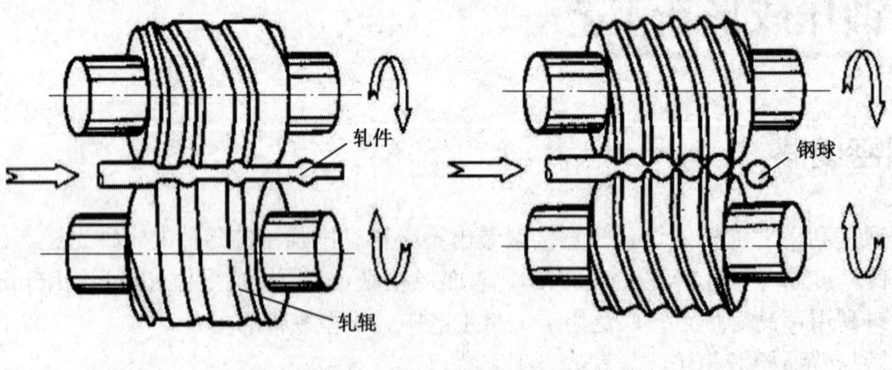

（c）斜轧

图 4-43 零件的轧制

零件的轧制是一个连续静压过程，没有冲击和振动，与一般锻造和模锻相比，具有以下特点。

（1）因为工件连续变形的每一瞬间，模具只与毛坯的一部分接触，所以设备结构简单，吨位小，投资少。

（2）振动小，噪声低，劳动条件好，生产率高，易于实现机械化和自动化。

（3）模具可用价廉的球墨铸铁或冷硬铸铁来制造，节约贵重的模具钢材，加工也较容易。

（4）轧制时的金属纤维组织连续，按锻件外廓分布，因此锻件力学性能好。

（5）材料利用率高，可达到 90%以上。

4.6.3　挤压成形

挤压是指坯料在三向不均匀压应力作用下，从模具的孔口或缝隙挤出，使其横截面积减小，长度增加，成为所需制品的加工方法。挤压最早用来生产金属型材和管材，后来广泛用于制造各种机器零件。

挤压可在热态或冷态下进行，但大多数金属都采用热挤压，以减小所需的挤压力，消除加工硬化。

挤压有正挤压和反挤压之分，如图 4-44 所示。

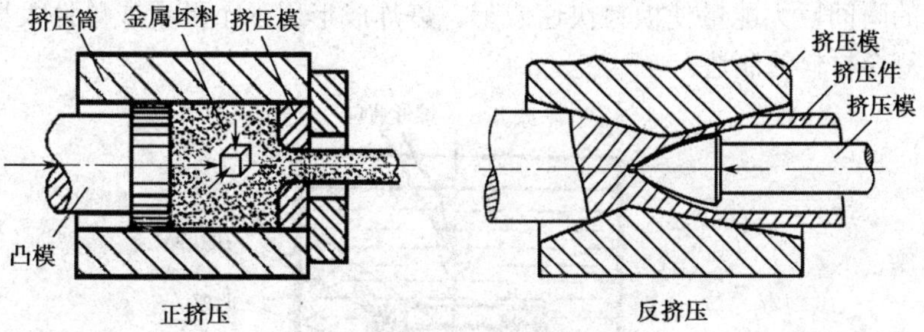

图 4-44　零件的挤压

挤压是一种具有吸引力的加工方法。它具有如下特点。

（1）挤压时金属在三向受压状态下变形，因此可提高零件的力学性能。

（2）可挤压出轧制所不能生产的许多形状复杂、深孔、薄壁、异型断面等的零件。

（3）挤压的零件精度高，表面质量好。一般尺寸精度可达 IT6～IT7，表面粗糙度值 *Ra* 可达 0.4～1.6μm。

（4）节约原材料，材料的利用率可达 70%以上，而且生产率高，挤压的生产率比其他锻造方法可提高几倍。

（5）但由于金属挤压时的变形阻力大，因此采用挤压工艺时要选用能量较大的设备；而且在挤压中模具易磨损，寿命较低（一副模具一般只能挤压 1000～2000 件），特别是对于强度较高的金属而言，如合金钢的挤压成形，提高模具的使用寿命，仍是需要进一步解决的技术难题。为了保证挤压过程的顺利进行，在挤压过程中常使用润滑剂，主要目的是避免坯料与模具接触，起到润滑作用。

挤压主要适用于铅、铜、铝、锰及其合金等金属材料的成形，因为这些金属的屈服强度和挤压温度较低。

4.6.4　拉拔成形

拉拔是使坯料在牵引力的作用下通过模孔而变形，获得所需制件的压力加工方法（如图 4-45 所示）。

拉拔时所用模具模孔的截面形状及使用性能对制件影响极大。模孔在工作中受着强烈的摩擦作用，为了保持其几何形状的准确性，提高模具的使用寿命，应选用耐磨性好的材料（如硬质合金等）来制造。

拉拔主要用于各种细线材、薄壁管及各种特殊截面形状型材的生产。拉拔常在冷态下进行，产品精度较高，表面粗糙度较小，因而常用来对轧制件进行再加工，以进一步提高产品质量。拉拔成形适用于低碳钢、大多数有色金属及其合金。

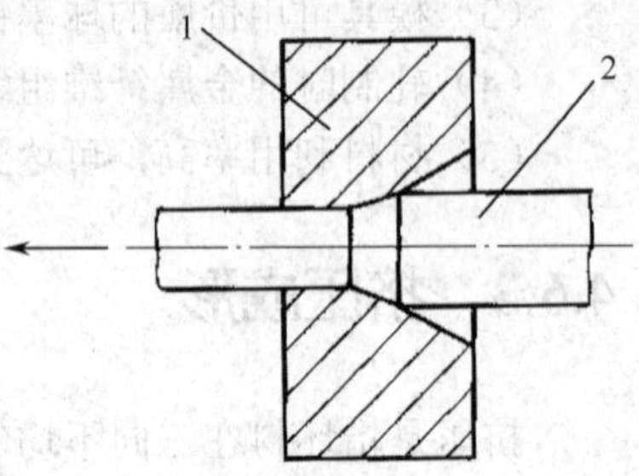

1—模具；2—坯料

图 4-45 拉拔示意图

4.6.5 爆炸成形

爆炸成形的方法如图 4-46 所示，金属板材被置于凹模上，在板料上布放炸药，利用炸药在爆炸时释放出的瞬间巨大能量使板料快速成形。爆炸成形用于小批量或单件大型工件的生产，也可用于多层复合材料的制造。

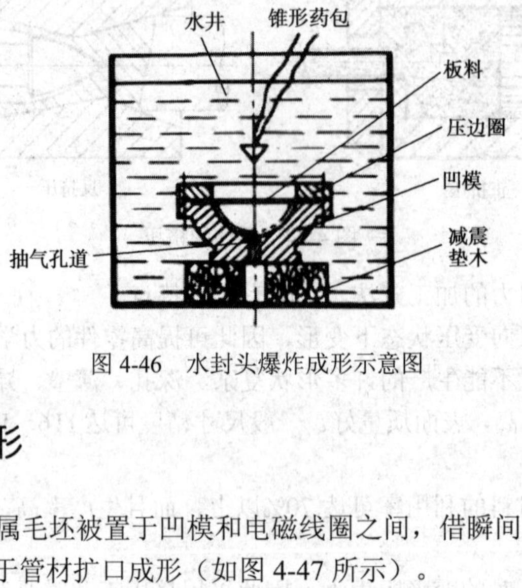

图 4-46 水封头爆炸成形示意图

4.6.6 电磁冲压成形

电磁冲压成形是指金属毛坯被置于凹模和电磁线圈之间，借瞬间产生的电磁冲击力使坯料靠向凹模而成形，也可用于管材扩口成形（如图 4-47 所示）。

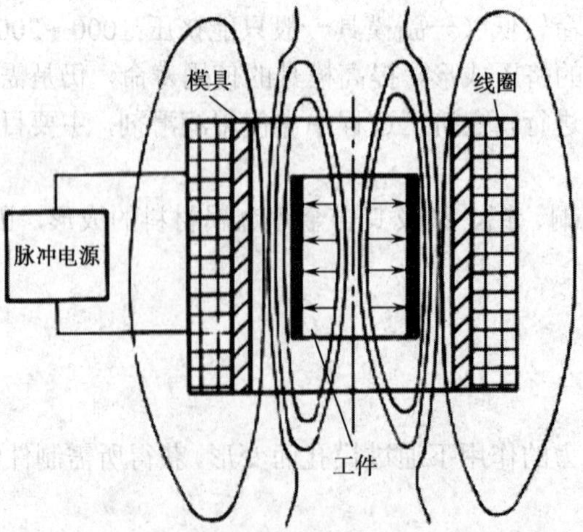

图 4-47 管材扩口电磁冲击成形示意图

4.6.7　超塑性成形

超塑性成形是指金属或合金在低的变形速率（$\varepsilon=10^{-2}\sim10^{-4}$/s），一定的变形温度（约为熔点绝对温度的一半）和均匀的细晶粒度（晶粒平均直径为 0.2～5μm）条件下，其相对伸长率δ超过 100%以上的变形。例如，钢可超过 500%，纯钛可超过 300%，锌铝合金可超过 1000%。

超塑性状态下的金属在拉伸变形过程中不产生缩颈现象，变形应力仅为常态下金属的变形应力的几分之一，甚至几十分之一，因此极易变形，可采用多种工艺方法制造出复杂零件。

常用的超塑性成形材料主要有锌铝合金、铝基合金、钛合金及高温合金。

超塑性成形的主要方法有以下几种。

（1）板料超塑性冲压成形：采用锌铝合金等超塑性材料，可以一次拉深较大变形量的杯形件，而且质量很好，无折皱产生。

（2）板料超塑性气压成形将具有超塑性性能的金属板料放于模具之中，把板料与模具一起加热到规定温度，向模具内吹入压缩空气或抽出模具内空气形成负压，使板料沿凸模或凹模变形，从而获得所需形状。气压成形能加工的板料厚度为 0.4～4mm。

（3）超塑性模锻或挤压高温合金及钛合金在常态下塑性很差，变形抗力大，不均匀变形引起各向异性的敏感性强，常规方法难于成形，材料损耗大。如果采用普通热模锻毛坯，再进行机械加工，金属消耗达 80%左右，将导致产品成本升高。在超塑性状态下进行模锻或挤压，就可克服上述缺点，节约材料，降低成本。

思考与练习题

4-1 为什么钢制机械零件需要锻造而不宜直接选用型材进行加工？

4-2 冷变形强化对金属组织性能有何影响，在实际生产中怎样运用其有利因素？

4-3 如何区分冷变形和热变形？

4-4 再结晶对金属组织性能有何影响，在实际生产中怎样运用其有利因素？

4-5 自由锻有哪些主要工序，叙述其应用范围。

4-6 生活用品中有哪些产品是板料冲压制成的？举例说明其冲压工序。

4-7 拉深时，工件受力和变形的情况如何？拉深时常见的缺陷有哪些，如何防止？

4-8 试比较各种模锻方法的工艺特点及应用。

第 5 章 焊接成形

5.1 概述

焊接是一种永久性连接金属的方法，它实质上就是利用物理或化学手段，通过加热或加压，又或者热压并施，把两个分离的固态金属或非金属，或金属与非金属连接成一个整体，使其达到原子间结合的一种方法。

焊接的主要优点有：

（1）成形方便，能在短时间内生产出复杂的结构；

（2）焊接件结构质量轻、生产成本低，比铆接可节省材料 10%～20%；

（3）连接性能好，密封性好；

（4）便于实现机械化和自动化生产。

由于焊接成形的特点及原理，导致焊接成形也存在以下不足：

（1）焊接结构不可拆卸，维修更换不方便；

（2）容易产生焊接应力和焊接变形；

（3）难以避免焊接缺陷，如裂纹、未焊透等现象发生；

（4）焊接接头的组织和性能较差。

但基于焊接成形的工艺特点，目前在制造业中，焊接技术已是一种十分重要的加工工艺，被广泛应用于机械制造、造船、海洋开发、汽车制造、右油化工、航空航天、原子能、电力、电子技术及建筑等行业和领域。

根据焊接过程的物理特点，焊接可分为熔焊、压焊和钎焊三大类。

1．熔焊

熔焊就是使被连接的构件表面局部加热熔化成液体，然后通过适当的冷却措施，冷却结晶成一体的方法。熔焊主要包括电弧焊、气焊、电渣焊、电子束焊及激光焊等。

2．压焊

压焊就是利用加压、摩擦或扩散等物理过程，克服两个连接表面的不平度，除去氧化膜及其他污染物，使两个连接表面上的原子互相接近到晶格距离，从而在固态条件下实现连接的方法。压焊主要包括电阻点焊和缝焊、电阻对焊、超声波焊、爆炸焊、锻焊、摩擦焊和扩散焊等。

3．钎焊

钎焊就是利用某些熔点低于被连接结构件材料熔点的熔化金属作为连接的介质在连接界面上的流散浸润作用，然后冷却结晶形成结合面的方法。钎焊主要包括火焰钎焊、烙铁钎焊、感应钎焊和电子束钎焊等。

5.2 焊接成形基础

5.2.1 焊接电弧

电弧（Arc）实质是指在一定条件下，电荷通过两极之间的气体空间的一种气体持续放电现象，如图 5-1 所示。

焊接时，先使焊条与焊件瞬时接触，然后将焊条略微提起，由于短路时强大的电阻热瞬时产生的高温，使两个电极（焊条与焊件）之间气体的中性分子或原子电离成带正电的阳离子和带负电的电子（这种电离称为热电离），同时，由阴极发射的电子对中性分子或原子的撞击也引起电离（这种电离称为碰撞电离），于是这个气体空间便生成了许多带电粒子，在电场力作用下，这些带电粒子分别向两极运动，自由电子奔向阳极，阳离子奔向阴极。它们在运动中和到达两极表面时，不断发生相互碰撞和复合，从而产生大量的热能和强烈的弧光，使电弧中心温度高达 5000～8000K。

电极可以是金属丝、钨丝、碳棒或焊条等，电源可以是直流或交流电。焊接电弧所产生的热量与焊接电流大小成正比，手工电弧焊所用的焊接电流一般为 30～300A。

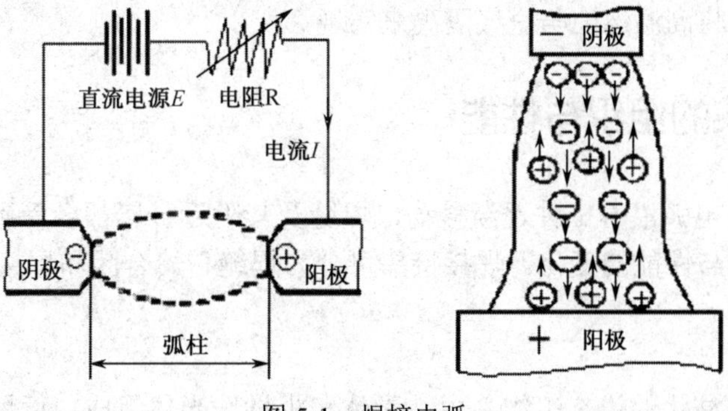

图 5-1　焊接电弧

由于阴极发射电子带走了部分热量，所以在焊接电弧中阳极区产生的温度比阴极区高。用钢焊条焊接钢材时，阳极区温度约为 2600K，阴极区温度约为 2400K。当采用直流电焊机焊接时若焊件接正极，焊条接负极，称为正接，反之，称为反接。正接时，焊件获得的热量较多，熔深较大。而交流电焊机焊接时，阴极、阳极不断交替变化，因此不存在极性问题。

5.2.2 焊接过程

在焊接过程中，液态金属、熔渣（Slag）和气体之间会发生一系列复杂的冶金反应，从某种意义上说，焊接熔池像是一座微型的炼钢炉（如图 5-2 所示），但焊接的冶金过程比一般冶金过程条件差得多，这是由于电弧的高温使金属元素强烈蒸发与烧损，提高了气体的活泼性，再加上熔池体积小（2～3cm^3 左右），凝固速度快（从熔化到凝固仅 10s 左右），并且电弧和熔化金属都暴露在空气中，所以焊接冶金反应难以达到平衡状态。

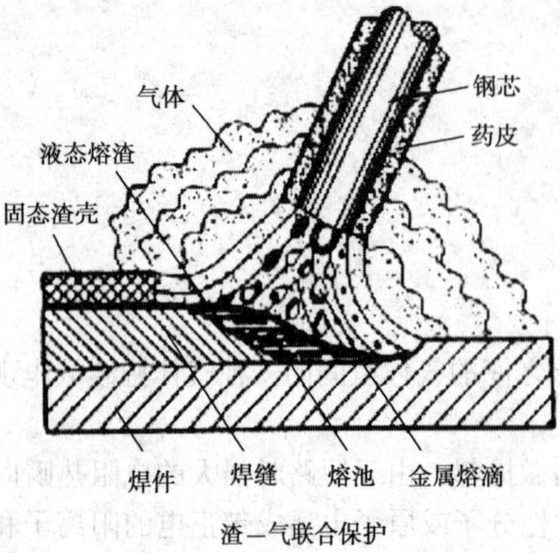

图 5-2 焊接的冶金过程

手工电弧焊一般是暴露在空气中进行的，而空气中的主要成分是氮气和氧气。焊接时，进入电弧区的空气及熔池附近的铁锈、油污和材料表面的潮气，在电弧高温作用下将分解出原子态的氧、氮和氢，原子氧会与熔化金属中的铁、锰、硅等元素反应生成氧化物（FeO，MnO_2，SiO_2），原子氮与液态金属中的铁反应生成脆性氮化物（Fe_4N，Fe_2N），结果不仅使合金元素烧损，而且使焊缝金属的力学性能，尤其是塑性、韧性显著下降。

同时，除了碳氧化生成的一氧化碳气孔外，焊缝中还会产生氮气气孔和氢气气孔。这是因为原子态的氮和氢能大量溶解于高温液态金属中，而在随后的冷却过程中，溶解度又急剧下降，这种现象称为“氢脆”（Hydrogen Brittleness）。

由此可见，为了保证焊缝金属的化学成分与力学性能，除了必须清除焊件表面的铁锈、油污及烘干焊条的潮气外，还必须对液态金属进行机械保护和冶金处理。所谓机械保护，就是通过熔渣、保护气氛、真空等手段，有效地把液态金属与空气隔开，以防止空气中的氧、氢、硫等有害元素侵入并向熔池中添加烧损的合金元素。为达到这一目的，主要通过带有药皮的焊条，或焊剂，或保护气体将高温熔池与空气隔离来实现。

5.2.3 焊接接头的组织与性能

在焊接过程中，电弧沿着工件逐渐移动，焊缝及其附近金属都会受到一次不同程度的热影响，产生相应的组织与性能的变化。焊接接头可分为焊缝、熔合区和焊接热影响区三部分。

1．焊缝

焊缝结晶时形成柱状的铸态组织，由铁素体和少量珠光体组成。低熔点的硫、磷杂质和氧化铁等易偏析物集中在焊缝中心区，将影响焊缝的力学性能。但由于焊接材料的渗合金作用，焊缝金属中锰、硅等合金元素的含量可能比母材（即焊件）金属高，所以焊缝金属的力学性能等同于母材的性能。

2．熔合区

熔合区是指焊缝和基体金属的交界区。此区温度处于固相线和液相线之间，由于焊接过程中母材部分熔化，所以该区也称为半熔化区。此时，熔化的金属凝固成铸态组织，未熔化的金属因加热温度过高而成为过热粗晶。在低碳钢焊接接头中，熔合区虽然很窄（0.1～1mm），但因其强度、塑性和韧性都下降，而且此处接头断面变化大，易引起应力集中，所以在很大程度上决定着焊接接头的性能。

3．焊接热影响区

焊接热影响区（Heat Affect Zone）是指焊缝两侧金属因焊接过程受热而发生组织和性能变化的区域。由于焊缝附近各点受热情况不同，焊接热影响区又可分为过热区、正火区和部分相变区等。

1）过热区

过热区指被加热到 A_{c3} 以上 100～200℃至固相线之间的温度区间。由于晶粒急剧长大，形成过热组织，故塑性及韧性降低，脆性大。

2）正火区

正火区指被加热到 A_{c3} 以上 100～200℃之间的区间。冷却后为均匀而细小的铁素体和珠光体组织，其力学性能优于母材。

3）部分相变区

部分相变区指加热到 A_{c1}～A_{c3} 的温度区间。冷却后晶粒大小不均，力学性能比正火区稍差。

5.2.4　金属材料的焊接性

焊接性是指在采用一定焊接方法、焊接材料、工艺参数及结构形式的条件下，获得优质焊接接头的难易程度，即对焊接加工的适应性。

焊接性是金属的工艺性能在焊接过程中的反映，了解及评价金属材料的焊接性，是焊接结构设计，确定焊接方法和制定焊接工艺的重要依据。

钢是焊接结构中最常用的金属材料，因而评定钢的焊接性显得尤为重要。通常将影响最大的碳作为基础元素，把其他合金元素的质量分数对焊接性的影响折合成碳的相当质量分数，碳的质量分数和其他合金元素的相当质量分数之和称为碳当量，用符号 w_{CE} 表示，它是评定钢的焊接性的一个参考指标，其计算公式是：

$$w_{CE}=\left(w_C+\frac{w_{Mn}}{6}+\frac{w_{Cr}+w_{Mo}+w_V}{5}+\frac{w_M+w_C}{15}\right)\times 100\%$$

式中，各元素的质量分数都取其成分范围的上限。

碳当量越高，裂纹倾向越大，钢的焊接性越差。一般认为，$w_{CE}<0.4\%$时，钢的淬硬和冷裂倾向不大，焊接性良好；$w_{CE}=0.4\%\sim0.6\%$时，钢的淬硬和冷裂倾向逐渐增加，焊接性较差，焊接时需要采取一定的预热、缓冷等工艺措施，以防止产生裂纹；$w_{CE}>0.6\%$时，钢的淬硬和冷裂倾向严重，焊接性很差，一般不用于生产焊接结构件。

5.2.5　常见的焊接缺陷及检验

1．焊接缺陷

焊接缺陷中危害性最大的是裂纹和变形，其次是未焊透、未熔合、夹渣、气孔和组织缺陷等。焊接缺陷主要与焊接材料、工艺等方面因素有关。

在焊接过程中，焊件受热不均匀及熔化金属急剧冷却收缩，导致焊接工件产生应力，应力导致构件变形，使焊件力学性能发生变化，形状及尺寸均受影响。一般情况下，结构简单的小型焊件，焊后仅出现收缩变形，使焊件尺寸减小；当焊件坡口与截面的大小尺寸相差较大或焊缝分布不对称，以及焊接次序不合理时，焊件易发生角变形、弯曲变形或扭曲变形；对于薄板焊件，最容易产生不规则的波浪变形。

因焊接应力与变形是在焊接过程中形成的，所以也只有在工艺设计焊缝位置布置，焊接规范选定等方面来考虑尽量减少或消除它们。常用的工艺措施主要有：

（1）合理选用焊接顺序；

（2）对称焊接；

（3）刚性固定等方法。

若已焊接成形，且产生变形，焊后加热校正，或敲击校正也是减少或消除焊接应力及变形的措施。

若按焊接接头的缺陷和特点分类，焊接缺陷大致可以分为外部缺陷和内部缺陷，详见表 5-1。

表 5-1　常见的焊接缺陷及产生的原因

缺陷种类	缺陷名称	特　征	产生原因
外观缺陷	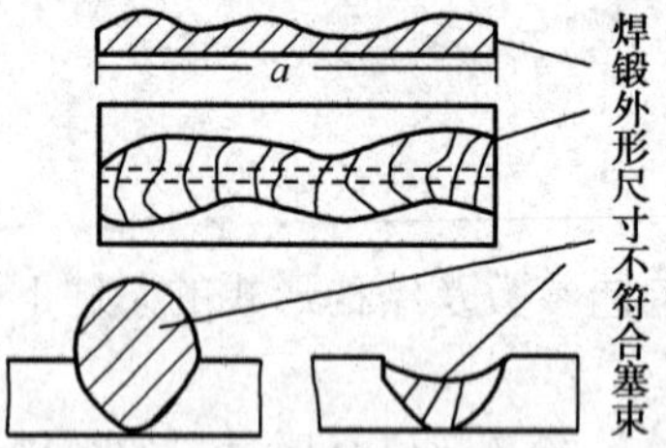	a．焊线高低不平 b．焊缝宽度不均 c．焊缝余高过大或过小	焊条施焊角度不合适或运条速度不均匀；焊接电流过大或过小；坡口角度不当或装配间隙不均匀
	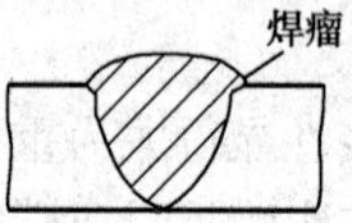	焊缝边缘上存在多余的未与焊件熔合的金属	焊速太快；焊条熔化太快；电弧过长；运条不正确
	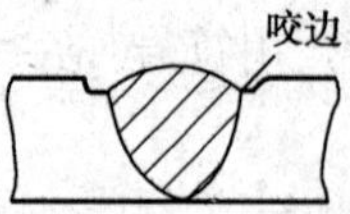	焊件与焊缝交界处存在小的沟槽	电流太大；焊条角度和运条方法不正确
	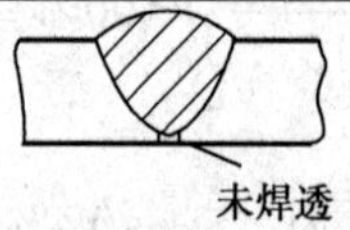	接头间隙未被焊缝金属完全熔合	装配间隙或坡口间隙过小；焊件表面有锈；焊接速度太快；电流太小；电弧过长
内部缺陷	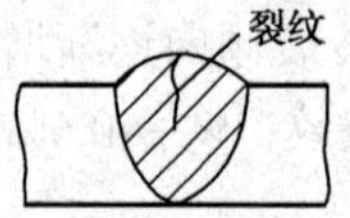	在接头表面或内部存在裂纹	焊缝或焊件中碳、硫、磷、氢等含量高；冷却速度太快；焊接应力过大
	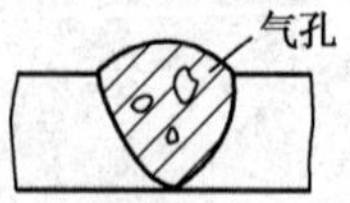	焊缝内部存在气泡	熔池保护不好；焊件表面有油污、铁锈；焊条潮湿；焊速太快；焊条含碳量过大
	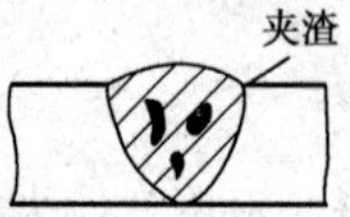	焊缝内部存在熔渣	焊件表面有铁锈、油污等；冷却速度过快；电流过小；多层焊时前一层焊缝熔渣未除净

2．焊接接头的检测

焊接接头的常用检测方法有：外观检测、着色检测、无损检验、密封性检验、力学性能检测和其他性能检测等。

外观检测：用肉眼观测焊缝表面有无缺陷，直接观其外形。

着色检测：利用着色剂检查焊缝的细小缺陷。

无损检验：检查焊缝内部及表层有无缺陷，一般有 X 射线探伤、Y 射线探伤和超声波探伤等。

密封性检验：用于要求密封或承受压力的管道及构件，分为煤油检验、气压检验和水压检验等。

另外，对有设计要求的可将焊接接头制成试件，进行力学性能检测及其他性能检测。

5.3 常用焊接方法

5.3.1 焊条电弧焊

焊条电弧焊是利用焊条和焊件之间的电弧热使金属和母材熔化形成焊缝的一种焊接方法。如图 5-3 所示，焊接过程中，在电弧高热作用下，焊条和被焊金属局部熔化。在电弧的吹力作用下，在被焊金属上形成了一个椭圆形充满液体金属的凹坑，这个凹坑称为熔池。同时，熔化了的焊条金属向熔池过渡。焊条药皮熔化过程中产生一定量的保护气体和液态熔渣。产生的气体充满在电弧和熔池周围，起隔绝大气的作用。液态熔渣浮起盖在液体金属上面，起着保护液体金属的作用。

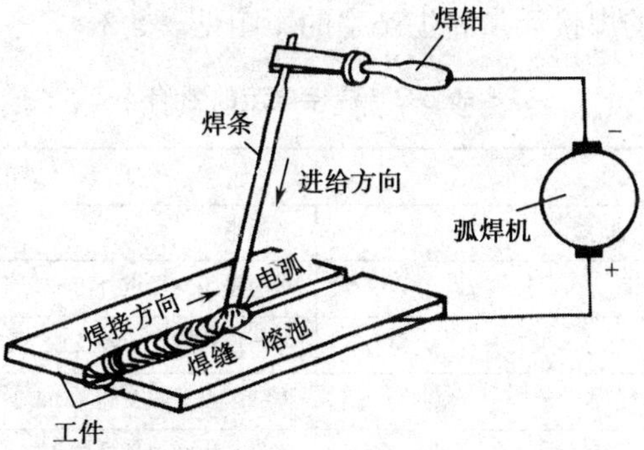

图 5-3　焊条电弧焊结构

1. 焊条电弧焊的焊条

焊条由焊芯和药皮组成。焊芯主要起导电作用并充当电极、填充材料，而药皮主要起保护和稳弧的作用。

焊条按其用途分为碳钢焊条（GB5117—95）、低合金钢焊条（GB5118—95）、不锈钢焊条（GB983—95）、堆焊焊条（GB984—85）、铸铁焊条（GB10044—88）、铜及铜合金焊条（GB9460—88）、铝及铝合金焊条（GB3669—83）等。习惯上，焊条按药皮的化学成分不同又可分为酸性氧化物焊条和碱性氧化物焊条两大类。

（1）酸性氧化物焊条一般称为酸性焊条，其药皮中主要含有 TiO_2、FeO 和 SiO_2 等酸性氧化物，因此焊条药皮的氧化性较强。酸性焊条的主要特点是工艺性能良好，成形美观，对油、锈和水分的敏感性不大，抗气孔能力强。

（2）碱性氧化物焊条一般称为碱性焊条，其药皮中主要含有 $CaCO_3$、CaF_2、MnO_2 和 $MgCO_3$ 等碱性氧化物，并含有较多的铁合金作为脱氧剂和渗合金剂，使焊条具有足够的脱氧能力。碱性焊条的主要特点是焊缝金属的抗裂性良好，力学性能特别是冲击韧性较高。由于焊缝金属扩散时氢含量低，所以也称之为低氢型焊条。但碱性焊条的主要缺点是工艺性能差，易吸潮，对油、锈和水分等杂物敏感性强，脱渣性极差等。

焊条的选用应根据钢材的类别、化学成分、力学性能，结构的工作条件（载荷、温度、介质）和结构的刚度特点等进行综合考虑，一般可遵循等强度原则或等成分原则。必要时，需要进行焊接试验来确定焊条型号和牌号。

2．焊条电弧焊的焊接工艺参数

焊条电弧焊的焊接工艺参数包括焊条直径、焊接电流、电弧电压、焊接速度和极性等。

1）焊条直径的选择

焊条直径根据被焊工件的厚度、接头形状、焊接位置和预热条件来确定。

根据被焊工件的厚度，焊条直径按表 5-2 进行选择。

表 5-2　焊条直径的选择

板厚/mm	1～2	2～2.5	2.5～4	4～6	6～10	≥10
焊条直径/mm	1.6，2.0	2.0，2.5	2.5，3.2	3.2，4.0	4.0，5.0	5.0，5.8

2）焊接电流的选择

焊接电流对焊接过程的焊接质量和生产率的影响见表 5-3。

表 5-3　焊接电流的影响

电 流 太 小	电 流 过 大
熔渣、铁水分不开	飞溅小
电弧不稳定	渣的覆盖与焊道外形成形不良
焊道成形窄而高	焊条过热发红或药皮脱落
容易产生焊瘤、夹渣、未熔合	焊缝区易过热变脆
熔深浅	容易产生咬边、裂纹和气孔
焊条熔化速度慢	熔深过大，易烧穿

焊接电流的选择，主要取决于焊条的类型、焊件材质、焊条直径、焊件厚度、接头形式、焊接位置及焊接层数等。在使用一般碳钢焊条时，焊接电流大小和焊条直径的关系为

$$I=(35\sim55)d$$

式中，I 为焊接电流，单位为 A；d 为焊条直径，单位为 mm。

3）电弧电压的选择

电弧电压是由电弧的长度来决定的，在焊接过程中，要求电弧长度不宜过长，否则会出现电弧燃烧不稳定的现象。电弧电压对焊缝质量的影响及防止措施见表 5-4。

表 5-4　电弧电压对焊缝质量的影响及防止措施

电弧电压的影响	防 止 措 施
1．电弧过长，热量不集中；飞溅增多；电弧过短，易短路	1．保持一定弧长，一般为 2～4mm
2．熔深浅，易产生咬边、未焊透和夹渣等缺陷	2．将电流适当调节
3．焊缝表面高低不平、熔宽不一致、焊波不均匀	3．清理焊接区，稳定电弧
4．熔池保护差，空气中氧和氮的侵入使焊缝产生气孔并且焊缝金属变脆	4．按规定烘干焊条

4）焊接速度的选择

焊接速度是指焊条沿焊接方向移动的速度。较大的焊接速度可以获得较高的焊接生产率，但是焊接速度过大，会造成咬边、未焊透、气孔等缺陷；而过慢的焊接速度，又会造成熔池满溢、夹渣和未熔合等缺陷。

5.3.2 埋弧焊

埋弧焊也称埋弧自动焊，是当今生产效率较高的机械化焊接方法之一。因具有焊接质量稳定，焊接生产率高，无弧光及烟尘污染少等优点，所以埋弧焊成为压力容器、管段制造、箱型梁柱等重要钢结构制作中的主要焊接方法。如图 5-4 所示为埋弧焊设备及其结构组成。

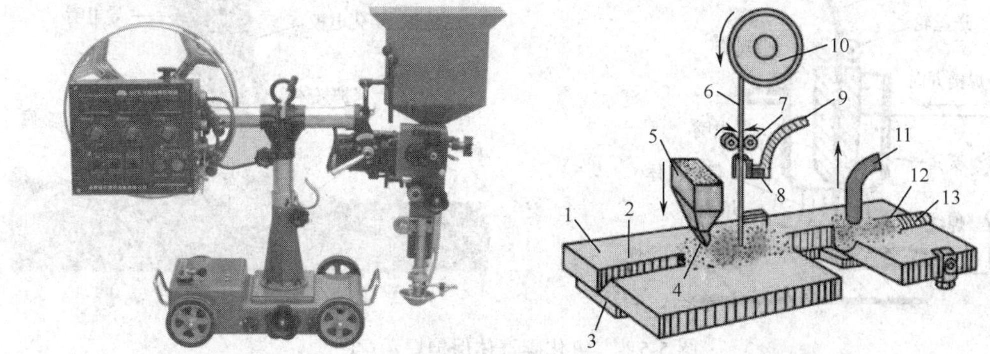

1—焊件；2—坡口；3—垫板；4—焊剂；5—焊剂斗；6—焊丝；7—送丝滚轮；
8—导电嘴；9—焊接电缆；10—焊丝盘；11—辅助冷却气管；12—焊渣；13—焊缝

图 5-4　埋弧焊焊接设备及其结构组成

埋弧焊具有以下特点。

（1）生产效率高。这是因为焊丝导电长度缩短，电流和电流密度提高，电流可达 1000A，使得电弧的熔深和焊丝溶敷效率都大大提高（一般不开坡口单面一次熔深可达 20mm）。

（2）焊缝质量高。熔渣隔绝空气的保护效果好，飞溅少，焊接参数可以通过自动调节保持稳定，对焊工技术水平要求不高，焊缝成分稳定，力学性能较好。

（3）劳动条件好。除了减轻手工焊操作的劳动强度外，没有弧光辐射，这是埋弧焊的独特优点。

（4）焊接方位受到一定的限制，一般只能用于平焊。

埋弧焊主要用于焊接各种钢板结构。可焊接的钢种包括碳素结构钢、不锈钢、耐热钢及其复合钢材等。埋弧焊在造船、锅炉、化工容器、桥梁、起重机械及冶金机械制造业中应用最为广泛。此外，用埋弧焊堆焊耐磨、耐蚀合金和镍基合金，或用于铜合金的堆焊也较为理想。

5.3.3 气体保护电弧焊

1．二氧化碳气体保护焊

二氧化碳气体保护焊是利用二氧化碳作为保护气体的气体保护焊，简称二氧化碳气保焊，其示意图如图 5-5 所示。焊丝既是电极，也是填充材料，采用的保护气体是二氧化碳或采用 CO_2+

O_2的混合气体，即活性气体。使用常规焊接电源时，焊丝端头的熔化金属不可能形成平衡的轴向自由过渡，通常需要采用短路和熔滴缩颈爆断，因而飞溅较多。但如果采用优质焊机，参数选择合适，可以得到很稳定的焊接过程，使飞溅降低到最小的程度。

二氧化碳气保焊的特点如下：

（1）与焊条电弧焊相比，焊接效率高；

（2）成本低，因二氧化碳气体较其他气体便宜；

（3）焊接方便灵活，焊接方位不受限制；

（4）易产生气孔且飞溅大，焊接时，需配合使用具有强脱氧元素的焊丝。

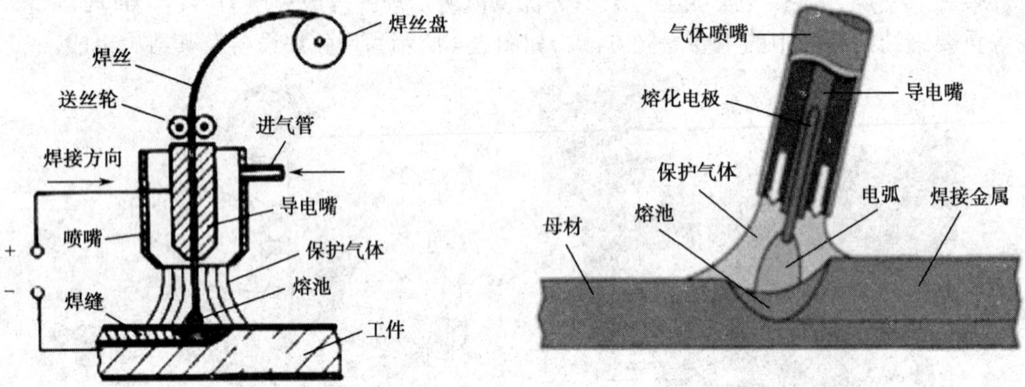

图 5-5　二氧化碳气体保护焊示意图

由于二氧化碳气保焊所用的保护气体价格低廉，采用短路过渡时焊缝成形良好，加上使用含脱氧剂的焊丝即可获得无内部缺陷的高质量焊接接头，所以这种焊接方法目前已成为黑色金属材料最重要的焊接方法之一。目前，我国和日本使用这种焊接方法较为普遍，而在美国，由于氩气相对较丰富，使得熔化极氩弧焊的焊接方法应用普遍。

二氧化碳气保焊适用于焊接低碳钢、低合金钢和低合金高强钢等，但是不适用于焊接非铁金属或不锈钢。二氧化碳气保焊目前广泛应用于机车制造、船舶制造、汽车制造和采煤机械制造等领域。

2．氩弧焊

氩弧焊是指采用惰性气体氩气为保护气体的焊接方法，又可分为钨极氩弧焊和熔化极氩弧焊。

1）钨极氩弧焊

钨极氩弧焊是在氩气的保护下，利用钨电极与工件间产生的电弧热熔化母材和填充焊丝（如果使用填充焊丝）的一种焊接方法（如图 5-6 所示）。焊接时，保护气体从焊枪的喷嘴中连续喷出，在电弧周围形成气体保护层隔绝空气，以防止其对钨极、熔池及邻近热影响区的有害影响，从而可获得优质的焊缝。

钨极氩弧焊可焊接几乎所有的工业用金属与合金。其焊接品质好，可靠性高；焊接成形好，不必清除熔渣；无飞溅、烟尘少；可广范围用于薄板和厚板的焊接。

钨极氩弧焊按操作方式可分为手工焊、半自动焊和自动焊三类。

手工钨极氩弧焊时，焊枪的运动和添加填充焊丝完全靠手工操作；半自动钨极氩弧焊时，焊枪运动靠手工操作，但填充焊丝则由送丝机构自动送进；自动钨极氩弧焊时，如果工件固定，电弧运动，则焊枪安装在焊接小车上，小车的行走和填充焊丝可以用冷丝或热丝的方式添加。热丝是指将焊丝预热，以提高熔敷速度。在某些场合，如薄板焊接，有时不必添加填充焊丝。

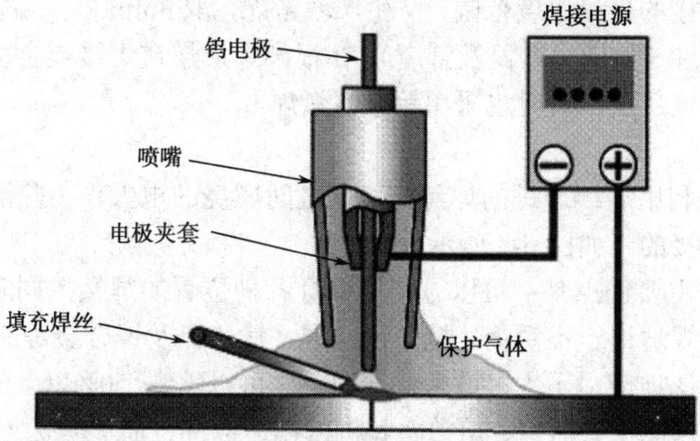

图 5-6　钨极惰性气体保护焊示意图

上述三种焊接方法中，手工钨极氩弧焊应用最广泛（如图 5-7 所示），半自动钨极氩弧焊则很少应用。

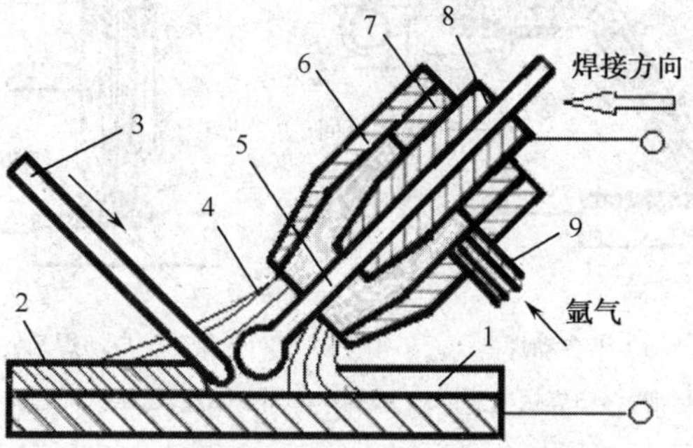

1—工件；2—焊缝；3—焊丝；4—氩气流；5—钨极；6—喷嘴；7—绝缘套；8—导电嘴；9—氩气入口

图 5-7　手工不熔化钨极氩弧焊

钨极氩弧焊具有如下优点：

（1）氩气能有效地隔绝周围空气，因此，可成功地焊接易氧化、氮化或化学活泼性强的非铁金属、不锈钢和各种合金；

（2）钨极电弧稳定，即使在很小的焊接电流（I<10A）下仍可稳定燃烧，特别适用于薄板或超薄板材料的焊接；

（3）热源和填充焊丝可分别控制，因而热输入容易调节，可进行各种位置的焊接，也可实现单面焊双面成形等；

（4）由于填充焊丝不通过电弧，故不会产生飞溅，焊缝成形美观。

以下为钨极氩弧焊的不足之处：

（1）熔深浅，熔敷速度小，生产率较低；

（2）钨极承载电流的能力较差，过大的电流会引起钨极熔化和蒸发，其微粒有可能进入熔池，造成污染（夹钨）；

（3）氩气较贵，与其他电弧焊方法（如焊条电弧焊、埋弧焊、CO_2 气体保护焊等）比较，生产成本较高。

钨极氩弧焊可用于几乎所有金属和合金的焊接，但由于其成本较高，所以通常多用于焊接铝、镁、钛、铜等非铁金属，以及不锈钢、耐热钢等。对于低熔点或易蒸发的金属（如铅、锡、锌等），焊接较困难。

钨极氩弧焊所焊接的板材厚度范围，从生产率考虑，取 3mm 以下为宜。对于某些黑色和非铁金属的厚壁重要构件（如压力容器及管道），在根部焊道熔透焊接或全位置焊接和窄间隙焊接时，为了保证高的焊接质量，有时也采用钨极氩弧焊。

2）熔化极氩弧焊

熔化极氩弧焊是利用连续送进的焊丝与工件之间燃烧的电弧作为热源，由焊枪嘴喷出的气体来保护电弧进行焊接的（如图 5-8 所示）。

熔化极氩弧焊的主要优点是：可以方便地进行各种位置的焊接，同时焊接速度较快，熔敷率较高。熔化极氩弧焊适用于不锈钢、铝、镁、铜、钛、镐及镍合金等的焊接。

熔化极氩弧焊广泛地应用于大多数工业部门中，可以熔敷 50%以上的焊接金属。与焊条电弧焊相比，熔化极氩弧焊在灵活性、熔敷率和机械化适应性方面更有优势。但是值得注意的是，熔化极氩弧焊是喷射金属的理想方法，需要由有高超技能的焊工来操作。

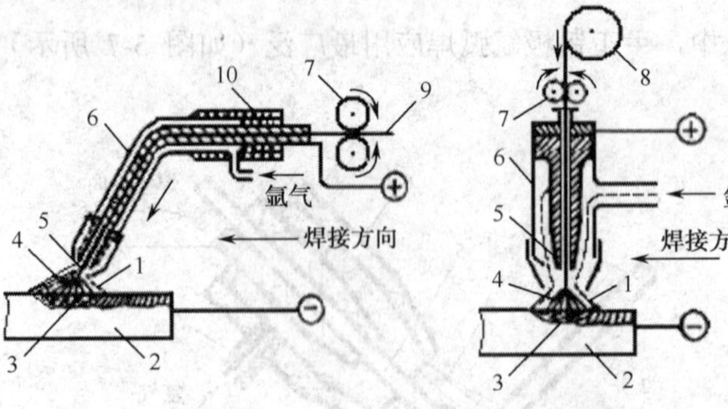

（a）半自动焊　　（b）自动焊

1—氩气流；2—工件；3—金属熔池；4—焊接电弧；5—喷嘴；6—焊枪 7；送丝机构；8—焊丝盘；9—焊丝；10—焊枪手柄

图 5-8　熔化极气体保护电弧焊示意图

5.3.4　气焊与气割

1．气焊

气焊是利用氧气和乙炔气体燃烧所产生的高温火焰来进行焊接的，如图 5-9 所示。火焰一方面把工件接头的表层金属熔化，另一方面把金属焊丝熔入接头的空隙中，形成金属熔池。当焊炬向前移动时，熔池金属随即凝固成为焊缝，使工件的两部分牢固地连接成为一体。

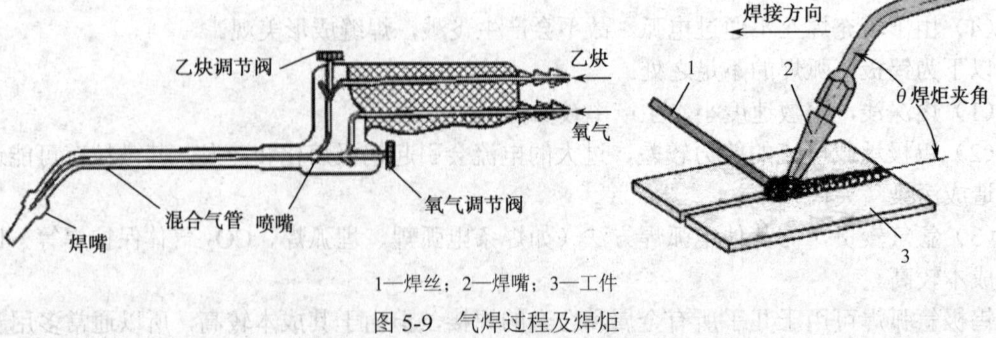

1—焊丝；2—焊嘴；3—工件

图 5-9　气焊过程及焊炬

气焊的温度比较低，热量分散，加热速度慢，生产率低，焊件变形较严重，但火焰易于控制，操作简单、灵活，气焊设备不用电源，并便于某些工件的焊前预热。因此，气焊仍得到了较广泛的应用，一般用于厚度在 3mm 以下的低碳钢薄板、管件及铸铁件的焊接，也用于铜和铝等非铁金属的焊接等。

调节氧气和乙炔气体的不同混合比例可得到中性焰、碳化焰和氧化焰三种性质不同的火焰，如图 5-10 所示。

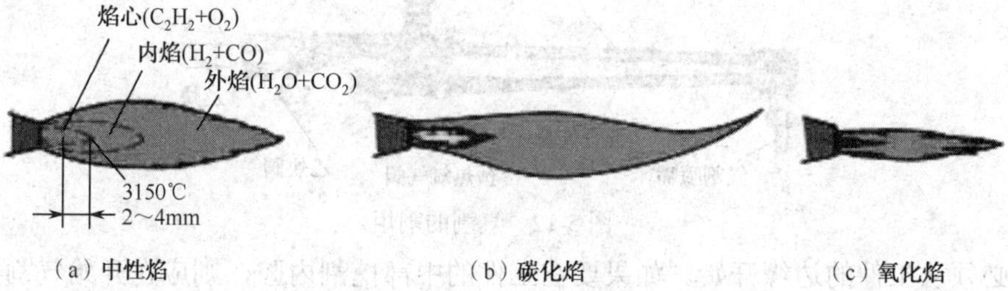

图 5-10　气焊火焰

1）中性焰

氧与乙炔充分燃烧，没有氧与乙炔过剩，内焰具有一定还原性；最高温度为 3050～3150℃；主要用于焊接低碳钢、低合金钢、高铬钢、不锈钢、紫铜、锡青铜、铝及其合金等。

2）氧化焰

氧过剩火焰，有氧化性，焊钢件时焊缝易产生气孔和变脆；最高温度为 3100～3300℃；主要用于焊接黄铜、锰黄铜和镀锌铁皮等。

3）碳化焰

乙炔过剩，火焰中有游离状态的碳及过多的氢，焊接时会增加焊缝含氢量，焊低碳钢有渗碳现象；最高温度为 2700～3000℃；主要用于高碳钢、高速钢、硬质合金、铝、青铜及铸铁等的焊接或焊补。

2．气割

氧气切割简称气割，是一种切割金属的常用方法，如图 5-11 所示。气割时，先把工件切割处的金属预热到它的燃烧点，然后以高速纯氧气流猛吹。这时金属就发生剧烈氧化，所产生的热量把金属氧化物熔化成液体。同时，氧气气流又把氧化物的熔液吹走，工件就被切出了整齐的缺口。只要把割炬向前移动，就能把工件连续切开。

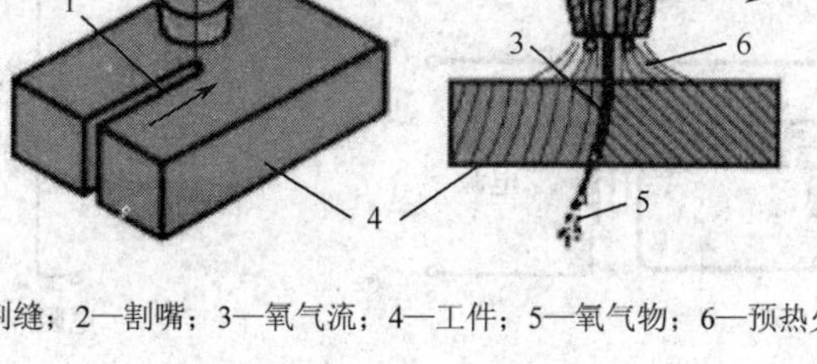

1—割缝；2—割嘴；3—氧气流；4—工件；5—氧气物；6—预热火焰

图 5-11　气割过程

但是金属的性质必须满足下列两个基本条件，才能进行气割。

（1）金属的燃烧点应低于其熔点。

（2）金属氧化物的熔点应低于该金属的熔点。

纯铁、低碳钢、中碳钢和普通低合金钢都能满足上述条件，具有良好的气割性能。而高碳钢、铸铁、不锈钢，以及铜、铝等金属都难以进行气割。

气割所用的割炬如图 5-12 所示。工作时，先点燃预热火焰，使工件的切割边缘加热到金属的燃烧点，然后开启切割氧气阀门进行切割。

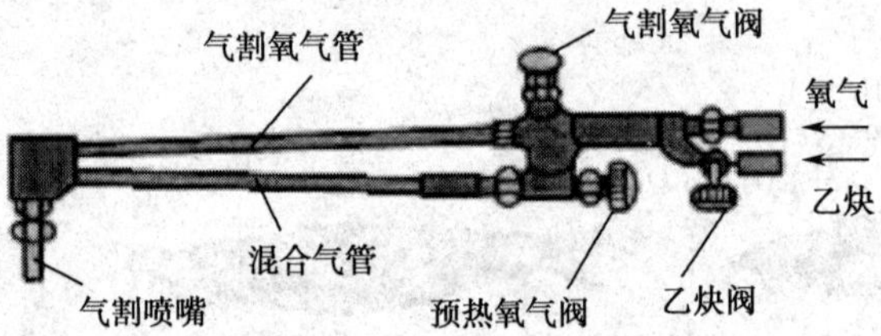

图 5-12　气割的割炬

气割必须从工件的边缘开始。如果要在工件的中部挖割内腔，则应在开始气割处先钻一个直径大于 5mm 的孔，以便气割时排出氧化物，并使氧气流能吹到工件的整个厚度上。批量生产时，气割工作可在气割机上进行。割炬能沿着一定的导轨自动做直线、圆弧或各种曲线运动，准确地切割出所要求的工件形状。

5.3.5 压焊

1. 电阻焊

电阻焊的原理是被焊件组合后，通过电极施加压力，利用电流通过接触处及焊件附近产生的电阻热，将焊件加热到塑性或局部熔化状态，再施加压力形成焊接接头的焊接方法。电阻焊的基本形式有点焊、缝焊、凸焊、对焊和滚焊等。

1）点焊

点焊的结构原理如图 5-13 所示。点焊时将焊件搭接并压紧在两个柱状电极之间，然后接通电流，焊件间接触面的电阻热使该点熔化形成熔核，同时熔核周围的金属也被加热产生塑性变形，形成一个塑性环，以防止周围气体对熔核的侵入和熔化金属的流失。断电后，在压力下凝固结晶，形成一个组织致密的焊点。由于焊接时的分流现象（如图 5-14 所示），两个焊点之间应有一定的距离。

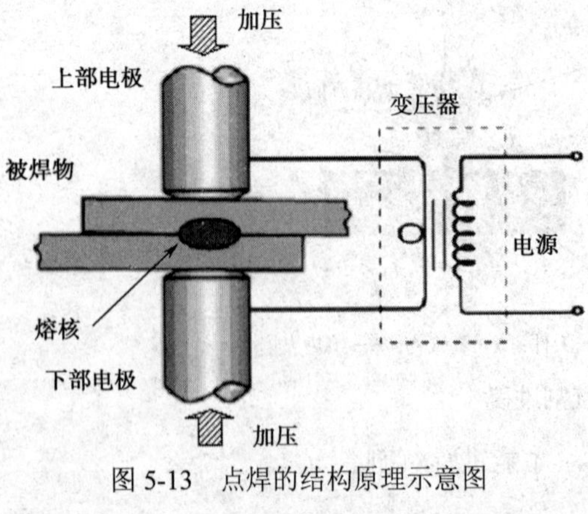

图 5-13　点焊的结构原理示意图

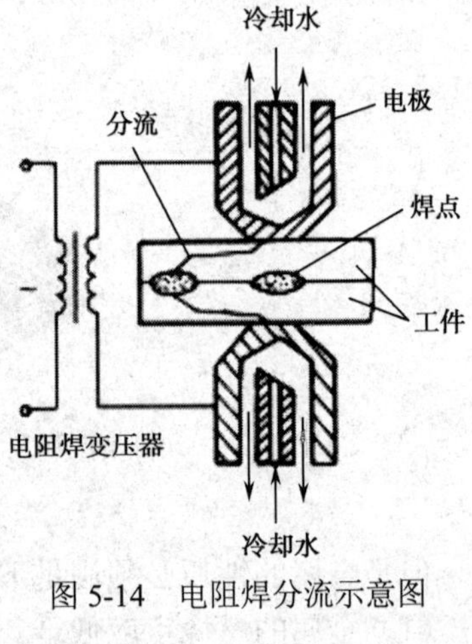

图 5-14　电阻焊分流示意图

点焊接头采用搭接形式。它主要适用于焊接厚度为 4mm 以下的薄板结构和钢筋构件，还可焊接不锈钢、钛合金和铝镁合金等，目前广泛应用于汽车和飞机等制造业。

2）缝焊

缝焊与点焊同属于搭接电阻焊，其焊接过程与点焊相似，采用滚盘作为电极，边焊边滚，相邻两个焊点重叠一部分，形成一条有密封性的焊缝。常见电阻缝焊方法如图 5-15 所示。缝焊焊接分流现象较严重，因此在同等条件下焊接电流较大，主要用于有密封性要求的薄板件。

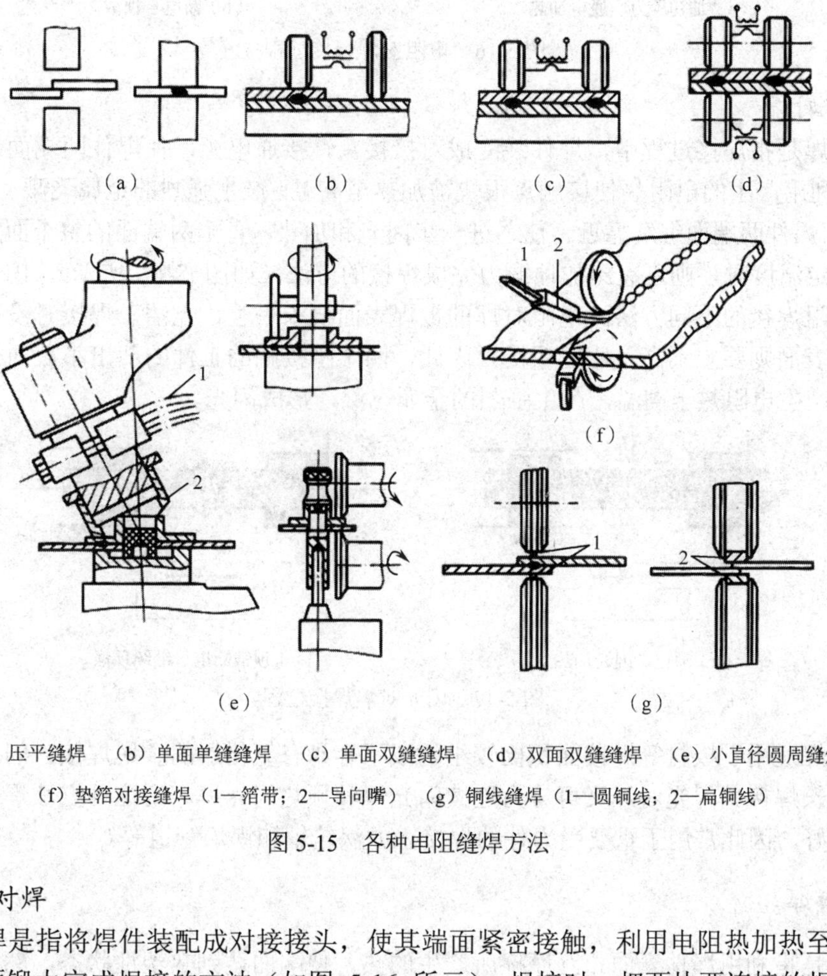

（a）压平缝焊 （b）单面单缝缝焊 （c）单面双缝缝焊 （d）双面双缝缝焊 （e）小直径圆周缝焊

（f）垫箔对接缝焊（1—箔带；2—导向嘴） （g）铜线缝焊（1—圆铜线；2—扁铜线）

图 5-15 各种电阻缝焊方法

3）电阻对焊

电阻对焊是指将焊件装配成对接接头，使其端面紧密接触，利用电阻热加热至热塑性状态后迅速施加顶锻力完成焊接的方法（如图 5-16 所示）。焊接时，把两块要连接的焊件对接到电路中去，并施加轴向初压力 P_1，使工件互相压紧。在整个回路中，因两个工件的接触处具有最大的电阻，所以当通过较大的电流时，接触处就会产生大量的电阻热，很快就把接触处的金属加热到稍低于它的熔化温度（高塑性状态）。这时在顶锻压力 P_2 的挤压下，焊件就被焊接在一起了。

电阻对焊操作简单，焊接接头表面光滑，但内部质量不高。焊接前必须将焊件的焊接端面仔细地平整和清理，去除锈污，否则就会造成加热不均匀或接头中有残留杂质等缺陷，焊接的质量更差。

电阻对焊的优点是焊接接头的外观比较光滑，没有毛刺。它一般用于焊接直径不大于 20mm 的低碳钢材料。其典型产品有钻头、钢筋、钢轨和链条等。

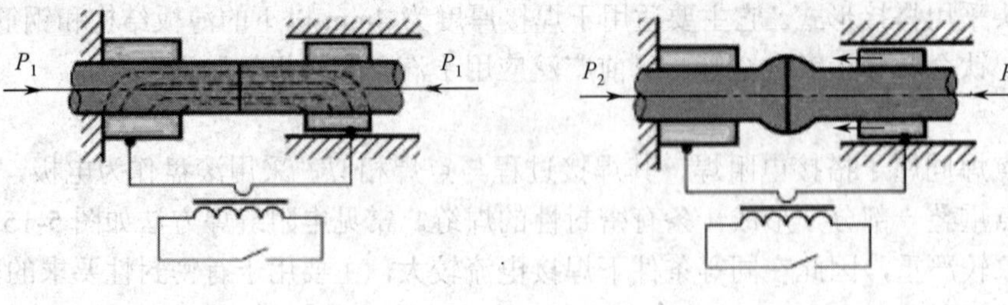

（a）加初压力、通电加热　　（b）断电、顶锻

图 5-16　电阻对焊焊接过程

4）闪光对焊

闪光对焊是指焊接过程中，焊件装配成对接接头，接通电源，使焊件两端面缓慢地移近到局部接触，利用产生的电阻热使接触点很快被加热至高温，产生强烈的金属飞溅，形成闪光（即烧化过程），焊件两端面继续靠近，使之进一步闪光和加热，直至两端面的整个面在一定深度范围内达到预定温度时，则迅速施加顶锻力完成焊接的方法（如图 5-17 所示）。闪光对焊和电阻对焊属于电阻焊接的不同方法。电阻对焊的被焊表面要求平整、光洁，焊接时没有闪光；闪光对焊的被焊表面则要求不高，比较粗糙，因此，两个刚接触的工件的凸出小截面在强大的电流下，会迅速产生电阻热至高温，产生强烈的金属飞溅，形成闪光。

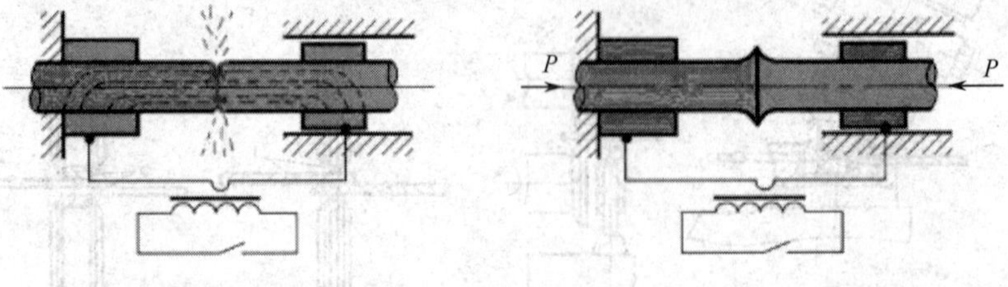

（a）通电、闪光加热　　（b）顶锻断电、继续顶锻

图 5-17　闪光对焊焊接过程

电阻对焊适用于板材等焊接面积比较小的或不容易有氧化层的金属焊接；闪光对焊主要适用于钢筋接长焊接。闪光对焊又可分为连续闪光焊和预热闪光焊，用这种方法焊接的接头受热均匀、质量好，因此常用于重要受力件的焊接，如涡轮轴和锅炉管道等。

2．摩擦焊

摩擦焊是指利用焊件表面相互摩擦所产生的热，使端面达到热塑性状态，然后迅速施加外力，完成焊接的一种压焊方法。由于在压力作用下，待焊工件的摩擦界面及其附近温度升高，所以材料的变形抗力降低、塑性提高、界面氧化膜破碎，伴随着材料产生塑性流变，通过界面的分子扩散和再结晶，从而实现固态之间的连接。如图 5-18 所示为两个工件通过摩擦焊的焊接过程。工件 1 安装在夹具上并随夹具高速旋转（如图 5-18（a）所示），工件 2 安装在工作台上并随工作台一起沿工件轴向移动接触工件 1，同时施加一定的轴向力（如图 5-18（b）所示），待两个工件接触面摩擦产生高温（塑性流变），迅速停机，此时两个工件已实现连接成形（如图 5-18（c）所示）。

摩擦焊的主要优点有以下几个。

（1）接头质量好且稳定。焊接过程由机器控制，参数稳定，重复性好。焊接过程不发生熔化，属于固相热压焊，接头为锻造组织，因此焊缝不会出现气孔、偏析和夹杂、裂纹等铸造组织的结晶缺陷，焊接接头强度远大于熔焊、钎焊的强度，达到甚至超过母材的强度。

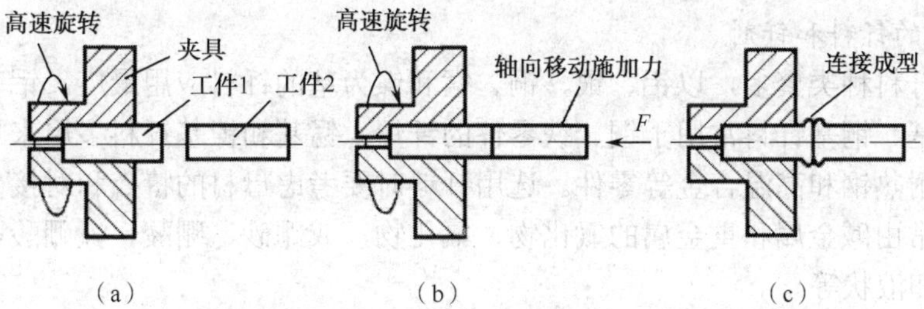

图 5-18　摩擦焊焊接过程

（2）效率高。对焊件准备通常要求不高，焊接设备容易自动化，可在流水线上生产，每件焊接时间以秒计，一般只需零点几秒至几十秒，是其他焊接方法如熔焊、钎焊不能相比的。

（3）节能、节材、低耗。所需功率仅为传统焊接工艺的 1/5～1/15，不需要焊条、焊剂、钎料和保护气体等，不需要填加金属，也不需要消耗电极。

（4）焊接性好。特别适合异种材料的焊接，如钢和紫铜、钢和铝、钢和黄铜等。

（5）环保，无污染。焊接过程不产生烟尘或有害气体，不产生飞溅，没有弧光和火花等。

由于上述优点，摩擦焊被誉为未来的绿色焊。

5.3.6　钎焊

钎焊是采用熔点低于母材的合金作为钎料，加热时熔化钎料，并靠润湿和毛细作用填充并保持在接头间隙内，而母材处于固态，依靠液态钎料和固态母材间的相互扩散形成钎焊接头的焊接方法。

1．钎焊的种类

钎焊可分为软钎焊与硬钎焊两大类。

1）软钎焊

钎料熔点低于 450℃的钎焊称为软钎焊。常用钎料是锡铅钎料，它具有良好的润湿性和导电性，广泛用于电子产品、电机电器和汽车配件。软钎焊的接头强度一般为 60～140MPa。

2）硬钎焊

钎料熔点高于 450℃的钎焊称为硬钎焊。常用钎料是黄铜钎料和银基钎料，一般焊件多采用黄铜钎料，硬钎焊多用于受力较大的钢和铜合金工件及工具的钎焊。硬钎焊的接头强度为 200～490MPa。

除此以外，还有烙铁钎焊、电阻钎焊、扩散钎焊、红外线钎焊、反应钎焊、电子束钎焊和激光钎焊等。

2．钎料和钎剂

钎料是形成钎焊接头的填充金属，钎焊接头的质量在很大程度上取决于钎料。钎料应该具有合适的熔点、良好的润湿性和填缝能力，能与母材相互扩散，还应具有一定的力学性能和物理化学性能，以满足接头的使用性能要求。

1）软钎焊的钎料和钎剂

软钎焊中以锡铅合金作为钎料的锡焊最为常用。软钎焊钎料一般需要用钎剂，以清除氧化膜，改善钎料的润湿性能。钎剂种类很多，电子工业中多用松香酒精溶液作为钎剂。

2）硬钎焊的钎料和钎剂

硬钎焊的钎料种类繁多，以铝、银、铜、锰和镍为基的钎料应用最广。铝基钎料常用于铝制品钎焊；银基、铜基钎料常用于铜、铁零件的钎焊；锰基和镍基钎料多用来焊接在高温下工作的不锈钢、耐热钢和高温合金等零件。选用钎料时要考虑母材的特点和对接头性能的要求。硬钎焊钎剂通常由碱金属和重金属的氯化物、氟化物，或硼砂、硼酸、氟硼酸盐等组成，可制成粉状、糊状和液状等。

3．钎焊的特点及应用

钎焊具有如下特点：

（1）钎焊加热温度较低，接头光滑平整，组织和力学性能变化小，变形小，工件尺寸精确；

（2）可焊异种金属，也可焊异种材料，且对工件厚度差无严格限制；

（3）有些钎焊方法可同时焊多个焊件、多个接头，生产率很高；

（4）钎焊设备简单，生产投资费用少；

（5）接头强度低，耐热性差，且焊前清整要求严格，钎料价格较贵。

目前钎焊主要用于制造精密仪表、电气零部件、异种金属构件及复杂薄板结构，如夹层构件和蜂窝结构等，也常用于各类异线与硬质合金刀具、钻探钻头、自行车车架、换热器、导管及各类容器等的焊接。在微波波导、电子管和电子真空器件的制造中，钎焊甚至是唯一可能的连接方法。钎焊不适于一般钢结构和重载、动载机件的焊接。

5.3.7 特种焊接方法

1．等离子弧焊和切割

1）等离子弧的概念及产生原理

等离子弧是受外部约束条件的影响使弧柱受到压缩的电弧。等离子弧弧区内的气体完全电离，能量高度集中，能量密度很大，可达 10^5～10^6W/cm^2，电弧温度可高达 24000～50000K（一般自由状态的钨极氩弧焊最高温度为 10000～20000K，能量密度在 10^4W/cm^2 以下），能迅速熔化金属材料，可用来焊接和切割。等离子弧发生装置的原理及其焊接示意图如图 5-19 所示。

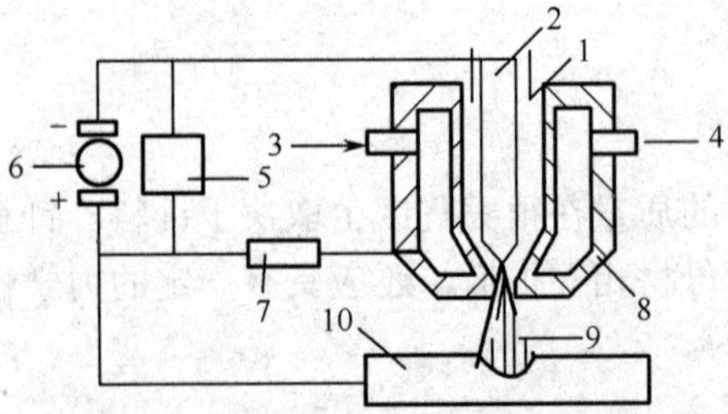

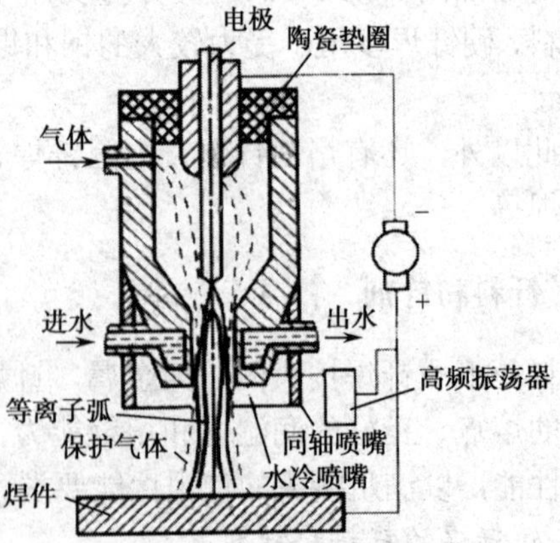

1—钨极；2—离子（Ar 或 N）；3—冷却水进口；4—冷却水出口；5—高频振荡器；
6—直流电源；7—电阻；8—喷嘴；9—等离子弧；10—工件

图 5-19 等离子弧发生装置的原理及其焊接示意图

在钨极与喷嘴之间或钨极与工件之间加一较高电压，经高频振荡使气体电离形成自由电弧，该电弧受下列三个压缩作用形成等离子弧。

（1）机械压缩效应（作用）——电弧经过有一定孔径的水冷喷嘴通道，使电弧截面受到约束，不能自由扩展。

（2）热压缩效应——当通入一定压力和流量的氩气或氮气时，冷气流均匀地包围着电弧，使电弧外围受到强烈冷却，迫使带电粒子流（离子和电子）往弧柱中心集中，弧柱被进一步压缩。

（3）电磁收缩效应——定向运动的电子和离子流就是相互平行的载流导体，在弧柱电流本身产生的磁场作用下，产生的电磁力使弧柱进一步收缩。

电弧经过以上三种压缩效应后，能量高度集中在直径很小的弧柱中，弧柱中的气体被充分电离成等离子体，因此称为等离子弧。

当采用小直径喷嘴、大的气体流量和增大电流时，等离子焰自喷嘴喷出的速度很高，具有很大的冲击力，这种等离子弧称为“刚性弧”，主要用于切割金属。反之，若将等离子弧调节成温度较低、冲击力较小时，该等离子弧称为“柔性弧”，主要用于焊接。

2）等离子弧焊的特点

（1）弧柱温度高，能量密度大，加热集中，熔透能力强，可以高速施焊，生产率高。

（2）等离子弧工作稳定，工艺参数调节范围宽，可焊接极薄的金属，但当金属厚度超过8～9mm时，从费用上考虑采用等离子弧焊不合算。

（3）热影响区窄，焊接变形小。

（4）由于钨极内缩至喷嘴内，不与焊件接触，所以不会在焊缝内产生夹钨。

（5）电源及电气控制线路较复杂，设备费用为钨极氩弧焊的2～5倍，工艺参数的调节匹配较复杂，喷嘴的使用寿命短。

等离子弧焰流速可达数倍音速，表现出强大的冲击力。等离子弧技术可以应用于等离子弧切割。这是利用等离子弧的高温将被割件熔化，并借助弧焰的机械冲击力把熔融金属强制排除，从而形成割缝以实现切割的。由于等离子弧的上述特点，使得等离子切割特别适用于切割高合金钢、铸铁、铜、铝、镍、钛及导热性好的金属和难熔金属。

2. 电渣焊

电渣焊是利用电流通过液态熔渣所产生的电阻热作为热源来进行焊接的方法。电渣焊一般总是在垂直立焊位置进行焊接的，其焊接过程示意图如图5-20所示。两个工件位于垂直位置，相距25～35mm，工件待焊端面两侧装有冷却铜滑块，使液态熔渣及金属不会外流，冷水从其内部通过，迫使熔池冷却凝固成为焊缝。固态焊剂熔化以后形成的渣池具有较大的电阻，当电流通过时产生大量电阻热，使渣池温度保持在1700～2000℃。焊丝与工件被渣池加热熔化而形成熔池。焊接过程中，焊丝不断送进并被熔化，熔池及渣池逐渐上升（冷却滑块也同时逐渐上升），下面的金属则逐渐凝固形成焊缝接头，从而使立焊缝一次焊成。

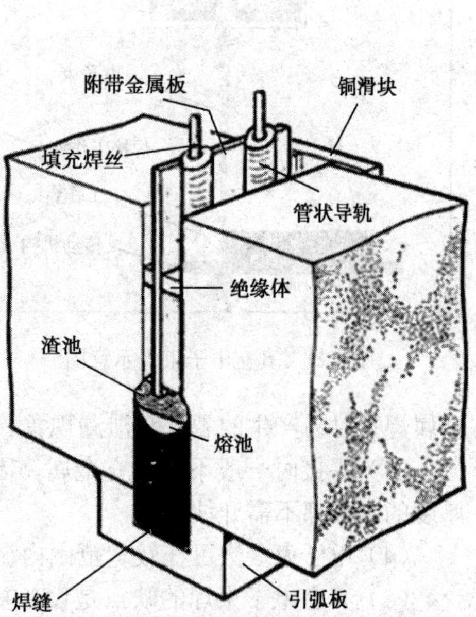

图5-20 电渣焊示意图

由于渣池热量多、温度高，与熔渣接触的金属都被熔化，而且焊丝在焊接时还可左右缓慢摆动，所以很厚的工件也可用电渣焊一次焊成。

电渣焊与其他焊接方法相比有如下特点。

（1）很厚的工件也可一次焊成，可用铸—锻—焊组合结构拼小成大以代替巨大的铸、锻整体结构。

（2）生产率高，焊接材料消耗少。电渣焊时任何厚度的工件都不需开坡口，只要使焊接面之间保持 25～35mm 的间隙就可一次焊成。

（3）焊缝金属比较纯净。电渣焊时，金属熔池上面覆盖着一定深度的渣池，可避免空气与金属熔池接触。另外，金属熔池在液态存在的时间较长，熔池中的气体与杂质有较充分的时间析出。由于冷却条件充分，焊缝金属结晶的方向也有利于排出低熔点杂质，所以焊缝金属比较纯净。

（4）由于较厚工件用电渣焊焊接是一次焊成的，所以焊接速度比较慢，焊缝区在高温停留较长的时间，其热影响区比其他焊接方法都大，晶粒粒大，易产生过热组织，力学性能有显著下降，因此对于较重要的构件，焊后必须进行正火处理。

3．电子束焊

电子束焊是利用加速和聚焦的电子束轰击工件所产生的热能作为热源来进行焊接的一种方法。

电子束焊可分为真空电子束焊、低真空电子束焊和非真空电子束焊，其中真空电子束焊目前应用最广。如图 5-21 所示为真空电子束焊示意图。

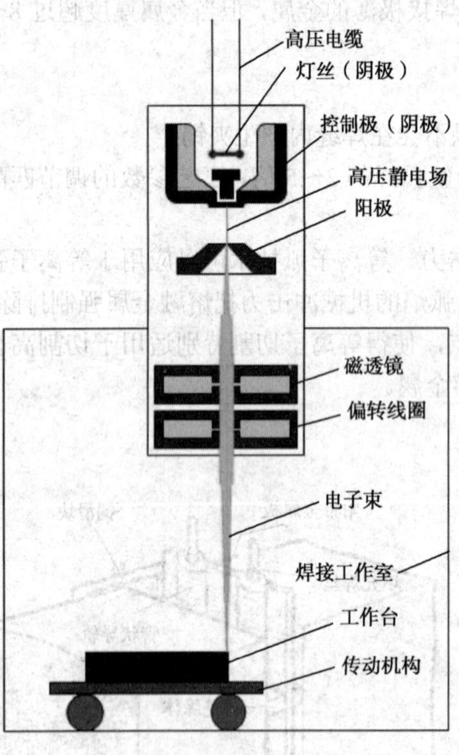

图 5-21　真空电子束焊示意图

电子枪、焊件及焊具全部装在真空室内。电子枪由加热灯丝、阴极、阳极及聚焦装置等组成。当阴极被灯丝加热到 2600C° 时，能发出大量电子，这些电子在阴极与阳极间的高电压作用下，经电子透镜聚焦成电子流束，以极大的速度（可达 160000km/s）射向焊件表面，电子的动能变为热能。电子的能量密度比普通电弧可大 5000 倍，使焊件金属迅速熔化甚至气化。

真空电子束焊的特点如下。

（1）在真空中进行焊接，金属不会氧化、氮化，且无金属电极沾污，因此能保证焊缝金属的高纯度，表面平滑洁净，没有弧坑或其他表面缺陷，焊缝内部熔合得好，无气孔和夹渣。

（2）热源能量密度大、熔深大、焊速快、焊缝深而窄，焊缝深宽比可达 20 : 1，能单面焊厚件，焊接热影响区很小，基本上不产生焊接变形，可防止难熔金属焊接时易产生的裂纹和泄漏现象。

（3）焊接时一般不加填充金属，因而接头要加工得平整清洁，装配紧密，不留间隙，任何厚度的工件都不需开坡口。

（4）电子束参数可在较宽范围内调节、控制灵活、精度高、适应性强。

（5）真空电子束焊的缺点是设备复杂、造价高。由于使用维护技术要求高，焊件尺寸受真空室限制，对焊件清整装配质量要求严格，使得其应用受到一定限制。

由于焊缝质量高，适用范围广，可焊接厚大截面工件和难熔金属。因为受热范围小，焊接变形小，所以电子束焊还可用于异种材料的焊接。目前，由于成本高，所以电子束焊主要用于微电子器件的焊接，导弹外壳的焊接，核电站锅炉汽包和精度要求高的齿轮等的焊接。

4．激光焊接与切割

1）激光焊接

激光焊接是利用高辐射强度的激光束在经过光学系统聚焦后（其激光焦点的功率密度为 10^4～10^7W/cm^2），将加工工件置于激光焦点附近进行加热熔化形成焊接接头的方法，如图 5-22 所示。

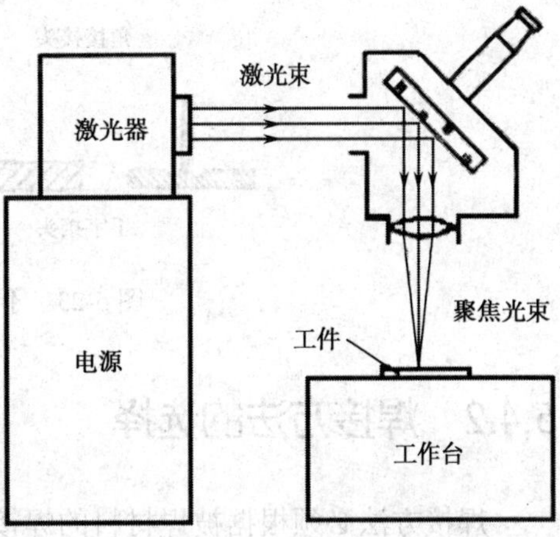

图 5-22　激光焊接原理示意图

激光焊接具有以下特点。

（1）激光束的激光焦点光斑小，功率密度高，能焊接一些高熔点、高强度的合金材料，能进行高能高速焊，无焊接变形。

（2）激光焊接是无接触加工，没有工具损耗和工具调换等问题。激光束能量可调，移动速度可调，可以完成多种焊接加工。

（3）激光焊接的自动化程度高，可以用计算机进行控制，焊接速度快，功效高，可方便地进行任何复杂形状的焊接。

（4）激光焊接的热影响区小，材料变形小，无须后续工序处理。

（5）激光可通过玻璃焊接处于真空容器内的工件及处于复杂结构内部位置的工件。

（6）激光焊接的生产效率高，加工质量稳定可靠，经济效益好。

2）激光切割

激光切割是利用激光光束将材料加热到熔化、升华或燃烧，并通过气体射流将熔融金属、蒸发物或氧化物从切缝中吹掉以形成切口的一种切割方法。

激光切割的特点是割缝细小，可进行精密切割；切割质量好，速度快，效率高，成本低；环境污染很小。激光切割可切割各类材料，其中切割金属材料时采用大功率激光器，切割非金属材料时采用小功率激光器。

5.4　焊接结构工艺设计

5.4.1　焊接件材料的选择

选材是焊接结构工艺设计中重要的一环。根据所采用的焊接方法和施工条件的不同，焊接结构材料的选择应遵循下列设计原则。

（1）在满足使用性能的前提下，应优先选用焊接性较好的材料。

（2）采用异种材料焊接时，要特别注意材料的焊接性，成分和性能差别很大的材料，应根据焊接性差的材料确定焊接工艺。

（3）尽可能选用轧制的标准型材和异型材。对于形状比较复杂的结构，则可以考虑采用铸钢件、锻件或冲压件来焊接。

（4）尽量选用等厚或等截面大小的材料。必要时应在较厚的板料上加工出单面或双面斜边的过渡形式，如图 5-23 所示。

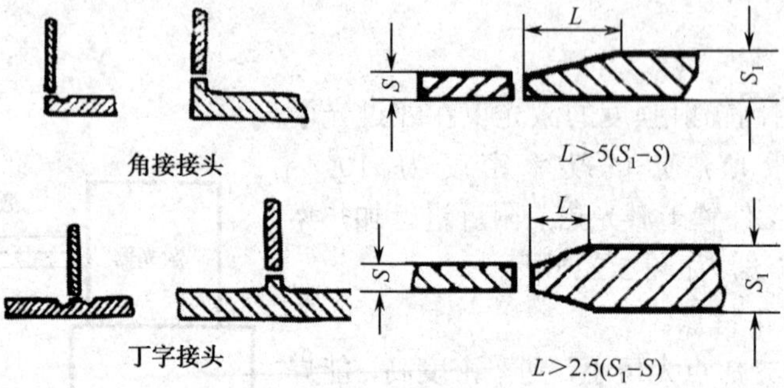

图 5-23　不等厚度的对接和角接、丁字接头

5.4.2　焊接方法的选择

焊接方法必须根据被焊材料的焊接性、接头的形式、焊接厚度、焊缝空间位置、焊接结构特点及工作特点等多方面因素综合考虑后予以选择确定。焊接方法选择的总原则是在保证产品质量条件下，优先选择常用的焊接方法，若生产批量大，还必须考虑尽量提高生产效率和降低成本。焊接方法的选择原则如下：

（1）低碳钢和低合金结构钢的焊接性能好，各种焊接方法均适用；

（2）若焊件板厚为中等厚度（10～20mm），可选用焊条电弧焊、埋弧焊和气体保护焊；氩弧焊成本较高，一般不宜选用；

（3）若焊件为长直焊缝或大直径环形焊缝，生产批量也较大，可选用埋弧焊；

（4）若焊件为单件生产，或焊缝短且处于不同空间位置，则选用焊条电弧焊为宜；

（5）若焊件是薄板轻型结构，且无密封要求，则采用电阻点焊可提高生产效率，如果有密封要求，则可选用电阻缝焊；

（6）对于低碳钢焊件，一般不应选用氩弧焊等高成本的焊接方法，但当焊接合金钢、不锈钢等重要工件时，则应采用氩弧焊等气体保护条件较好的焊接方法；

（7）对于稀有金属或高熔点合金的特殊构件，焊接时可考虑采用等离子弧焊接、真空电子束焊接或脉冲氩弧焊焊接，以确保焊接件的质量；

（8）对于微型箔件，则应选用微束等离子弧焊或脉冲激光点焊。

5.4.3　焊接接头及坡口形式的选择

1．焊接接头的选择

接头形式主要有对接接头、搭接接头、T 形接头和角接接头四种，如图 5-24 所示。

各种接头的特点介绍如下。

（1）对接接头：受力均匀，在静载和动载作用下都具有很高的强度，且外形平整美观，是应用最多的接头形式。但其对焊前准备和装配要求较高。

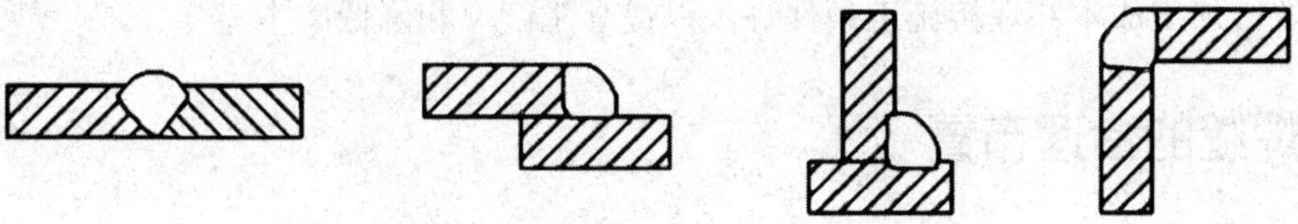

图 5-24　焊接接头的四种形式

（2）搭接接头：焊前准备简便，但受力时会产生附加弯曲应力，降低了接头强度。

（3）T 形接头：广泛应用于空间类焊件上，具有较高的强度，如船体结构中约 70%的焊缝采用了 T 形接头。

（4）角接接头：通常只起连接作用，只能用来传递工作载荷。

在进行结构设计时，设计者应综合考虑结构形状、使用要求、焊件厚度、变形大小及焊接材料的消耗量等因素以确定接头形式。

2．焊接坡口形式的选择

坡口是根据设计和工艺需要，为保证厚度较大的焊件能够焊透，在工件的待焊部位加工并装配成呈一定几何形状的沟槽。焊条电弧焊常采用的坡口形式有不开坡口（I 形坡口）、Y 形坡口、双 Y 形坡口和 U 形坡口等，如图 5-25 所示。

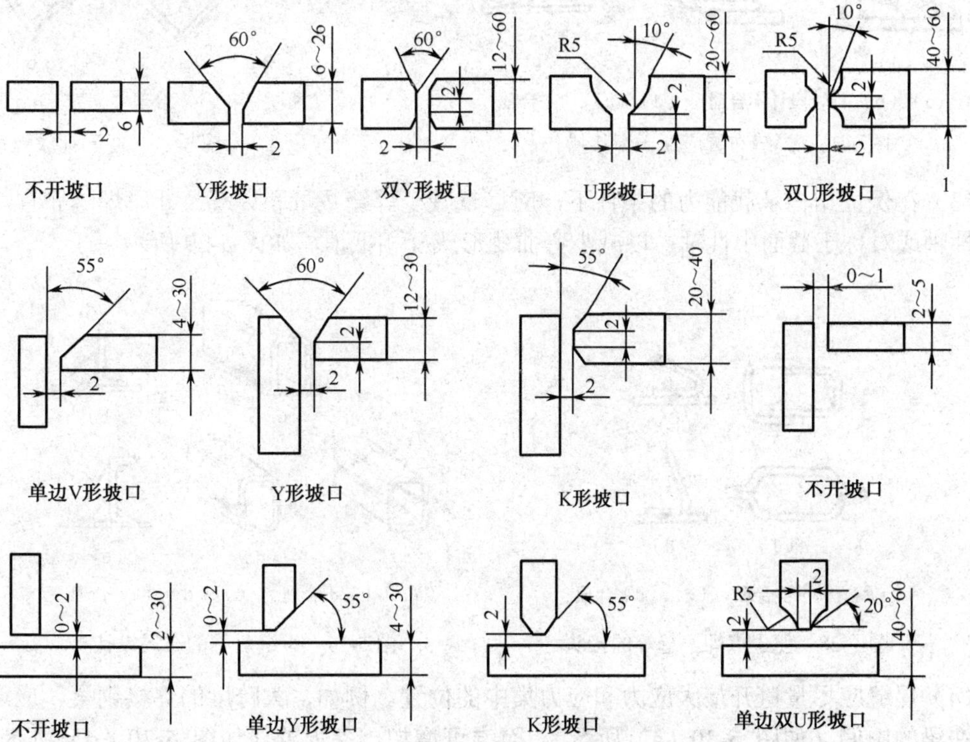

图 5-25　电弧焊焊接坡口型式

坡口除保证焊透外，还能起到调节母材金属和填充金属比例的作用，从而可以调整焊缝的性能。

坡口形式的选择主要根据板厚和采用的焊接方法确定，同时兼顾焊接工作量大小、焊接材料消耗、坡口加工成本和焊接施工条件等，以提高生产率和降低成本。

5.4.4 焊缝的合理布置

焊接结构中焊缝布置是否合理，对焊接接头的质量和生产率都有很大的影响。焊缝布置的一般原则如下。

（1）焊缝布置应便于焊接施焊和检验。焊缝布置必须保证焊缝周围有供焊工自由操作和焊接装置正常运行的条件。如图 5-26 中的（a）、（b）、（c）所示的内侧焊缝，焊条无法伸入，改为图（d）、（e）、（f）所示的设计比较合理。

（2）采用埋弧焊焊接时，要考虑焊剂的存放（如图 5-27 所示）。电阻点焊与缝焊时，应考虑使电极方便伸入，如图 5-28 所示。

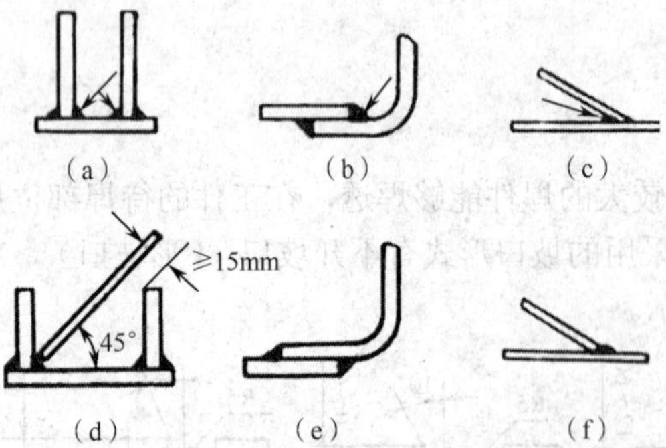

(a)、(b)、(c) 设计不合理　(d)、(e)、(f) 合理

图 5-26　焊缝布置应便于焊接操作

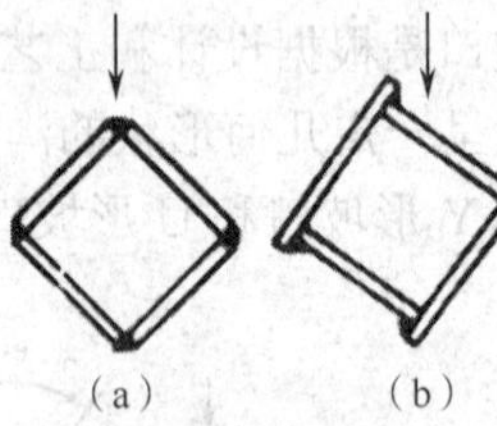

(a) 不合理　(b) 合理

图 5-27　便于存放焊剂

（3）在保证结构承载能力的条件下，应尽量减少焊缝数量和焊缝尺寸。焊缝布置尽可能接近中性轴或对称于截面中性轴，以减小弯曲变形或互相抵消，如图 5-29 所示。

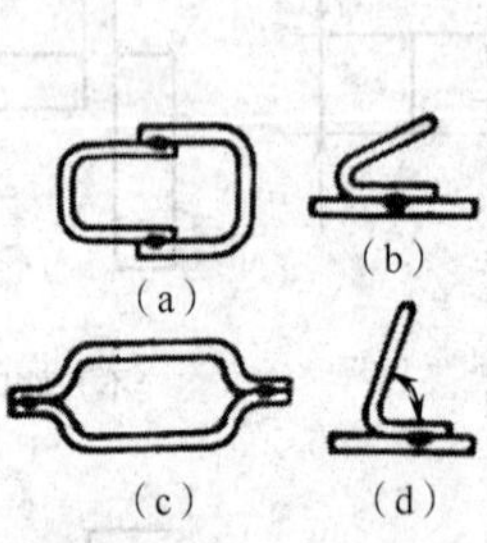

(a)、(b) 不合理　(c)、(d) 合理

图 5-28　便于点焊、缝焊的接头

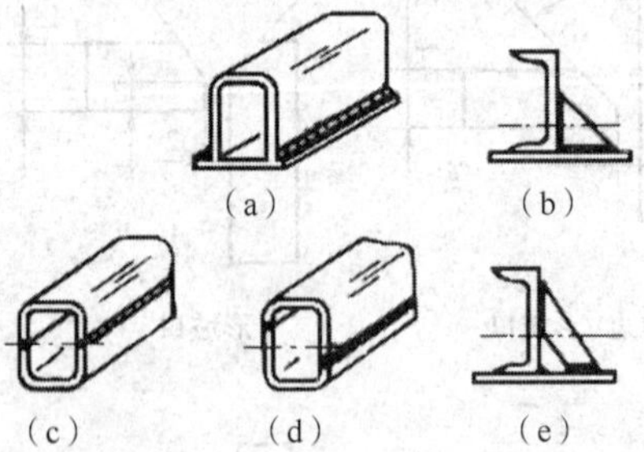

(a)、(b) 不合理　(c)、(d)、(e) 合理

图 5-29　焊缝对称的布局设计

（4）焊缝应尽量避开最大应力和应力集中的位置。例如，大跨度的焊接钢梁，应避免将焊缝放在梁的中间（如图 5-30（a）所示），而宁可增加一条焊缝（如图 5-30（d）所示）。压力容器的凸形封头应有一个直段，使焊缝避开应力集中的转角位置，直段 L 应不小于 25mm（如图 5-30（e）所示）。在构件截面有急剧变化的位置或尖锐棱角的部位，易产生应力集中，应避免布置焊缝（如图 5-30（f）所示）。

（5）避免过分密集焊缝和交叉焊缝（如图 5-31 所示），以免造成金属过热，加大热影响区，使组织恶化。一般两条焊缝的间距要大于 3 倍的板厚且不小于 100mm。

（6）焊缝布置应不影响机械切削加工表面，有些焊接构件的某些部位需先机械加工再焊接，如焊接轮毂、管配件和传动支架等，焊缝位置应尽量远离已加工表面，以避免或减少焊接应力与变形对已加工表面精度的影响。在机加工要求较高的表面上，尽量不要设置焊缝，如图 5-32 所示。

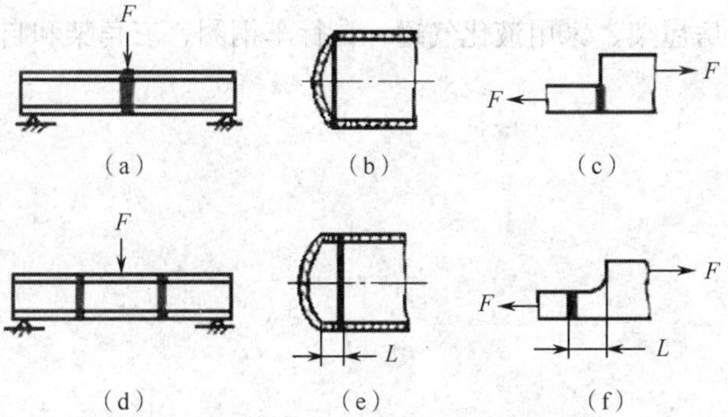

（a）、（b）、（c）不合理　　（d）、（e）、（f）合理

图 5-30　避开最大应力和应力集中的位置

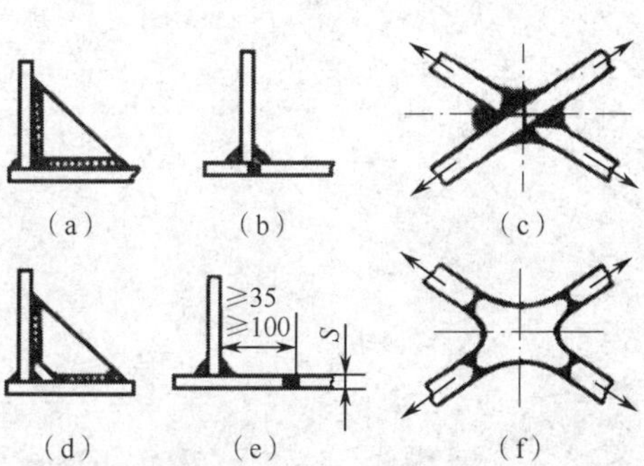

（a）、（b）、（c）不合理　（d）、（e）、（f）合理

图 5-31　避免过分密集焊缝和交叉焊缝

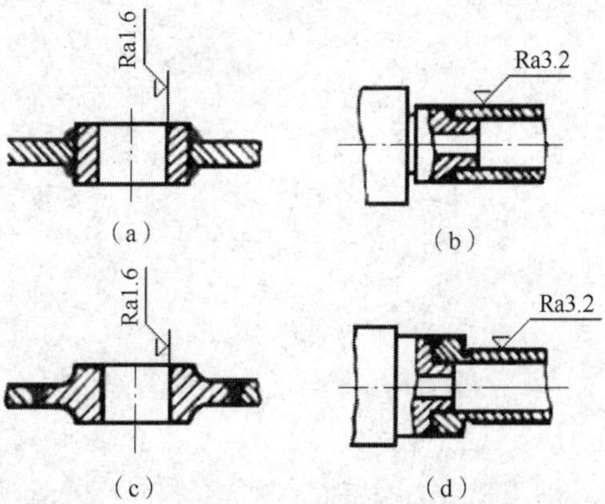

（a）、（b）不合理　（c）、（d）合理

图 5-32　避免在加工表面设置焊缝

思考与练习题

5-1 熔焊、压焊和钎焊有什么区别？

5-2 什么是焊接电弧，焊接电弧的构造及温度分布如何？

5-3 简述手工电弧焊冶金过程的特点，其特点与焊接质量有何关系？

5-4 对于一般结构钢焊接结构，焊接接头的破坏常出现在哪个区？

5-5 酸性焊条被广泛应用的理由主要有哪些？使用碱性焊条焊接，比酸性焊条突出的优点是什么？

5-6 有人说，只有成分相同的材料才能进行焊接成形，这话对吗？

5-7 常见的焊接变形基本形式有哪些？产生焊接应力与变形的原因是什么，如何预防，如何矫正？

5-8 与氩弧焊相比，CO_2气体保护焊的突出优点是什么？

5-9 钎焊有哪些焊接方式？焊接电子元件用的是硬钎焊，还是软钎焊？

5-10 焊接接头形式有哪几种，为什么要在焊接工件上开设坡口？

5-11 设计焊接件时，焊缝布置应遵循哪些原则？

5-12 观察分析厂房屋架、家用液化气罐、自行车钢圈、三角架和自来水管等所用的材料及焊接方法。

第6章 粉末冶金和非金属材料成形工艺

6.1 粉末冶金工艺

6.1.1 概述

粉末冶金是制取金属粉末并通过成形和烧结等工艺将金属粉末或与非金属粉末的混合物制成制品的加工方法。粉末冶金具有以下特点：

（1）能制成多种材料和制品。可获得熔点、密度相差悬殊的多种金属、金属与陶瓷、金属与塑料等多相不均质的特殊功能复合材料和制品。

（2）提高材料性能。用特殊方法制取的细小金属或合金粉末，凝固速度极快，晶粒细小均匀，保证了材料的组织均匀，性能稳定，以及良好的冷、热加工性能，且粉末颗粒不受合金元素和含量的限制，可提高强化相含量，从而发展出新的材料体系。

（3）可以将粉末原料直接成形为少余量、无余量的毛坯或净形零件，大量减少机加工量，提高材料利用率，降低成本。

目前粉末冶金主要用来成形难熔材料、硬质合金刀具、导电材料及多孔材料制品，如钨、钼、钽、铌等难熔材料，铜-钨、铜-石墨等导电材料，铜基、铁基含油轴承等。粉末冶金成形还用于制造如汽车工业中的齿轮、链轮、凸轮、棘轮或内、外转子等形状复杂的零件，实现了少、无切削加工。

6.1.2 粉末冶金工艺过程

粉末冶金成形的工艺过程如图 6-1 所示，主要包括粉料制备、压制成形、烧结，以及后处理四道工序。

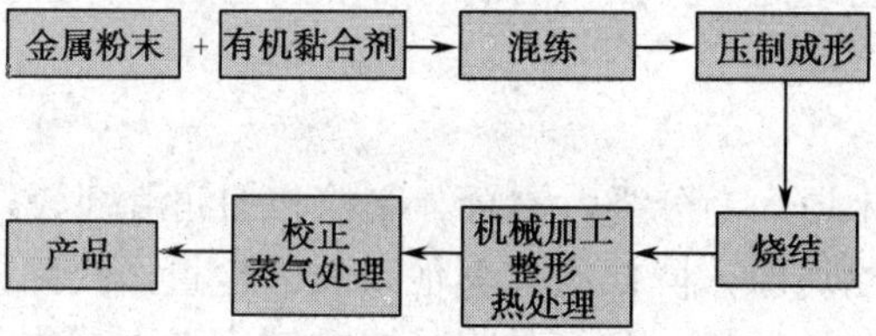

图 6-1　粉末冶金成形的工艺过程

1．金属粉末的制备

制造金属粉末的方法按其制取过程的实质而言，可分为机械粉碎法和物理化学法两大类。机械粉碎法制取粉末使其化学成分基本不发生变化，物理化学法制取粉末是借助化学或物理的作用来改变原材料的化学成分或聚集状态。工业生产中应用最广泛的是还原法、雾化法和电解法。

1）还原法

还原法是一种利用还原剂还原制取金属粉末的方法。例如，用碳、氢、分解氨和转化天然气作还原剂，可以还原制取钨、钼、铁、钴、镍和铜等多种金属粉末。该法成本低，是铁粉生产的主要方法之一。

2）雾化法

雾化法是利用特别设计的喷嘴喷出的高压水流或气流直接击碎经坩锅漏嘴流出的液态金属而制得金属粉末的方法（如图 6-2 所示）。铁、镍、铜、锌、锡、铝等熔点低于 1700℃的金属粉末，以及黄铜、青铜、高速钢、不锈钢等合金粉末，都可以用雾化法制取，铁粉和低合金钢粉的制取以水雾法为主，铜、青铜粉末以空气雾化应用得最为广泛。水雾化在铁粉生产中占主导地位，并和还原法生产铁粉成为铁粉生产中最主要的两种方法。

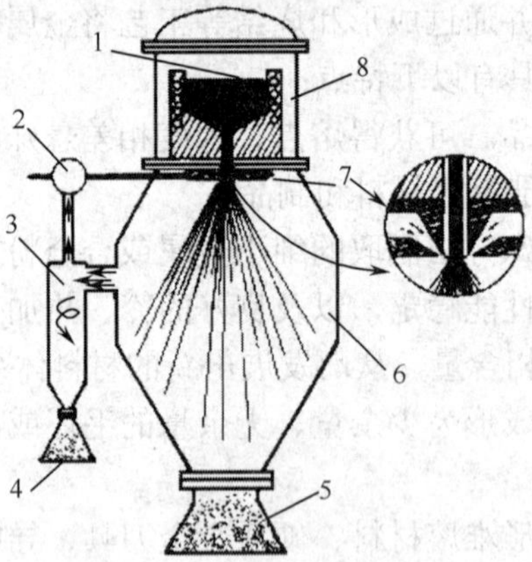

1—溶液；2—气源；3—气体；4—细粉；5—粉末及收集仓；6—喷雾仓；7—喷嘴；8—真空感应熔炉

图 6-2　雾化法制粉

3）电解法

电解法可以生产铜、铁、镍、银、铬等金属粉末，电解粉末纯度高，成树枝状，压制性和烧结性都很好，但成本高，仅用于纯度要求高或制造高密度零件。

4）机械粉碎法

机械粉碎法是主要用球磨机、震动球磨机、锤式破碎机、涡流研磨机等机械设备，将固态金属破碎成粉末的方法。它既是一种独立的制粉方法，也是一种其他制粉方法的补充工序。

2．粉末的预处理

粉末的预处理包括粉末退火、分级、混合、制粒和加润滑剂等。

粉末退火可以使氧化物还原，降低碳和其他杂质的含量，提高粉末的纯度，还能消除粉末的加工硬化，稳定粉末的晶体结构。分级是将粉末按粒度大小分成若干级的过程。混合即将两种或两种以上不同成分的粉末均匀化的过程。制粒是将小颗粒的粉末制成大颗粒或团粒的工序，常用来改善粉末的流动性。

3．粉末的成形

粉末的成形是将处理过的松散粉末体压实成具有一定形状、尺寸、密度和强度的压坯的工艺过程。成形方法很多，如普通模压法、注射成形法、等静压法及锻造法等，应用最广泛的是普通模压法。

普通模压法成形是在常温下，将金属粉末或混合料装入钢制压模中，用一定压力在粉末冶金专用液压机（60～12500KN）上将粉末压制成坯的方法，如图 6-3 所示为压制过程示意图。

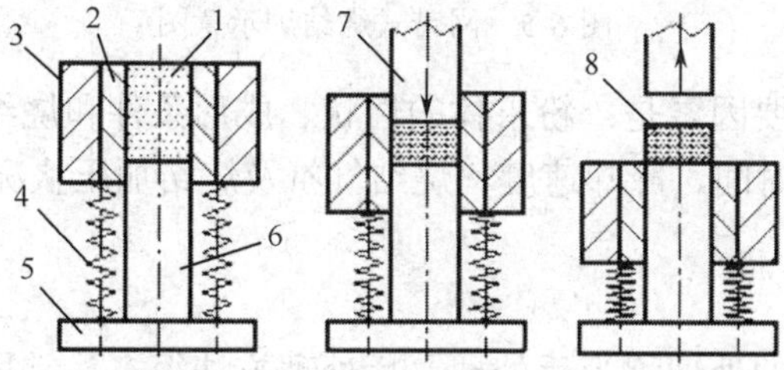

（a）装粉　（b）压制　（c）脱模

1—粉末；2—套模；3—外模；4—顶模装置；5—底座；6—下模冲；7—上模冲；8—压坯

图 6-3　压制过程示意图

（1）定量装粉的方法有容积法和质量法两种。容积法用量杯量取一个压坯所需要的粉料的容积，多用于大量生产和自动化压制成形；质量法用衡量（天平）称取一个压坯所需粉料的质量，多用于非自动压模或小批量生产。

（2）压制是按规定的压力（一般为 150～600MPa），将装在钢模中的粉料压实成满足一定密度、形状和尺寸要求的压坯的工序。最基本的压制方式有 3 种，如图 6-4 所示。

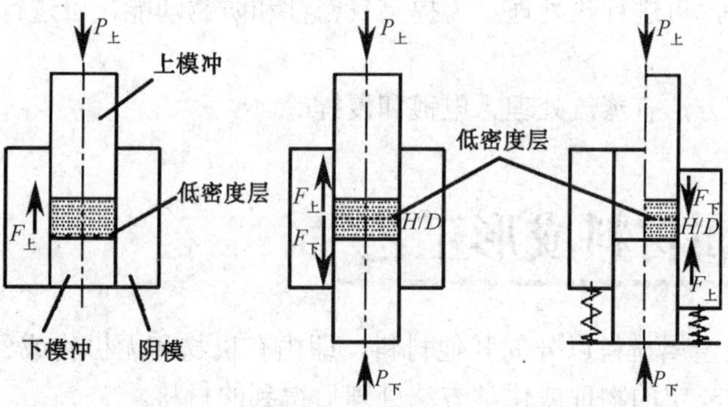

（a）单向压制　（b）双向压制　（c）浮动压制

图 6-4　压制方式示意图

（3）脱模压坯。从模腔中脱出是压制工序中最重要的一步，压坯脱出模腔，应力释放后，产生弹性恢复而胀大的现象叫作回弹，回弹的大小与模具尺寸计算有直接的关系。

4．烧结

将粉末成形压坯在低于基体金属熔点温度以下进行高温处理，并在某个特定温度和气氛中发生一系列复杂的物理和化学变化，粉末颗粒之间产生原子扩散、固熔、化合和熔接，致使压坯收缩并强化的过程，叫作烧结。

常用的烧结方法按原料组成不同分为单元系烧结、多元系固相烧结及多元系液相烧结；按进料方式不同分为连续烧结和间歇烧结等。如图 6-5 所示为网带式烧结炉示意图。

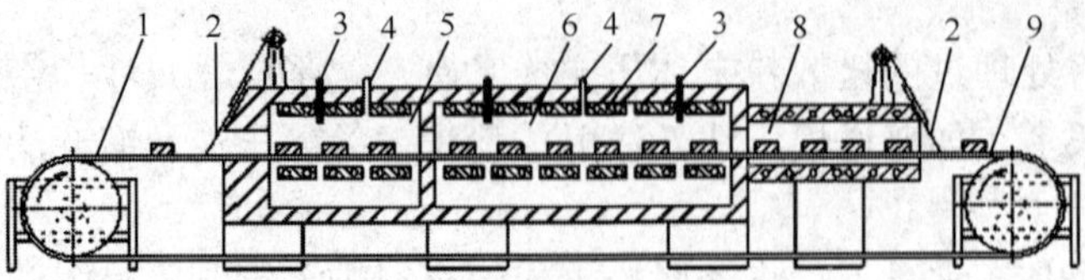

1—装料端；2—手动门；3—热电偶；4—气氛入口；5—加热带；6—烧结带；7—加热器；8—冷却带；9—出料端

图 6-5　网带式烧结炉示意图

影响烧结体性能的主要因素是：粉末体的性状、成形条件和烧结条件。烧结条件的因素包括加热速度、烧结温度、时间、冷却速度、烧结气氛及烧结加压状况等。

5．后处理

金属粉末压坯烧结后的处理称为后处理，后处理方法很多，常用的后处理方法有浸渍、复压、切削加工、热处理和表面处理等，由产品性能要求决定。

1）浸渍

利用烧结件的孔隙现象，在烧结件中浸入各种液体的过程称为浸渍。例如，一个轴套，为提高它的润滑性能，可浸入润滑油、聚四氟乙烯溶液；为提高强度和防腐能力，可浸入铜溶液等。

2）复压

复压是指为提高烧结体物理和力学性能而进行的施加压力处理，包括精整和整形等。

3）切削加工及热处理

对于烧结件上的横向孔、槽及尺寸精度要求较高的面，需进行切削加工等后处理。铁基制品为提高强度和硬度，可进行热处理；为提高气密性和防锈功能，可进行蒸汽处理。

4）表面处理

常用的表面处理方法有蒸气处理、电镀和浸锌等。

6.2 非金属材料成形工艺

非金属材料是指金属材料以外的其他材料，即由有机物和无机物或各种有机物或无机物在适当的组合下，经过一定的物理或化学方法处理后得到的材料。

非金属材料种类繁多，性能各异，分类方法也有所不同。非金属材料按材料的来源可分为天然非金属材料（如木材、棉、毛、麻、丝、皮革等）和人造非金属材料（如合成橡胶、合成纤维、塑料等）两类；按化学组成可分为有机高分子材料（如塑料、橡胶、纤维等）和无机非金属材料（如陶瓷、玻璃、石棉等）两类。

非金属材料具有一定的机械、物理、化学等优良综合性能，目前已被广泛应用在日常生活和国民经济的各个部门，其中工程塑料、橡胶和工业陶瓷的应用较为广泛。

6.2.1 高分子材料成形

高分子材料是以高分子化合物为主要组分的有机材料，又称为高分子化合物或高聚物。高分子化合物是指相对分子质量很大的化合物，其相对分子质量在 5000 以上，有的甚至高达几百万，如聚乙烯、有机玻璃和淀粉等。

最常见的高分子材料有塑料和橡胶。

1．塑料成形

塑料是以树脂为主要成分，加入（或不加入）添加剂，其成品状态为非弹性体的柔韧体或刚性固体，在加工过程中能流动成形的材料。塑料按热性能可分为热塑性塑料和热固性塑料等；按使用性能可分为通用塑料、工程塑料和特制塑料等。

塑料的成形是将原料通过一定的方式制成具有一定形状、尺寸且有一定性能的塑料制品的工艺过程。

塑料的成形工艺相对比较简单，且成形方法较多。热塑性塑料大多采用注射、挤压等方法成形；热固性塑料大多采用模压、浇注等方法成形。高质量的塑料制品的获得与许多因素有关，例如，聚合物原料和添加剂的选择，制件的设计，模具的设计，成形过程中的各种工艺参数的选定和控制（压力、温度、保温时间等）等。

1）挤压成形

挤压成形工艺是加工热塑性高聚物最早的方法，也是最重要的一种方法。该工艺是将高聚物在旋转螺杆和机筒之间进行输送、压缩和熔融塑化，并定量地通过机头的模子后成形。此法可生产管材、棒材、板材、片材、薄膜、单丝及各种异性材料等，还可生产各种金属涂层、电缆包复层、发泡材料、中空材料、填充混料、进行塑料染色及玻璃纤维增强等。

挤压成形可连续生产，生产效率高，其成形工艺原理见图 6-6。

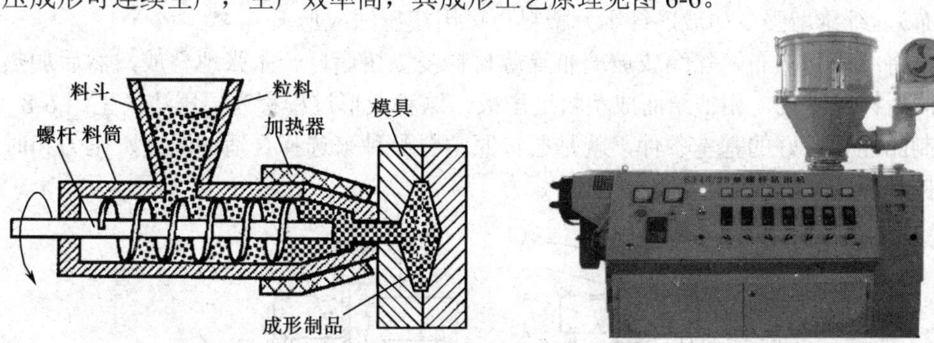

（a）挤压机外形　　（b）挤压机结构原理

图 6-6　卧式单螺杆挤压机结构示意图

在挤压过程中，将颗粒状物料经料斗加入已预热的料筒，料筒中不断旋转的螺杆连续地挤压熔融的高聚物料并通过机头模子挤压出所需要的设计断面，获得制品。接近模孔的区段应使物料呈流线形。输送螺杆一般分为加料段、压缩段和匀化段。加料段起着输送未熔固体物料的作用；在压缩段中，高聚物料逐渐从固态向黏流态转变，这种转变是通过料筒的热量和螺杆旋转时的剪切、搅拌和摩擦等复杂的相互作用而实现的；匀化段是将压缩段送来的熔融流体的压力进一步增大，使高聚物料均匀塑化，然后控制其定压、定量地从机头模孔挤出成形。

2）注射成形

注射成形是根据金属压铸成形发展起来的，它是热塑性塑料的主要成形方法。注射成形也可成形热固性塑料和橡胶制品。

注射成形是将高聚物粒料加到已预热的料筒中，借助柱塞（柱塞式注射机，见图 6-7）的压力，将处于黏流态的熔体射入闭合的金属模中（既可以是冷模，也可以是热模），经冷却固化定型后，开模得到制品。

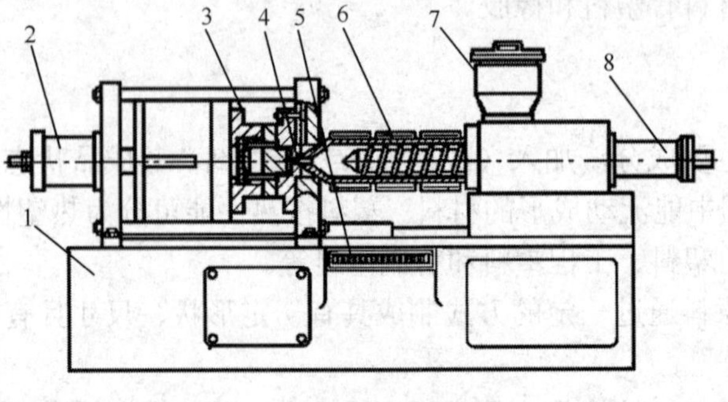

1—机座；2—模型闭锁机构；3—模具；4—喷嘴；5—控制台；6—加热料筒；7—料斗；8—注射柱塞

图 6-7 柱塞式注射机示意图

注射成形的特点为：能满足多种高聚物材料（如热塑性塑料、热固性塑料、橡胶等）的成形要求；能一次挤压出外形复杂、尺寸精确或带有金属嵌件的制品；工艺过程容易实现自动化操作。注射成形常用来生产批量很大的中、小日用品和工业品。但注射机构复杂，成本较高。

3）压制成形

热固性塑料大多采用压制成形。压制成形有模压法和层压法两种。

将树脂与添加剂混合料放在金属模具中加热加压，经一定时间便可得到具有一定形状的塑料制品，这种成形过程叫作模压法（见图 6-8（a））。除粉状塑料可模压成形外，浸有树脂的碎片（如碎布）、纤维增强（如玻璃纤维）塑料也可用模压法成形。

例如，将纸张、棉布、丝绸或玻璃布等薄材料浸以树脂，一张张地叠放，然后加热加压，经一定时间后树脂固化，相粘结而成塑料层压板，这种成形过程称为层压法（见图 6-8（b））。

塑料制品能否压好的基本条件，就是要按照塑料品种来选择合适的温度、压力和时间，而且要严格控制。

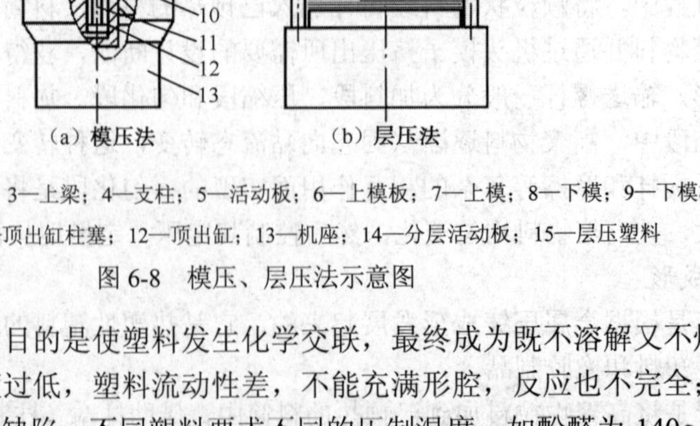

1—主液压缸；2—柱塞；3—上梁；4—支柱；5—活动板；6—上模板；7—上模；8—下模；9—下模板；10—机台；11—顶出缸柱塞；12—顶出缸；13—机座；14—分层活动板；15—层压塑料

图 6-8 模压、层压法示意图

对热固性塑料，加热的目的是使塑料发生化学交联，最终成为既不溶解又不熔融的塑料制品。压制成形时，如果温度过低，塑料流动性差，不能充满形腔，反应也不完全；如果温度过高，又会产生烧焦、起泡等缺陷。不同塑料要求不同的压制温度，如酚醛为 140～200℃，氨基塑料为 140～165℃等。

成形加压的目的是使熔融塑料充满模具型腔，并使其压紧压实，同时排除在压制过程中由于化学反应而产生的水蒸气和挥发物，从而避免制件起鼓、变形，甚至胀裂。压力大小、加压速度及温度的高低与制品的形状、厚薄和塑料本身的流动性都有密切关系。例如，酚醛塑料成形压力为 25～35MPa，氨基塑料为 25～29MPa。

压制时间是指模子从闭合、加热、加压到开模的时间。在此时间内，塑料完成化学反应，硬化成一定形状的制品。压制时间与温度、制品厚薄及塑料的固化速度有关，温度高，制品薄或硬化速度快，便可采用较短的压制时间。

4）吹塑成形

吹塑成形是把熔融状态的塑料型坯置于模具型腔内，借助压缩空气吹胀冷却而得到一定形状的中空塑料制件的成形加工方法。

塑料制品的质量，关键取决于塑料熔体的温度、充气压力，以及挤压机的挤出量（可决定型坯的光滑程度），光滑的塑料型坯经吹塑后能形成高质量的制件。充气压力一般为 0.2～0.7MPa，当塑料制品黏度低（如尼龙、聚乙烯等）时，充气压力可低些，反之，可高些（如聚碳酸酯、聚甲醛等）。

塑料型坯可用挤出或注射的方法获得，也可以采用现成的片材或管材。目前，利用挤出吹塑法生产所用模具多数采用对半分开的形式，其成形过程如图 6-9 所示。先将型坯置于分开的模具中，加热软化后，吹入压缩空气，使具有塑性的型坯被吹胀而紧贴于闭合模具的模壁，待冷却后打开模具，即得到中空制品。吹塑成形法一般用以成形中空、薄壁、小口径制品。适合于吹塑成形的塑料有聚乙烯、聚丙烯、尼龙、聚苯乙烯和聚氯乙烯等。

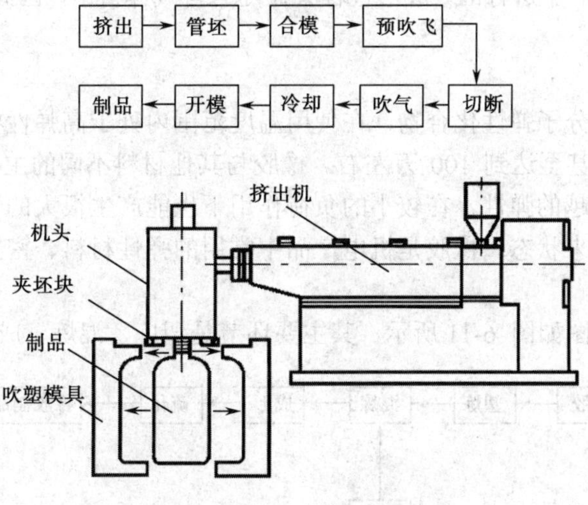

图 6-9　吹塑成形流程和设备

5）真空成形

真空成形是塑料成形技术中较新的技术，是热塑性塑料最简单的成形方法之一，主要用于成形杯、盘、箱壳等薄壁敞口制品。其原理是利用热塑性塑料片或板在受热后可软化的特性，施加真空，将软化的塑料片或板吸附于模型上，冷却后即得成形制品（见图 6-10）。真空成形的优点是设备简单，可生产大型产品，所需模具简单；缺点是制品厚薄不均，不能制成复杂的形状。目前适于真空成形的塑料品种有氯乙烯及共聚物、苯乙烯及共聚物、ABS、有机玻璃、聚碳酸酯和聚砜等。

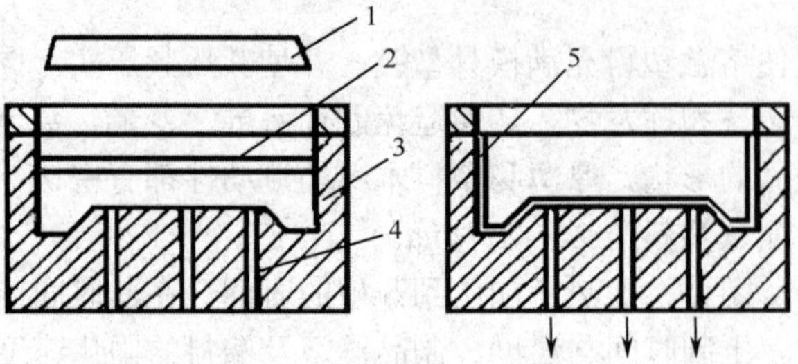

1—加热器；2—塑料片；3—模具；4—排气孔；5—制品

图 6-10 真空成形示意图

6）浇铸成形

有些树脂在常温下为液体，有些树脂需加热后才能变为液体。浇铸成形前，先将固化剂或其他辅助材料加入液态树脂中，待充分均匀后浇入模具中，逐渐固化成为具有一定形状的坚硬制品，这种方法称为浇铸成形。环氧、酚醛、甲基丙烯酸甲酯和单体浇铸尼龙等均可用此法成形。

7）烧结成形

聚四氟乙烯为线形结晶型分子结构，其熔点为327℃。当温度超过熔点时，材料可变成非晶态，黏度比其他塑料高许多倍，且无足够的成形流动性，不能用一般的热塑性塑料模塑成形法来成形。当温度超过415℃时，聚乙烯已分解。聚四氟乙烯制件成形过程是先将原料冷压成坯料，然后再加热至370～400℃烧结成形。烧结（Agglutination）是在有转盘和热风循环的固体加热载体或液体加热载体烧结炉中进行的，成形过程会伴随有害气体析出，因此操作过程应特别注意。

2．橡胶成形

橡胶是一种有机高分子弹性化合物，在使用温度范围内处于高弹性状态，它的分子量一般都在几十万以上，有的甚至达到100万左右。橡胶与其他材料不同的主要特点是在-50～150℃温度范围内具有极为优越的弹性，在较小的负荷作用下也能产生很大的形变，而去掉负荷后又能很快地自然恢复到原来状态。橡胶是机电产品中常用的弹性材料、密封材料、减震防震材料和传动材料。

橡胶成形工艺流程图如图6-11所示，其主要环节是塑炼、混炼、成形与硫化。

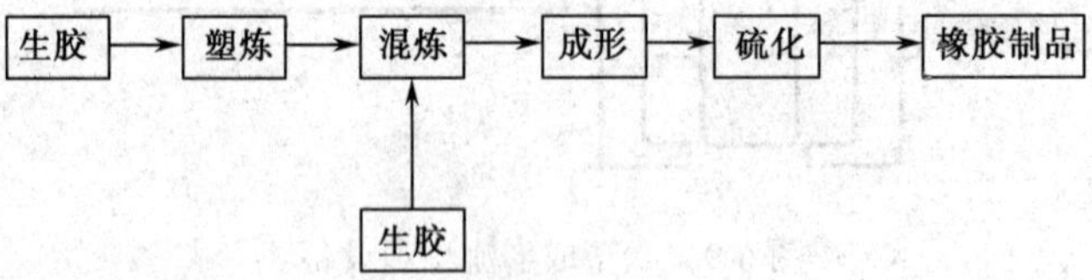

图 6-11 橡胶成形工艺流程图

1）塑炼

由于生胶在加工前为弹性体，所以很难与配合剂混合均匀，加工成一定形状也有困难。为了使配合剂混合均匀和改善胶料的工艺性能，必须使生胶由弹性状态变为塑性状态，完成这一转变的工艺过程称为塑炼。

塑炼是指把生胶放入双滚炼胶机中进行滚轧、挤压，通过机械力、氧和热的作用使生胶分子链断裂，橡胶即由弹性体变成塑性体。天然橡胶必须经过塑炼，合成橡胶则视其品种而定。

例如，丁钠橡胶已具有可塑性，可直接进行混炼，而氯丁橡胶、丁腈橡胶必须进行塑炼。塑炼温度和时间也随品种而异，如天然橡胶的塑炼温度为 40℃，塑炼时间为 15～20min。

2）混炼

使生胶和配合剂混合均匀的加工过程称为混炼。混炼也是使用双滚炼胶机，通过双滚的滚碾、挤压，使配合剂与塑炼胶混合均匀。同时还应严格控制其温度和时间，并注意加料顺序。正确的加料顺序是：塑炼胶—防老剂—填充剂—软化剂，最后加硫化剂和硫化促进剂。

混炼胶的质量对保证产品质量非常重要。混炼越均匀，制品质量越好，使用寿命越长。

3）压延与压出成形

压延是指通过压延机辊筒把混炼胶制成具有一定厚度、宽度或一定形状的胶片或将橡胶制品（如轮胎的内外胎、胶管、胶布等）所用的纺织物通过压延机挂上一层薄胶的工艺方法。常用的压延设备有三辊压延机和四辊压延机等，如图 6-12 所示为三辊压延机的压延工艺示意图。

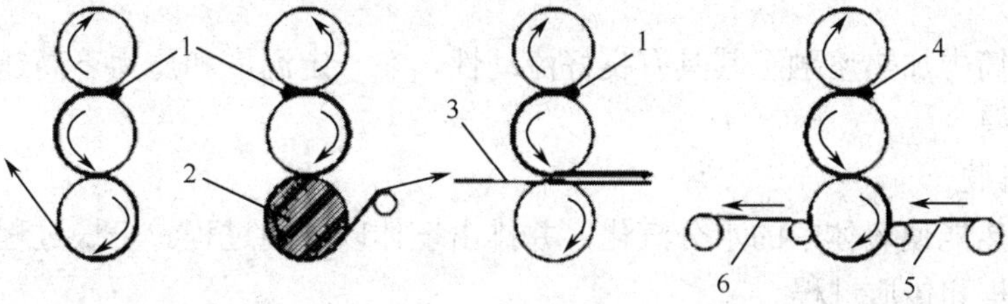

（a）压片　（b）压型　（c）贴胶　（d）贴合

1—混炼胶；2—刻花纹辊筒；3—纺织物；4—二次胶片；5—一次胶片；6—贴合胶片

图 6-12　三辊压延机的压延工艺示意图

压延法只适于半成品较简单的制品，若制备断面形状复杂的各种半成品，就要用压出法。

压出是橡胶加工中的一项基础工序，在压出机中对胶料加热塑化，通过螺杆的旋转，使胶料在螺杆和机筒筒壁之间受到强大的挤压力，不断向前移送，并借助于口型（真空制品应有芯型）挤出各种形状的半成品，以达到初步造型的目的。在橡胶工业中，压出法的应用面较广，如轮胎胎面、内胎、胶管内外层胶、电线、电缆外套及各种畸形断面制品都用压出机造型。

近年来，利用压出法充注模型的技术得到了较快发展，这种方法也叫作铸压成形法。此法使得铸压的半成品或成品的形状准确，可避免胶料流失、节约胶料，并能提高生产效率和产品质量。

4）硫化

硫化是在一定条件下，使橡胶制品的橡胶分子由线形结构转变成网状结构的交联过程。硫化是橡胶制品生产工艺中最后一道重要工序。经硫化后，橡胶制品才能在较大的温度范围内（-50～100℃）保持良好的弹性、强度、硬度、耐磨性、绝缘性、化学稳定性及耐老化性等，从而提高其使用价值。

橡胶制品在进行硫化时，必须控制一定的工艺条件，如温度、压力及硫化时间。加温是为了保证硫化剂与橡胶发生化学反应；加压的目的在于使胶料流散和充满模具型腔，并且能很好地渗透到纺织物的缝隙中，加压还可以避免橡胶中的某些配合剂在硫化过程中因放出挥发性气体而在制品中产生气孔，适当加压还能提高橡胶制品的耐磨性和耐老化性；保持一定的硫化时间可使橡胶制品得到最合适的性能。

6.2.2 工业陶瓷成形

陶瓷是由原料成形后在高温作用下硬化而形成的制品。陶瓷材料是无机非金属材料中的一个重要部分，它具有耐高温、耐腐蚀、高强度、多功能等多种优异性能。按照习惯，一般把陶瓷分为传统陶瓷（如日用陶瓷、电器陶瓷、建筑陶瓷等）和新型陶瓷（如热功能陶瓷、电子功能陶瓷等）两大类。

陶瓷成形的主要工艺环节有以下几个。

1）材料的制备

将需烧结的陶瓷材料与合适的有机载体（如黏结剂、增塑剂、表面活性剂等具有不同性质和功能的有机物）按一定配比在一定温度下均匀混炼，再干燥造粒。

2）注射成形

将材料在料筒中加热熔融至其具有良好流动性，在一定温度和压力下高速注入模具内，然后凝固成形和脱模。

3）干燥与排胶

干燥：利用热能使坯体中的水分汽化，并排出坯体以外的过程。干燥过程是坯体与干燥介质之间的传热过程和传质过程。

排胶的作用为：①排除坯体中的有机物，为烧成创造条件；②使坯体获得一定的机械强度；③避免坯体中的有机物在烧成时产生还原作用。

4）烧结

脱脂后的坯体即可在高温下致密化烧结，烧结所得到的制品可以进行后续加工。

陶瓷成形工艺的流程图如图 6-13 所示。

图 6-13 陶瓷成形工艺的流程图

6.2.3 复合材料成形

复合材料是一种多相材料，凡是由两种或两种以上性质不同的材料，通过各种工艺手段组合而成的材料，均可称为复合材料。不同的非金属材料之间，金属材料之间，非金属材料与各种不同的金属材料之间都可以相互复合。复合材料既可以保持原材料的某些特征，又能发挥复合后的新特点，它可以根据需要进行设计，从而能更合理地满足使用要求。

1. 复合材料的性能特点

复合材料是各向异性的非均质材料，与其他材料相比有以下主要特点。

（1）比强度与比模量高。比强度和比模量是指材料的强度和模量与密度之比，比强度越高，零件自重越小；比模量越高，零件的刚性越大。

（2）抗疲劳性能好。大多数金属材料的疲劳强度极限是其拉伸强度的 30%～50%，而复合材料则可达到 60%～80%左右。

（3）减磨、耐磨，自润滑性好。

（4）化学稳定性优良。

此外，复合材料还具有较好的耐高温烧蚀性、工艺性和可设计性等优点。

2．复合材料成形

1）手糊法

手糊法是指将模具准备好，然后在模具上涂刷一层脱模剂，再将切裁好的玻璃布或毡在模具上一层一层地边铺边涂刷黏料，每铺一层，都要用刷子揿压或用辊子辊压，使黏料浸透玻璃布或毡，并挤出气泡，如此反复操作，一直到所需厚度，加接触压力（低压），在室温下固化后脱模，再进行后处理的方法（如图 6-14 所示）。如果需加速固化，成形时可适当加热（一般小于 80℃）。此法操作简单，成本低，但效率也低，质量不够稳定。

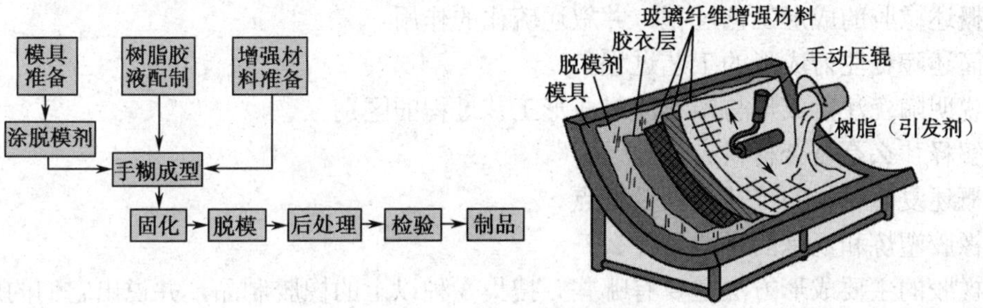

图 6-14　手糊法成形过程

手糊法的适用性较广，不受制品形状和尺寸的限制，广泛应用于整体制件和大型制件的制造，如飞机雷达罩、机尾罩等都是采用手糊法成形的。采用这种方法成形所需的树脂主要是常压下固化较快的热固性树脂，广泛应用的主要为不饱和聚酯，其次是环氧树脂。

2）缠绕法

缠绕法是指把连续的纤维束或纤维布带经过浸渍树脂后，用手工或机械法按一定的规律连续缠绕于芯模（或内衬）上，经固化而制成零件的一种成形方法。此法易于实现机械化，生产效率较高，制品质量稳定，但制品形状局限性很大，最适合缠绕球形和圆筒形等回转壳体零件（如图 6-15 所示）。例如，固体火箭发动机的玻璃钢壳体就是采用缠绕法成形的。

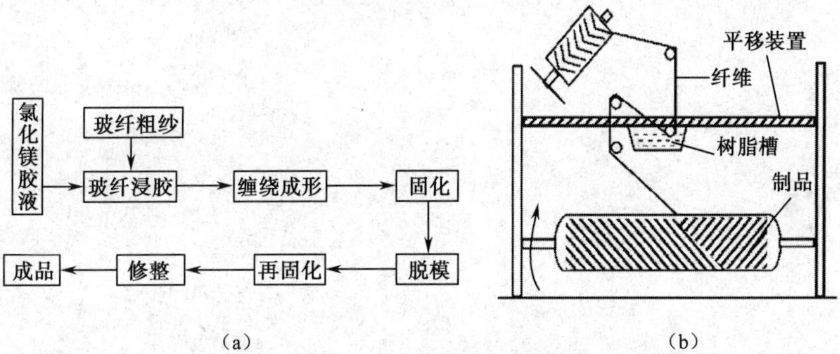

图 6-15　缠绕法成形过程

国外已由手工缠绕发展到数控缠绕、全电子数控缠绕，由简单的筒形发展到各种异形物件，可以连续生产任何长度的管材，也可成形大型储罐。英国在 1960 年以后就用这种方法成形了火箭发动机壳体、雷达罩及燃烧室，在民用方面采用这种方法制造了各种储罐、油槽车和水上浮标等，卢森堡以泡沫塑料作夹层缠绕了直径为 3m 夹层结构的管材。

3）喷射法

喷射法是指利用压空气将树脂和玻璃纤维喷射到模具表面上而成形的一种方法。此法成形操作方便、效率高，喷射效率可达每小时 50～150kg，适用于船体、汽车车身、容器和罩体等大型物件的成形。

思考与练习题

6-1 金属粉末的制备方法分为哪几类？简述各类方法的基本原理。

6-2 塑料成形的方法有哪些？并比较它们的工艺特点。

6-3 概述橡胶的成形工艺过程，并叙述硫化的作用。

6-4 简述陶瓷注射成形的工艺过程。

6-5 说明陶瓷注射成形与塑料注射成形工艺过程的区别。

6-6 解释什么是复合材料。

6-7 概述复合材料的工艺过程及特点。

6-8 橡胶塑炼和混炼的目的是什么？

6-9 橡胶的主要成形方法主要有哪些？搜集 3 种以上的橡胶制品，并说出它们的成形方法。

6-10 列出你所熟悉的五种注射成形塑料、陶瓷产品和复合材料产品。

第3篇

机械制造工艺基础

在现代机械制造行业中，机械零件是由一系列的加工方法加工而获得的。采用铸造、锻造和焊接等方法一般只能得到精度低、表面粗糙度值高的毛坯，如果要得到高精度、高质量的零件，就必须对毛坯进行切削加工。

金属切削加工是用刀具从金属材料（毛坯）上切除多余的部分，使获得的零件具有符合要求的几何形状、尺寸及表面粗糙度的加工过程。

金属切削加工按动力来源不同可分为钳工和机械加工两种。前者是用手持工具进行的切削加工，如锉、锯、錾和刮等；后者是工人操纵机床进行的切削加工，如车、铣、刨、钻和磨等。不管是哪一种加工方法，它们都有一个共同的特点，就是将工件上的一薄层金属变成切屑。

由于现代机器的精度和性能要求较高，所以组成机器的大部分零件的加工质量也相应地提高，因此，为了满足这些要求，正确地进行切削加工，对于保证零件的质量，提高生产率，降低生产成本，都将具有重要的意义。

本篇主要介绍金属切削的基础知识、切削过程的一般规律、切削加工机床、零件表面常用的加工方法、零件加工方案和工艺过程、零件机械加工的结构工艺性分析、先进制造工艺方法及应用等知识。

第 7 章　金属切削加工基础

7.1　金属切削加工的基础知识

7.1.1　切削加工概述

切削加工就是利用工件和刀具之间的相对（切削）运动，用刀具上的切削刃切除工件上的多余金属层，从而获得几何形状、尺寸精度和表面质量都符合图纸要求的机械零件。

切削加工通常包括钳工和机械加工两大类。机械加工的主要方式包括车削、铣削、钻削、刨削、镗削、磨削和齿轮加工等。

7.1.2　切削运动与切削要素

1．切削运动

各种机器零件的表面都是由外圆面、内圆面、平面及成形面所组成的。为了形成这些零件表面的形状，刀具与工件之间必须具有一定的相对运动，即切削运动，切削运动分为主运动和进给运动两类。

1）主运动

主运动是切下切屑所需要的最基本的运动。它是切削加工中速度最高、消耗功率最大的运动。例如，车削时，主运动是工件的回转运动，如图 7-1 所示；牛头刨床刨削时，主运动是刀具的往复直线运动，如图 7-2 所示。

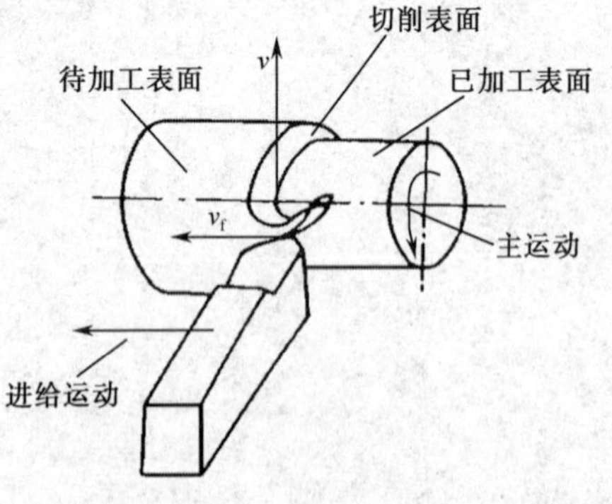

图 7-1　车削运动和工件上的表面

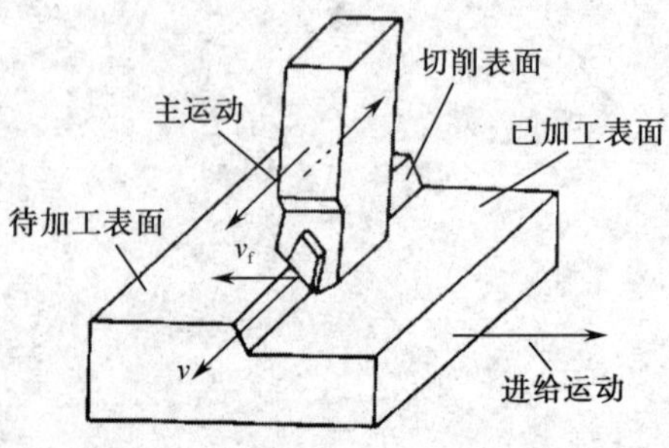

图 7-2　刨削运动和工件上的表面

2）进给运动

递进运动是可不断地或连续地把切削层投入切削，配合主运动形成完整表面的运动。它是切削加工中速度较低、消耗功率较少的运动。例如，车削外圆时，车刀的纵向移动；车削端面时，车刀的横向移动；牛头刨床刨水平面时，工件的间歇移动；磨削外圆时，砂轮的横向移动、工件的旋转运动和纵向进给运动。

通常，主运动的运动形式有旋转运动和直线运动，主运动的实现可以由工件或刀具完成。一般来说，主运动只有一个，而进给运动可以是一个或多个。

2．切削要素

为获得所需要的工件表面，工件在切削加工过程中逐渐形成了三个不断变化的表面，分别是已加工表面（经过切削）、切削表面（正在被切削）和待加工表面（将被切削），如图 7-1 和图 7-2 所示。

切削用量是用来表示切削加工中主运动和进给运动参数的量值。切削用量包括切削速度、进给量和背吃刀量三个量值。

1）切削速度 v_c

切削加工时，切削刃选定点相对于工件主运动的瞬时速度称为切削速度，它表示在单位时间内工件和刀具沿主运动方向相对移动的距离，单位为 m/min。

主运动为旋转运动时，切削速度 v_c 的计算公式为

$$v_c = \frac{\pi \cdot d \cdot n}{1000} (\mathrm{m/min})$$

式中　d——工件直径（mm）；

n——工件或刀具的每分钟转数（r/min）。

主运动为往复运动时，平均切削速度为

$$v_c = \frac{2 \cdot L \cdot n_r}{1000} (\mathrm{m/min})$$

式中　L——往复运动行程长度（mm）；

n_r——主运动每分钟的往复次数（往复次数/min）。

2）进给量 f

进给量是刀具在进给运动方向上相对工件的位移量，可用刀具或工件每转或每行程的位移量来表述或度量。车削时进给量的单位是 mm/r，即工件每转一圈，刀具沿进给运动方向移动的距离。刨削等主运动为往复直线运动，其间歇进给的进给量为 mm/双行程，即每个往复行程刀具与工件之间的相对横向移动距离。

单位时间的进给量称为进给速度，车削时的进给速度 v_f 的计算公式为

$$v_f = n \cdot f (\mathrm{mm/min \cdot mm/s})$$

铣削时，由于铣刀是多齿刀具，所以进给量单位除 mm/r 外，还规定了每齿进给量，用 a_f 表示，单位是（mm/z）。v_f、f、a_f 三者之间的关系为

$$v_f = n \cdot f = n \cdot a_f \cdot z$$

式中　z——多齿刀具的齿数。

3）背吃刀量（切削深度）a_p

背吃刀量 a_p 是指主刀刃工作长度（在基面上的投影）沿垂直于进给运动方向上的投影值。对于外圆车削，背吃刀量 a_p 等于工件已加工表面和待加工表面之间的垂直距离（见图 7-9），单位为 mm，即

$$a_p = \frac{d_w - d_m}{2}$$

式中　d_w——待加工表面直径；

d_m——已加工表面直径。

7.1.3　切削刀具材料

金属切削加工时，利用刀具切除被加工零件的多余材料，从而获得合格零件的加工方法，是机械制造业最基本的方法。在金属切削加工中，刀具是必不可少的一部分，而刀具材料的选择更是重要的一部分。

1．刀具材料应具备的性能

在现代机械制造业中，机械加工的切削刀具对于提高生产效率、改进产品质量起到了关键的作用。刀具由切削部分和刀体两部分组成。刀体用来将刀具正确夹持在机床上，刀具切削部分与切屑、工件相互接触的表面上承受了很大的压力和强烈的摩擦，而刀具在高温下进行切削的同时，还承受着切削力、冲击和振动等作用，因此要求刀具切削部分的材料应具备以下基本条件。

1）较高的硬度

刀具材料必须具有高于工件材料的硬度，常温硬度应在 60HRC 以上。

2）较好的耐磨性

耐磨性表示刀具抵抗磨损的能力，通常刀具材料的硬度越高，耐磨性越好；材料中硬质点的硬度越高，数量越多，颗粒越小，分布越均匀，则耐磨性越好。

3）足够的强度和韧性

为了承受切削力、冲击和振动，刀具材料应具有足够的强度和韧性，一般用抗弯强度（σ_b）和冲击韧性（α_k）值表示。

4）较高的耐热性

刀具材料应在高温下保持较高的硬度、耐磨性、强度和韧性，并有良好的抗扩散、抗氧化的能力。这就是刀具材料的耐热性，它是衡量刀具材料综合切削性能的主要指标。

5）较好的工艺性

为了便于刀具制造，要求刀具材料有较好的可加工工艺性，包括锻、轧、焊接、切削加工、可磨削性和热处理特性等。

此外，在选用刀具材料时，还要考虑经济性。经济性差的刀具材料难以推广使用。

2．常用刀具材料

刀具材料种类很多，常用的有碳素工具钢、合金工具钢、高速钢、硬质合金、陶瓷、金刚石（天然和人造）和立方氮化硼等。其中碳素工具钢（如 T10A、T12A）和合金工具钢（9SiCr、CrWMn）因耐热性较差，仅用于手工工具。陶瓷、金刚石和立方氮化硼则由于性质脆、工艺性差及价格昂贵等原因，目前只在较小的范围内使用。机械制造中应用最广的为高速钢和硬质合金。

1）高速钢

高速钢是一种加入了钨（W）、钼（Mo）、铬（Cr）和钒（V）等合金元素的高合金工具钢。

它的耐热性较碳素工具钢和一般合金工具钢显著提高，允许的切削速度比碳素工具钢和合金工具钢高两倍以上。高速钢具有较高的强度、韧性和耐磨性，耐热性为 540～600C°。虽然高速钢的硬度和耐热性不如硬质合金，但由于用这种材料制作的刀具的刃口强度和韧性比硬质合金高，能承受较大的冲击载荷，能用于刚性较差的机床，而且这种刀具材料的工艺性能较好，容易磨出锋利的刃口，所以到目前为止，高速钢仍是应用较广泛的刀具材料，尤其是结构复杂的刀具，如成形车刀、铣刀、钻头、铰刀、拉刀、齿轮刀具和螺纹刀具等。

高速钢按其用途和性能可分为通用高速钢和高性能高速钢两类。

（1）通用高速钢：是指加工一般金属材料用的高速钢，按其化学成分有钨系高速钢和钼系高速钢。

W18Cr4V 属于钨系高速钢，其淬火后的硬度为 63～66HRC，耐热性可达 620C°，抗弯强度σ_b=3430MPa。其磨削性能好，热处理工艺控制方便，是我国高速钢中用得比较多的一个牌号。

W6Mo5Cr4V2 属于钼系高速钢，与 W18Cr4V 相比，它的抗弯强度、冲击韧度和高温塑性较高，因此可用于制造热轧刀具，如麻花钻等。

（2）高性能高速钢：高性能高速钢在通用高速钢中加入了一些合金元素，以进一步提高它的耐热性和耐磨性。这种高速钢的切削速度可达 50～100m/min，具有比通用高速钢更高的生产率与刀具使用寿命，同时还能切削不锈钢、耐热钢和高强度钢等难加工的材料。

高钒高速钢（W12Cr4V4Mo）：这种高速钢由于含钒（V）、碳（C）量的增加，提高了耐磨性，刀具寿命比通用高速钢可提高 2～4 倍，但是随着钒质量分数的提高，使其磨削性能变差，刃磨困难。

高钴高速钢和高铝高速钢是近年来为了加工高温合金、钛合金、难熔合金、超高强度钢和奥氏体不锈钢等难加工材料而发展起来的。它们的常温硬度、高温硬度、耐热性和耐磨性都比通用高速钢 W18Cr4V 高，虽然高速钢 W18Cr4V 的抗弯强度和冲击韧度比较低，但仍是一种综合性能较好的材料，可以制作各种刀具。其牌号有 W2Mo9Cr4VCo8、W6Mo5Cr4V2Al 等。

2）硬质合金

硬质合金是用粉未冶金法制造的合金材料，它由硬度和熔点很高的碳化物（称为硬质相）和金属（称为黏结相）组成。

硬质合金的硬度较高，常温下可达 74～81HRC；它的耐磨性较好，耐热性较高，能耐 800～1000℃的高温，因此能采用比高速钢高几倍甚至十几倍的切削速度。它的不足之处是抗弯强度和冲击韧度较高速钢低，刃口不能磨得像高速钢刀具那样锋利。

常用硬质合金按其化学成分和使用特性可分为四类：钨钴类（YG）、钨钛钴类（YT）、钨钛钽钴类（YW）和碳化钛基类（YN）。

（1）钨钴类硬质合金（GB 2075—87 标准中的 K 类）：它是由硬质相碳化钨 WC 和黏结剂钴 Co 组成的，其韧性、磨削性能和导热性好，主要适用于加工脆性材料，如铸铁、有色金属及非金属材料。这类硬质合金常用牌号和应用范围见表 7-1，代号 YG 后的数值表示钴 CO 的含量，合金中含钴量越高，其韧性越好，适用于粗加工；含钴量少的，适用于精加工。

（2）钨钛钴类硬质合金（GB 2075—87 标准中的 P 类）：它是由硬质相 WC、碳化钛 TiC 和黏结剂钴 Co 组成的。由于在合金中加入了碳化钛（TiC），从而提高了合金的硬度和耐磨性，但是抗弯强度、耐磨削性能和热导率有所下降；低温脆性较大，不耐冲击，因此这类合金适用于高速切削一般钢材。钨钛钴类硬质合金常用牌号和应用范围仍见表 7-1。代号 YT 后的数值表示碳化钛 TiC 的含量，当刀具在切削过程中承受冲击、振动而容易造成崩刃时，应选用 TiC 含量少的牌号；当切削条件比较平稳，要求强度和耐磨性高时，应选用 TiC 含量多的牌号。

表 7-1　硬质合金常用牌号和应用范围

牌　　号	应用范围	
YG3X	硬度、耐磨性、切削速度↑ 抗弯强度、韧性、进给量↓	铸铁、有色金属及其合金的精加工、半精加工，不能承受冲击载荷
YG3		铸铁、有色金属及其合金的精加工、半精加工，不能承受冲击载荷
YG6X		普通铸铁、冷硬铸铁、高温合金的精加工、半精加工
YG6		铸铁、有色金属及其合金的半精加工和粗加工
YG8		铸铁、有色金属及其合金、非金属材料的粗加工，也可用于断续切削
YG6A		冷硬铸铁、有色金属及其合金的半精加工，也可用于高锰钢、淬硬钢的半精加工和精加工
YT30	硬度、耐磨性、切削速度↑ 抗弯强度、韧性、进给量↓	碳素钢、合金钢的精加工
YT15		碳素钢、合金钢在连续切削时的粗加工、半精加工，也可用于断续切削时的精加工
YT14		同 YT15
YT5		碳素钢、合金钢的粗加工，可用于断续切削
YW1	硬度、耐磨性、切削速度↑ 抗弯强度、韧性、进给量↓	高温合金、高锰钢、不锈钢等难加工材料及普通钢料、铸铁、有色金属及其合金的半精加工和精加工
YW2		高温合金、不锈钢、高锰钢等难加工材料及普通钢料、铸铁、有色金属的粗加工和半精加工

（3）钨钛钽钴类硬质合金（GB 2075—87 标准中的 M 类）：在钨钛钴类硬质合金中加入适量的碳化钽（TaC）或碳化妮（NbC）等稀有难熔金属碳化物，可提高合金的高温硬度、强度、耐磨性、黏结温度和抗氧化性，同时，韧性也有所增加，具有较好的综合切削性能，因此人们常称它为“万能合金”。但是这类合金的价格比较贵，主要用于加工难切削材料。

（4）碳化钛基类硬质合金（GB 2075—87 标准中的 P01 类）：它是由碳化钛作为硬质相，镍、钼作为黏结剂而组成的，硬度高达 90～95HRA。它有高的耐磨性，在 1000℃以上的高温下仍能进行切削加工，适合对较高硬度的合金钢、工具钢、淬硬钢等进行切削加工。

随着科学技术的发展，新的工程材料不断出现，对刀具材料的要求也不断提高。在进行切削加工时，我们必须根据具体情况综合考虑，合理地选择刀具材料，既要充分发挥刀具材料的特性，又要较经济地满足切削加工的要求。值得一提的是，当加工一般材料时，仍以使用通用高速钢与硬质合金为宜，当加工难切削材料时，才有必要选用新牌号硬质合金或高性能高速钢。

7.1.4　刀具切削部分的几何角度

金属切削刀具的种类繁多，形状各异。但从切削部分的集合特征上看，它们却具有共性。

外圆车刀部分的形态，可作为其他各类刀具切削部分的基本形态。其他刀具都可以看作车刀的组合或变形（如图 7-3 所示）。因此，研究金属切削工具时，通常以车刀为例进行研究和分析。

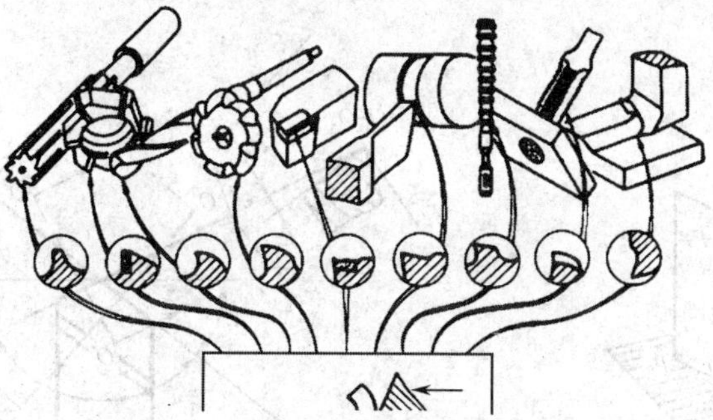

图 7-3　各种刀具切削部分的形状

1．车刀切削部分的组成

车刀的切削部分一般由一个刀尖、两条切削刃、三个刀面组成，见图 7-4。

前刀面 A_{γ}——刀具上切屑流过的表面；

主后刀面 A_{α}——与工件上切削表面相对的刀面；

副后刀面 A'_{α}——与已加工表面相对的刀面；

主切削刃 S——前刀面与后刀面的交线，承担主要的切削工作；

副切削刃 S'——前刀面与副后刀面的交线，承担少量的切削工作；

刀尖——主、副切削刃连接处的一小段切削刃，它可以是直线段或圆弧。

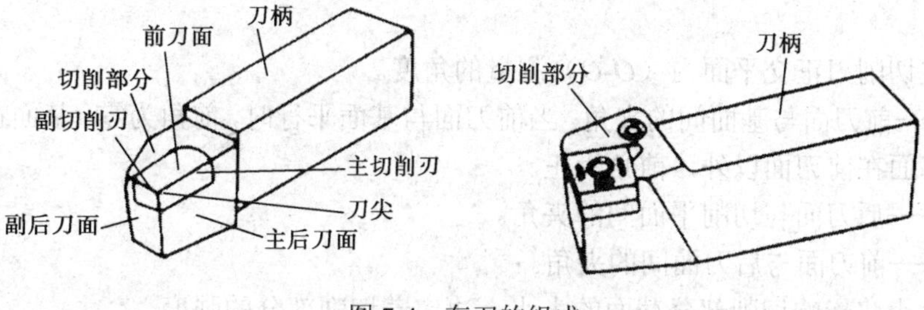

图 7-4　车刀的组成

2．车刀的标注角度

车刀的标注角度是确定切削部分几何形状与切削性能的重要参数，它是由刀面、切削刃与参考系坐标平面间的夹角构成的。在确定标注角度时多采用正交平面参考系。

1）正交平面参考系

如图 7-5 所示，正交平面参考系由以下三个平面组成。

① 基面 p_r——过切削刃上某选定点平行或垂直于刀具，在制造、刃磨及测量时适合于安装或定位的一个平面或轴线，一般来说，其方位要垂直于假定的主运动方向。车刀的基面都平行于它的底面。

② 主切削平面 p_s——过切削刃上某选定点与主切削刃相切并垂直于基面的平面。

③ 正交平面 p_o——过切削刃上某选定点并同时垂直于基面和切削平面的平面。

过主、副切削刃上某选定点都可以建立正交平面参考系。基面 p_r、主切削平面 p_s、正交平面 p_o 这三个平面在空间相互垂直。

2）车刀的主要角度

影响车刀切削性能的主要角度有 6 个，如图 7-6 所示。

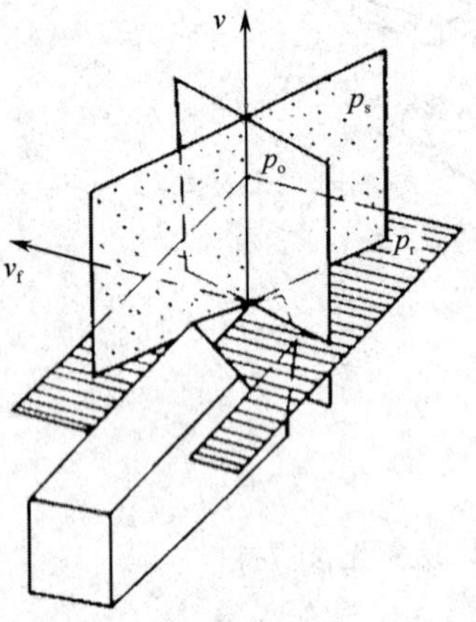

图 7-5　正交平面参考系

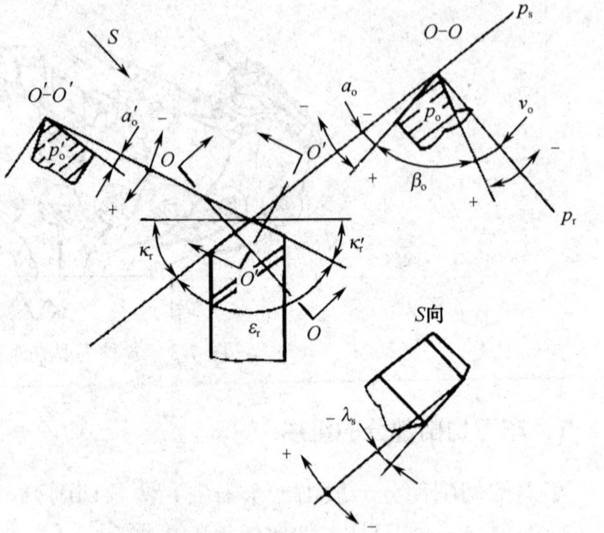

图 7-6　车刀的几何角度

（1）在基面内测量的角度。

主偏角κ_r——主切削刃与进给运动方向之间的夹角。

副偏角κ'_r——副切削刃与进给运动反方向之间的夹角。

刀尖角ε_r——主切削平面与副切削平面间的夹角，刀尖角的大小会影响刀具切削部分的强度和传热性能。

（2）在主切削刃正交平面内（O-O）测量的角度。

前角γ_o——前刀面与基面间的夹角。当前刀面与基面平行时，前角为零。基面在前刀面以内，前角为负。基面在前刀面以外，前角为正。

后角α_o——后刀面与切削平面间的夹角。

楔角β_o——前刀面与后刀面间的夹角。

楔角的大小将影响切削部分截面的大小，决定着切削部分的强度。

（3）在切削平面内（S 向）测量的角度。

刃倾角λ_s——主切削刃与基面间的夹角。刃倾角正负的规定如图 7-7 所示。刀尖处于最高点时，刃倾角为正；刀尖处于最低点时，刃倾角为负；切削刃平行于底面时，刃倾角为零。

$\lambda_s=0$ 的切削称为直角切削，此时主切削刃与切削速度方向垂直，切屑沿切削刃法向流出。$\lambda_s\neq0$ 的切削称为斜角切削，此时主切削刃与切削速度方向不垂直，切屑的流向与切削刃法向倾斜了一个角度，如图 7-8 所示。

（4）在副切削刃正交平面内（O'-O'）测量的角度。

副后角α'_o——副后刀面与副切削刃切削平面间的夹角。

上述的几何角度中，最常用的是前角（γ_o）、后角（α_o）、主偏角（κ_r）、刃倾角（λ_s）、副偏角（κ'_r）和副后角（α'_o），通常称之为基本角度。在刀具切削部分的几何角度中，上述基本角度能完整地表达出车刀切削部分的几何形状，反映出刀具的切削特点。ε_r、β_o为派生角度。

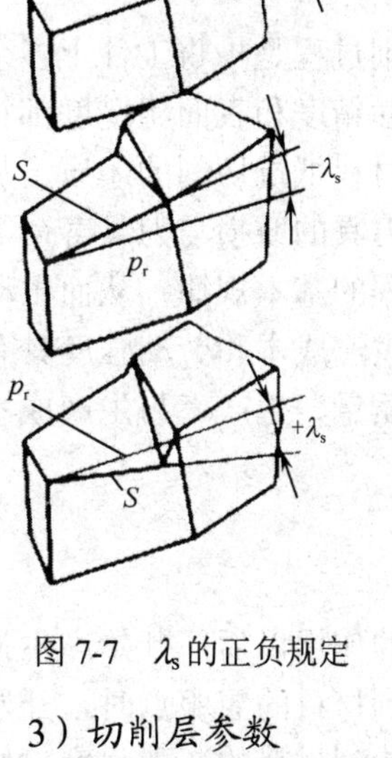

图 7-7　λ_s 的正负规定

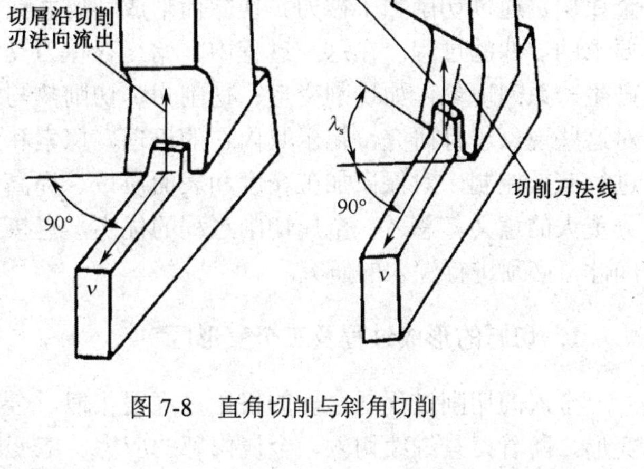

图 7-8　直角切削与斜角切削

3）切削层参数

切削层是刀具切削部分切过工件的一个单程所切除的工件材料层。切削层参数就是指这个切削层的截面尺寸。为了简化计算，切削层的形状、尺寸规定在刀具的基面中度量，切削层的形状和尺寸将直接影响刀具切削部分所承受的负荷和切屑的尺寸大小。

如图 7-9 所示，车外圆时，当主、副切削刃为直线，且λ_s=0 时，切削层就是车刀由位置 I 移动到位置 II，即一个 f 的距离，刀具正在切削的那层金属层，由此可见，切削层的形状是平行四边形。

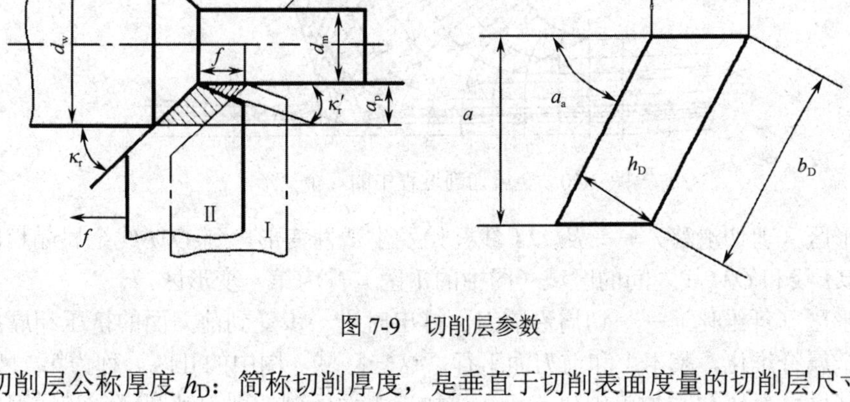

图 7-9　切削层参数

（1）切削层公称厚度 h_D：简称切削厚度，是垂直于切削表面度量的切削层尺寸。

$$h_D = f \sin k_r$$

（2）切削层公称宽度 b_D：简称切削宽度，是沿切削表面度量的切削层尺寸。

$$b_D = a_p \sin k_r$$

（3）切削层公称横截面积 A_D：

$$A_D = h_D \cdot b_D = f \cdot a_p$$

7.1.5 切削过程的一般规律

金属切削过程是机械制造过程中的一个重要组成部分。金属切削过程是指将工件上多余的金属层，通过切削加工被刀具切除而形成切屑并获得几何形状、尺寸精度和表面粗糙度都符合要求的零件的过程。在这一过程中，始终存在刀具切削工件和工件材料抵抗切削的矛盾，从而产生一系列现象，如切削变形、切削力、切削热与切削温度及有关刀具的磨损与刀具寿命等。对这些现象进行研究，揭示其内在的机理，探索和掌握金属切削过程的基本规律，从而主动地进行有效控制，对保证加工精度和表面质量、提高切削效率、降低生产成本和劳动强度具有十分重大的意义。总之，金属切削过程的优劣，直接影响机械加工的质量、生产率与生产成本。因此，必须进行深入的研究。

1．切屑的形成过程及三个变形区

金属的切削过程与金属的挤压过程很相似。金属材料受到刀具的作用以后，开始产生弹性变形，随着刀具继续切入，金属内部的应力、应变继续加大，当达到材料的屈服点时，开始产生塑性变形，并使金属晶格产生滑移，刀具再继续前进，应力进而达到材料的断裂强度，便会产生挤裂。

大量的实验和理论分析证明，塑性金属在切削过程中切屑的形成过程就是切削层金属的变形过程。切削层的金属变形大致划分为三个变形区，如图 7-10 所示。

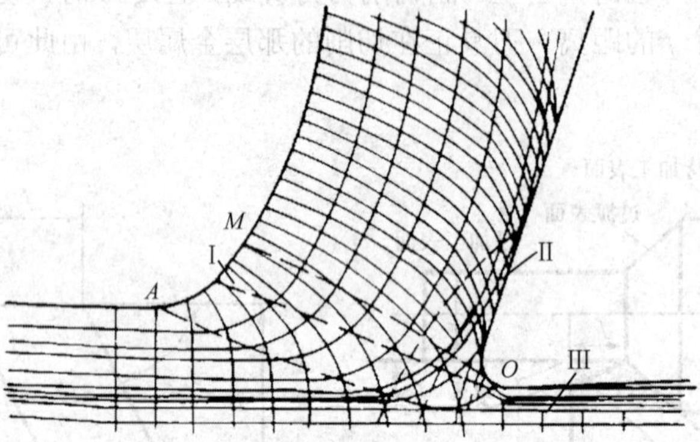

图 7-10 金属切削过程中的三个变形区

第一变形区（剪切滑移）——从 *OA* 线开始发生塑性变形，到 *OM* 线金属晶粒的剪切滑移基本完成。*OA* 线和 *OM* 线之间的区域（图中的Ⅰ区）称为第一变形区。

第二变形区（纤维化）——切屑沿前刀面排出时进一步受到前刀面的挤压和摩擦，使靠近前刀面处的金属纤维化，基本上和前刀面平行。这一区域（图中的Ⅱ区）称为第二变形区。

第三变形区（纤维化与加工硬化）——已加工表面受到切削刃钝圆部分和后刀面的挤压和摩擦，造成表层金属纤维化与加工硬化。这一区（图中的Ⅲ区）称为第三变形区。

这三个变形区各具有特点，又存在相互联系和相互影响。同时，这三个变形区都处在切削刃的直接作用下，是应力集中、变形比较复杂的区域。

1）第一变形区

在第一变形区内，变形的主要特征就是沿滑移线的剪切变形，以及随之产生的加工硬化。*OA* 称作始滑移线，*OM* 称作终滑移线。当金属沿滑移线发生剪切变形时，晶粒会伸长。晶粒伸长的方向与滑移方向（即剪切面方向）是不重合的，它们成一夹角 ψ。在一般切削速度范围内，第一变形区的宽度仅为 0.02～0.2mm，因此可以用一个剪切面来表示（如图 7-11 所示）。剪切面与切削速度方向的夹角称作剪切角，以 ϕ 表示。

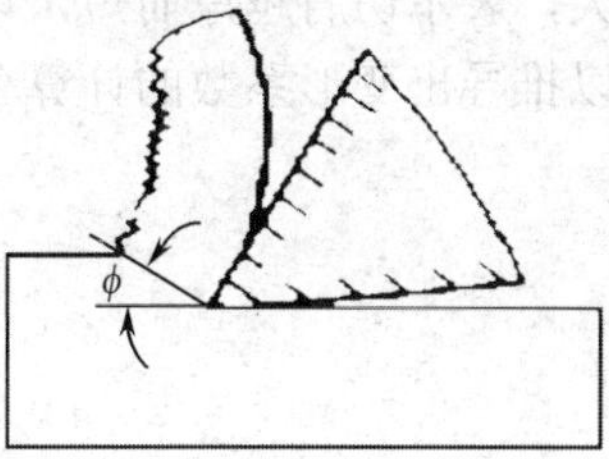

图 7-11　剪切角

（1）切屑的类型：由于工件材料和切削条件的不同，切屑过程中的变形情况也不同，所以产生的切屑形状也不同，从变形的观点来看，可将切屑的形状分为四种类型，如图 7-12 所示。

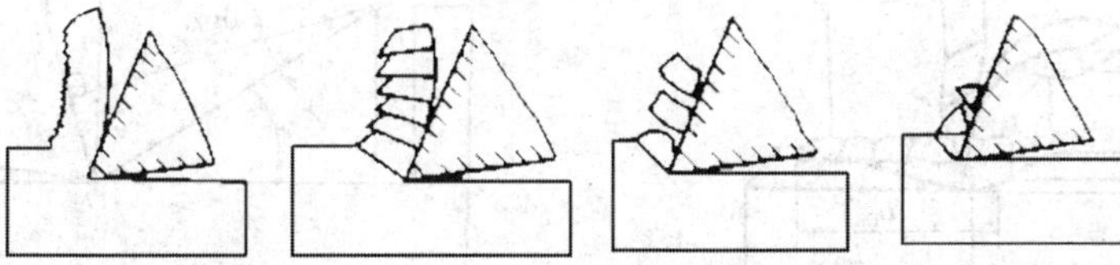
（a）带状切屑　（b）挤裂切屑　（c）粒状切屑　（d）崩碎切屑

图 7-12　切屑的种类

带状切屑——内表面是光滑的，外表面呈毛茸状。加工塑性金属时，在切削厚度较小、切削速度较高、刀具前角较大的工况条件下常形成此类切屑。

挤裂切屑（又称节状切屑）——外表面呈锯齿形，内表面有时有裂纹。在切削速度较低、切削厚度较大、刀具前角较小时常产生此类切屑。

粒状切屑（又称单元切屑）——在切屑形成过程中，如果剪切面上的剪切应力超过了材料的断裂强度，切屑单元将从被切材料上脱落，形成粒状切屑。

崩碎切屑——切削铸铁、黄铜等脆性材料时，切削层几乎不经过塑性变形阶段就产生崩裂，得到的切屑呈现不规则的粒状，工件加工后的表面也极为粗糙。

前三种切屑是加工塑性金属时常见的切屑类型。形成带状切屑时，切削过程最平稳，切削力波动小，已加工表面的粗糙度较小；形成粒状切屑时，切削过程中的切削力波动最大。前三种切屑类型可以随切削条件变化而相互转化。例如，在形成节状切屑工况条件下，如果进一步减小前角、降低切削速度或加大切削厚度，就可能得到粒状切屑；反之，加大前角、提高切削速度或减小切削厚度，就可能得到带状切屑。

（2）变形系数：切削过程中，变形量的大小计算很复杂，因此在研究切削变形规律时，通常用剪应变 ε_r 或变形系数 Λ_h 来衡量切削变形的程度，剪应变是指切削层在剪切面上的滑移量；变形系数 Λ_h 是根据在金属切削中，刀具切下的切屑厚度（h_{Dh}）通常大于工件切削层的厚度（h_D），而切屑长度（L_{Dh}）却小于切削层长度（l_D）（宽度基本不变）这一事实来衡量切削变形程度的，如图 7-13 所示。由于工件上切削层变成切屑后宽度的变化很小，所以根据体积不变原理，变形系数 Λ_h 可用下式表示：

$$\Lambda_h=\frac{L_D}{L_{Dh}}=\frac{h_{Dh}}{h_D}$$

式中　L_D——切削层的长度；

L_{Dh}——切屑的长度；

h_{Dh}——切屑的厚度；

h_D——切削层的厚度。

在一定条件下，变形系数 Λ_h 值的大小能直观地反映切屑的变形程度，且测量方便。Λ_h 值越大，表示切屑越厚而短，切屑变形就越大；反之，Λ_h 值越小，切屑变形越小。参照图 7-14，可以推导出变形系数的计算公式：

$$\Lambda_h = \frac{\cos(\phi - \gamma_o)}{\sin\phi}$$

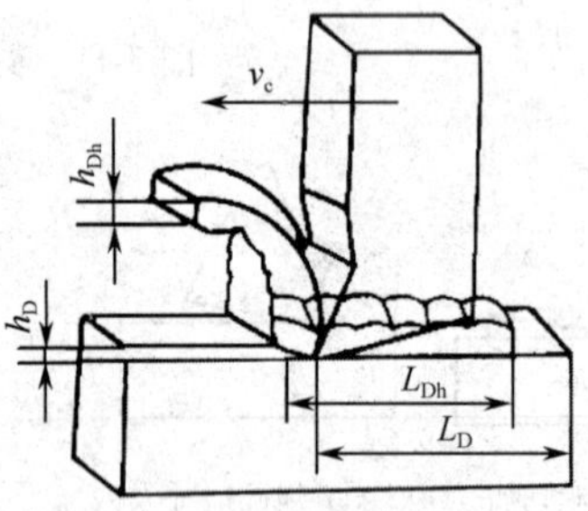

图 7-13　切削变形程度

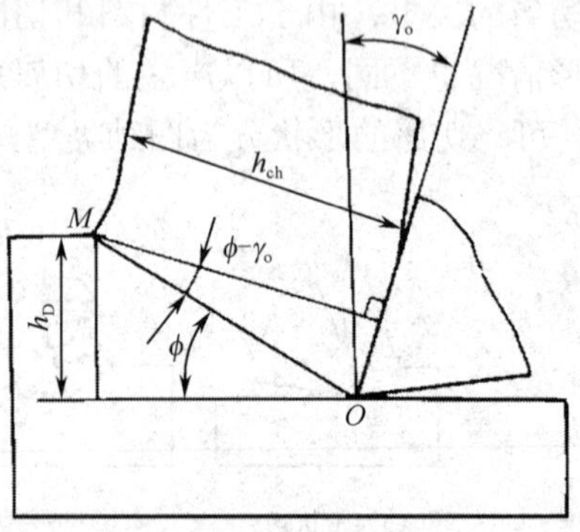

图 7-14　切削变形程度的表示

由此可见，影响切削变形的主要因素是前角 γ_o 和剪切角 ϕ。剪切角 ϕ 减小，切屑就变厚、变短，变形系数 Λ_h 增大。剪切角 ϕ 增大，变形系数 Λ_h 减小。

根据纯剪切理论，可以推导出剪切角的计算公式：

$$\phi = \frac{\pi}{4} - \beta + \gamma_o$$

式中，β 为前刀面与切屑底层的摩擦角。

由计算公式可知，当前角增大时，ϕ 随之增大，变形减小。由此可见，在保证切削刃强度的前提下增大刀具前角对改善切削过程有利；当摩擦角 β 增加时，ϕ 随之减小，变形增大。因此，采用优质切削液减小前刀面上的摩擦系数是很重要的。

2）第二变形区

在第二变形区内，被切削层金属经过终滑移线 OM 形成切屑沿前刀面流出时，切屑底层仍受到刀具的挤压和接触面之间强烈的摩擦，继续以剪切滑移为主的方式变形，其切屑底层的变形程度比切屑上层剧烈，从而使切屑底层晶粒弯曲拉长，在摩擦阻力的作用下，这部分切屑流动速度减慢，称为滞流层。

（1）摩擦系数：在金属切屑过程中，刀具前刀面和切屑底层之间存在很大的压力，可达 2～3GPa，切削液不易流入接触界面，再加上几百摄氏度的高温，切屑底层又总是以新生表面与前刀面接触，使得刀具和切屑接触面间产生黏结，使该处的摩擦情况与一般的滑动摩擦不同。如图 7-15 所示，在刀具和切屑接触面上正应力的分布是不均匀的，切削刃处的最大，随着切屑沿前刀面的流出，正应力逐渐减小，在刀具和切屑分离处正应力为零。切应力在 l_{f1} 内保持为一定值，等于工件材料的剪切屈服强度，在 l_{f2} 内逐渐减小，至刀具和切屑分离时为零。在正应力较大的一段长度 l_{f1} 上，切屑底部与前刀面发生黏结现象，在黏结情况下，切屑与前刀面之间的摩擦已不是一般的外摩擦，而是切屑和刀具黏结层与其上层金属之间的内摩擦。这种内摩擦实际就是金属内部的剪切滑移，它与材料的剪切屈服强度和接触面的大小有关。此后切屑沿前刀面继续流出时，离切削刃越远，正应力就越小，切削温度也随之降低，使得切削层金属的塑性变形减小，刀具和切屑间的实际接触面积减小，直到进入 l_{f2} 内，摩擦性质转变为滑动摩擦。

（2）积屑瘤：在切削速度不高而又能形成连续性切屑的情况下，加工一般钢料或其他塑性材料时，常常在刀具前刀面切削处粘着一块剖面呈三角状的硬块，见图 7-16，这块冷焊在前刀面上的金属就称为积屑瘤。积屑瘤的硬度很高，通常是工件材料的 2～3 倍，当它处于比较稳定的状态时，能够代替切削刃进行切削，起到了保护刀具的作用，而且增大了实际前角，可减少切屑变形和切削力，但是会引起过量切削（图中的 Δh_D），降低了加工精度，当积屑瘤脱落时，其残片会黏附在已加工表面上恶化表面粗糙度，如果残片黏附在切屑底层会划伤刀具表面，因此在粗加工时可以利用积屑瘤的有利之处，而精加工时应避免产生积屑瘤（如图 7-16 所示）。

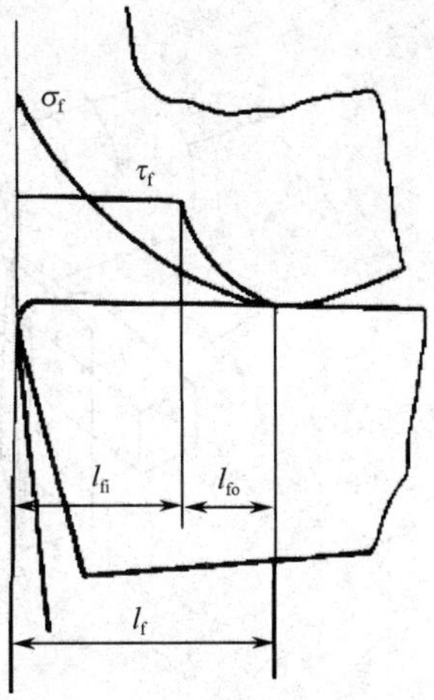

图 7-15　前刀面上的摩擦情况

积屑瘤形成的原因是当温度达到一定值时，刀—屑接触长度 l_f 的 l_{f1} 接触区间上，当切屑底层材料中的剪应力超过材料的剪切屈服强度时，滞流层中流动速度为零的切削层就被剪切断裂并黏结在前刀面上。由于黏结作用，使得切屑底层的晶粒纤维化程度很高，几乎和前刀面平行。这层金属因经受了强烈的剪切滑移作用，产生加工硬化，所以它能代替切削刃继续剪切较软的金属层，这样依次逐层堆积，高度逐渐增大就形成了积屑瘤。长高的积屑瘤在外力或振动作用下会发生局部的破裂和脱落，继而重复生长与脱落。

影响积屑瘤产生的主要因素是工件材料和切削速度。工件材料塑性越好，越易生成积屑瘤。实践证明，当切削速度很高或很低时，很少生成积屑瘤，在某一速度范围内，积屑瘤容易生成，如图 7-17 所示是切削速度 v 与积屑瘤高度 H_b 的关系曲线。此外，增大刀具前角，改善前刀面的表面粗糙度，使用合适的切削液，都可减少或避免积屑瘤的生成。

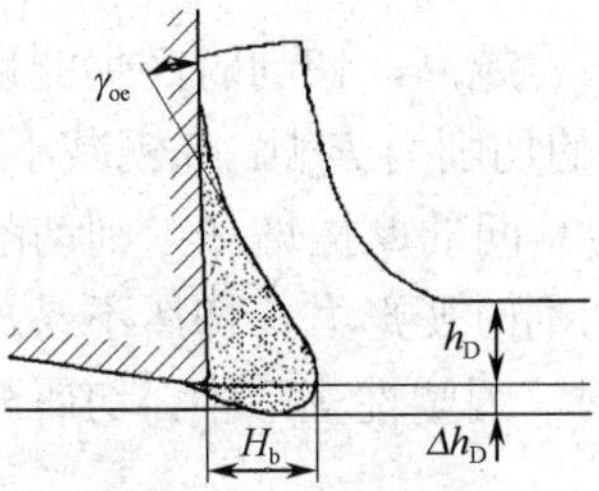

图 7-16　积屑瘤

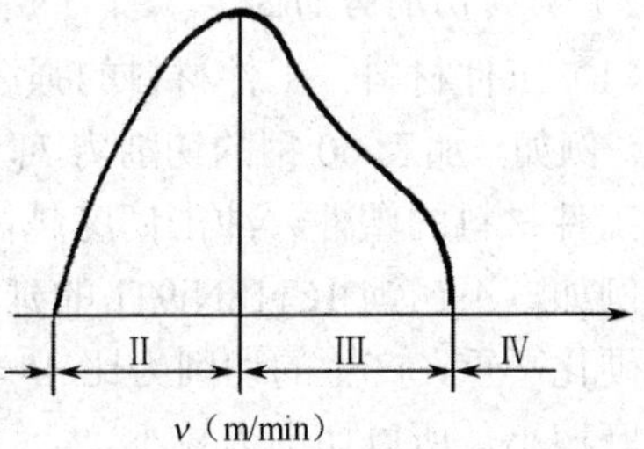

图 7-17　切削速度 v 与积屑瘤高度 H_b 的关系曲线

金属切削时，刀具切入工件使被切金属层发生变形成为切屑所需要的力称为切削力。研究切削力对刀具、机床、夹具的设计和使用都具有很重要的意义。

2．切削力和切削功率

1）切削力的产生与分解

金属切削时，力来源于两个方面，一方面是克服在切屑形成过程中工件材料对弹性变形和塑性变形的变形抗力，另一方面是克服切屑与前刀面和后刀面的摩擦阻力。变形抗力和摩擦力形成作用在刀具上的合力 F。在切削时，合力 F 作用在切削刃空间中的某个方向，由于其大小与方向都不易确定，所以为了便于测量、计算和反映实际作用的需要，常将合力 F 分解为互相垂直的 F_c、F_f 和 F_p 三个分力，如图 7-18 所示。

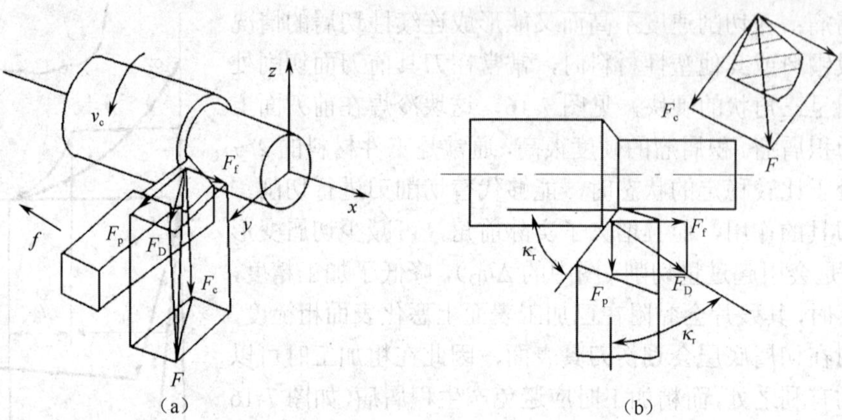

图 7-18　切削合力及其分力

切削力 F_c（主切削力 F_z）——在主运动方向上的分力，它切于加工表面，并与基面垂直。F_c 用于计算刀具强度，设计机床零件，确定机床功率等。

进给力 F_f（进给抗力 F_x）——在进给运动方向上的分力，它处于基面内与进给方向相反。F_f 用于设计机床进给机构和确定进给功率等。

背向力 F_p（切深抗力 F_y）——在垂直于工作平面上的分力，它处于基面内并垂直于进给方向。F_p 用来计算工艺系统的刚度等。它也是使工件在切削过程中产生振动的力。

由图 7-18 可以看出进给力 F_f 和背向力 F_p 的合力 F_D 作用在基面上且垂直于主切削刃。

F、F_C、F_D、F_f、F_p 之间的关系：

$$F=\sqrt{F_c^2+F_D^2}=\sqrt{F_c^2+F_f^2+F_p^2}$$

$$F_f=F_D\sin\kappa_r \qquad F_p=F_D\cos\kappa_r$$

2）影响切削力的因素

（1）工件材料：工件材料的强度、硬度越高，剪切屈服强度 τ_s 越高，切削时产生的切削力越大。例如，加工 60 钢的切削力 F_c 比 45 钢增大 4%，加工 35 钢的切削力 F_c 比 45 钢减小 13%。

工件材料的塑性、冲击韧度越高，切削变形越大，切屑与刀具间的摩擦增加，则切削力越大。例如，不锈钢 1Cr18Ni9Ti 的延伸率是 45 钢的 4 倍，因此切削时变形大，切屑不易折断，加工硬化严重，产生的切削力比 45 钢增大 25%。加工脆性材料时，因塑性变形小，切屑与刀具间的摩擦小，所以切削力较小。

（2）刀具几何参数：前角 γ 增大，切削变形减小，切削力减小；主偏角对切削力 F_c 的影响较小，而对进给力 F_f 和背向力 F_p 的影响较大，由图 7-19 可知当主偏角增大时，F_f 增大，F_p 减小。

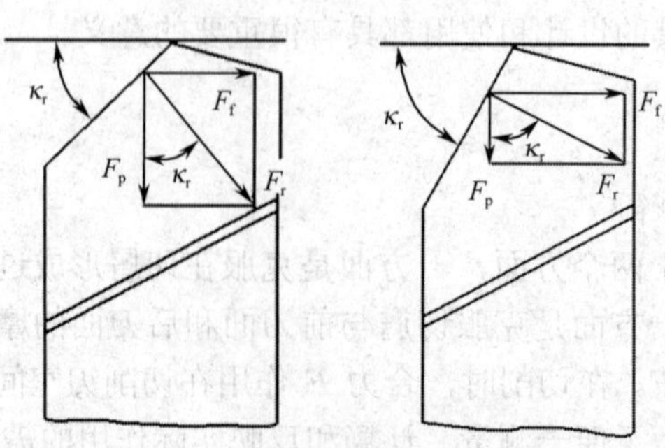

图 7-19　主偏角对 F_f 和 F_p 的影响

实践证明，刃倾角 λ_s 在很大范围（−40°～+40°）内变化时，对 F_c 没有什么影响，但 λ_s 增大时，F_f 增大，F_p 减小。

（3）切削用量：切削用量对切削力的影响较大。当背吃刀量和进给量增加时，使切削面积 A_D 成正比增加，变形抗力和摩擦力加大，因而切削力随之增大。当背吃刀量增大一倍时，切削力近似成正比增加，因此切削力经验公式中 a_p 的指数 X_{Fz} 近似等于 1。当进给量 f 增大一倍时，切削面积 A_c 也成正比增加，但变形程度减小，使切削层单位面积切削力减小，因而切削力只增大 70%～80%。因此在切削力经验公式中，f 的指数小于 1。

切削塑性材料时，切削速度对切削力的影响分为有积屑瘤阶段和无积屑瘤阶段两种情况。如图 7-20 所示，在低速范围内，随着切削速度的增加，积屑瘤逐渐长大，刀具的实际前角增大，使切削力逐渐减小。在中速范围内，积屑瘤逐渐减小并消失，使切削力逐渐增至最大。在高速阶段，由于切削温度升高，摩擦力逐渐减小，所以切削力得到稳定的降低。

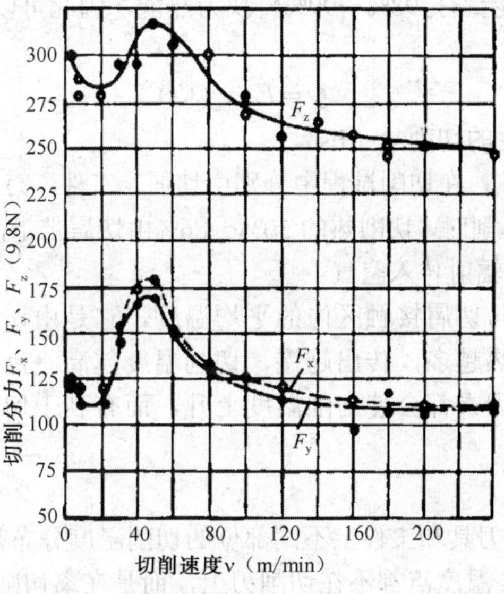

图 7-20　切削速度对切削力的影响

（4）其他因素：刀具材料与工件材料之间的摩擦系数 μ 会直接影响切削力的大小。一般按立方碳化棚刀具、陶瓷刀具、涂层刀具、硬质合金刀具、高速钢刀具的顺序，切削力依次增大。

切削液有润滑作用，使切削力降低。切削液的润滑作用越好，切削力的降低越显著。在较低的切削速度下，切削液的润滑作用更为突出。

刀具后刀面磨损带 VB 越大，摩擦越强烈，切削力也越大。VB 对背向力的影响最为显著。

3）切削功率的计算

在切削加工过程中，所需的切削功率 P_c 可以按下式计算：

$$P_c = 10^3\left(F_c \cdot v_c + \frac{F_f \cdot v_f}{1000}\right)(\text{kW})$$

式中，F_c、F_f——主切削力和进给力（N）；

v_c——切削速度（m/s）；

v_f——进给速度（mm/s）。

一般情况下，F_f 小于 F_c，且 F_f 方向的速度很小，因此 F_f 所消耗的功率远小于 F_c，可以忽略不计。切削功率的计算式可简化为

$$P_c = 10^3 \cdot F_c \cdot v_c(\mathrm{kW})$$

根据上式求出切削功率，可按下式计算机床的电动机功率 P_E：

$$P_E = \frac{P_c}{\eta}$$

式中，η_c为机床传动效率，一般取 η_c=0.75～0.85。

3．切削热和切削温度

切削热是切削过程的重要物理现象之一。切削温度影响工件材料的性能、前刀面上的摩擦系数和切削力的大小；影响刀具磨损和刀具寿命；影响积屑瘤的产生和加工表面质量；影响工艺系统的热变形和加工精度。因此，研究切削热和切削温度具有重要的实际意义。

1）切削热的产生和传出

切削过程中所消耗的能量有 98%～99%转换为热能，因此可以近似地认为单位时间内所产生的切削热为

$$Q = F_c \cdot v_c(\mathrm{J/s})$$

式中，Q 为单位时间内产生的切削热（J/s）。

切削区域产生的切削热，在切削过程中分别由切屑、工件、刀具和周围介质向外传导出去，例如，在空气冷却条件下车削时，切削热的 50%～86%由切屑带走，40%～10%传入工件，9%～3%传入刀具，1%左右通过辐射传入空气。

切削温度是指前刀面与切屑接触区内的平均温度，它是由切削热的产生与传出的平衡条件所决定的。产生的切削热越多，传出越慢，切削温度越高。反之，切削温度就越低。凡是增大切削力和切削功率的因素都会使切削温度上升，而有利于切削热传出的因素都会降低切削温度。

2）切削温度的分布

在切削过程中，切屑、刀具和工件上不同部位的切削温度分布是不均匀的，如图 7-21 所示，在前刀面和后刀面上，最高温度点都不在切削刃上，而是在离切削刃有一定距离的地方。这是摩擦热沿前刀面不断增加的缘故。在靠近前刀面的切屑底层上，温度变化很大，说明前刀面上的摩擦热集中在切屑底层。在已加工表面上，较高温度仅存在于切削刃附近的一个很小的范围内，说明温度的升降是在极短的时间内完成的。

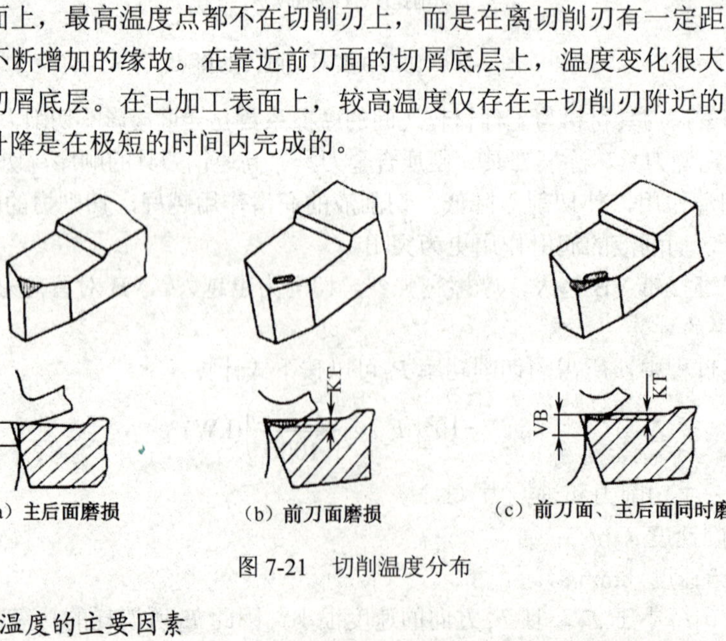

（a）主后面磨损　（b）前刀面磨损　（c）前刀面、主后面同时磨损

图 7-21　切削温度分布

3）影响切削温度的主要因素

（1）工件材料：工件材料的强度、硬度越高，切削时消耗的功就越多，产生的切削热越

多，切削温度就越高。工件材料的热导率越大，通过切屑和工件传出的热量越多，切削温度下降越快。

（2）刀具几何参数：前角增大，切削层变形小，产生的热量少，切削温度降低；但过大的前角会减少散热体积，当前角大于 20° ～25° 时，前角对切削温度的影响减少；主偏角减小，使切削宽度增大，散热面积增加，切削温度下降。

（3）切削用量：对切削温度影响最大的切削用量是切削速度，其次是进给量，而背吃刀量的影响最小，这是因为当切削速度 v_c 增加时，单位时间内参与变形的金属量增加而使消耗的功率增大，提高了切削温度；当 f 增加时，切屑变厚，由切屑带走的热量增多，因此切削温度上升不甚明显；当 a_p 增加时，产生的热量和散热面积同时增大，因此对切削温度的影响也小。

通过实验可得出切削温度的经验公式：

$$\theta = C_\theta \cdot v_c^{z_o} \cdot f^{y_o} \cdot a_p^{x_o}$$

式中：θ——刀具与切屑接触区平均温度（℃）；

C_θ——切削温度系数；

v_c——切削速度（m/min）；

f——进给量（mm/r）

a_p——背吃刀量（mm）；

z_o，y_o，x_o——分别为 v_c，f，a_p 的指数从尽量降低切削温度考虑，在保持切削效率不变的条件下选用较大的 a_p 和 f，比选用大的 v_c 更为有利。

（4）其他因素：当刀具后刀面磨损量增大时，加剧了刀具与工件间的摩擦，使切削温度升高。切削速度越高，刀具磨损对切削温度的影响就越显著。

浇注切削液对降低切削温度，减少刀具磨损和提高已加工表面质量有明显的效果。切削液的润滑作用可以减少摩擦，减小切削热的产生。

4．刀具磨损和刀具寿命

进行金属切削加工时，刀具一方面将切屑切离工件，另一方面自身也要发生磨损或破损。磨损是连续的、逐渐的发展过程；而破损一般是随机的、突发的破坏（包括脆性破损和塑性破损）。这里仅分析刀具的磨损。

1）刀具的磨损形式

刀具的磨损形式有以下三种，如图 7-22 所示。

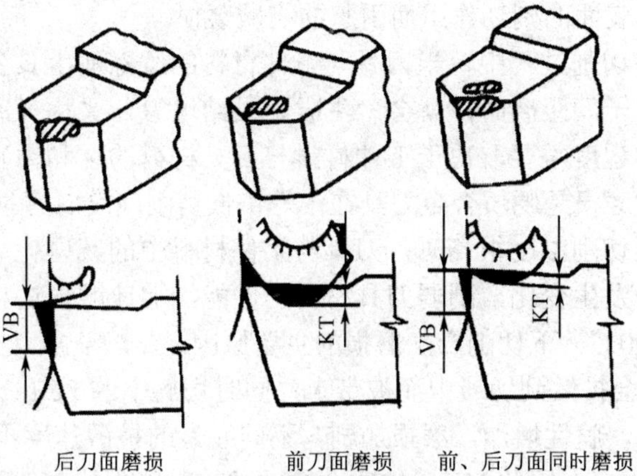

图 7-22　刀具磨损形式

（1）前刀面磨损：切削塑性材料时，如果切削速度和切削厚度较大，刀具前刀面上会形成月牙洼磨损。它以切削温度最高点的位置为中心开始发生，然后逐渐向前向后扩展，深度不断增加。当月牙洼发展到其前缘与切削刃之间的棱边变得很窄时，切削刃强度降低，容易导致切削刃破损。前刀面月牙洼磨损值用其最大深度 KT 表示。

（2）后刀面磨损：后刀面与工件表面的实际接触面积很小，因此接触压力很大，存在弹性和塑性变形，磨损就发生在这个接触面上。在切铸铁和以较小的切削厚度切削塑性材料时，主要也是发生这种磨损。后刀面磨损带的宽度往往是不均匀的，可划分为三个区域，如图 7-23 所示。

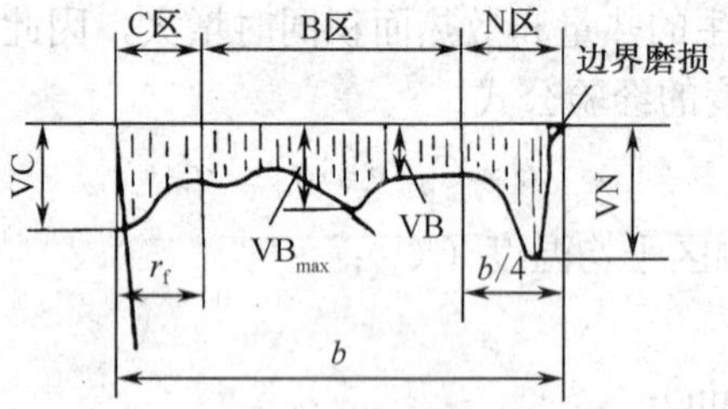

图 7-23　后刀面磨损情况

C 区刀尖磨损——强度较低，散热条件又差，磨损比较严重，其最大值为 VC。

N 区边界磨损——切削钢料时主切削刃靠近工件待加工表面处的后刀面（N 区）上，磨成较深的沟，用 VN 表示。这主要是工件在边界处的加工硬化层和刀具在边界处的较大应力梯度和温度梯度所造成的。

B 区中间磨损——在后刀面磨损带的中间部位磨损比较均匀，其平均宽度用 VB 表示，而最大宽度用 VB_{max} 表示。

（3）前后刀面同时磨损：在常规条件下，加工塑性金属常常出现前后刀面同时的磨损情况，如图 7-22 中最右边的图所示。

2）*刀具磨损的原因*

刀具磨损不同于一般的机械零件的磨损，因为与刀具表面接触的切屑底面是活性很高的新鲜表面，刀面上的接触压力很大（可达 2～3GPa），接触温度很高（如硬质合金加工钢，温度可达 800～1000℃以上），所以刀具磨损存在机械的、热的和化学的作用，既有工件材料硬质的刻划作用而引起的磨损，也有黏结、扩散和腐蚀等引起的磨损。

（1）磨料磨损：磨料磨损是由于工件材料中的杂质，材料基体组织中的碳化物、氮化物和氧化物等硬质点对刀具表面的刻划作用而引起的机械磨损。

（2）黏结磨损：在切削过程中，当刀具与工件材料的摩擦面上具备高温、高压和新鲜表面的条件，接触面达到原子间距离时，就会产生吸附黏结现象，又称为冷焊。各种刀具材料都会发生黏结磨损，磨损的程度主要取决于工件材料与刀具材料的亲和力和硬度比、切削温度、压力及润滑条件等。黏结磨损是硬质合金刀具在中等偏低切削速度时磨损的主要原因。

（3）扩散磨损：当切削温度很高时，刀具与工件材料中的某些化学元素能在固体下互相扩散，使两者的化学成分发生变化，削弱刀具材料的性能，加速磨损进程。扩散磨损是硬质合金刀具在高温（800～1000℃）下切削产生磨损的主要原因之一。一般从 800℃开始，硬质合金中的 Co、C 和 W 等元素会扩散到切屑中而被带走，同时切屑中的 Fe 也会扩散到硬质合金中，使刀面的硬度和强度下降，脆性增加，磨损加剧。不同元素的扩散速度不同，如 Ti 的扩散速度比 C、Co 和 W 等元素低得多，因此 YT 类硬质合金的抗扩散能力比 YG 类强。

（4）氧化磨损：当切削温度为 700～800℃时，空气中的氧与硬质合金中的钴、碳化钨和碳化钛等发生氧化作用生成疏松脆弱的氧化物。这些氧化物容易被切屑和工件带走，加速了刀具磨损。

3）*刀具的磨损过程及磨钝标准*

（1）刀具的磨损过程：如图 7-24 所示，刀具的磨损过程可分为以下三个阶段。

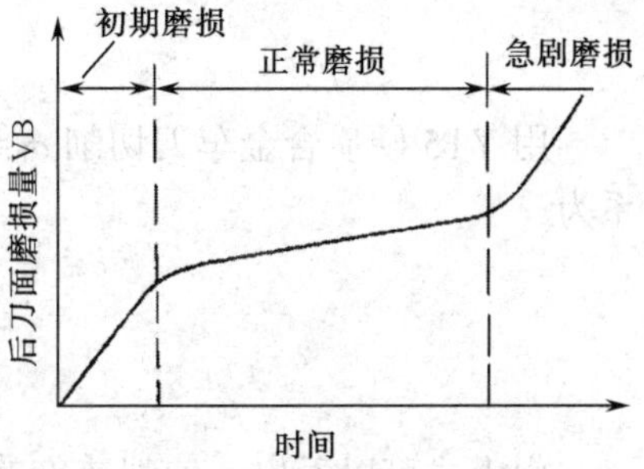

图 7-24　刀具的磨损过程

初期磨损阶段——这一阶段的磨损速度较快。因为新刃磨的刀具表面较粗糙，并存在显微裂纹、氧化或脱碳等缺陷，而且切削刃较锋利，后刀面与加工表面的接触面积较小，压应力较大，所以容易磨损。

正常磨损阶段——经过初期磨损后，刀具粗糙表面已经磨平，缺陷减少，刀具后刀面与加工表面的接触面积变大，压强减小，进入比较缓慢的正常磨损阶段。后刀面的磨损量与切削时间近似成比例增加。正常切削时，这个阶段时间较长，是刀具的有效工作时期。

急剧磨损阶段——当刀具的磨损带达到到一定程度后，刀面与工件摩擦过大，导致切削力与切削温度均迅速增高、磨损速度急剧增加。在生产中，为了合理使用刀具，保证加工质量，应该在发生急剧磨损之前就及时换刀。

（2）刀具的磨钝标准：刀具磨损到一定限度后就不能继续使用了，这个磨损限度称为磨钝标准。由于多数切削情况下均可能出现后刀面的均匀磨损量，此外，VB 值比较容易测量和控制，因此常用 VB 值来研究磨损过程，作为衡量刀具的磨钝标准。ISO 标准统一规定以 1/2 背吃刀量处的后刀面上测定的磨损带宽度 VB 作为刀具的磨钝标准。自动化生产中的精加工刀具，常以沿工件径向的刀具磨损尺寸作为刀具的磨钝标准，称为径向磨损量 NB。

在国家标准 GB/T 16461—1996 中规定的高速钢刀具、硬质合金刀具的磨钝标准见表 7-2。

表 7-2　高速钢刀具、硬质合金刀具的磨钝标准

工件材料	加工性质	磨钝标准 VB（mm）	
		高速钢	硬质合金
碳钢、合金钢	粗车	1.5～2.0	1.0～1.4
	精车	1.0	0.4～0.6
灰铸铁、可断铸铁	粗车	2.0～3.0	0.8～1.0
	半精车	1.5～2.0	0.6～0.8
耐热钢、不锈钢	粗车、精车	1.0	1.0

4）*刀具寿命（刀具耐用度）*

刃磨后的刀具自开始切削直到磨损量达到磨钝标准为止的切削时间称为刀具耐用度，用 T 表示。耐用度指净切削时间，不包括用于对刀、测量、快进和回程等的非切削时间。刀具耐用度还可以用达到磨钝标准时所走过的切削路程 L_m 来定义。L_m 等于切削速度 v_c 和耐用度 T 的乘积，即 $L_m=v_c \cdot T$。刀具寿命是指一把新刀具从使用到报废为止的切削时间。它是刀具耐用度与刀具刃磨次数的乘积。

刀具寿命是一个具有多种用途的重要参数，如用来确定换刀时间，衡量工件材料的切削加工性和刀具材料的切削性能的优劣，判定刀具几何参数及切削用量的选择是否合理等。

刀具寿命反映了刀具磨损的快慢程度。刀具寿命长，表明刀具磨损速度慢；反之表明刀具磨损速度快。影响切削温度和刀具磨损的因素都同样影响刀具寿命。切削用量对刀具寿命的影响较为明显，通过切削实验，可以得出 v_c、f、a_p 对刀具寿命 T 的影响关系式：

$$T = \frac{C_T}{v_c^X \cdot f^Y \cdot a_p^Z}$$

用 YT5 硬质合金车刀切削 σ_b=0.637GPa（f>0.7mm/r）的碳钢时，切削用量与刀具寿命的关系为

$$T = \frac{C_T}{v_c^5 \cdot f^{2.25} \cdot a_p^{0.75}}$$

由上式可以看出，切削速度对刀具寿命的影响最大，进给量次之，背吃刀量最小。这与三者对切削温度的影响顺序完全一致，反映出切削温度对刀具寿命有重要的影响。

7.2 金属切削机床

金属切削机床（习惯上简称为“机床”）是用切削加工方法将金属毛坯加工成机械零件的机器，也称为“工具机”或“工作母机”。由于切削加工是机械制造过程中获取具有一定尺寸、形状和精度的零件的主要加工方法，所以机床是机械制造系统中最重要的组成部分，它为加工过程提供刀具与工件之间的相对位置和相对运动，为改变工作形状和质量提供能量。

7.2.1 金属切削机床的基础知识

1．机床的分类

机床的传统分类方法，主要是按加工性质和所用的刀具进行分类。根据国家制定的机床型号编制方法，目前将机床分为 12 大类：车床、钻床、镗床、磨床、齿轮加工机床、螺纹加工机床、铣床、刨插床、拉床、特种加工机床、锯床和其他机床。在每一类机床中，又按工艺范围、布局形式和结构分为若干组，每一组又细分为若干系（系列）。

在上述基本分类方法的基础上，还可根据机床的其他特征进一步区分。

同类型机床按应用范围（通用性程度）又可分为通用机床、专门化机床和专用机床。

（1）通用机床：可用于多种零件不同工序的加工，范围较广，通用性强。这种机床主要适用于单件小批生产，如卧式车床、卧式升降台铣床、万能外圆磨床等。

（2）专门化机床：工艺范围较窄，专门用于某一类或几类零件的某一道（或几道）特定工序的加工，如丝杆车床、曲轴车床和凸轮轴车床等。

（3）专用机床：只能加工一定尺寸范围内的某一类或几类零件，完成其中的某些特定工序。例如，加工车床导轨的专用磨床和加工车床主轴箱的专用镗床等。组合机床也属于专用机床。

按加工零件大小和机床质量，机床可分为仪表机床、中小型机床、大型机床（10～30t）、重型机床（30～100t）和超重型机床（100t 以上）。

按工作精度，机床又可分为 P 级（普通级，“P”可以省略）、M 级（精密级）和 G 级（高精度级）。

按自动化程度，机床可分为手动操作机床、半自动机床和自动机床 3 种。半自动和自动机床在机床型号中分别用汉语拼音字母 B 和 Z 表示。

按自动控制方式，机床可分为仿形机床、数控机床和加工中心等，在机床型号中分别用汉语拼音字母 F、K、H 表示。

此外，机床还可以按主要工作器官的数目进行分类，如单刀机床、多刀机床、单轴机床和多轴机床等。

目前，机床正在向数控方向发展，而且其功能也在不断增加，除了数控加工功能外，还增加了自动换刀和自动装卸工件等功能。因此，也可按机床具有的数控功能分为一般数控机床、加工中心和柔性制造单元等。

随着新品种机床的不断出现，机床的分类也会越加丰富。

2．机床型号的编制方法

机床型号是机床产品的代号，用以简明地表示机床的类型、通用特性和结构特性、主要技术参数等。GB/T 15375—1994《金属切削机床型号编制方法》规定：机床的型号由汉语拼音字母和阿拉伯数字按一定规律排列组成，适用于各类通用机床和专用机床（组合机床除外）。

通用机床型号的表示方法见图 7-25。

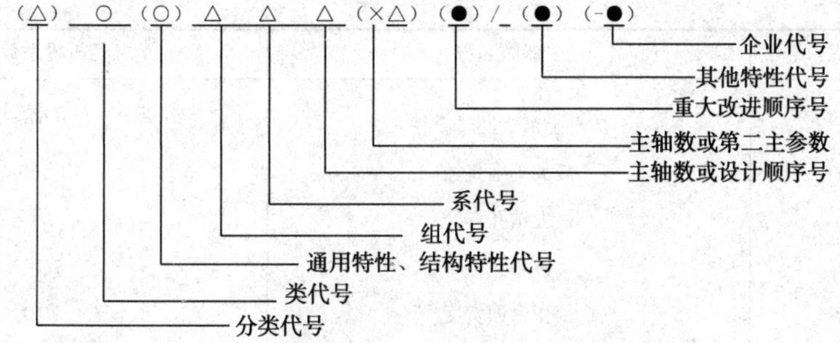

注：△表示阿拉伯数字；○表示大写的汉语拼音字母；括号中表示可选项，当无内容时不表示，有内容时不带括号；●表示大写的汉字拼音字母，或阿拉伯数字，或两者兼有

图 7-25 金属切削机床的型号

1）机床的类代号

我国的机床共分为 12 大类，如果有分类则在其类代号前加数字表示，如第二分类磨床在 M 前加“2”，即 2M。机床的类代号和分类代号见表 7-3。

表 7-3 机床的类代号和分类代号

类别	车床	钻床	镗床	磨床			齿轮加工机床	螺纹加工机床	铣床	插床	拉床	锯床	其他机床
代号	C	Z	T	M	2M	3M	Y	S	X	B	L	G	Q
读音	车	钻	镗	磨	二磨	三磨	牙	丝	铣	刨	拉	割	其

2）机床的通用特性代号

当某类型机床除有普通形式外，还具有表 7-4 中所列的通用特性时，则在类代号之后，用大写的汉语拼音予以表示。例如，精密车床在“C”后面加“M”。

表 7-4 机床的通用特性代号

通用特性	高精度	精密	自动	半自动	数控	加工中心	仿型	轻型	加重型	简式或经济型	柔性加工单元	数显	高速
代号	G	M	Z	B	K	H	F	Q	C	J	R	X	S
读音	高	密	自	半	控	换	仿	轻	重	简	柔	显	速

3）机床的组别、系别代号

机床的组别、系别代号用两位阿拉伯数字表示，前一位表示组别，后一位表示系别。每类机床按其结构性能及使用范围划分为用数字 0～9 表示的 10 个组。同一组机床中，又按主参数相同、主要结构及布局型式相同划分为用数字 0～9 表示的 10 个系。例如，“落地及卧式车床组”中有 6 个系别，用阿拉伯数字 0～5 表示。

4）机床主参数、设计顺序号及第二主参数

机床主参数是表示机床规格大小的一种尺寸参数。在机床型号中，用阿拉伯数字给出主参数的折算值，位于机床组、系代号之后。折算系数一般是 1/10 或 1/100，也有少数是 1。例如，CA6140 型卧式机床中主参数的折算值为 40（折算系数是 1/10），其主参数表示在床身导轨面上能车削工件的最大回转直径为 400mm。各类主要机床的主参数及折算系数见表 7-5。某些通用机床，当无法用一个主参数表示时，则用设计顺序号来表示。第二主参数是对主参数的补充，如最大工作长度、最大跨距和工作台面长度等，第二主参数一般不予给出。

表 7-5 各类主要机床的主参数和折算系数

机　床	主参数名称	折算系数
卧式车床	床身上最大回转直径	1/10
立式车床	最大车削直径	1/100
摇臂钻床	最大钻孔直径	1/1
卧式镗床	镗轴直径	1/10
坐标镗床	工作台面宽度	1/10
外圆磨床	最大磨削直径	1/10
内圆磨床	最大磨削孔径	1/10
矩台平面磨床	工作台面宽度	1/10
齿轮加工机床	最大工件直径	1/10
龙门铣床	工作台面宽度	1/100
升降台铣床	工作台面宽度	1/10
龙门刨床	最大刨削宽度	1/100
插床及牛头刨床	最大插削及刨削长度	1/10
拉床	额定拉力（吨）	1/1

5）机床的重大改进顺序号

机床的重大改进顺序号是机床重大改进的序号。当机床的结构、性能有重大改进和提高时，按其设计改进的次序，分别用大写英文字母 A、B、C、D 表示，附在机床型号的末尾，以示区别。例如，C6140A 是 C6140 型车床经过第一次重大改进的车床。

6）其他特性代号及企业代号

其他特性代号用以反映各类机床的特性，例如，对于数控机床，可以用来反映不同的数控系统；对于一般机床，可以用来反映同一型号机床的变形等。其他特性代号可用汉语拼音字母或阿拉伯数字或两者的组合来表示。企业代号与其他特性代号表示方法相同，位于机床型号尾部，用“—”与其他特性代号分开，读作“至”。当机床型号中无其他特性代号，仅有企业代号时，则不加“—”，企业代号直接写在“/”后面。

根据机床型号编制方法，举例如下。

（1）MG1432A：表示高精度万能外圆磨床，最大磨削直径为 320mm，经过第一次重大改进，无企业代号。

（2）Z3040×16/S2：表示摇臂钻床，最大钻孔直径为 40mm，最大跨距为 1600mm，沈阳第二机床厂生产。

（3）CKM1116/NG：表示数控精密单轴纵切自动车床，最大车削棒料直径为 160mm，宁江机床厂生产。

目前，工厂中使用较为普遍的几种老型号机床，是按 1959 年前公布的机床型号编制办法编定的。按规定，以前已定的型号现在不改变。例如，C620—1 型卧式车床，型号中的代号及数字含义为：C—类代号，车床；6—组代号，卧式车床；20—主参数代号，机床主轴中心高的 1/10，即主轴中心高为 200mm； 1—重大改进序号，第一次重大改进。

新老型号的主要差别有以下几点：

（1）老型号没有组和系的区别，只用一位数字表示组别；

（2）老型号的通用特性代号加在型号的尾部，新型号则加在类代号之后；

（3）新老型号的主参数表示方法有所不同。例如，普通车床的主参数，老型号用中心高表示，而新型号则用最大零件回转直径表示；

（4）老型号的重大改进序号用数字 1，2，3 等表示，新型号则用大写英文字母 A、B、C 等表示。

3．机床的构造

各类机床中，车床、铣床、钻床、刨床和磨床是 5 种最基本的机床，如图 7-26 至图 7-30 所示。

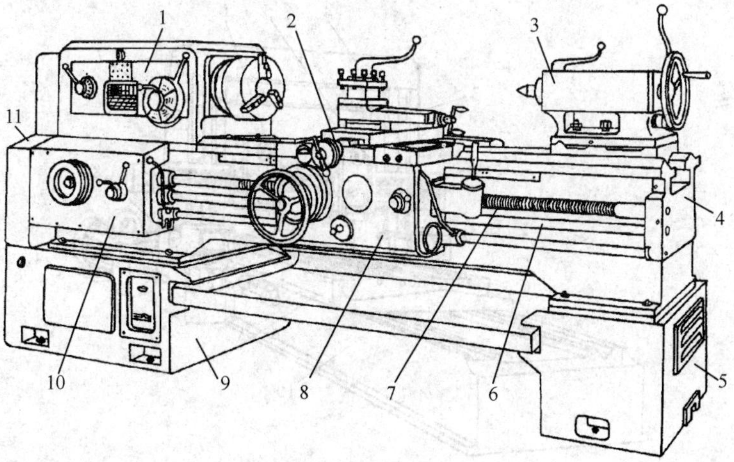

1—主轴箱；2—刀架；3—尾座；4—床身；5、9—床腿；6—光杆；7—丝杠；8—溜板箱；10—进给箱；11—挂轮变速机构

图 7-26　车床

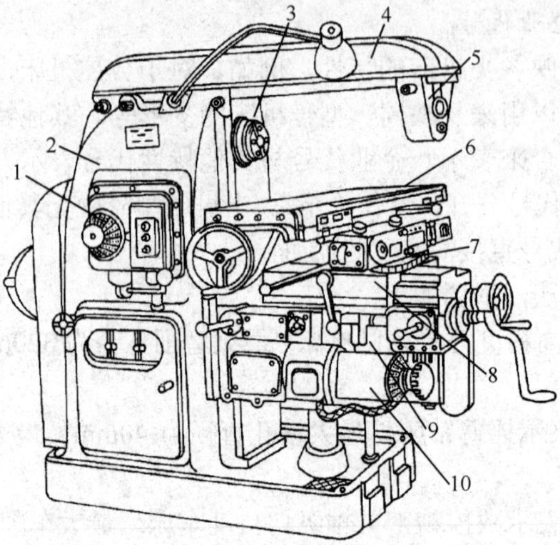

1—主轴变速机构；2—床身；3—主轴；4—横梁；5—刀杆支架；6—工作台；7—回转盘；8—横滑板；9—升降台；10—进给变速机构

图 7-27　X62W 型铣床

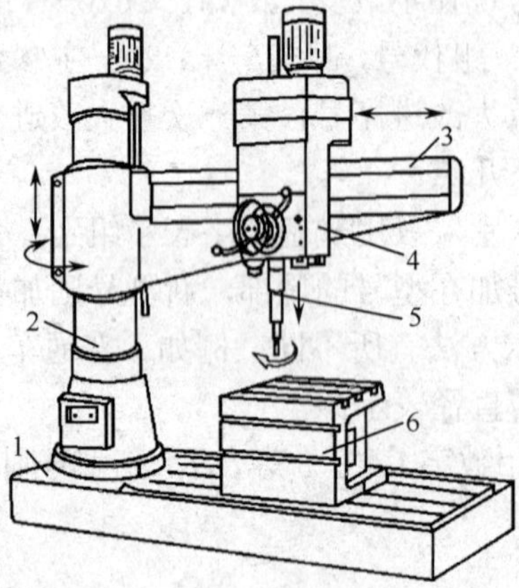

1—底座；2—立柱；3—摇臂；4—主轴箱；5—主轴；6—工作台

图 7-28　摇臂钻床

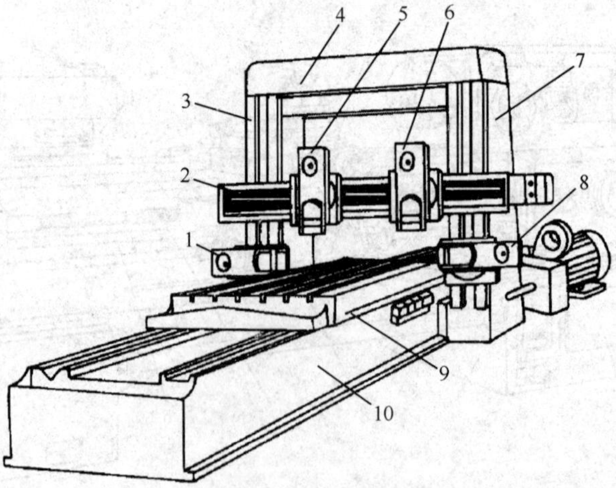

1—左侧刀架；2—横梁；3、7—立柱；4—顶梁；5、6—垂直刀架；8—右侧刀架；9—工作台；10—床身

图 7-29　龙门刨床

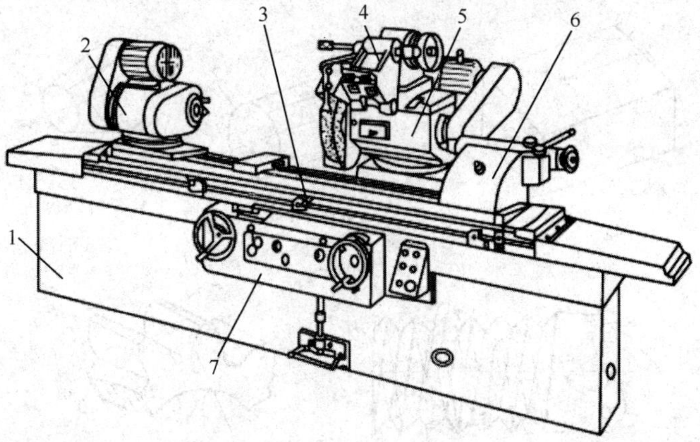

1—床身；2—工作头架；3—工作台；4—内圆磨具；5—砂轮架；6—尾座；7—液压控制箱

图 7-30　M1432A 型万能外圆磨床

尽管这些机床的外形、布局和构造各不相同，但归纳起来，它们都是由如下几个主要部分组成的。

（1）主传动部件：用来实现机床的主运动，例如，车床、钻床、铣床的主轴箱，刨床的变速箱和磨床的磨头等。

（2）进给传动部件：主要用来实现机床的进给运动，也用来实现机床的调整、退刀及快速运动等，例如，车床的进给箱、溜板箱，钻床、铣床的进给箱，刨床的进给机构，磨床的液压传动装置等。

（3）零件安装装置：用来安装零件，例如，卧式车床的卡盘和尾座，钻床、刨床、铣床和平面磨床的工作台等。

（4）刀具安装装置：用来安装刀具，例如，车床、刨床的刀架，钻床、立式铣床的主轴，卧式铣床的刀轴，磨床磨头的砂轮轴等。

（5）支撑件：用来支撑和连接机床的各零部件，是机床的基础构件，例如，各类机床的床身、立柱、底座和横梁等。

（6）动力源：为机床提供动力，即电动机。

其他类型的机床构造与上述机床类似，可以看成是它们的演变和发展。

7.2.2　零件表面的切削加工成形方法和机床的运动

1．零件表面的切削加工成形方法

在切削加工过程中，机床上的刀具和工件按一定的规律进行相对运动，通过刀具对工件毛坯的切削作用，切除毛坯上的多余金属，从而得到所要求的零件表面形状。机械零件的任何表面都可以看作一条线（称为母线）沿另一条线（称为导线）运动而形成的。如图 7-31 所示的几何表面都是由母线 1 沿导线 2 运动而形成的，母线和导线统称为发生线。切削加工中的发生线是由刀具的切削刃与工件间的相对运动得到的。一般情况下，由切削刃本身或与工件相对运动配合形成一条发生线（一般是母线），而另一条发生线则完全是由刀具和工件之间的相对运动得到的。在这里，刀具和工件之间的相对运动都是由机床来提供的。

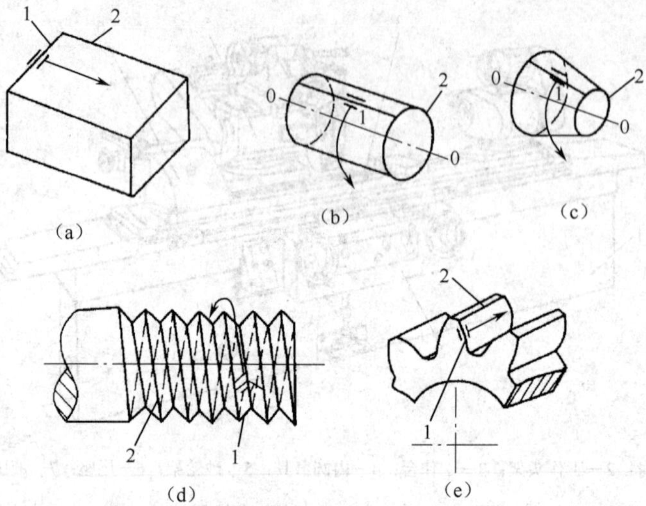

图 7-31　成形运动的组成

2．机床的运动

机床在加工过程中，必须形成一定形状的发生线（母线和导线），才能获取所需的工件表面形状。因此，机床必须完成一定的运动，这种运动称为表面成形运动。此外，还有多种辅助运动。

1）表面成形运动

表面成形运动按其组成情况不同，可分为简单成形运动和复合成形运动两种。

如果一个独立的成形运动是由单独的旋转运动或直线运动构成的，则此成形运动称为简单成形运动。例如，用车刀车削外圆柱面时（见图 7-32（a）），工件的旋转运动 B_1 产生圆导线，刀具的纵向直线运动产生直线母线，即可加工出圆柱面。这是两个相互独立的表面成形运动，因此，车刀车削外圆柱属于简单的成形运动。

如果一个独立的成形运动是由两个以上的旋转运动或（和）直线运动按某种确定的运动关系组合而成的，则此成形运动称为复合成形运动。例如，螺纹车刀车削螺纹表面时，（见图 7-32（b）），工件的旋转运动 B_{11} 和车刀的直线运动 A_{12} 按规定进行相对运动，形成螺旋线导线，三星母线（由刀刃形成，不需要成形运动）沿螺旋线运动，形成螺旋面。形成螺旋线导线的两个简单运动 B_{11} 和 A_{12} 组成了一个复合成形运动。又如，用齿轮滚刀加工直齿圆柱齿轮时（见图 7-32（c）），它需要一个复合成形运动 B_{11}、B_{12}（范成运动）形成渐开线母线，又需要一个简单直线形成运动 A_2，才能得到整个渐开线齿面。

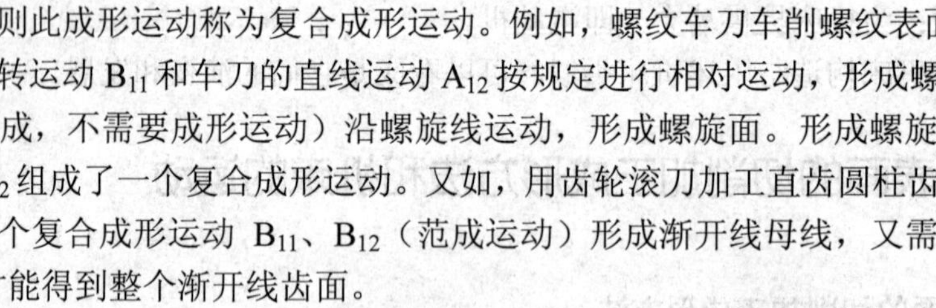

图 7-32　成形运动的组成

成形运动中的各单元运动根据其在切削中所起的作用不同，又可分为主运动和进给运动。

2）辅助运动

机床在加工过程中还需要一系列辅助运动，其功能是实现机床的各种辅助动作，为表面成形运动创造条件。它的种类很多，例如：进给运动前后的快进和快退；调整刀具和工件之间正确相对位置的调位运动；切入运动；分度运动；工件夹紧、松开等操纵控制运动；等等。

7.2.3　机床的传动

1．机床传动的基本组成部分

机床的传动必须具备以下三个基本部分。

（1）执行件：执行机床运动的部件，如主轴、刀架和工作台等。其任务是装夹刀具和工件，直接带动它们完成一定形式的运动和保持准确的运动轨迹。

（2）运动源：为执行件提供运动和动力的装置，如电动机等。

（3）传动装置：传递运动和动力的装置。通过它可以把运动源的运动和动力传给执行件，使它按一定的速度和方向运动，也可以把两个执行件联系起来，使两者保持某种确定的运动关系。

机床的传动按使用介质不同，可以分为机械、液压、气动和电气等多种传动形式，其中最常见的是机械传动和液压传动。机床上的回转运动多为机械传动，而直线运动中则是机械传动和液压传动都有应用。

2．机床的传动链

为了在机床上获得所需要的运动，就要通过一系列的传动件把执行件和运动源连接起来，或把执行件与执行件联系起来，以构成传动联系。构成传动联系的一系列传动件称为传动链。根据传动链的性质，传动链可分为两类。

1）外联系传动链

联系运动源与执行件的传动链，称为外联系传动链。它的作用是使执行件得到预定速度的运动，并传递一定的动力。此外，它还起执行变速和换向等作用。外联系传动链传动比的变化，只影响生产率或表面粗糙度，不影响加工表面的形状。因此，外联系传动链不要求两末端件之间有严格的传动关系。例如，卧式车床中，从主电动机到主轴之间的传动链就是典型的外联系传动链。

2）内联系传动链

联系两个执行件，以形成复合成形运动的传动链，称为内联系传动链。它的作用是保证两个末端件之间的相对速度或相对位移保持严格的比例关系，以保证被加工表面的性质。例如，在卧式车床上车螺纹时，连接主轴和刀具之间的传动链就属于内联系传动链。此时，必须保证主轴（工件）每转一转，车刀移动工件螺纹一个导程，才能得到要求的螺纹导程。又如，滚齿机的范成运动传动链也属于内联系传动链。

3．机床的传动原理图

传动链中通常包含两类传动机构：一类是定比传动机构，其传动比和传动方向固定不变，如定比齿轮副、蜗杆蜗轮副和丝杠螺母副等；另一类是换置机构，可根据加工要求变换传动比和传动方向，如滑移齿轮变速机构、挂轮变换机构和离合器换向机构等。

在机床的运动分析中，为了便于分析机床运动和传动联系，常用一些简明的符号把传动原理和传动路线表示出来，这就是传动原理图。

下面以卧式车床的传动原理图为例，说明传动原理图的画法和所表示的内容。如图 7-33 所示（图中给出了传动原理图中常用的部分符号），从电动机至主轴之间的传动属于外联系传动链，它是为主轴提供运动和动力的。即从电动机—1—2—u_v—3—4—主轴传动，这条传动链也称为主运动传动链，其中 1—2 和 3—4 段为传动比固定不变的定比传动结构，2—3 段是传动比可变的换置机构 u_v，调整 u_v 值用以改变主轴的转速。从主轴—4—5—u_f—6—7—丝杠—刀具传动，得到刀具和工件间的复合成形运动（螺旋运动），这是一条内联系传动链，其中 4—5 和 6—7 段为定比传动机构，5—6 段是换置机构 u_f，调整 u_f 值可得到不同的螺纹导程。在车削外圆面或端面时，主轴和刀具之间的传动联系无严格的传动比要求，两者的运动是两个独立的简单成形运动，因此，除了从电动机到主轴的主传动链外，另一条传动链可视为由电动机—1—2—u_v—3—5—u_v—6—7—刀具（通过光杆）传动，此时这条传动链是一条外联系传动链。

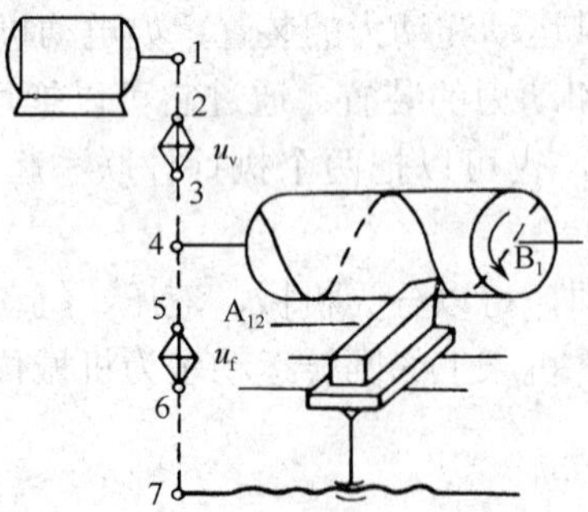

图 7-33 卧式车床的传动原理图

传动原理图表示了机床传动的最基本特征。因此，用它来分析和研究机床运动时，最容易找出两种不同类型机床的最根本区别。对于同一类型机床来说，不管它们的具体结构有何明显的差异，它们的传动原理图是完全相同的。

4．机床传动系统图和运动计算

1）机床传动系统图

机床传动系统图是表示机床全部运动传动关系的示意图。它比传动原理图更准确、更清楚、更全面地反映了机床的传动关系。在图中用简单的规定符号代表了各种传动元件（我国的机床传动系统图规定符号详见国家标准 GB 4460—84《机械制图机械运动简图符号》及 GB138—74《机械制图—机动示意图中的规定符号》）。

机床的传动系统画在一个能反映机床外形和各主要部件相互位置的投影面上，并尽可能绘制在机床外形的轮廓线内。图中的各传动元件是按照运动传递的先后顺序，以展开图的形式画出来的。该图只表示传动关系，并不代表各传动元件的实际尺寸和空间位置。在图中通常注明齿轮及蜗轮的齿数、带轮直径、丝杠的导程和头数、电动机功率和转数、传动轴的编号等。传动轴的编号，通常从运动源（电动机）开始，按运动传递顺序，依次用罗马数字Ⅰ、Ⅱ、Ⅲ、Ⅳ、…表示。如图 7-34 所示是一台中型卧式车床主传动系统图。

2）传动路线表达式

为便于说明及了解机床的传动路线，通常把传动系统图数字化，用传动路线表达式（传动结构式）来表示机床的传动路线。如图 7-34 所示的车床主传动路线表达式为

$$
\text{电动机（1440r/min）}-\frac{\phi 126}{\phi 256}-\text{I}-\begin{bmatrix}\frac{36}{36}\\ \frac{24}{48}\\ \frac{30}{42}\end{bmatrix}-\text{II}-\begin{bmatrix}\frac{42}{42}\\ \frac{22}{62}\end{bmatrix}-\text{III}-\begin{bmatrix}\frac{60}{30}\\ \frac{18}{72}\end{bmatrix}-\text{IV（主轴）}
$$

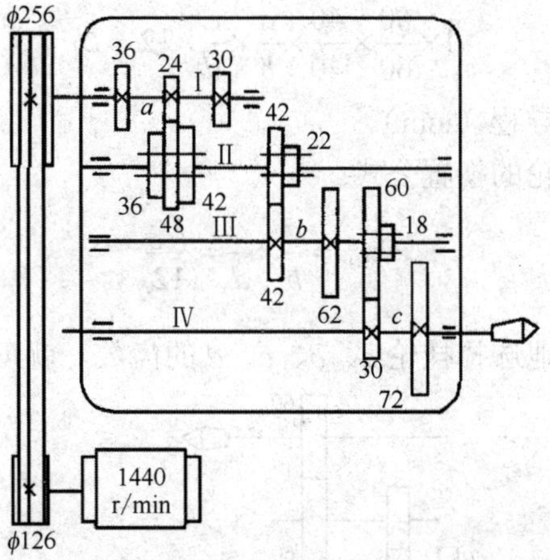

图 7-34　12 级变速车床主传动系统图

3）主轴转数级数计算

根据前述主传动路线表达式可知，主轴正转时，利用各滑移齿轮组齿轮轴向位置的各种不同组合，主轴可得 3×2×2=12 级正转转速。同理，当电动机反转时，主轴可得 12 级反转转速。

4）运动计算

机床运动计算通常有两种情况：

（1）根据传动路线表达式提供的有关数据，确定某些执行件的运动速度或位移量；

（2）根据执行件所需的运动速度、位移量，或有关执行件之间需要保持的运动关系，确定相应传动链中换置机构的传动比，以便进行调整。

例 1．根据图 7-34 所示的主传动系统，计算主轴转速。

主轴各级转速数值可应用下列运动平衡式进行计算：

$$n_{主}=n_{电}\times\frac{D}{D'}(1-\varepsilon)\times\frac{Z_{\text{I-II}}}{Z'_{\text{I-II}}}\times\frac{Z_{\text{II-III}}}{Z'_{\text{II-III}}}\times\frac{Z_{\text{III-IV}}}{Z'_{\text{III-IV}}}$$

式中　$n_{主}$——主轴转速（r/min）；

$n_{电}$——电动机转速（r/min）；

D、D'——分别为主动、被动皮带轮直径（mm）；

ε——三角带传动的滑动系数，可近似地取 ε=0.02；

$Z_{\text{I-II}}$、$Z_{\text{II-III}}$、$Z_{\text{III-IV}}$及$Z'_{\text{I-II}}$、$Z'_{\text{II-III}}$、$Z'_{\text{III-IV}}$——分别为 Ⅰ-Ⅱ、Ⅱ-Ⅲ、Ⅲ-Ⅳ轴之间主动和被动齿轮齿数。

主轴各级转速均可由上述运动平衡式计算出来，如针对图 7-34 计算所得主轴最高转速和最低转速分别为

$$n_{主max} = 1440 \times \frac{126}{256} \times (1-0.02) \times \frac{36}{36} \times \frac{42}{42} \times \frac{60}{30} = 1440\text{（r/min）}$$

$$n_{主min} = 1440 \times \frac{126}{256} \times (1-0.02) \times \frac{24}{48} \times \frac{22}{62} \times \frac{18}{72} = 31.5\text{（r/min）}$$

例 2　根据图 7-35 所示的车削螺纹进给传动链，确定挂轮变速机构的换置公式。

由图 7-35 得到的运动平衡式为

$$1 \times \frac{60}{60} \times \frac{40}{40} \times \frac{a}{b} \times \frac{c}{d} \times 12 = L_工$$

式中　$L_工$——被加工螺母的导程（mm）。

将上式化简后，得到挂轮的换置公式：

$$u_挂 = \frac{a}{b} \times \frac{c}{d} = \frac{L_工}{12}$$

应用此换置公式，适当地选择挂轮 a、b、c、d 的齿数，就可车削出导程为 $L_工$的螺纹。

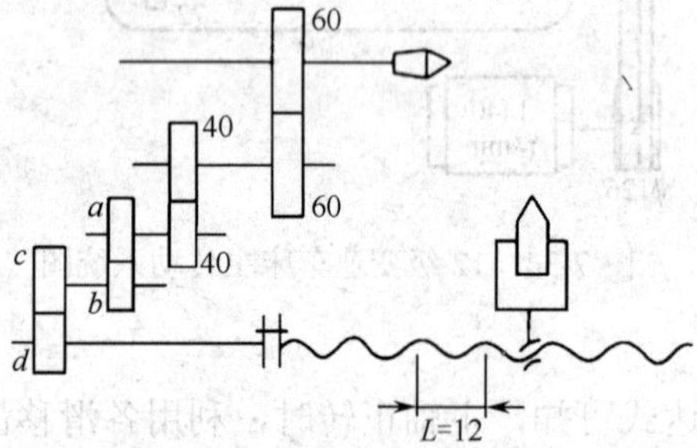

图 7-35　车削螺纹进给传动链

7.2.4　数控机床简介

数字控制机床（简称数控机床）是一种安装了程序控制系统的机床，该系统能逻辑地处理具有使用号码或其他符号编码指令规定的程序。数控机床是综合应用了机械制造技术，微电子技术，信息处理、加工、传输技术，自动控制技术，伺服驱动技术，监测监控技术，传感器技术和软件技术等最新成果而发展起来的完全新型的自动化机床，它标志着机床工业进入了一个新阶段。它的出现和发展，有效地解决了多品种、小批量生产精密、复杂零件的自动化问题。

1．数控机床的特点及适应范围

1）加工精度高

因为数控机床是按照预定的加工程序自动进行加工的，加工过程消除了操作者的人为误差，所以同批零件加工尺寸的一致性好，而且加工误差还可以由数控装置进行补偿。另外，数控机床的传动系统采用无间隙的滚珠丝杠、滚动导轨和零间隙的齿轮机构等，大大提高了机床传动刚度、运动精度与重复精度。

2）对加工对象的适应性强

数控机床能适应不同品种、规格和尺寸的零件加工。当改变加工零件时，只需用通用夹具装夹零件、更换刀具、更换加工程序，就可立即进行加工。计算机控制系统能利用系统控制软件灵活地增加或改变控制系统的功能，能适应生产发展的需要。因此，数控加工方法为新产品的试制及单件、小批生产的自动化提供了极大的方便，或者说数控机床具有很好的“柔性”。

3）能加工形状复杂的零件

采用两轴以上联动的数控机床，可以加工母线为曲线的回转体、凸轮和各种复杂空间曲面的零件，能完成卧式机床难以完成的加工，能自动控制多个坐标联动，因此可以加工一般通用机床很难甚至不能加工的复杂曲面。例如，船用螺旋桨是空间曲面体，复杂零件加工时采用断面铣刀、五轴联动卧式数控机床才能进行加工。对于用数学方程式或型值点表示的曲面，加工尤为方便。

4）加工生产率高

在数控机床上加工，对工夹具要求低，只需通用的夹具，又免去划线等工作，加工准备时间大大缩短；数控机床有较高的重复精度，可以省去加工过程中对零件的多次测量和检验时间；对箱体类零件采用加工中心进行加工，可以实现一次装夹，多面加工，生产效率的提高更为明显。

5）有利于向更高级的制造系统发展

数控机床是机械加工自动化的基本设备，柔性制造单元（FMC）、柔性制造系统（FMS）及计算机集成制造系统（CIMS）都是以数控机床为主体，根据不同的加工要求、不同的对象，由一台或多台数控机床，配合其他辅助设备（如运输小车、机器人、可换工作台、立体仓库等）而构成的自动化生产系统。数控机床具有通信接口，易于进行计算机间的通信，形成计算机辅助设计与制造紧密结合的一体化的系统，同时也为实现制造系统的快速重组及网络制造等先进制造系统创造了条件。

6）使用、维修技术要求高，机床价格较昂贵

根据以上特点，数控机床最适合在单件、小批量生产条件下使用，加工具有下列特点的零件：用卧式机床难以加工的形状复杂的曲线、曲面零件；结构复杂、要求多部位、多工序加工的零件；价格昂贵、不允许报废的零件；要求精密复制或准备多次改变设计的零件。

2．数控机床的工作原理及组成

数控机床加工零件时，首先按照加工零件图纸的要求编制加工程序，即数控机床的工作指令，把这种信息记录在信息载体上（如穿孔带、磁带或磁盘等），输送给数控装置。数控装置对输入的信息进行处理之后，向机床各坐标的伺服系统发出数字信息，控制机床主运动的启停、变速，进给运动的方向、速度和位移，以及其他诸如换刀、工件装夹、冷却润滑等动作，使刀具与工件及其他辅助装置严格按数控程序规定的顺序、路线和参数，自动地加工出符合图样要求的工件。总之，数控加工的工作过程是围绕信息的交换进行的。从零件图到加工出工件需经过信息的输入、信息的输出和对机床的控制等几个主要环节。所有这些工作都由计算机进行合理的组织，使整个系统有条不紊地工作。

数控机床的基本结构如图7-36所示，主要由控制介质、数控装置、伺服装置、辅助控制装置、检测装置和机床本体组成。

1）控制介质

数控加工程序是数控机床自动加工零件的工作指令。在对零件进行工艺分析的基础上，应确定：

（1）零件坐标系，即零件在机床上的安装位置；

（2）刀具与零件相对运动的尺寸参数；

（3）零件加工顺序；

（4）主运动的启停、换向和变速等；

（5）进给运动的速度、方向和位移量等工艺参数；

（6）辅助装置的动作。

这些加工信息用标准的数控代码，按规定的方法和格式，编制零件加工的数控程序。编制数控程序既可由人工进行，也可由计算机或数控装置完成，程序记录在控制介质（如纸带、磁带或磁盘）上。

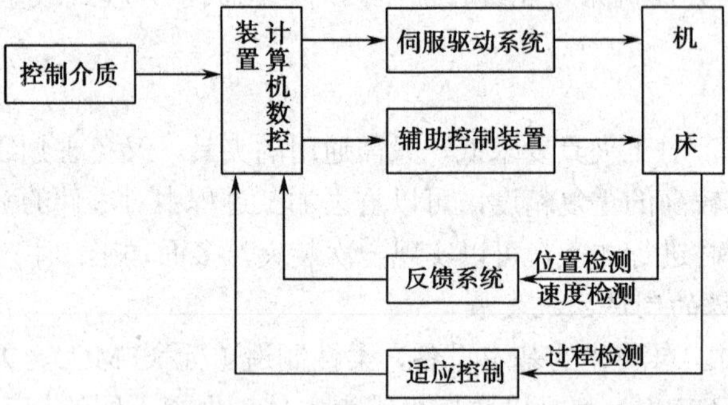

图 7-36　数控机床的基本结构

2）数控装置

数控装置是数控机床的中枢。它接受输入装置送来的控制介质上的信息，进行编译、运算和逻辑处理后，输出各种信号和指令给伺服驱动系统和主运动控制部分，控制机床的各部分进行有序的动作。

3）伺服系统

该系统是数控设备位置控制的执行机构。它的作用是将数控装置输出的位置指令经功率放大后，迅速、准确地转换为位移量或转角。

4）检测装置

该装置用来检测数控设备工作机构的位置或驱动电动机转角等，用作闭环、半闭环系统位置的反馈。

5）机电接口电路

该电路通常由 PLC 控制器组成。它执行数控设备上的各种装置（如辅助电动机、电磁铁、离合器、电磁阀等）的开、停、连锁、互锁指令；数控设备的急停、循环启动、进给保持、行程超限、报警、程序停止、复位、冷却泵启停、强电与弱电的相互转换是电气传动控制技术的内容。

6）机床主机

与传统的机床相比，数控机床的外部造型、整体布局、传统系统与刀具系统的部件结构及操作机构等方面都发生了很大的变化。这种变化的目的是为了满足数控技术的要求和充分发挥数控机床的特点。例如，采用轻巧的滚珠丝杠进行传动，采用滚动导轨或贴塑导轨消除爬行，采用带有刀库及机械手的自动换刀装置来实现自动快速换刀，以及采用高性能的主轴系统，并努力提高机械结构的动刚度和阻尼精度等。因此，必须建立数控机床设计的新概念。

3．数控机床的分类

1）按工艺用途分类

（1）金属切削类数控机床。这类机床和传统的通用机床品种一样，有数控车床、数控铣床、数控镗床及加工中心等。加工中心是带有一个容量较大的刀库（可容纳的刀具数量一般为 10～120 把）和自动换刀装置，使零件能在一次装夹中完成大部分甚至全部加工工序的数控机床。典型的加工中心有镗铣加工中心和车削加工中心。镗铣加工中心（如图 7-37 所示）主要用于形状复杂、需进行多面多工序（如铣、钻、镗、铰和攻螺纹等）加工的箱体零件。

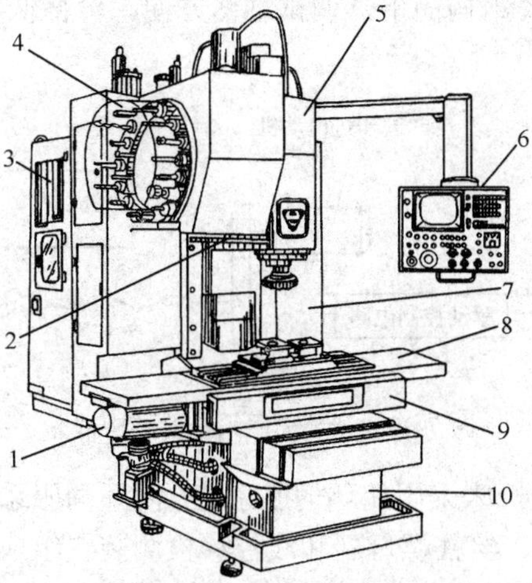

1—直流伺服电机；2—换刀装置；3—数控柜；4—盘式刀库；5—主轴箱；
6—机床操作面板；7—驱动电源柜；8—工作台；9—滑座；10—床身

图 7-37 JCS—018A 型立式加工中心

（2）金属成形类数控机床。这类机床有数控折弯机、数控弯管、数控回转头压力机等。

（3）数控特种加工及其他类型数控机床。这类机床有数控线切割机床、数控电火花加工机床、数控激光切割机床和数控火焰切割机床等。

2）按控制运动的方式分类

（1）点位控制数控机床。这类机床只对点位置进行控制，即机床的数控装置只控制刀具或机床工作台，从一点准确地移动到另一点。这类被控对象在移动时并不进行加工，因此移动的路径并不重要。定位精度和定位速度是该类机床的基本要求。为了减少移动部件的运动与定位时间，并保证良好的定位精度，一般应先以高速移动至终点附近位置，然后以低速准确移动到终点定位位置。采用点位控制的数控机床有数控钻床、数控镗床和数控冲床等。

（2）直线控制数控机床。这类机床不仅控制刀具或工作台从一点准确地移动到另一点，而且还要保证两点之间的运动轨迹为一条直线。由于刀具相对于零件移动时要进行加工，所以要求该类系统的移动速度均匀，且要求它的伺服系统有足够的功率、宽的调速范围和优良的动态特性。这类数控设备有数控车床、数控镗床和加工中心等。

（3）轮廓控制数控机床。这类机床能对两个或两个以上的坐标轴同时进行控制，实现任意坐标平面内的曲线或空间曲线的加工。它不仅能控制数控设备移动部件的起点和终点坐标，而且还能控制整个加工过程每一点的速度和位移量，以及加工轨迹。数控机床在加工过程中需要不断地进行插补运算，并进行相应的速度与位移控制。这类数控设备有数控铣床和数控磨床等。

3）按伺服系统类型分类

数控机床的伺服系统按工作原理可分为开环控制系统、闭环控制系统和半闭环控制系统等。

（1）开环控制系统。该系统用功率步进电动机作为执行机构。开环伺服系统一般由步进电动机、配速齿轮和丝杠螺母副等组成（见图 7-38）。步进电动机每接收一个电脉冲信号，它就转过一定角度，这个角度称为步距角。步进电动机的步距角通常为 0.75° 或 1.5° 。为了得到要求的脉冲当量，在步进电动机与传动丝杠之间设有配速齿轮。由于开环伺服系统没有检测反馈装置，不能对运动部件的实际位移量进行检验，也不能进行误差校正，故其位移精度主要取决于步进电动机的步距角精度、配速齿轮和丝杠螺母副的制造精度与间隙，使得机床加工精度的提高受到限制。但开环伺服系统结构简单，调试维修方便，价格低廉，因此适用于中、小型的经济型数控机床。

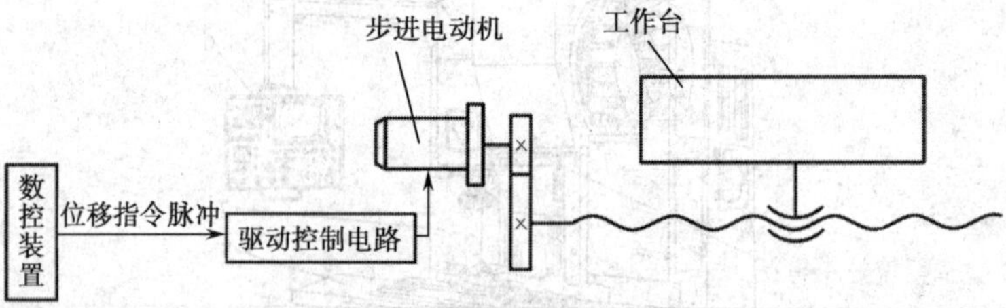

图 7-38 开环伺服系统的结构框图

（2）闭环控制系统。这类机床采用闭环伺服系统，闭环伺服系统通常由直流伺服电动机（或交流伺服电动机）、配速齿轮、丝杠螺母副和线位移检测装置组成，如图 7-39 所示。安装在机床工作台上的直线位移检测装置将检测到的工作台实际位移值反馈到数控装置中，与指令要求的位置进行比较，用差值进行控制，直至差值为零。从理论上讲，这类机床运动部件的位移精度主要取决于检测装置的检测精度，而与机床传动链的精度无关。闭环控制系统可保证机床达到很高的位移精度，但由于闭环控制系统比较复杂，调整、维修比较困难，所以一般应用在高精度的数控机床上。

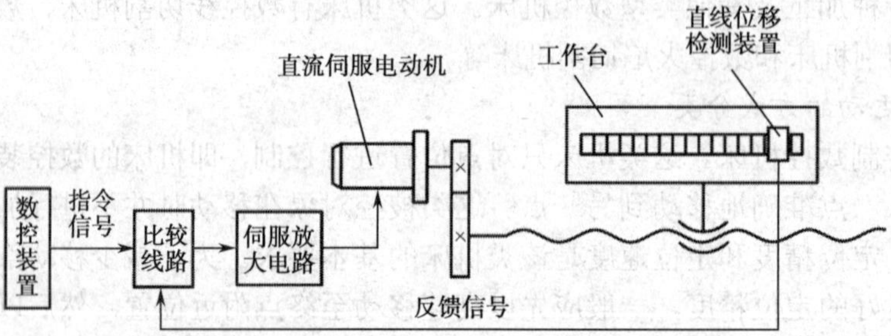

图 7-39 闭环伺服系统的结构框图

（3）半闭环控制系统。这类机床的伺服系统也属于闭环控制的范畴，只是角位移检测装置不是装在机床工作台上，而是装在传动丝杠或伺服电动机轴上，如图 7-40 所示。由于丝杠螺母副等传动机构不在控制环内，它们的误差不能进行校正，所以这种机床的精度不及闭环控制系统，但其位移检测装置结构简单，系统的稳定性较好，调试较容易，因此应用得比较广泛。

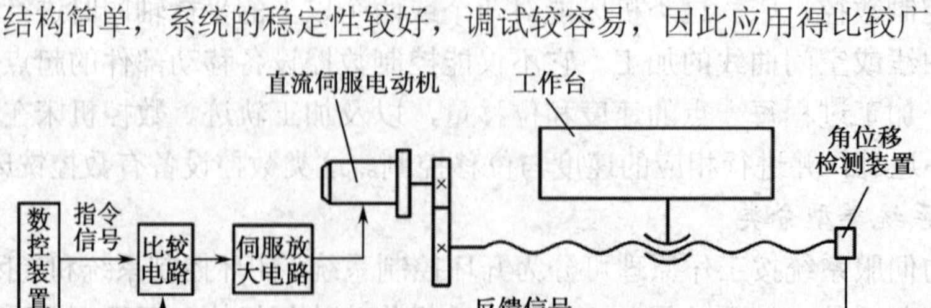

图 7-40 半闭环伺服系统的结构框图

数控机床的编程本章不再介绍，可参考其他章节或相关资料。

思考与练习题

7-1 简述刀具材料应具备的基本要求和刀具材料的种类。

7-2 常用的高速钢刀具材料有哪几种？适用的范围是什么？硬质合金的牌号种类很多，它们各有何特点？

7-3 切削加工时，切削运动与加工表面的形状有何关系？

7-4 外圆车刀有哪几个主要角度，如何定义？主要作用是什么？

7-5 车削时切削合力为什么常分解为三个相互垂直的分力来分析？试说明这三个分力的作用。

7-6 切削热对加工有何影响？如何降低切削温度？

7-7 切削热是如何产生和传出的？仅从切削热产生的多少能否说明切削区温度的高低？

7-8 按加工性质和所用刀具不同，机床可分为哪几类？

7-9 已知刀具角度 $\gamma_0=30°$，$\alpha_0=10°$，$\alpha'_0=8°$，$\kappa_r=45°$，$\kappa'_r=15°$，$\lambda_s=-30°$，请绘出刀具切削部分。

7-10 说明下列机床型号的意义：X6132，X5032，C6132，Z3040，T6112，Y3150，C1312，B2010A。

7-11 切削过程的三个变形区各有何特点？它们之间有什么关联？

7-12 金属切削的变形过程有何特征？用什么参数来表示和比较？

7-13 分析积屑瘤产生的原因及其对加工的影响，生产中最有效的控制积屑瘤的手段是什么？

7-14 何谓外联系传动链？何谓内联系传动链？对这两种传动链有何不同要求？试举例说明。

7-15 根据题图 7-15 所示的传动系统图，试列出其传动链，并求：(a) 主轴 V 有几级转速？(b) 主轴 V 的最高转速和最低转速各为多少？

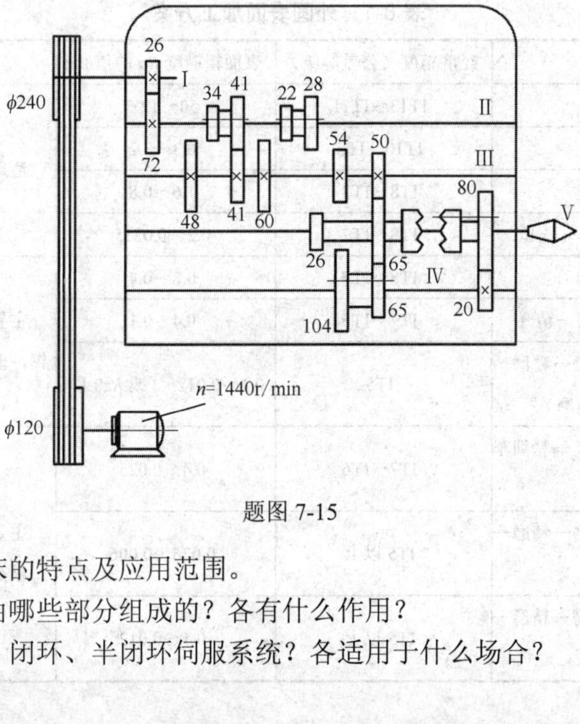

题图 7-15

7-16 简述数控机床的特点及应用范围。

7-17 数控机床是由哪些部分组成的？各有什么作用？

7-18 什么是开环、闭环、半闭环伺服系统？各适用于什么场合？

第8章　常用零件表面的加工方法

机械零件尽管种类繁多，结构复杂程度不一，但其表面形状不外乎是几种基本形状：平面、圆柱面、圆锥面及各种成形面。某一种表面又可以采用多种方法加工，可以根据零件具体表面的加工要求、零件的结构特点及材料的性质等因素来选用相应的加工方法，选择的基本原则是在保证加工质量的前提下，使生产成本降低。

8.1　外圆表面加工

8.1.1　外圆表面的加工方法

轴类和盘、套类零件是具有外圆表面的典型零件。外圆表面常用的机械加工方法有车削、磨削和各种光整加工方法。车削加工是外圆表面经济有效的加工方法，但就其经济精度来说，一般适合用作外圆表面的粗加工和半精加工；磨削加工是外圆表面的主要精加工方法，特别适用于各种高硬度和淬火后零件的精加工；光整加工是精加工之后进行的超精密加工方法（如滚压、抛光、研磨等），适用于某些精度和表面质量要求很高的零件。

由于各种加工方法所能达到的经济加工精度、表面粗糙度、生产率和生产成本各不相同，所以必须根据具体情况，选用合理的加工方法，从而加工出满足零件图纸上要求的合格零件。外圆表面的各种加工方案、经济精度和表面粗糙度详见表8-1。

表8-1　外圆表面加工方案

序号	加工方法	经济精度（公差等级）	表面粗糙度 *Ra* 的值/μm	使用范围
1	粗车	IT13～IT11	50～12.5	适用于淬火钢以外的各种金属
2	粗车—半精车	IT10～IT8	6.3～3.2	
3	粗车—半精车—精车	IT8～IT7	1.6～0.8	
4	粗车—半精车—精车—滚压	IT8～IT7	0.2～0.0255	
5	粗车—半精车—磨削	IT8～IT7	0.8～0.4	主要用于淬火钢，也可用于未淬火钢，但不适用于有色金属
6	粗车—半精车—粗磨—精磨	IT7～IT6	0.4～0.1	
7	粗车—半精车—粗磨—精磨—超精加工（或轮式超精磨）	IT5	0.1～0.012　（或 *Rz*0.1）	
8	粗车—半精车—精车—精细车（金刚车）	IT7～IT6	0.4～0.025	主要用于要求较高的有色金属极高精度的外圆加工
9	粗车—半精车—粗磨—精磨—超精磨（或镜面磨）	IT5 以上	0.025～0.006	
10	粗车—半精车—粗磨—精磨—研磨	IT5 以上	0.1～0.012	

8.1.2 外圆表面的车削加工

1．车削的工艺特点

1）易于保证零件各加工面的位置精度

车削时，零件各表面具有相同的回转轴线（车床主轴的回转轴线）。在一次装夹中加工同一个零件的外圆、内孔、端平面和沟槽等，能保证各外圆轴线之间及外圆与内孔轴线间的同轴度要求。

2）生产率较高

除了车削断续表面之外，一般情况下车削过程是连续进行的，不像铣削和刨削，在一次走刀过程中刀齿多次切入和切出，产生冲击。并且当车刀几何形状、背吃刀量和进给量一定时，切削层公称横截面积是不变的，切削力变化很小，切削过程可采用高速切削和强力切削，生产效率高。车削加工既适用于单件小批量生产，也适用于大批量生产。

3）生产成本较低

车刀是刀具中最简单的一种，其制造、刃磨和安装均较方便，刀具费用低，车床附件多，装夹及调整时间较短，加上切削生产率高，因此车削成本较低。

4）适于车削加工的材料广泛

除难以切削的 30HRC 以上的高硬度淬火钢件外，可以车削黑色金属、有色金属及非金属材料（有机玻璃、橡胶等），特别适合于有色金属零件的精加工。因为某些有色金属零件材料的硬度较低，塑性较大，若用砂轮磨削，软的磨屑易堵塞砂轮，难以得到粗糙度低的表面，所以当有色金属零件表面粗糙度值要求较小时，不宜采用磨削加工，而要用车削或铣削等方法精加工。

2．车床

1）车床的用途

车床主要用于加工零件的各种回转表面，如内、外圆柱表面，内、外圆锥表面，成形回转表面和回转体的端面等，有些车床还能车削螺纹表面。由于大多数机器零件都具有回转表面，并且大部分需要用车床来加工，所以车床是一般机器制造厂中应用最广泛的一类机床，约占机床总数的 35%～50%。

在车床上，除使用车刀进行加工之外，还可以使用各种孔加工刀具（如钻头、铰刀、镗刀等）进行孔加工，或者使用螺纹刀具（丝锥、板牙）进行内、外螺纹加工。

2）车床的运动

（1）工件的旋转运动：是车床的主运动，其特点是速度较高，消耗功率较大。

（2）刀具的直线移动：是车床的进给运动，使毛坯上新的金属层被不断投入切削，以便切削出整个加工表面。

上述运动是车床形成加工表面形状所需的表面成形运动。车床上车削螺纹时，工件的旋转运动和刀具的直线移动则形成螺旋运动，是一种复合成形运动。

3）车床的分类

为适应不同的加工要求，车床分为很多种类。按结构和用途不同，车床可分为卧式车床（如图 8-1 所示）、立式车床（如图 8-2 所示）、转塔车床、回轮车床、落地车床、液压仿形及多刀自动和半自动车床、各种专用车床（如曲轴车床、凸轮车床等）、数控车床和车削加工中心等。

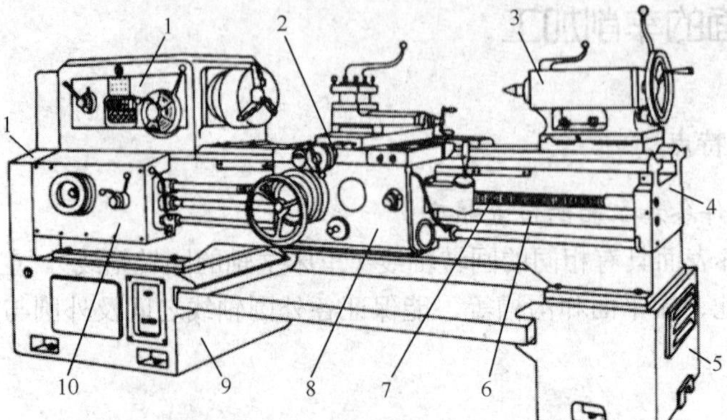

1—主轴箱；2—中滑板；3—尾架；4—床鞍；5、9—床腿；6—光杠；

7—丝杠；8—溜板箱；10—进给箱；11—挂轮变速机构

图 8-1 CA6140 型卧式车床

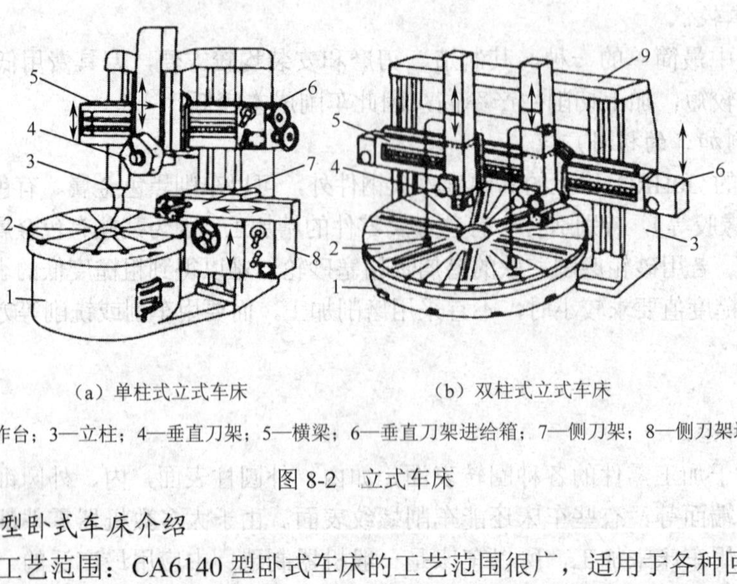

（a）单柱式立式车床　　（b）双柱式立式车床

1—底座；2—工作台；3—立柱；4—垂直刀架；5—横梁；6—垂直刀架进给箱；7—侧刀架；8—侧刀架进给箱；9—横梁

图 8-2 立式车床

4）CA6140 型卧式车床介绍

（1）机床的工艺范围：CA6140 型卧式车床的工艺范围很广，适用于各种回转表面的加工，如车削内、外圆柱面、圆锥面、环槽及成形回转面；车削端面及各种常用螺纹；还可以进行钻孔、扩孔、铰孔、滚花、攻螺纹和套螺纹等工作。其加工的典型表面见图 8-3。

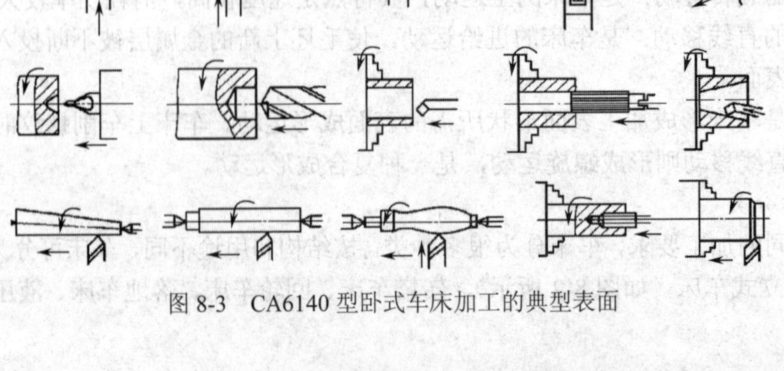

图 8-3 CA6140 型卧式车床加工的典型表面

（2）卧式车床的组成及其功能：CA6140 型卧式车床的通用性较强，但机床的结构复杂且自动化程度低，加工过程中的辅助时间较长，适用于单件、小批量生产及修理车间。CA6140 型卧式车床由床身、床头箱、变速箱、进给箱、光杠、丝杠、溜板箱、刀架、床腿和尾座等部分组成，如图 8-1 所示。

主轴箱：固定在机床身的左端，装在主轴箱中的主轴通过卡盘等夹具装夹工件。主轴箱的功用是支撑并传动主轴，使主轴带动工件按照规定的转速旋转。

床鞍和刀架部件：位于床身的中部，并可沿床身上的刀架轨道做纵向移动。刀架部件位于床鞍上，其功能是装夹车刀，并使车刀做纵向、横向或斜向运动。

光杠和丝杠：将进给箱的运动传给溜板箱。光杠用于一般车削的自动进给，不能用于车削螺纹。丝杠用于车削螺纹。

尾座：位于床身的尾座轨道上，并可沿导轨纵向调整位置。尾座的功能是用后顶尖支撑工件。在尾座上还可以安装钻头等加工刀具，以进行孔加工。

进给箱：固定在床身的左前侧、主轴箱的底部。其功能是改变被加工螺纹的螺距或机动进给的进给量。

溜板箱：固定在刀架部件的底部，可带动刀架一起做纵向、横向进给，快速移动或螺纹加工。在溜板箱上装有各种操作手柄及按钮，工作时工人可以方便地操作机床。

床身：固定在左床腿和右床腿上。床身是机床的基本支撑件。在床身上安装着机床的各个主要部件，工作时床身使它们保持准确的相对位置。

（3）机床的传动系统：如图 8-4 所示为 CA6140 型卧式车床的传动系统图。图中左上方的方框内表示机床的主轴箱，框中是从主电动机到车床主轴的主运动传动链。传动链中的滑移齿轮变速机构，可使主轴得到不同的转速；片式摩擦离合器换向机构，可使主轴得到正、反向转速。左下方框表示进给箱，右下方框表示溜板箱。从主轴箱中下半部分传动件，到左外侧的挂轮机构、进给箱中的传动件、丝杠或光杠，以及溜板箱中的传动件，构成了从主轴到刀架的进给传动链。进给换向机构位于主轴箱下部，用于切削左旋或右旋螺纹。挂轮或进给箱中的变换机构，用来决定将运动传给丝杠还是光杠，若传给丝杠，则经过丝杠和溜板箱中的开合螺母，把运动传给刀架，实现切削螺纹传动链；若传给光杠，则通过光杠和溜板箱中的转换机构传给刀架，形成机动进给传动链。溜板箱中的转换机构用来确定是纵向进给或是横向进给。

主运动传动链：运动由主电动机经 V 带轮传动副 ϕ130mm/ϕ230mm 传至主轴箱中的轴Ⅰ，轴Ⅰ上装有双向多片摩擦离合器 M_1，使主轴正转、反转或停止。主运动传动链的传动路线为

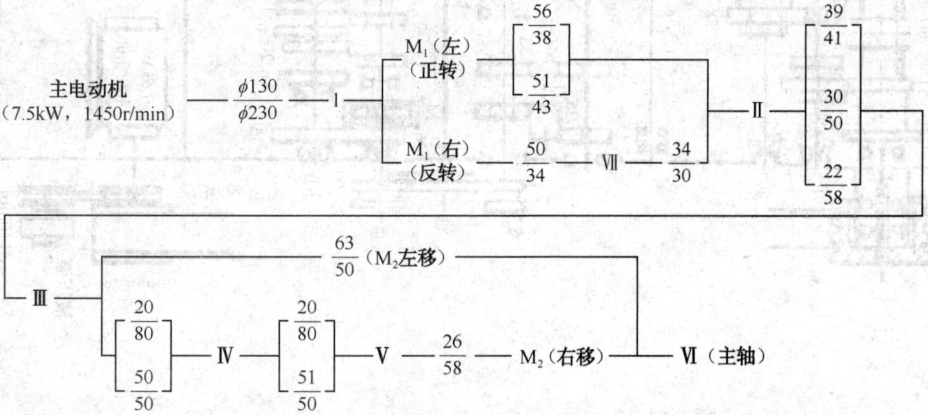

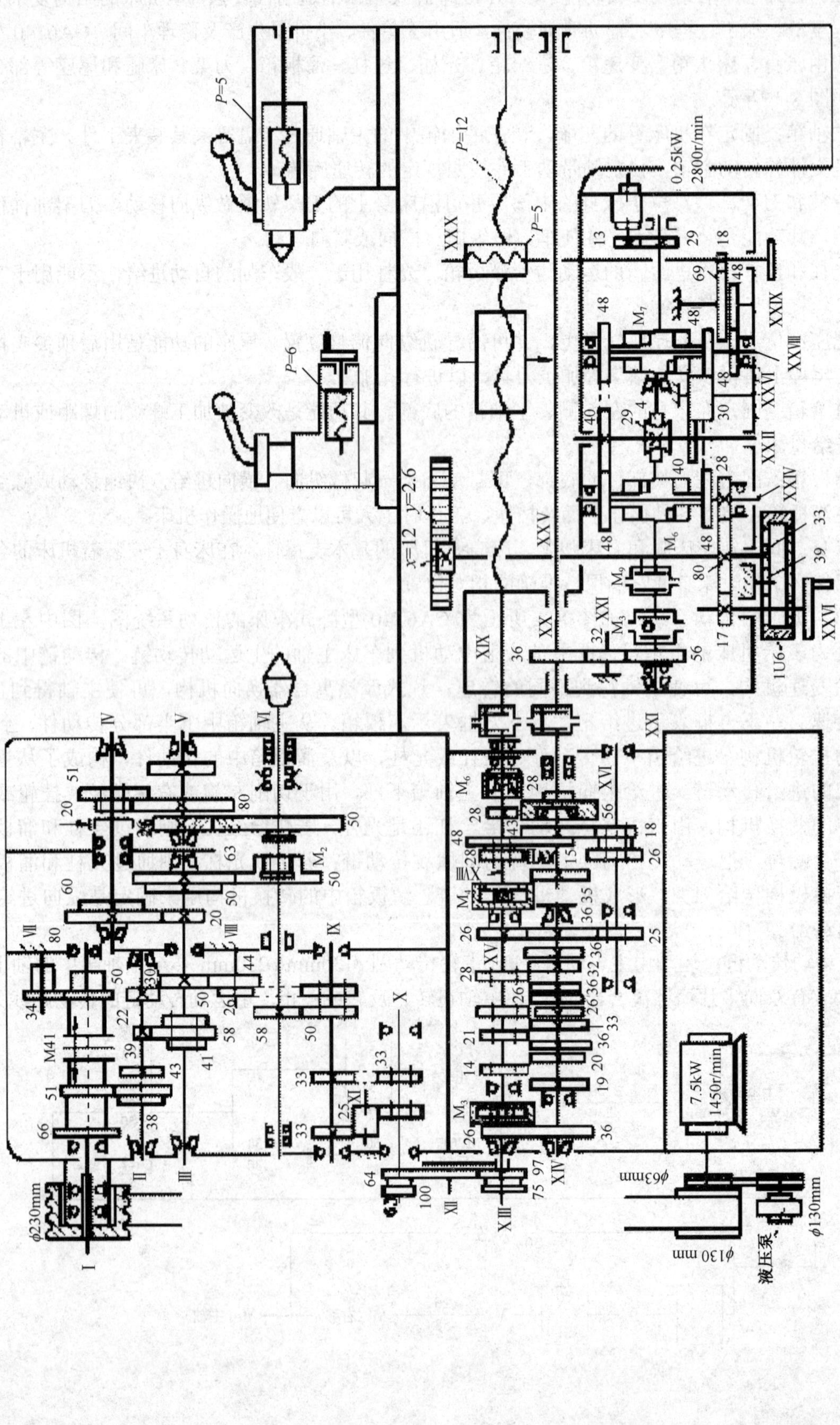

图8-4 CA6140型卧式车床的传动系统图

由传动路线表达式可以看出，主轴可获得 2×3×[（2×2）+1]=30 级正转转速。轴Ⅲ至轴Ⅴ间的两组双联滑移齿轮变速组的 4 种传动比为

$$u_1=\frac{20}{80}\times\frac{20}{80}=\frac{1}{16};\qquad u_2=\frac{20}{80}\times\frac{51}{50}\approx\frac{1}{4};$$

$$u_3=\frac{50}{50}\times\frac{20}{80}=\frac{1}{4};\qquad u_4=\frac{50}{50}\times\frac{50}{50}=1$$

式中，$u_2=u_3$，这样实际只有 3 种不同的传动比，因此主轴只能获得 2×3×[(2×2−1)+1]=24 级正转转速。同理，主轴可获得 3×[(2×2−1)+1]=12 级反转转速。

主轴反转时，轴Ⅰ—Ⅱ间传动比的值大于正转时传动比的值，因此反转转速大于正转转速。主轴反转一般不用于切削，而是用于车削螺纹，在切削完一刀后，使车刀沿螺旋线退回，以免下一次切削时“乱扣”。转速高，可节省辅助时间。

进给运动的传动：进给运动是通过主轴至刀架之间的传动系统来实现的。纵向进给一般用于外圆车削，而横向进给用于端面车削。车削的进给量以主轴每转一转，刀具移动的距离来计算。因此，其传动链是从主轴开始，通过一系列传动到刀架为止。传动路线可按分析主运动传动的方法进行分析。

通过操纵手柄可以调整主轴转速和进给量，从机床上有关标牌中查出操纵手柄应在的位置即可实现。

3．车削的应用

1）外圆车削的形式和加工精度

外圆车削是一种最常见、最基本的车削方法，其主要形式见图 8-5。

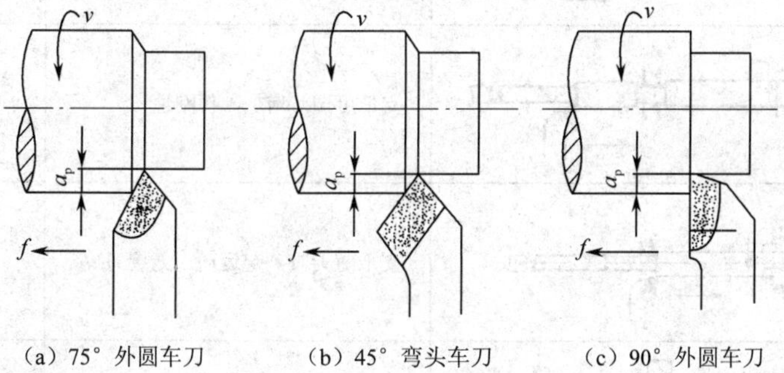

（a）75° 外圆车刀　（b）45° 弯头车刀　（c）90° 外圆车刀

图 8-5　外圆车削的形式

外圆车削一般可划分为荒车、粗车、半精车、精车和精细车，各种车削方案所能达到的加工精度和表面粗糙度各不相同，必须合理地选用，详见表 8-1。

2）外圆车削工件的装夹方法

外圆车削加工单一轴线的零件时，如直轴、一般盘和套类零件等，最常见的工件装夹方法见表 8-2。

3）车刀的结构形式

车刀按结构不同可分为整体式、焊接式、机夹重磨式和机夹可转位式四种。

整体式车刀是将车刀的切削部分与夹持部分用同一种材料制成，如尺寸不大的高速钢车刀常用这种结构。

表 8-2 最常见的车削工件装夹方法

名 称	装夹简图	装夹特点	应 用
三爪卡盘	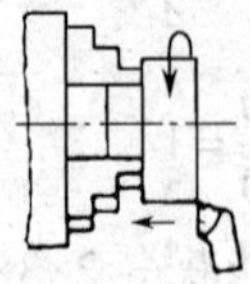	三个卡爪可同时移动，自动定心，装夹迅速方便	长径比小于 4，截面为圆形或六方体的中、小型工件加工
四爪卡盘	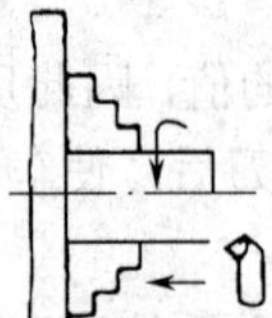	四个卡爪都可单独移动，装夹工件需要找正	长径比小于 4，截面为方形、椭圆形的较大、较重的工件
花盘	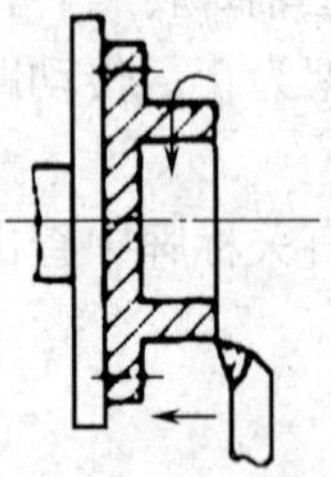	盘面上多通槽和 T 形槽，使用螺钉、压板装夹，装夹前需找正	形状不规则的工件、孔或外圆与定位基面垂直的工件的加工
双顶尖	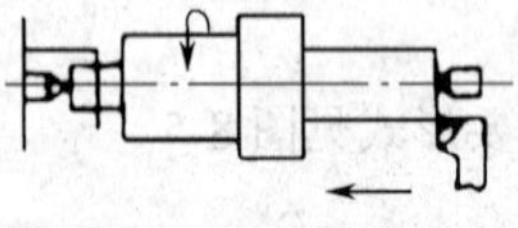	定心正确，装夹稳定	长径比为 4～15 的实心轴类零件加工
双顶尖中心架	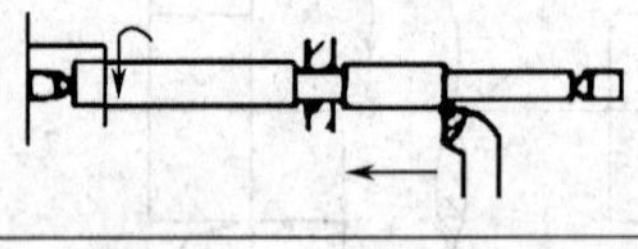	支爪可调，增加工件刚性	长径比大于 15 的细长轴工件粗加工
一夹一顶跟刀架	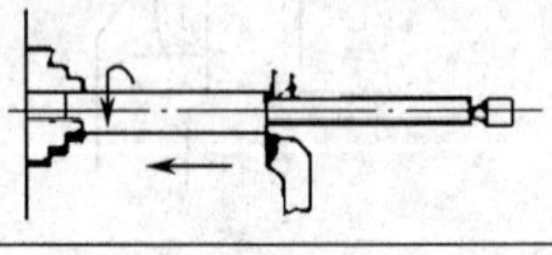	支爪随刀具一起运动，无接刀痕	长径比大于 15 的细长轴工件半精加工、精加工
心轴	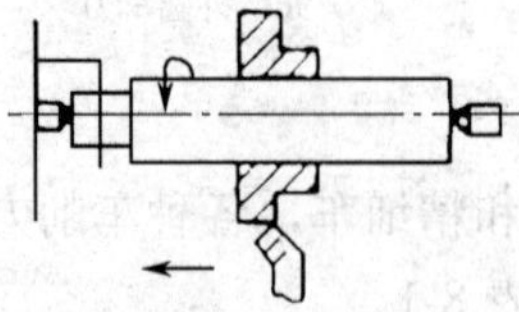	能保证外圆、端面对内孔的位置精度	以孔为定位基准的套类零件的加工

焊接式车刀是在碳钢刀杆（常用 45 钢）上根据刀片的形状和尺寸铣出刀槽后将硬质合金刀片钎焊在刀槽中，然后刃磨出所需的几何参数。焊接式车刀结构简单、紧凑、刚性好、灵活性大，可根据切削要求较方便地刃磨出所需角度，因此应用广泛。但经高温钎焊的硬质合金刀片易产生应力和裂纹，切削性能有所下降，并且刀杆不能重复使用，浪费较大。

机夹重磨式车刀的刀片与刀杆是两个可拆的独立元件，切削时靠夹紧元件将它们紧固在一起，由于避免了因焊接产生的缺陷，故可提高刀具的切削性能，并且刀杆可多次使用。

机夹可转位式车刀是将有合理几何参数、断屑槽并有几个切削刃的多边形刀片，用机械夹固的方法装夹在标准刀杆上，以实现切削的一种刀具结构。当刀片的一个切削刃磨钝后，松开夹紧元件，把刀片转位换成另一个新切削刃，便可继续使用。与焊接式车刀相比，机夹可转位式车刀具有切削效率高，刀片使用寿命长，刀具消耗费用低等优点。可转位车刀的刀杆可重复使用，节省了刀杆材料。刀杆和刀片可实现标准化、系列化，有利于刀具的管理工作。如图 8-6 所示为常用车刀的结构示意图。

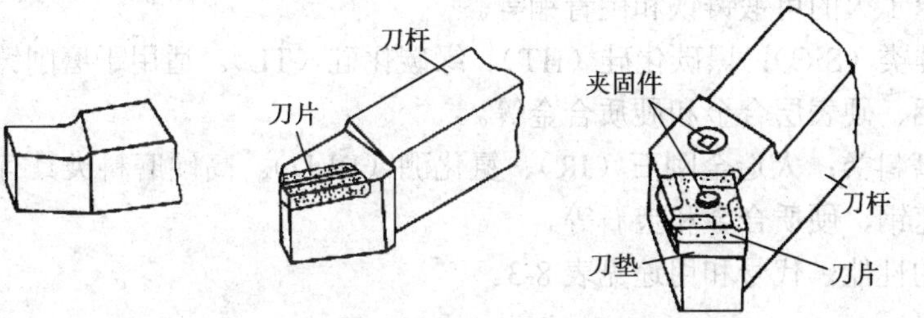

（a）整体式车刀　（b）焊接式车刀　（c）机夹可转位式车刀

图 8-6　常用车刀的结构示意图

4）外圆车刀的选择和装夹

外圆车刀应根据外圆表面加工方案选择。粗车外圆要求外圆粗车刀强度高，能在切削深度大或走刀速度快的情况下保持刀头坚固。精车外圆要求外圆车刀刀刃锋利、光洁。如图 8-5 所示，主偏角 k_r=75° 的外圆车刀刀头强度高，生产中常选用为外圆粗车刀；主偏角 k_r=45° 的弯头车刀，使用方便，还可以车端面和倒角，但因其副偏角 k_r' 大，工件表面加工粗糙，所以不适于精加工；主偏角 k_r=90° 的外圆车刀可用于粗车或精车，还可车削有垂直台阶的外圆和细长轴。

车刀在刀架上的安装高度，一般应使刀尖在与工件旋转轴线等高的地方，安装时可用尾架顶尖作为标准，或在工件端面车一个印痕，就可知道轴线位置，把车刀调整安装好。

车刀在刀架上的位置，一般应垂直于工件旋转轴线，否则会引起主偏角 k_r 的变化，还可能使刀尖扎入工件的已加工表面或影响表面粗糙度质量。

8.1.3　外圆表面的磨削加工

用磨具以较高的线速度对工件表面进行加工的方法称为磨削。磨削加工是一种多刀多刃的高速切削方法，它适用于零件精加工和硬表面的加工。

磨削的工艺范围很广，可以划分为粗磨、精磨、细磨及镜面磨。各种磨削方案所能达到的经济精度和表面粗糙度值见表 8-1。

磨削加工采用的磨具（或磨料）具有颗粒小、硬度高、耐热性好等特点，因此可以加工较硬的金属材料和非金属材料，如淬硬钢、硬质合金刀具、陶瓷等；加工过程中同时参与切削运动的颗粒多，能切除极薄极细的切屑，因而加工精度高，表面粗糙度值小。磨削加工作为一种精加工方法，在生产中得到了广泛应用。目前，由于强力磨削的发展，也可以直接将毛坯磨削到所需要的尺寸和精度，从而获得较高的生产率。

1．砂轮的特征要素

砂轮是由一定比例的硬度很高的粒状磨料和结合剂压制烧结而成的多孔物体。磨削时能否取得较高的加工质量和生产率，与砂轮的选择合理与否关系很大。砂轮的性能主要取决于砂轮的磨料、粒度、结合剂、硬度、组织、形状及尺寸等因素。这些因素称为砂轮的特征要素。

1）磨料

砂轮的磨料应具有很高的硬度、耐热性，适当的韧度、强度及边刃。常用的磨粒主要有以下3种。

（1）刚玉类（Al_2O_3）：棕刚玉（GZ）、白刚玉（GB）。适用于磨削各种钢材，如不锈钢、高强度合金钢，退了火的可锻铸铁和硬青铜等。

（2）碳化硅类（SiC）：黑碳化硅（HT）、绿碳化硅（TL）。适用于磨削铸铁、激冷铸铁、黄铜、软青铜、铝、硬表层合金和硬质合金等。

（3）高硬磨料类：人造金刚石（JR）、氮化硼（BLD）。高硬磨料类具有高强度、高硬度，适用于磨削高速钢、硬质合金和宝石等。

各种磨料的性能、代号和用途见表8-3。

表8-3　磨料的性能、代号和用途

磨料名称		代号	主要成分	颜色	力学性能	热稳定性	适合磨削范围
刚玉类	棕刚玉	A	Al_2O_3 95% $Ti_2O_2$3%	褐色	韧性好 硬度大	2100 ℃熔融	碳钢、合金钢、铸铁
	白刚玉	WA	Al_2O_3>99%	白色			淬火钢、高速钢
碳化硅类	黑碳化硅	C	SiC>95%	黑色		>1500℃氧化	铸铁、黄铜 非金属材料
	绿碳化硅	GC	SiC>99%	绿色			硬质合金钢
高硬磨料类	氮化硅	CBN	立方氮化硼	黑色	高硬度 高强度	<1300℃稳定	硬质合金钢 高速钢
	人造金刚石	D	碳结晶体	乳白色		>700℃石墨化	硬质合金、宝石

2）粒度

粒度是指磨料颗粒尺寸的大小，粒度分为磨粒和微粉两类。对于颗粒尺寸大于 40μm 的磨料，称为磨粒，用筛选法分级，粒度号以磨粒通过的筛网上每英寸长度内的孔眼数表示。例如，$60^{\#}$的磨粒表示其大小刚好能通过每英寸长度上有60孔眼的筛网。对于颗粒尺寸小于40μm的磨料，称为微粉，用显微测量法分级，用W和后面的数字表示粒度号，W后的数值代表微粉的实际尺寸，如W20表示微粉的实际尺寸为20μm。

砂轮的粒度对磨削表面的粗糙度和磨削效率影响很大。磨粒粗，磨削深度大，生产率高，但表面粗糙度值大。反之，则磨削深度均匀，表面粗糙度值小。因此，粗磨时一般选粗粒度，精磨时选细粒度；磨软金属时，多选用粗磨粒，磨削脆而硬的材料时，则选用较细的磨粒。

3）结合剂

结合剂的作用是将磨料黏合成具有各种形状及尺寸的砂轮，并使砂轮具有一定的强度、硬度、气孔率、抗腐蚀和抗潮湿等性能。砂轮的强度、耐热性和耐磨性等重要指标，在很大程度上取决于结合剂的特性。

砂轮结合剂应具有的基本要求是：与磨粒不发生化学作用，能持久地保持其对磨粒的黏结强度，并保证所制砂轮在磨削时安全可靠。

目前砂轮常用的结合剂有陶瓷、树脂和橡胶等。陶瓷应用最广泛，它能耐热、耐水、耐酸，并且价廉，但其脆性高，不能承受较大冲击和振动。树脂和橡胶弹性好，能制成很薄的砂轮，但耐热性差，易受酸、碱切削液的侵蚀。

常用结合剂的性能及适用范围见表 8-4。

表 8-4　常用结合剂的性能及适应范围

结合剂	代号	性能	使用范围
陶瓷	V	耐热、耐蚀，气孔率大，易保持轮廓形状，弹性差	最常用，适用于各类磨削加工
树脂	B	强度比陶瓷高，弹性好，耐热性差	用于高速磨削、切削、开槽等
橡胶	R	强度比树脂高，更有弹性，气孔率小，耐热性差	用于切断和开槽

4）*硬度*

砂轮的硬度是指结合剂对磨料黏结能力的大小。砂轮的硬度是由结合剂的黏结强度决定的，而不是由磨料的硬度所决定的。在同样的条件和一定外力作用下，若磨粒很容易从砂轮上脱落，则砂轮的硬度就比较低（或称为软）；反之，砂轮的硬度就比较高（或称为硬）。

砂轮上的磨粒钝化后，使作用于磨粒上的磨削力增大，从而促使砂轮表层磨粒自动脱落，里层新磨粒锋利的切削刃则投入切削，砂轮又恢复了原有的切削性能。砂轮的此种能力称为“自锐性”。

砂轮硬度的选择合理与否，对磨削加工质量和生产率影响很大。一般来说，零件材料越硬，则应选用越软的砂轮。这是因为零件硬度高，磨粒磨损快，选择较软的砂轮有利于磨钝砂轮的“自锐”。但硬度选得过低，则砂轮磨损快，也难以保证正确的砂轮廓形。若选用砂轮硬度过高，则难以实现砂轮的自锐，不仅生产率低，而且易产生零件表面的高温烧伤。

在机械加工中，常选用的砂轮硬度范围一般为 H～N（软 2～中 2）。

砂轮的硬度等级及其代号见表 8-5。

表 8-5　砂轮的硬度等级及其代号

大级名称	超软			软			中软				中硬			硬		超硬
小级名称	超软			软 1	软 2	软 3	中软 1	中软 2	中 1	中 2	中硬 1	中硬 2	中硬 3	硬 1	硬 2	超硬
代号	D	E	F	C	H	J	K	L	M	N	P	Q	R	S	T	Y

5）*组织*

砂轮的组织是指砂轮中磨料、结合剂和气孔三者体积的比例关系。磨料在砂轮总体积中所占的比例越大，则砂轮的组织越紧密；反之，则组织越疏松。砂轮的组织分为紧密、中等和疏松三大类，细分 0～14 共 15 个组织号。组织号为 0 者，组织最紧密，组织号为 14 者，组织最疏松。

砂轮组织疏松，有利于排屑和冷却，但容易磨损和失去正确的廓形。组织紧密，则情况与之相反，并且可以获得较小的表面粗糙度。一般情况下采用中等组织的砂轮。精磨和成形磨用组织紧密的砂轮。磨削接触面积大和薄壁的零件时，用组织疏松的砂轮。

6）*砂轮的形状及尺寸*

为了适应不同的加工要求，砂轮可制成不同的形状。同样形状的砂轮，还可制成多种不同的尺寸。常用的砂轮形状、代号及用途见表 8-6。

表 8-6 常用的砂轮形状、代号及用途

砂轮名称	代号	断面形状	主要用途
平行砂轮	1	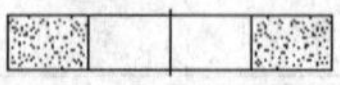	外圆磨、内圆磨、平面磨、无心磨、工具磨
薄片砂轮	41	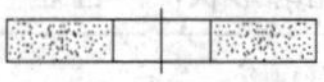	切断、切槽
筒形砂轮	2	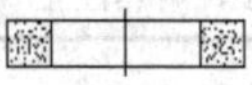	端磨平面
碗形砂轮	11	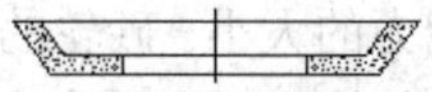	刃磨刀具、磨导轨
蝶形 1 号砂轮	12a	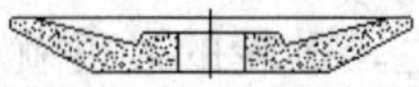	磨齿轮、磨铣刀、磨铰刀、磨拉刀
双斜边砂轮	4	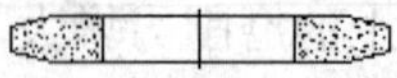	磨齿轮、磨螺纹
杯形砂轮	6	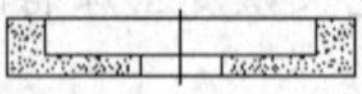	磨平面、磨内圆、刃磨刀具

7）砂轮的特性要素及规格尺寸标志

在砂轮的端面上一般印有砂轮的标志。标志的顺序是：形状代号、尺寸、磨料、粒度号、硬度、组织号、结合剂和线速度。例如，一个砂轮标记为“砂轮 1-400×60×75-WA60-L5V-35m/s”，则表示外径为 400mm，厚度为 60mm，孔径为 75mm，磨料为白刚玉（WA），粒度号为 60，硬度为 L（中软 2），组织号为 5，结合剂为陶瓷（V），最高工作线速度为 35m/s 的砂轮。

2．外圆磨床的磨削方法

外圆表面磨削一般在外圆磨床或无心外圆磨床上进行，也可采用砂带磨床磨削。在外圆磨床上磨削工件外圆时，轴类零件常用顶尖装夹，其方法与车削时基本相同，但磨床所用顶尖不随工件一起转动。这样，主轴与轴承的制造误差、轴承间隙和顶尖的同轴度误差等就不会反映到工件上，可提高加工精度。盘套类工件则用心轴和顶尖装夹，所用心轴和车削心轴基本相同，只是形状和位置精度及表面粗糙度要求较严格。磨削短且无中心孔的轴类工件时，可用三爪自定心卡盘或四爪单动卡盘装夹。

在外圆磨床上常用的磨削方法有以下几种。

1）纵磨法

如图 8-7（a）所示，磨削时砂轮高速旋转为主运动，零件旋转为圆周进给运动，零件随磨床工作台的往复直线运动为纵向进给运动。每一次往复行程终了时，砂轮做周期性的横向进给（磨削深度）。每次磨削深度很小，经多次横向进给磨去全部磨削余量。

由于每次磨削量小，所以磨削力小，产生的热量小，散热条件较好。同时，还可以利用最后几次无横向进给的光磨行程进行精磨，因此加工精度和表面质量较高。此外，纵磨法具有较大的适应性，可以用一个砂轮加工不同长度的零件。但是它的生产效率较低，广泛用于单件、小批量生产及精磨，特别适用于细长轴的磨削。

2）横磨法（切入法）

如图 8-7（b）所示，磨削时，工件不做纵向往复运动，砂轮以缓慢的速度连续或间断地向工件做横向进给运动，直到磨去全部余量。横磨时，工件与砂轮的接触面积大，磨削力大，发热量大而集中，因此易发生工件变形、烧刀和退火。横磨法生产效率高，适合在成批或大量生产中，磨削长度短、刚性好、精度低的外圆表面及两侧都有台肩的轴颈。若将砂轮修整成形，也可直接磨削成形面。

3）综合磨法

如图 8-7（c）所示，先用横磨法将工件分段进行粗磨，相邻之间有 5～15mm 的搭接，每段上留有 0.01～0.03mm 的精磨余量，再采用纵磨法精磨。这种磨削方法综合了纵磨法和横磨法的优点，适用于磨削余量较大（0.6～0.7mm）的工件。

4）深磨法

如图 8-7（d）所示，磨削时用较小的纵向进给量（一般取 1～2mm/r），较大的背吃刀量（一般为 0.1～0.35mm），在一次行程中磨去全部余量，生产率较高。需要把砂轮前端修整成锥面进行粗磨，直径大的圆柱部分起精磨和修光作用，应修整得精细一些。深磨法只适合在大批大量生产中加工刚度较大的短轴。

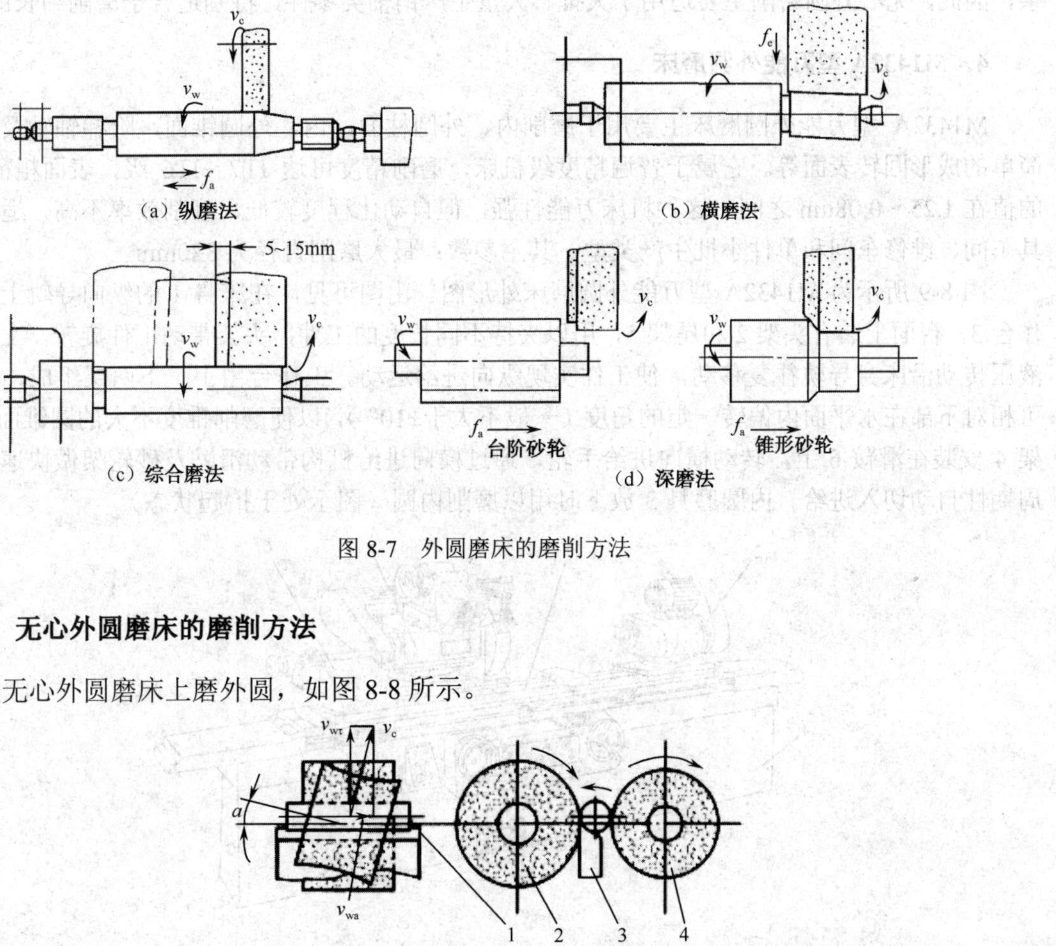

图 8-7　外圆磨床的磨削方法

3．无心外圆磨床的磨削方法

在无心外圆磨床上磨外圆，如图 8-8 所示。

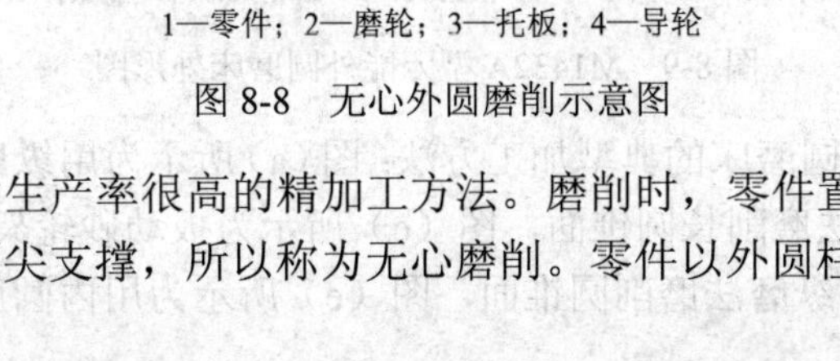

1—零件；2—磨轮；3—托板；4—导轮

图 8-8　无心外圆磨削示意图

无心外圆磨削是一种生产率很高的精加工方法。磨削时，零件置于磨轮和导轮之间，下方靠托板支撑，由于不用顶尖支撑，所以称为无心磨削。零件以外圆柱面自身定位，其中心略高于磨轮和导轮中心连线。磨轮以一般的磨削速度（$v_{轮}$=30～40m/s）旋转，导轮以较低的速度同向旋转（v_c=0.16～0.5m/s）。由于导轮是用橡胶结合剂做的，磨粒较粗，零件与导轮之间的摩擦较大，所以零件由导轮带动旋转。导轮轴线相对于零件轴线倾斜一定角度（α=1°～5°），因此导轮与零件接触点的线速度可以分解为两个分量 $v_{w\tau}$ 和 v_{wa}。$v_{w\tau}$ 为零件旋转速度，即圆周进给速度，v_{wa} 为零件轴向移动速度，即纵向进给速度，v_{wa} 使零件沿轴向做自动进给。导轮倾斜 α 角后，为了使导轮表面与零件表面仍能保持线接触，导轮的外形应修整成单叶双曲面。无心外圆磨削时，零件两端不需预先打中心孔，安装也较方便，并且机床调整好之后，可连续进行加工，易于实现自动化，生产效率较高。零件被夹持在磨轮与导轮之间，不会因背向磨削力而被顶弯，有利于保证零件的直线度，尤其是对于细长轴类零件的磨削，优点更为突出。但是无心外圆磨削要求零件的外圆面在圆周上必须是连续的，如果圆柱表面上有较长的键槽或平面等，导轮将无法带动零件连续旋转，因此不能磨削。又因为零件被托在托板上，依靠本身的外圆面定位，所以若磨削带孔的零件，则不能保证外圆面与孔的同轴度。另外，无心外圆磨床的调整比较复杂，因此，无心外圆磨削主要适用于大批、大量生产销轴类零件，特别适合于磨削细长的光轴。

4．M1432A 型万能外圆磨床

M1432A 型万能外圆磨床主要用于磨削内、外圆柱面，内、外圆锥面，阶梯轴轴及端面和简单的成形回转表面等。它属于普遍精度级机床，磨削精度可达 IT7～IT6 级，表面粗糙度 *Ra* 的值在 1.25～0.08μm 之间。这种机床万能性强，但自动化程度较低，磨削效率不高，适用于工具车间、维修车间和单件小批生产类型。其主参数：最大磨削直径为 320mm。

图 8-9 所示为 M1432A 型万能外圆磨床外形图。由图可见，在床身 1 的纵向导轨上装有工作台 3，台面上装有头架 2 和尾架 5，用以夹持不同长度的工件，头架带动工件旋转。工作台由液压传动沿床身导轨往复移动，使工件实现纵向进给运动。工作台由上、下两层组成，其上部可相对下部在水平面内偏转一定的角度（一般不大于±10°），以便磨削锥度不大的圆锥面。砂轮架 4 安装在滑鞍 6 上，转动横向进给手轮，通过横向进给机构带动滑鞍及砂轮架做快速进退或周期性自动切入进给。内圆磨具 3 放下时用以磨削内圆（图示处于抬起状态）。

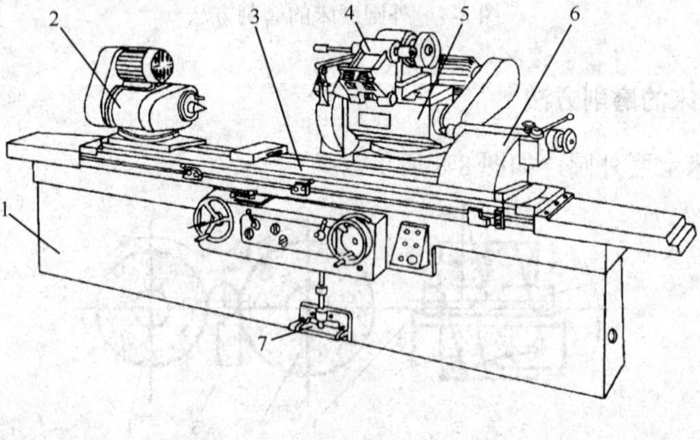

1—床身；2—头架；3—工作台；4—内圆磨具；5—砂轮架； 6—尾架； 7—脚踏操纵板

图 8-9 M1432A 型万能外圆磨床外形图

图 8-10 所示为万能外圆磨床的典型加工方法：图（a）所示为用纵磨法磨削外圆柱面，图（b）所示为扳转工作台用纵磨法磨削长圆锥面，图（c）所示为扳动砂轮架用切入法磨削短圆锥面，图（d）所示为扳动头架用纵磨法磨削圆锥面，图（e）所示为用内圆磨具磨削圆柱孔。

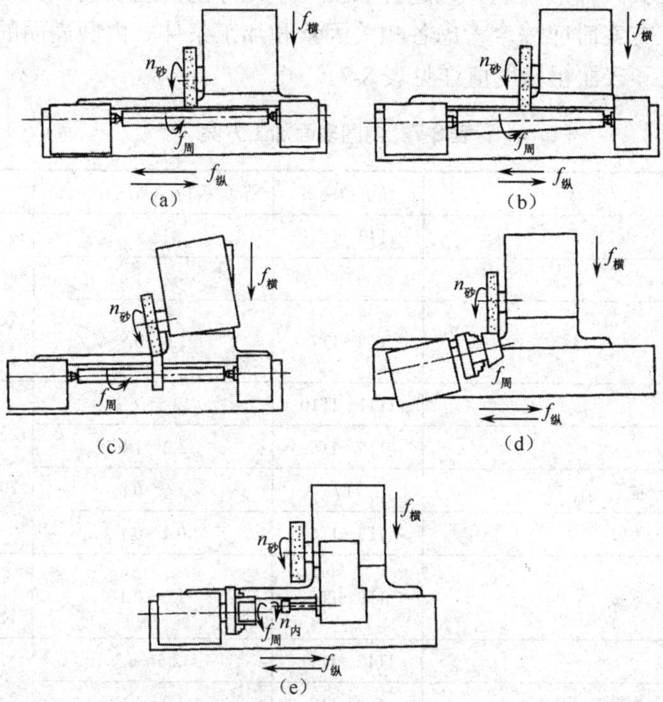

图 8-10　万能外圆磨床的典型加工方法

分析 M1432A 型万能外圆磨床的典型加工方法可知，机床必须具备以下运动：外圆磨和内圆磨砂轮的旋转主运动；工件圆周进给运动；工件（工作台）往复纵向进给运动；砂轮横向进给运动。此外，机床还应有两个辅助运动：砂轮横向快速进退和尾架套筒缩回，以便装卸工件。

8.2 内圆表面加工

内圆表面（即内孔）是在机械零件上广泛应用的一种结构要素，各种机器零件上一般都有许多尺寸和粗糙度等技术要求各不相同的孔，这些孔都需要经过不同的加工阶段才能达到预期的设计要求。

8.2.1　内圆表面的加工方法

内圆表面（即内孔）也是组成零件的基本表面之一。零件上有多种多样的孔：回转零件的内圆表面，如空心轴、套筒、轮盘类零件上的内圆表面；连接零件的紧固内圆表面，如螺钉、螺栓的紧固孔；箱体类零件上的主轴及传动轴的轴承孔；炮筒、空心轴内的深孔（一般 $l/d \geqslant 10$）；以及常用于保证零件间配合准确性的圆锥孔等。

机械零件上分布着大小不同的内圆表面，对于内圆表面加工方法的选择主要取决于机械零件对内圆表面加工精度和表面粗糙度的要求，内圆表面尺寸大小、深度、零件形状、质量、材料、生产纲领及所用设备等。

内圆表面的加工方案较多，各种方法又有不同的适用条件。例如，用定尺寸刀具加工的钻、扩、铰、拉，因瘦刀具尺寸的限制，只适宜加工中小尺寸的内圆表面，大孔只能用镗削加工。因此，选择孔的加工方案时应综合考虑各相关因素和加工条件。内圆表面的各种加工方案及其所达能到的经济精度和表面粗糙度值详见表 8-7。

表 8-7　内圆表面加工方案

序号	加工方案	经济精度级	表面粗糙度 Ra 的值/μm	适用范围
1	钻	IT12～IT11	12.5	加工未淬火钢及铸铁实心毛坯，也可加工有色金属（但表面粗糙度稍差，孔径小于15～20mm）
2	钻—铰	IT9	3.2～1.6	
3	钻—铰—精铰	IT8～IT7	1.6～0.8	
4	钻—扩	IT11～IT10	12.5～6.3	同上，但孔径大于 15～20mm
5	钻—扩—铰	IT9～IT8	3.2～1.6	
6	钻—扩—粗铰—精铰	IT7	1.6～0.8	
7	钻—扩—机铰—手铰	IT7～IT6	0.4～0.1	
8	钻—扩—拉	IT9～IT7	1.6～0.1	大批、大量生产（精度由拉刀精度决定）
9	粗镗（或扩孔）	IT12～IT11	12.5～6.3	除淬火钢外的各种材料，毛坯有铸出孔或锻出孔
10	粗镗（粗扩）—半精镗（精扩）	IT9～IT8	3.2～1.6	
11	粗镗（扩）—半精镗（精扩）—精镗（铰）	IT8～IT7	1.6～0.8	
12	粗镗（扩）—半精镗（精扩）—精镗—浮动镗刀精镗	IT7～IT6	0.8～0.4	
13	粗镗（扩）—半精镗—磨孔	IT8～IT7	0.8～0.2	主要用于淬火钢，也可用于未淬火钢，但不宜用于有色金属
14	粗镗（扩）—半精镗—粗磨—精磨	IT7～IT6	0.2～0.1	
15	粗镗—半精镗—精镗—金刚镗	IT7～IT6	0.4～0.05	主要用于加工精度要求高的有色金属
16	钻—（扩）—粗铰—精铰—珩磨； 钻—（扩）—拉—珩磨； 粗镗—半精镗—精镗—珩磨	IT7～IT6	0.2～0.025	精度要求很高的孔
17	以研磨代替上述方案中的珩磨	IT6 级以上		

8.2.2　钻削加工

用钻头在实体材料上加工孔的方法称为钻孔，用扩孔钻对已有孔进行扩大再加工的方法称为扩孔，它们统称为钻削加工。钻削加工主要在钻床上进行。钻削加工操作简便，适应性强，应用很广。

1．钻孔

钻孔与车削外圆相比，工作条件要困难得多。钻削时，钻头工作部分处在已加工表面的包围中，因而会引发一些特殊问题。例如，钻头的刚度和强度、容屑和排屑、导向和冷却润滑等。

其特点可概括如下。

1）钻头易引偏

引偏是指发生孔径扩大或孔轴线偏移和不直的现象。由于钻头横刃定心不准，钻头的刚性和导向作用较差，所以切入时钻头易偏移、弯曲。在钻床上钻孔易引起孔的轴线偏移和不直，在车床上钻孔易引起孔径扩大。

钻孔最常用的刀具是麻花钻，如图8-11所示，其直径和长度受所加工孔的限制，钻头细长，刚性差，为了形成切削刃和容屑空间，必须具备的两条螺旋槽使钻芯变得更细，使刚性更差，为减少与孔壁的摩擦，钻头只有两条很窄的刃带与孔壁接触，接触刚度和导向作用也很差。

在钻头的两条主切削刃制造和刃磨时，很难做到完全一致和对称，这会导致钻削时作用在两条主切削刃上的径向分力大小不一。钻头横刃处的前角呈很大的负值（图中未示出），且横刃是一小段与钻头轴线近似垂直的直线刃，因此钻头切削时，横刃实际上不是在切削，而是在挤刮金属，导致横刃处的轴向分力很大。横刃稍不对称，将产生相当大的附加力矩，使钻头弯曲。零件材料组织不均匀和加工表面倾斜等，也会导致钻孔时钻头“引偏”。

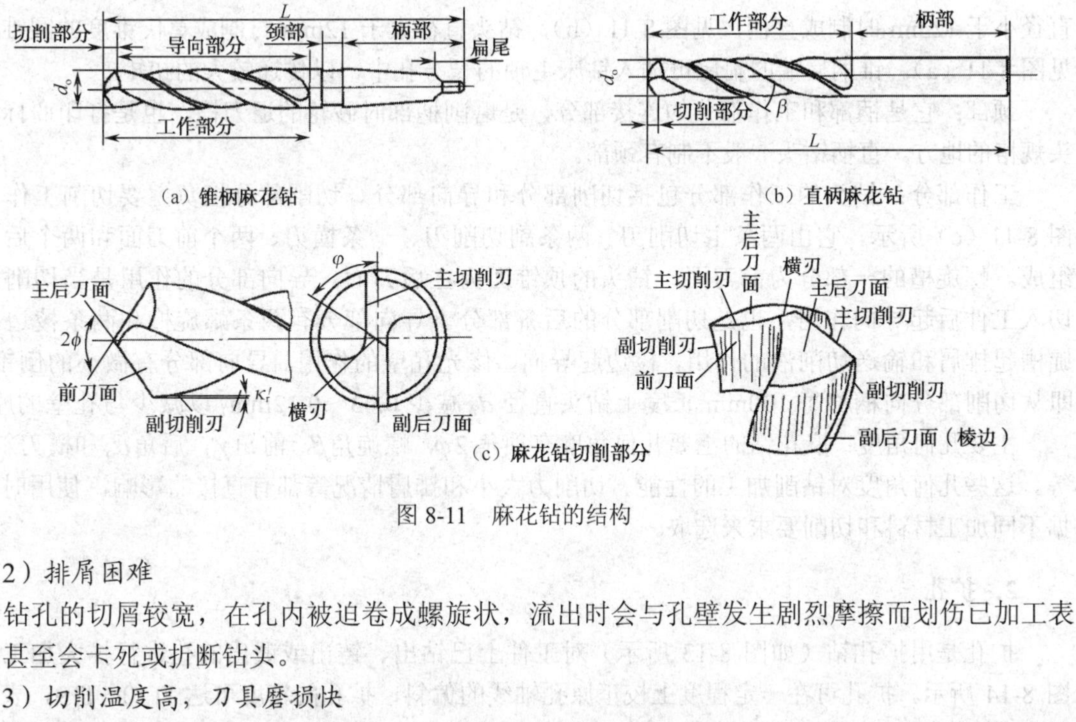

（a）锥柄麻花钻　（b）直柄麻花钻

（c）麻花钻切削部分

图8-11　麻花钻的结构

2）排屑困难

钻孔的切屑较宽，在孔内被迫卷成螺旋状，流出时会与孔壁发生剧烈摩擦而划伤已加工表面，甚至会卡死或折断钻头。

3）切削温度高，刀具磨损快

主切削刃上近钻心处和横刃上皆有很大的负前角，切削时产生的切削热多，加上钻削为半封闭切削，切屑不易排出，切削热不易传散，使得切削区温度很高。

实际生产中为提高孔加工精度，可采取以下措施：仔细刃磨钻头，使两个切削刃的长度相等，从而使径向切削力互相抵消，减少钻孔时的歪斜；在钻头上修磨出分屑槽，如图8-12（a）所示，将较宽的切屑分成窄条，以利于排屑；用大直径、小顶角（$2\phi=90°\sim100°$）的短钻头预钻一个锥形孔，可以起到钻孔时的定心作用，如图8-12（b）所示；用钻模为钻头导向，如图8-12（c）所示，这样可减少钻孔开始时的引偏，特别是在斜面或曲面上钻孔时更为必要。

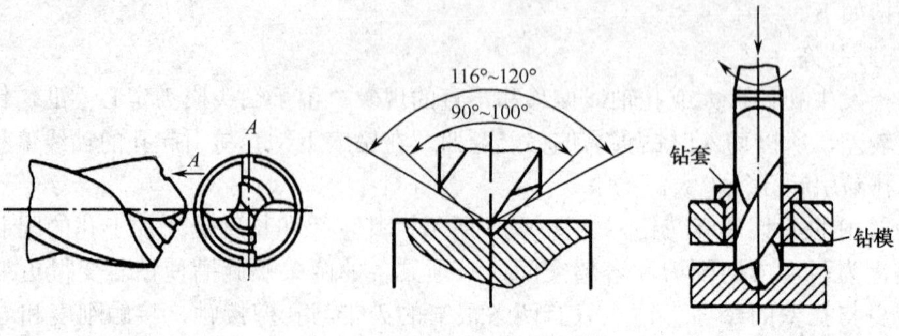

（a）修磨分屑槽　（b）预钻定心孔　（c）用钻模为钻头导向

图 8-12　提高孔加工精度的措施

4）麻花钻的组成

麻花钻由工具厂专业生产，其常备规格为ϕ0.1～80mm。麻花钻的结构主要由柄部、颈部及工作部分组成，见图 8-11。

柄部：它是钻头的夹持部分，用以传递扭矩和轴向力。柄部有直柄和锥柄两种形式，钻头直径小于 12mm 时制成直柄，见图 8-11（b），钻头直径大于 12mm 时制成莫氏锥度的圆锥柄，见图 8-11（a）。锥柄后端的扁尾可插入钻床主轴的长方孔中，以传递较大的扭矩。

颈部：它是柄部和工作部分的连接部分，是磨削柄部时砂轮的退刀槽，也是打印商标和钻头规格的地方。直柄钻头一般不制有颈部。

工作部分：钻头的工作部分包括切削部分和导向部分。切削部分担负主要切削工作，如图 8-11（c）所示，它由两条主切削刃、两条副切削刃、一条横刃、两个前刀面和两个后刀面组成。螺旋槽的一部分为前刀面，钻头的顶锥面为主后刀面。导向部分的作用是当切削部分切入工件后起导向作用，也是切削部分的后备部分。导向部分有两条螺旋槽和两条棱边，螺旋槽起排屑和输送切削液的作用，棱边起导向、修光孔壁的作用。导向部分有微小的倒锥度，即从切削部分向柄部每 100mm 长度上钻头直径 d_0 减少 0.03～0.12mm，以减少与孔壁的摩擦。

主要几何角度：麻花钻的主要几何角度有顶角 2φ，螺旋角β，前角γ_0，后角α_0和横刃斜角ψ等。这些几何角度对钻削加工的性能、切削力大小和排屑情况等都有直接的影响，使用时要根据不同加工材料和切削要求来选取。

2．扩孔

扩孔是用扩孔钻（如图 8-13 所示）对工件上已钻出、铸出或锻出的孔进行扩大加工，如图 8-14 所示。扩孔可在一定程度上校正原孔轴线的偏斜，扩孔的精度可达 IT10～IT9，表面粗糙 Ra 的值可达 6.3～3.2 μm，属于半精加工。扩孔常用作铰孔前的预加工，对于质量要求不高的孔，扩孔也可作为孔加工的最终工序。

扩孔钻与麻花钻相比，切屑少，容屑槽可做得浅而窄，使钻心比较粗大，增加了切削部分的刚性；由于容屑槽浅而窄，所以可在刀体上做出 3～4 个刀齿，这样一方面可提高生产率，另一方面也增加了刀齿的棱边数，从而增强了扩孔时刀具的导向及修光作用，切削比较平稳。此外，扩孔钻没有横刃，钻芯粗大，轴向力小，刚性较好，可采用较大的进给量。

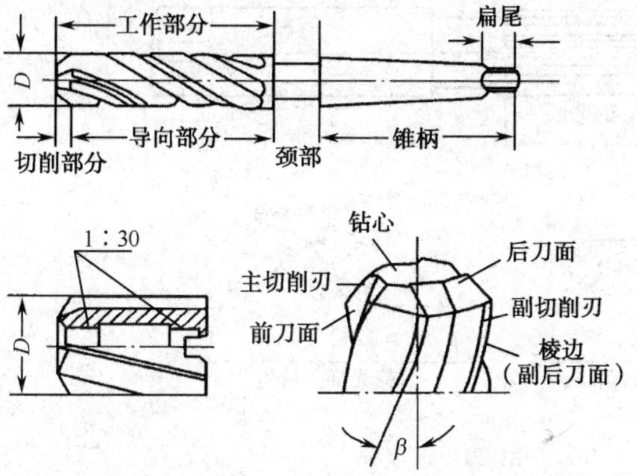

图 8-13　扩孔钻

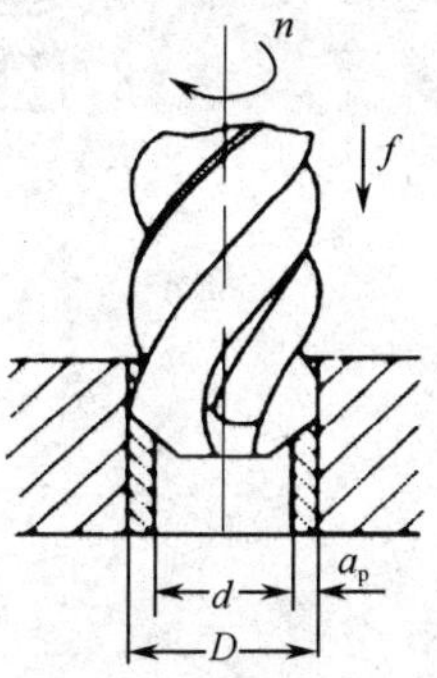

图 8-14　扩孔

由于扩孔比钻孔优越，在钻直径较大的孔（一般 $D \geqslant 30$mm）时，可先用小钻头（直径为孔径的 0.5～0.7 倍）预钻孔，然后再用所要求尺寸的大钻头扩孔。实践表明，这样虽分两次钻孔，但生产率却比用大钻头一次钻出时高得多。

3．铰孔

用铰刀从被加工孔的孔壁上切除微量金属，使孔的精度和表面质量得到提高的加工方法称为铰孔。铰孔是应用较普遍的对中、小直径孔进行精加工的方法之一，它是在扩孔或半精镗孔的基础上进行的。根据铰刀的结构不同，铰孔可以加工圆柱孔和圆锥孔等；可以用于操作，也可以在机床上进行。铰孔后孔的精度可达 IT9～IT7，表面粗糙度 *Ra* 的值达 1.6～0.4μm。

铰刀的结构如图 8-15 所示，它由柄部、颈部和工作部分组成。工作部分包括切削部分和修光部分（标准部分）。切削部分为锥形，担负主要切削工作；修光部分起校正孔径，修光孔壁和导向作用。为减少修光部分刀齿与已加工孔壁的摩擦，并防止孔径扩大，修光部分的后端为倒锥形状。

铰刀可分为手用铰刀和机用铰刀两种。手用铰刀为直柄（见图 8-15（a）），其工作部分较长，导向性好，可防止铰孔时铰刀歪斜。机用铰刀又分为直柄、锥柄和套式三种（见图 8-15（b）、（c））。

选用铰刀时，应该据被加工孔的特点及铰刀的特点正确选用。一般手用铰刀用于小批生产或修配工作中，对未淬硬孔进行手工操作的精加工。手用铰刀适用范围为 *d*=1～71mm。

机用铰刀适用于在车床、钻床和数控机床等机床上使用，主要对钢、合金钢、铸铁、铜和铝等工件的孔进行半精加工和精加工。一般机用铰刀的适用范围为 *d*=1～50mm，套式机用铰刀适合于较大孔径的加工，其适用范围为 *d*=23.6～100mm。

另外，铰刀分为三个精度等级，分别用于不同精度孔的加工（H7、H8、H9）。在选用时，应根据被加工孔的直径、精度和机床夹持部分的形式来选用相应的铰刀。

铰孔生产率高，容易保证孔的精度和表面粗糙度，但铰刀是定值刀具，一种规格的铰刀只能加工一种尺寸和精度的孔，且不宜铰削非标准孔、台阶孔和盲孔。对于中等尺寸以下较精密的孔，钻—扩—铰是生产中经常采用的典型工艺方案。

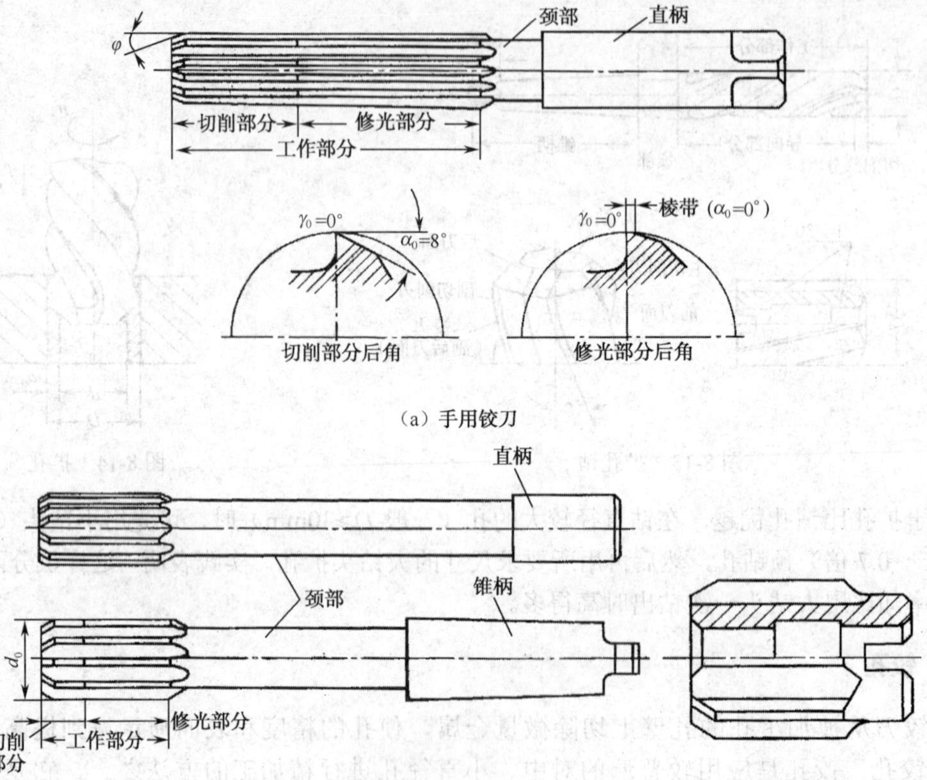

（a）手用铰刀

（b）直柄、锥柄机用铰刀　（c）套式机用铰刀

图 8-15　铰刀的结构

4. 钻床

钻床主要是用钻头钻削直径不大，精度要求较低的孔，此外还可以进行扩孔、铰孔和攻螺纹等加工。加工时，工件固定不动，刀具旋转形成主运动，同时沿轴向移动完成进给运动。钻床的应用很广，其主要加工方法见图 8-16。

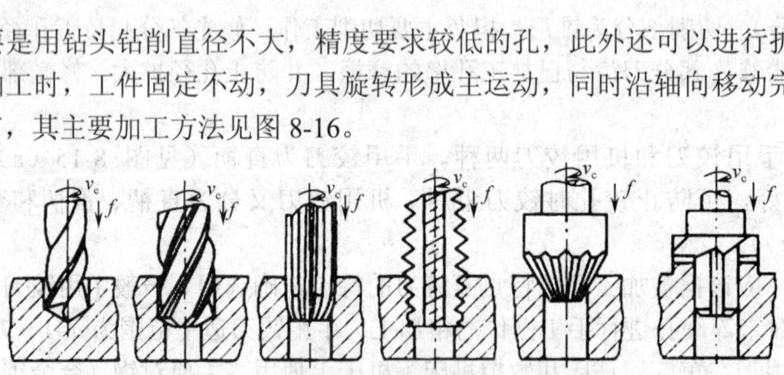

（a）钻孔　（b）扩孔　（c）铰孔　（d）攻螺纹　（e）镗孔（f）镗平面（孔的端面）

图 8-16　钻床的加工方法

钻床的主要类型有台式钻床、立式钻床、摇臂钻床及深孔钻床等。

1）立式钻床

立式钻床是应用较广的一种机床，其主参数是最大钻孔直径，常用的有 25mm、35mm、40mm 和 50mm 等几种。

立式钻床的特点是主轴轴线垂直布置，而且位置是固定的。加工时，为使刀具旋转中心线与被加工孔的中心线重合，必须移动工件，因此立式钻床只适用于加工中、小工件上直径 $d\leqslant$

50mm 的孔。如图 8-17 所示是立式钻床的外形图。主轴变速箱中装有主运动变速传动机构，进给箱中装有进给运动变速机构及操纵机构。加工时，进给箱固定不动，转动操纵手柄，由主轴随主轴套筒在进给箱中做直线移动来完成进给运动。工作台和进给箱都装在立柱的垂直导轨上，并可上下调整位置，以适应加工不同高度的工件。

2）摇臂钻床

摇臂钻床广泛地用于大、中型零件上直径 $d \leqslant 80$mm 孔的加工，其外形如图 8-18 所示。主轴箱可以在摇臂上水平移动，摇臂既可以绕立柱转动，又可沿立柱垂直升降。加工时，工件在工作台或机座上安装固定，通过调整摇臂和主轴箱的位置，使主轴的中心线与被加工孔的中心线重合。

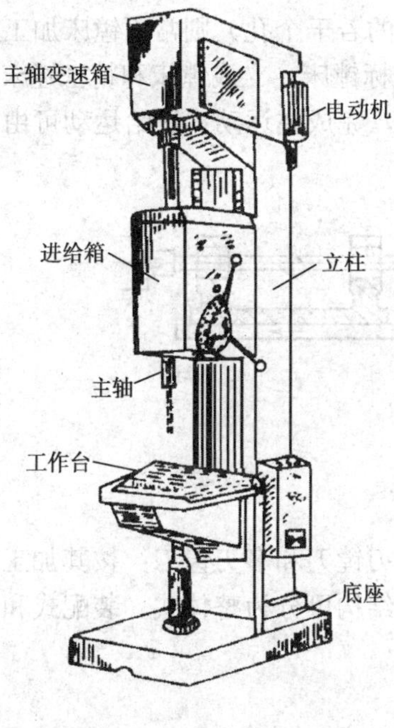

图 8-17　立式钻床

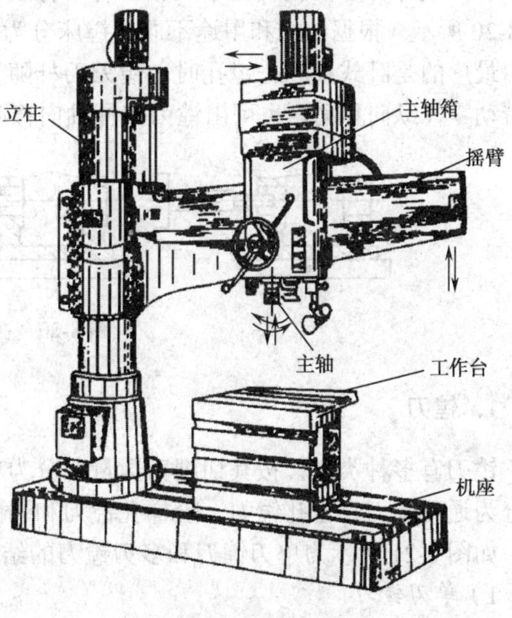

图 8-18　摇臂钻床

3）其他钻床

台式钻床是一种加工小型工件上孔径 d=0.1～13mm 孔的立式钻床；多轴钻床可同时加工工件上的很多孔，生产率高，广泛用于大批、大量生产；中心孔钻床用来加工轴类零件两端面的中心孔；深孔钻床用于加工孔深与直径比 l/d>5 的深孔。

8.2.3　镗削加工

镗孔是用镗刀对已有的孔进行扩大加工的方法，是常用的孔加工方法之一。对于直径较大的孔（D>80mm）、内成形面或孔内环槽等，镗削是唯一适宜的加工方法。一般镗孔的尺寸公差等级为 IT8～IT6，表面粗糙度 Ra 为 1.6～0.8μm；精细镗时，尺寸公差等级可达 IT7～IT5，表面粗糙度 Ra 为 0.8～0.1 μm。

镗孔可以在镗床上或车床上进行。回转体零件上的轴心孔多在车床上加工，如图 8-19 所示，主运动和进给运动分别是零件的回转和车刀的移动。

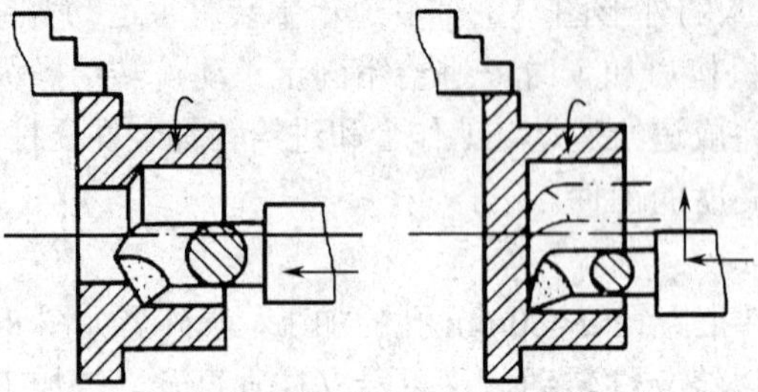

（a）镗通孔　（b）镗不通孔　（c）镗环槽

图 8-19　在车床上镗孔

箱体类零件上的孔或孔系（相互有平行度或垂直度要求的若干个孔）则常用镗床加工，如图 8-20 所示。根据结构和用途不同，镗床分为卧式镗床、坐标镗床、立式镗床和精密镗床等，应用最广的是卧式镗床。镗孔时，镗刀刀杆随主轴一起旋转，完成主运动；进给运动可由工作台带动零件纵向移动，也可由镗刀刀杆轴向移动来实现。

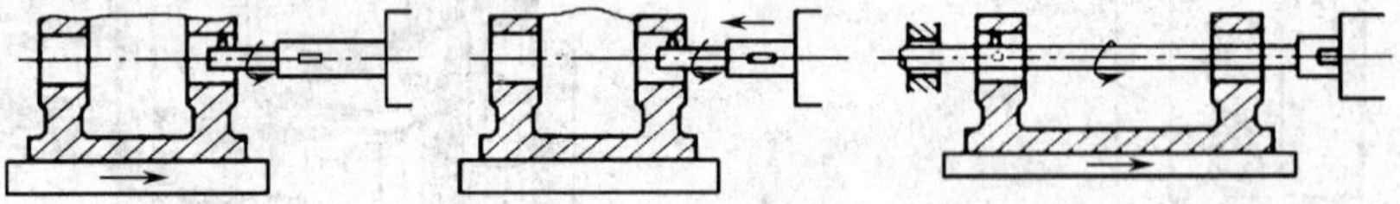

图 8-20　在镗床上镗孔

1．镗刀

镗刀有多种类型，按其切削刃数量可分为单刃镗刀、双刃镗刀和多刃镗刀；按其加工表面可分为通孔镗刀、盲孔镗刀、阶梯孔镗刀和端面镗刀；按其结构可分为整体式、装配式和可调式。如图 8-21 所示为单刃镗刀和多刃镗刀的结构。

1）*单刃镗刀*

单刃镗刀刀头结构与车刀类似，刀头装在刀杆中，根据被加工孔孔径的大小，通过手工操纵，用螺钉固定刀头的位置。刀头与镗杆轴线垂直（如图 8-21（a）所示）可镗通孔，倾斜安装（如图 8-21（b）所示）可镗盲孔。

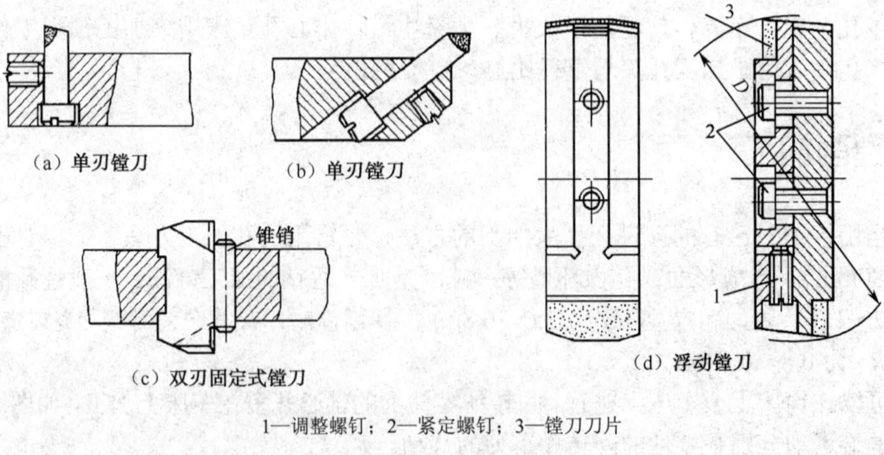

（a）单刃镗刀　（b）单刃镗刀　（c）双刃固定式镗刀　（d）浮动镗刀

1—调整螺钉；2—紧定螺钉；3—镗刀刀片

图 8-21　单刃镗刀和多刃镗刀的结构

单刃镗刀结构简单，可以校正原有孔轴线偏斜和小的位置偏差，适应性较广，可用来进行粗加工、半精加工或精加工。但是所镗孔径尺寸的大小要靠人工调整刀头的悬伸长度来保证，较为麻烦，加上仅有一个主切削刃参加工作，因此生产效率较低，多用于单件小批量生产。

2）双刃镗刀

双刃镗刀有两个对称的切削刃，切削时径向力可以相互抵消，工件孔径尺寸和精度由镗刀径向尺寸保证。

如图 8-21（c）所示为双刃固定式镗刀。工作时，镗刀块可通过斜楔、锥销或螺钉装夹在镗杆上，镗刀块相对于轴线的位置偏差会造成孔径误差。双刃固定式镗刀是定尺寸刀具，适用于粗镗或半精镗直径较大的孔。

如图 8-21（d）所示为可调节浮动镗刀，调节时，先松开螺钉 2，转动螺钉 1，改变刀片的径向位置至两切削刃之间的尺寸等于所要加工孔径尺寸，最后拧紧螺钉 2。工作时，镗刀块在镗杆的径向槽中不紧固，能在径向自由滑动，刀块在切削力的作用下保持平衡对中，可以减少镗刀块安装误差及镗杆径向跳动所引起的加工误差，进而获得较高的加工精度。但它不能校正原有孔轴线偏斜或位置误差，其使用应在单刃镗之后进行。浮动镗削适用于精加工批量较大、孔径较大的孔。

2．镗床

镗床主要用于加工尺寸较大且精度要求较高的孔，特别是分布在不同表面上，孔距和位置精度要求很严格的孔系，如箱体、汽车发动机缸体等零件上的孔系加工。镗床工作时，由刀具做旋转主运动，进给运动则根据机床类型和加工条件的不同或由刀具完成，或由工件完成。镗床的主要类型有卧式镗床、坐标镗床及金刚镗床等。

1）卧式镗床

卧式镗床的外形如图 8-22 所示。它主要由床身 1、主轴箱 11、工作台 6、平旋盘 8 和前后立柱 10、5 等组成。主轴箱中装有镗轴 7、平旋盘 8 及主运动和进给运动的变速、操纵机构。加工时，镗轴 7 带动镗刀旋转形成主运动，并可沿其轴线移动实现轴向进给运动；平旋盘 8 只做旋转运动，装在平旋盘端面燕尾导轨中的径向刀架 9 除了随平旋盘一起旋转外，还可带动刀具沿燕尾导轨做径向进给运动；主轴箱 11 可沿前立柱 10 的垂直导轨做上下移动，以实现垂直进给运动。工件装夹在工作台 6 上，工作台下面装有下滑座 2 和上滑座 3，下滑座可沿床身 1 水平导轨做纵向移动，实现纵向进给运动；工作台还可在上滑座的环形导轨上绕垂直轴回转，进行转位；以及上滑座沿下滑座的导轨做横向移动，实现横向进给。再利用主轴箱上、下位置调节，可使工件在一次装夹中，对工件上相互平行或成一定角度的平面或孔进行加工。后立柱 5 可沿床身导轨做纵向移动，支架 4 可在后立柱垂直导轨上，进行上下移动，用以支撑悬伸较长的镗杆，以增加其刚性。

综上所述，卧式镗床的主运动有镗轴和平旋盘的旋转运动（两者是独立的，分别由不同的传动机构驱动）；进给运动有镗轴的轴向进给运动，平旋盘上径向刀架的径向进给运动，主轴箱的垂直进给运动，工作台的纵向、横向进给运动；此外，辅助运动有工作台转位，后立柱纵向调位，后立柱支架的垂直方向调位，以及主轴箱沿垂直方向和工作台沿纵、横方向的快速调位运动。

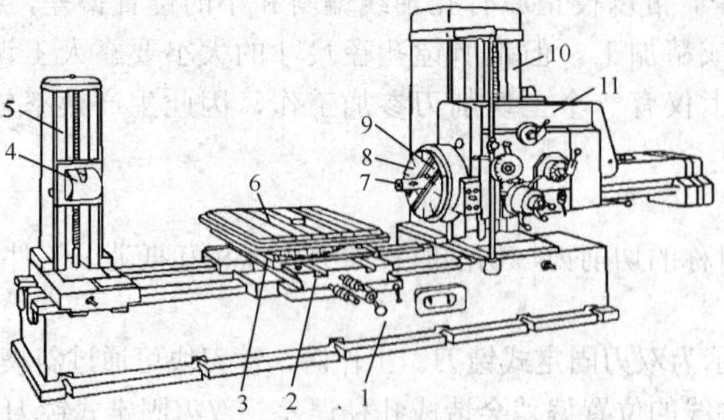

1—床身；2—下滑座；3—上滑座；4—后支架；5—后立柱；6—工作台；7—镗轴；

8—平旋盘；9—径向刀架；10—前立柱；11—主轴箱

图 8-22 卧式镗床

卧式镗床结构复杂，通用性较大，除可进行镗孔外，还可钻孔、加工各种形状的沟槽、铣平面、车削端面和螺纹等。卧式镗床的主参数是镗轴直径。它广泛用于机修和工具车间，适用于单件小批量生产。如图 8-23 所示为其典型的加工方法。

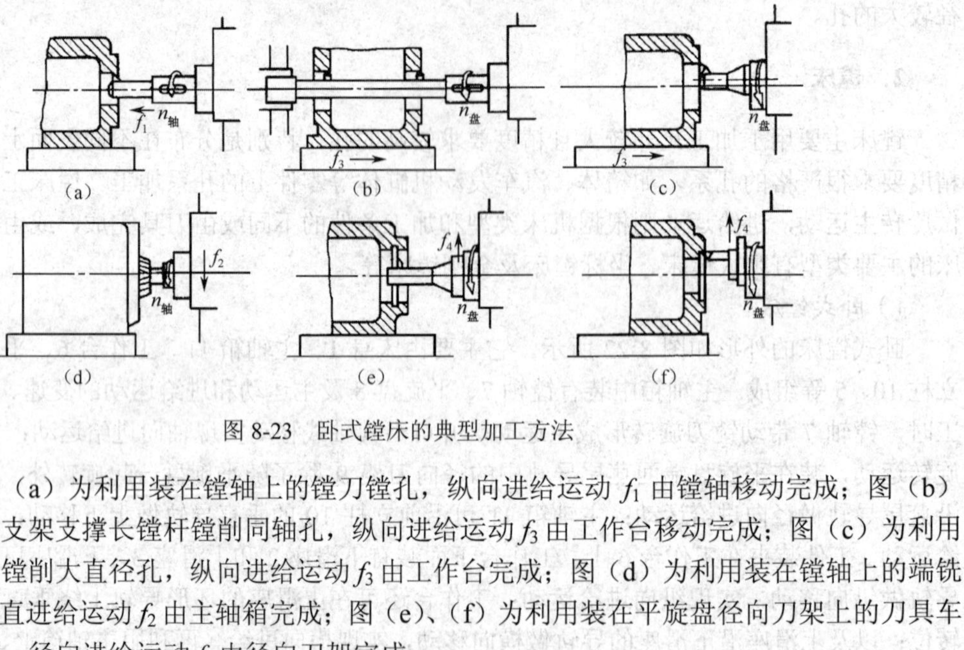

图 8-23 卧式镗床的典型加工方法

其中，图（a）为利用装在镗轴上的镗刀镗孔，纵向进给运动 f_1 由镗轴移动完成；图（b）为利用后立柱支架支撑长镗杆镗削同轴孔，纵向进给运动 f_3 由工作台移动完成；图（c）为利用平旋盘上刀具镗削大直径孔，纵向进给运动 f_3 由工作台完成；图（d）为利用装在镗轴上的端铣刀铣平面，垂直进给运动 f_2 由主轴箱完成；图（e）、（f）为利用装在平旋盘径向刀架上的刀具车内沟槽和端面，径向进给运动 f_4 由径向刀架完成。

2）坐标镗床

该类机床上具有坐标位置的精密测量装置，加工孔时，按直角坐标来精密定位，因此称为坐标镗床。坐标镗床是一种高精度机床，主要用于镗削高精度的孔，特别适用于相互位置精度很高的孔系，如钻模和镗模等的孔系。坐标镗床还可以进行钻、扩、铰孔及精铣加工。此外，还可以进行精密刻线、样板画线、孔距及直线尺寸的精密测量等工作。

8.2.4 拉削加工

在拉床上用拉刀加工工件的工艺过程称为拉削加工。虽然内拉刀属于定尺寸刀具，每把内拉刀只能拉削一种尺寸和形状的内表面，但不同的内拉刀可以加工各种形状的通孔，如图 8-24 所示为适用于拉削加工的典型工件截面形状。受拉刀制造工艺及拉床动力的限制，过小或过大尺寸的孔均不适宜拉削加工（拉削孔径一般为 10～100mm，孔的深径比一般不超过 5），盲孔、台阶孔和薄壁孔等也不适宜拉削加工。

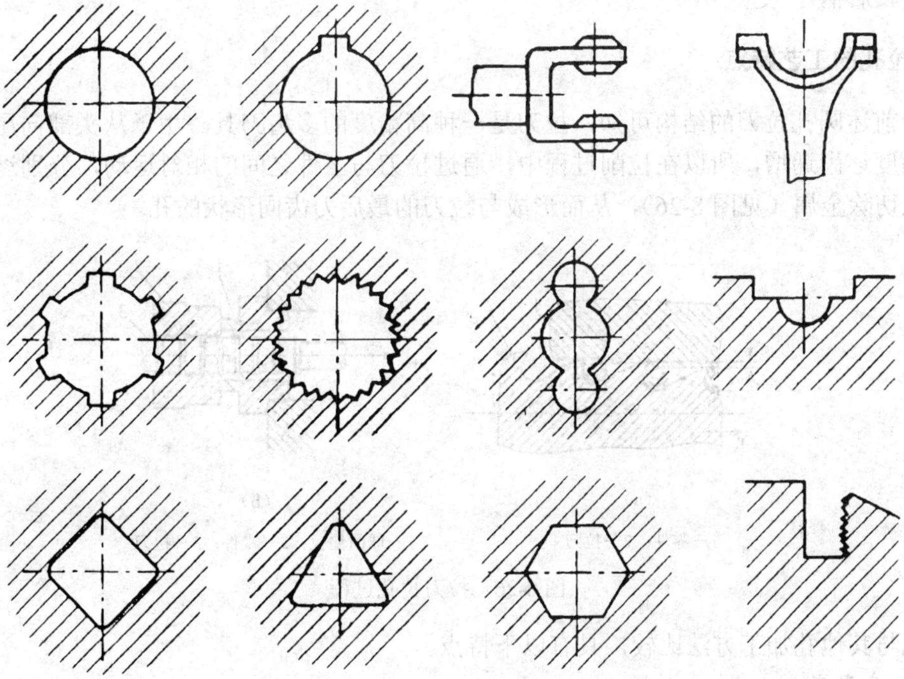

图 8-24　拉削加工的典型工件截面形状

1．拉刀

根据工件加工面及截面形状不同，拉刀有多种形式。常用的圆孔拉刀结构见图 8-25，其组成部分如下。

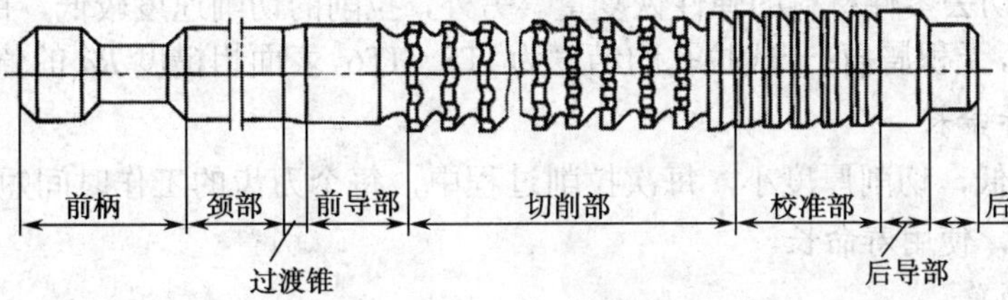

图 8-25　圆孔拉刀的结构

（1）前柄：用以拉床夹头夹持拉刀，带动拉刀进行拉削。

（2）颈部：是前柄与过渡锥的连接部分，可在此处打标记。

（3）过渡锥：起对准中心的作用，使拉刀顺利进入工件预制孔中。

（4）前导部：起导向和定心的作用，防止拉孔歪斜，并可检查拉削前的孔径尺寸是否过小，以免拉刀的第一个切削因齿载荷太重而损坏。

（5）切削部：承担全部余量的切除工作，由粗切齿、过渡齿和精切齿组成。

（6）校准部：用以校正孔径，修光孔壁，并作为精切齿的后备齿。

（7）后导部：用以保持拉刀最后的正确位置，防止拉刀在即将离开工件时，因工件下垂而损坏已加工表面或刀齿。

（8）后柄：用作直径大于 60mm，既长又重的拉刀的后支撑，防止拉刀下垂。直径较小的拉刀可不设后柄。

2．拉孔的工艺特点

分析前述圆孔拉刀的结构可知，拉刀是一种高精度的多齿刀具。由于从头部向尾部方向，其刀齿高度逐齿递增，所以在拉削过程中，通过拉刀与工件之间的相对运动，分别逐层地从工件孔壁上切除金属（见图 8-26），从而形成与拉刀的最后刀齿同形状的孔。

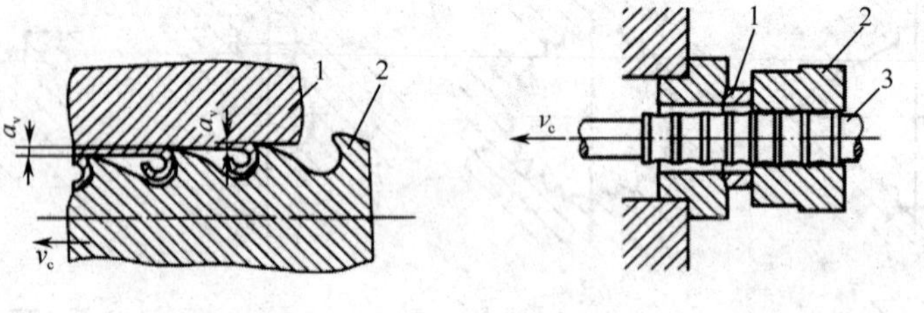

（a）
1—零件；2—拉刀

（b）
1—球面垫板；2—零件；3—拉刀

图 8-26　拉刀拉孔过程

拉孔与其他孔加工方法比较，具有以下特点。

1）生产率高

拉削加工的切削速度一般并不高，但由于拉刀是多齿刀具，所以同时参与切削的刀齿数较多，同时参与切削的切削刃较长，并且在拉刀的一次工作行程中能够完成粗加工、半精加工和精加工，大大缩短了基本工艺时间和辅助时间。

2）加工精度高、表面粗糙度较小

拉刀有校准部分，其作用是校准尺寸，修光表面，并可作为精切齿的后备刀齿。校准刀齿的切削量很小，仅切去零件材料的弹性恢复量。另外，拉削的切削速度较低，目前 v_c<18m/min，拉削过程比较平稳，无积屑瘤；一般拉孔的精度为 IT8～IT6，表面粗糙度 Ra 的值为 0.8～0.4 μm 。

3）拉刀使用寿命长

由于拉削速度低，切削厚度小，每次拉削过程中，每个刀齿的工作时间短，拉刀磨损慢，所以拉刀耐用度高，使用寿命长。

4）拉削运动简单

拉削的主运动是拉刀的轴向移动，而进给运动是由拉刀各刀齿的齿升量 a_v（见图 8-26）来完成的。因此，拉床只有主运动，没有进给运动，拉床结构简单，操作方便。但拉刀结构较复杂，制造成本高。拉削多用于大批、大量或成批生产中。

3．拉床

拉床按用途可分为内拉床及外拉床，按机床布局可分为卧式和立式。其中，以卧式内拉床的应用最为普遍。

如图 8-27 所示为卧式内拉床的外形结构。液压缸 1 固定于床身内，工作时，液压泵供给压力油驱动活塞，活塞带动拉刀 4，连同拉刀尾部活动支撑 5 一起沿水平方向左移，装在固定支撑上的工件 3 即被拉制出符合精度要求的内孔。其拉力通过压力表 2 显示。

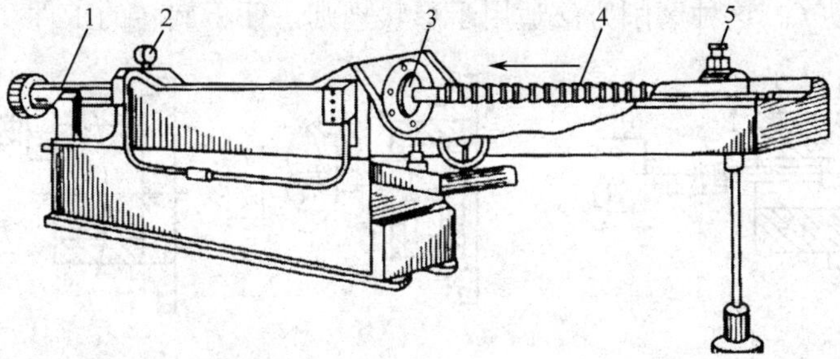

1—液压缸；2—压力表；3—工件；4—拉刀；5—活动支撑

图 8-27　卧式内拉床

拉削圆孔时，工件一般不需夹紧，只以工件端面支撑，因此，工件孔的轴线与端面之间应有一定的垂直度要求。当孔的轴线与端面不垂直时，需将工件的端面紧贴在一个球面垫板上，如图 8-28 所示，在拉削力作用下，工件 3 连同球面垫板 2 在固定支撑板 1 上做微量转动，以使工件轴线自动调到与拉刀轴线一致的方向。

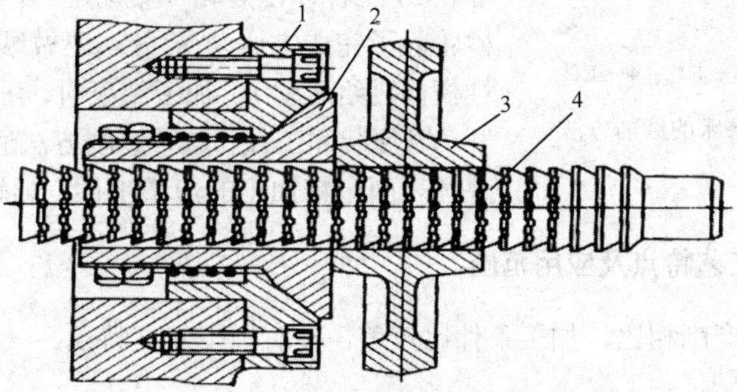

1—固定支撑架；2—球面垫板；3—工件；4—拉刀

图 8-28　拉圆孔的方法

8.2.5　内圆磨削

内圆表面的磨削既可以在内圆磨床上进行，也可以在万能外圆磨床上进行。内圆磨床的主要类型有普通内圆磨床、无心内圆磨床和行星内圆磨床。不同类型的内圆磨床，其磨削方法是不同的。

1．内圆磨削方法

1）普通内圆磨床的磨削方法

普通内圆磨床是生产中应用最广的一种，如图 8-29 所示为普通内圆磨床的磨削方法。磨削时，根据工件的形状和尺寸不同，可采用纵磨法（见图（a））、横磨法（见图（b）），有些普通内圆磨床上备有专门的端磨装置，可在一次装夹中磨削内孔和端面（见图（c）），这样不仅容易保证内孔和端面的垂直度，而且生产效率较高。

纵磨法机床的运动有：砂轮的高速旋转作为主运动 n_s；头架带动工件旋转为圆周进给运动 f_w，砂轮或工件沿其轴线往复做纵向进给运动 f_a，在每次（或几次）往复行程后，工件沿其径向做一次横向进给运动 f_r。这种磨削方法适用于形状规则，便于旋转的工件。

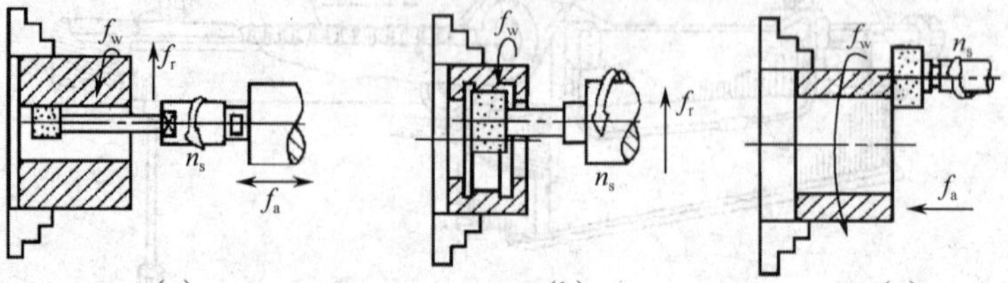

图 8-29 普通内圆磨床的磨削方法

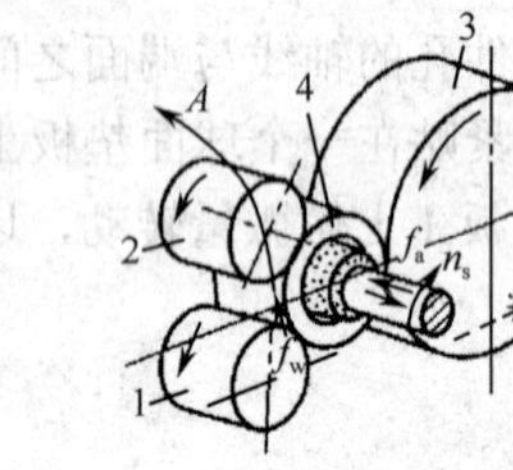

1—滚轮；2—压紧轮；3—导轮；4—工件

图 8-30 无心内圆磨床的磨削方法

横磨法无须纵向进给运动 f_a，它适用于磨削带有沟槽表面的孔。

2）无心内圆磨床磨削

如图 8-30 所示为无心内圆磨床的磨削方法。磨削时，工件 4 支撑在滚轮 1 和导轮 3 上，压紧轮 2 使工件紧靠在导轮 3，工件即由导轮 3 带动旋转，实现圆周进给运动 f_w。砂轮除了完成主运动 n_s 外，还做纵向进给运动 f_a 和周期性横向进给运动 f_r。加工结束时，压紧轮沿箭头 A 方向摆开，以便装卸工件。这种磨削方法适用于大批、大量生产外圆表面已精加工的薄壁工件，如轴承套等。

2．内圆磨削的工艺特点及应用范围

内圆磨削与外圆磨削相比，加工条件比较差，它有以下一些特点。

1）表面粗糙度较大

由于磨孔时砂轮直径受零件孔径限制，一般较小，而且磨头转速又不可能太高（一般低于 20000r/min），所以磨削时砂轮线速度较磨外圆时低。加上砂轮与零件接触面积大，切削液不易进入磨削区，因此磨孔的表面粗糙度 Ra 的值较磨外圆时大。

2）生产率较低

磨孔时，砂轮轴线伸长且细，刚度很差，不宜采用较大的背吃刀量和进给量，因此生产率较低。由于砂轮直径小，所以为维持一定的磨削速度，转速要高，但这样会增加单位时间内磨粒的切削次数，磨损快；磨削力小，降低了砂轮的自锐性，且易堵塞。因此，需要经常修整砂轮和更换砂轮，增加辅助时间，使磨孔生产率进一步降低。

虽然内圆磨削比外圆磨削加工条件差，但仍然是一种常用的精加工孔的方法，特别适用于淬硬的孔，断续表面的孔（带键槽或花键槽的孔）和长度较短的精密孔加工。磨孔不仅能保证孔本身的尺寸精度和表面质量，还能提高孔的位置精度和轴线的直线度；用同一砂轮，可以磨削不同直径的孔，灵活性大。内圆磨削可以磨削圆柱孔（如通孔、盲孔、阶梯孔）、圆锥孔及孔端面等。

3．普通内圆磨床

如图 8-31 所示为普通内圆磨床的外形图。它主要由床身 1、工作台 2、头架 3、砂轮架 4 和滑鞍 5 等组成。磨削时，砂轮轴的旋转为主运动，头架带动工件旋转运动为圆周进给运动，工作台带动头架完成纵向进给运动，横向进给运动由砂轮架沿滑鞍的横向移动来实现。磨锥孔时，需将头架转过相应角度。

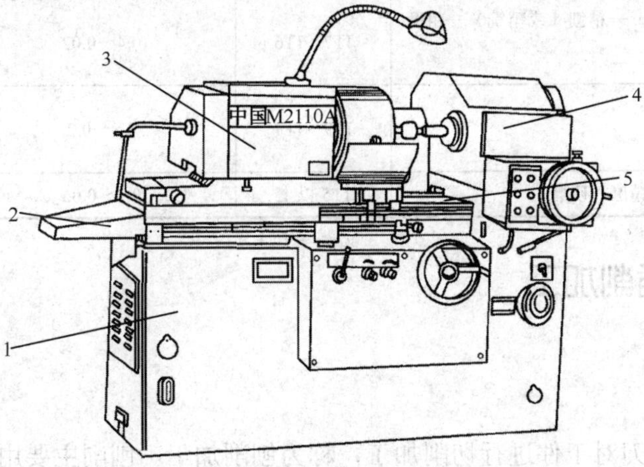

1—床身；2—工作台；3—头架；4—砂轮架；5—滑鞍

图 8-31　普通内圆磨床

普通内圆磨床的另一种形式为砂轮架安装在工作台上做纵向进给运动。

8.3 平面加工

平面是盘形和板形零件的主要表面，也是箱体和支架零件的主要表面之一。它包括回转体类零件上的端面，板形、箱体和支架类零件上的各种平面、斜面、沟槽和型槽等。

8.3.1 平面加工方法

平面的加工方法有车削、铣削、刨削、磨削、拉削、研磨和刮研等。其中，刨削、铣削和磨削是平面的主要加工方法。由于平面作用不同，其技术要求不同，所以采用不同的加工方案时，应根据工件的技术要求、毛坯种类、原材料状况及生产规模等因素进行合理选用，以保证平面加工质量。常用的平面加工方案见表 8-8。

表 8-8　平面加工方案

序　号	加 工 方 案	经济精度级	表面粗糙度 *Ra* 的值(μm)	适 用 范 围
1	粗车—半精车	IT9	6.3～3.2	回转体零件的端面
2	粗车—半精车—精车	IT8～IT7	1.6～0.8	
3	粗车—半精车—磨削	IT8～IT6	0.8～0.2	
4	粗刨（或粗铣）—精刨（或精铣）	IT10～IT8	6.3～1.6	精度不太高的不淬硬平面
5	粗刨（或粗铣）—精刨（或精铣）—刮研	IT7～IT6	0.8～0.1	精度要求较高的不淬硬平面
6	粗刨（或粗铣）—精刨（或精铣）—磨削	IT7	0.8～0.2	精度要求较高的淬硬平面或不淬硬平面

续表

序　号	加 工 方 案	经济精度级	表面粗糙度 Ra 的值（μm）	适 用 范 围
7	粗刨（或粗铣）—精刨（或精铣）—粗磨—精磨	IT7～IT6	0.4～0.02	精度要求较高的淬硬平面或不淬硬平面
8	粗铣—拉削	IT9～IT7	0.8～0.2	大量生产，较小平面（精度与拉刀精度有关）
9	粗铣—精铣—精磨—研磨	IT5 以上	0.1～0.06	高精度平面

8.3.2 刨削与插削加工

1. 刨削加工

在刨床上使用刨刀对工件进行切削加工，称为刨削加工。刨削主要用来加工平面（包括水平面、垂直面和斜面），也广泛应用于加工直槽，如直角槽、燕尾槽和 T 形槽等。如果进行适当的调整和增加某些附件，它还可以用来加工齿条、齿轮、花键和母线为直线的成形面等。刨削加工的典型表面见图 8-32（图中的切削运动是按牛头刨床加工时标注的）。

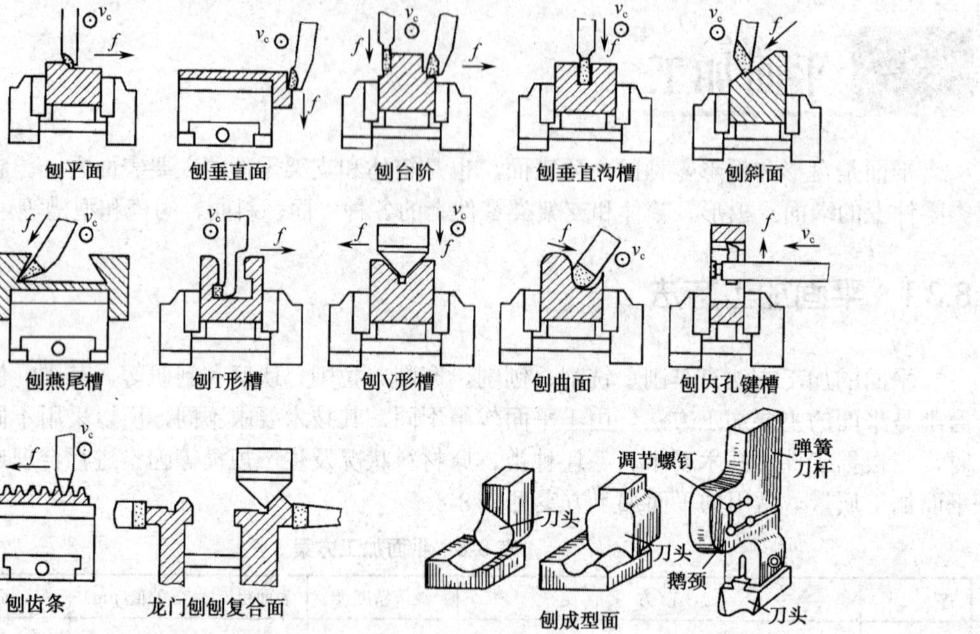

图 8-32　刨削加工的典型表面

在牛头刨床上刨削时，刨刀的直线往复运动是主运动，工件在刨刀返回行程将结束时做横向进给运动。在龙门刨床上加工时，工件的直线往复运动是主运动，而刀具在工件返回行程将结束时做横向进给运动。

刨削加工常见的机床有牛头刨床和龙门刨床。

1）牛头刨床

（1）牛头刨床的组成：如图 8-33 所示，牛头刨床主要由床身、横梁、工作台、滑枕和刀架等组成，因其滑枕和刀架形似“牛头”而得名。

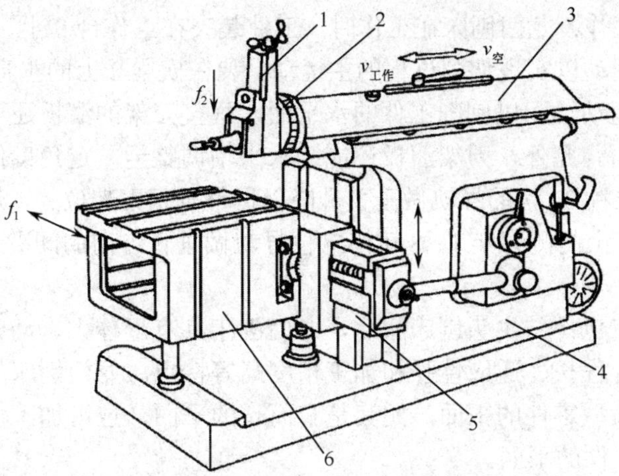

1—刀架；2—转盘；3—滑枕；4—床身；5—横梁；6—工作台

图 8-33　牛头刨床

（2）牛头刨床的工作：牛头刨床工作时，装有刀架 1 的滑枕 3 由床身 4 内部的摆杆带动，沿床身顶部的导轨做直线往复运动，由刀具实现切削过程的主运动。夹具或工件则安装在工作台 6 上，加工时，工作台 6 带动工件沿横梁 5 上的导轨做间歇性横向进给运动。横梁 5 可沿床身的垂直导轨上下移动，以调整工件与刨刀的相对位置。刀架 1 还可以沿刀架座上的导轨上下移动（一般为手动），以调整刨削深度，以及在加工垂直平面和斜面做进给运动时，调整转盘 2，可以使刀架左右回旋，以便加工斜面和斜槽。

（3）牛头刨床的特点：牛头刨床的刀具只在一个运动方向上进行切削，刀具在返回时不进行切削，空行程损失大，此外，滑枕在换向的瞬间有较大的冲击惯性，因此主运动速度不能太高；加工时通常只能单刀加工，因此它的生产率比较低。牛头刨床的主参数是最大刨削长度。它适用于单件小批量生产或机修车间，用来加工中、小型工件的平面或沟槽。

2）龙门刨床

（1）龙门刨床的组成：如图 8-34 所示是龙门刨床的外形图，它主要由床身、工作台、左右刀架、垂直刀架、立柱、横梁和顶梁等组成，因它具有一个“龙门”式框架而得名。

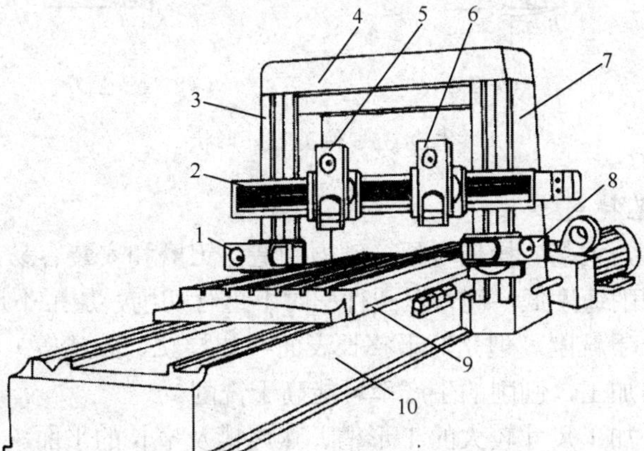

1、8—左、右侧刀架；2—横梁；3、7—立柱；4—顶梁；5、6—垂直刀架；9—工作台；10—床身

图 8-34　龙门刨床

（2）龙门刨床的工作：龙门刨床在工作时，工件装夹在工作台 9 上，随工作台沿床身 10 的水平导轨做直线往复运动以实现切削过程的主运动。装在横梁 2 上的垂直刀架 5、6 可沿横梁导轨做间歇的横向进给运动，用以刨削工件的水平面，垂直刀架的溜板还可使刀架上下移动，做切入运动或刨竖直平面。此外，刀架溜板还能绕水平轴调整至一定角度位置，以加工斜面或斜槽。横梁 2 可沿左右立柱 3、7 的导轨做垂直升降以调整垂直刀架位置，适应不同高度工件的加工需要。装在左右立柱上的侧刀架 1、8 可沿立柱导轨做垂直方向的间歇进给运动，以刨削工件竖直平面。

（3）龙门刨床的特点：与牛头刨床相比，龙门刨床具有形体大、动力大、结构复杂、刚性好、工作稳定、工作行程长、适应性强和加工精度高等特点。龙门刨床的主参数是最大刨削宽度。它主要用来加工大型零件的平面，尤其是窄而长的平面，也可加工沟槽或在一次装夹中同时加工数个中、小型工件的平面。

3）刨刀

刨刀的结构与车刀相似，其几何角度的选取原则也与车刀基本相同。但因刨削过程中有冲击，所以刨刀的前角比车刀小 5°～6°；而且刨刀的刃倾角也应取较大的负值，以使刨刀切入工件时产生的冲击力作用在离刀尖稍远的切削刃上。刨刀的刀杆截面比较粗大，以增加刀杆刚性和防止折断。如图 8-35 所示，刨刀刀杆有直杆和弯杆之分，直杆刨刀（也叫直头刨刀）刨削时，如果遇到加工余量不均或工件上的硬点，切削力的突然增大将增加刨刀的弯曲变形，造成切削刃扎入已加工表面，降低已加工表面的精度和表面质量，也容易损坏切削刃（见图（a））。若采用弯杆刨刀（也叫弯头刨刀），当切削力突然增大时，刀杆产生的弯曲变形会使刀尖离开工件，避免扎入工件（见图（b））。

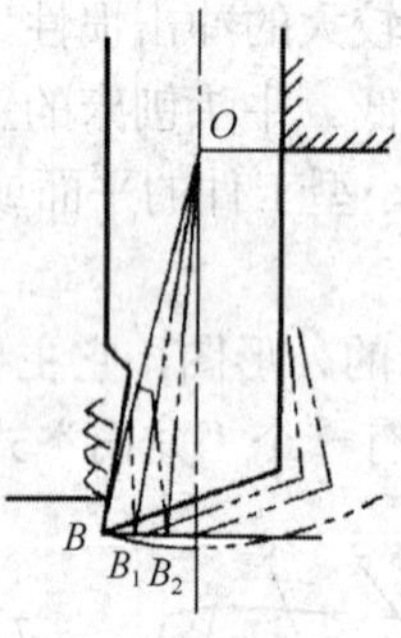

（a）直头刨刀

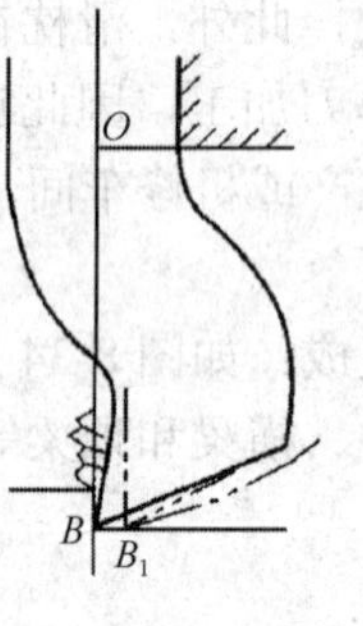

（b）弯头刨刀

图 8-35　刨刀刀杆形状

4）刨削加工的工艺特点

（1）刨床结构简单，调整、操作方便；刨刀制造、刃磨和安装容易，加工费用低。

（2）刨削加工的切削速度低，刨刀返回行程时不进行切削，加工不连续，增加了辅助时间。因此，刨削的生产率低于铣削。但是对于狭长表面（如导轨、长槽等）的加工，以及在龙门刨床上进行多件或多刀的加工，刨削的生产率可能高于铣削。

（3）刨削特别适宜加工尺寸较大的 T 形槽、燕尾槽及窄长的平面。

2．插削加工

在插床上用插刀进行切削加工称为插削。如图 8-36 所示是插床的外形图，其结构原理与牛头刨床相似，因此它实际上是一种立式刨床。插削加工时，滑枕 2 带动插刀沿垂直方向做直线往复运动，实现切削过程的主运动。工件安装在圆工作台 1 上，圆工作台可实现纵向、横向和圆周方向的间歇进给运动。

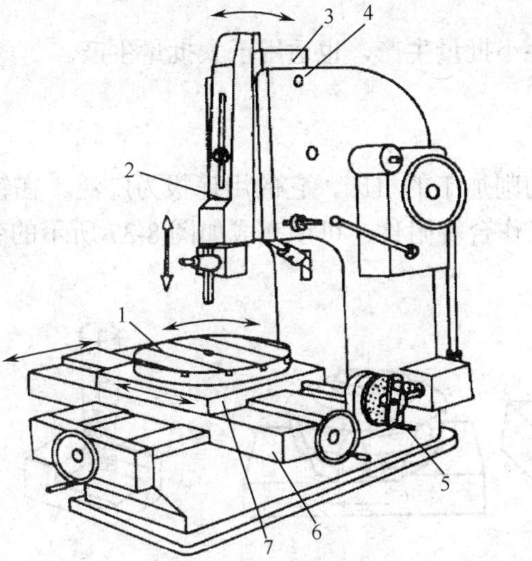

1—圆工作台；2—滑枕；3—滑枕导轨座；4—销轴；5—分度装置；6—床鞍；7—溜板

图 8-36　插床

插床的主参数是最大插削长度。插削主要用于单件、小批量生产中加工工件的内表面，如方孔、多边形孔和键槽等。在插床上加工内表面比刨床方便，但插刀刀杆刚性差，为防止“扎刀”，前角不宜过大，因此其加工精度比刨削低。

8.3.3　铣削加工

铣削是平面的主要加工方法之一。铣削时，铣刀的旋转是主运动，零件随工作台的运动是进给运动。铣床的种类很多，常用的是升降台卧式铣床和立式铣床。铣削大型零件的平面的则用龙门铣床，其生产率较高，多用于批量生产。

1．铣削加工的工艺范围及特点

（1）铣刀是典型的多刃刀具，铣削时有几个刀齿同时参加工作，并且参与刀削的切削刃较长，切削速度也较高，且无刨削那样的空回行程，因此生产率较高。但加工狭长平面或长直槽时，刨削比铣削的生产率高。

（2）由于是断续切削，刀齿在切入和切出工件时产生冲击，而且在切削过程中，每个刀齿的切削厚度也时刻在变化，进而引起切削面积和切削力的变化，所以铣削过程不平稳，容易产生振动，这就限制了铣削加工质量和生产率的进一步提高。

（3）铣削过程中，每个刀齿是依次参加切削的，刀齿在切离工件的一段时间内，可以得到一定程度的冷却，刀齿散热条件好，有利于减少铣刀的磨损，延长使用寿命。

（4）铣削加工范围广，可以加工刨削无法加工或难以加工的表面。例如，可铣削周围封闭的凹平面，圆弧形沟槽，具有分度要求的小平面和沟槽等。

（5）铣床、铣刀比刨床、刨刀结构复杂，铣刀的制造与刃磨比刨刀困难，因此铣削成本比刨削高。

（6）铣削与刨削的加工质量大致相当，经粗、精加工后都可达到中等精度。但在加工大平面时，刨削后无明显接刀痕，而用直径小于工件宽度的端铣刀铣削时，各次走刀间有明显的接刀痕，影响表面质量。

铣削加工适用于单件小批量生产，也适用于大批量生产。

2．铣床

铣床是用铣刀进行切削加工的机床，它的用途极为广泛。在铣床上采用不同类型的铣刀，配备万能分度头和回转工作台等附件，可以完成如图 8-37 所示的各种典型表面的加工。

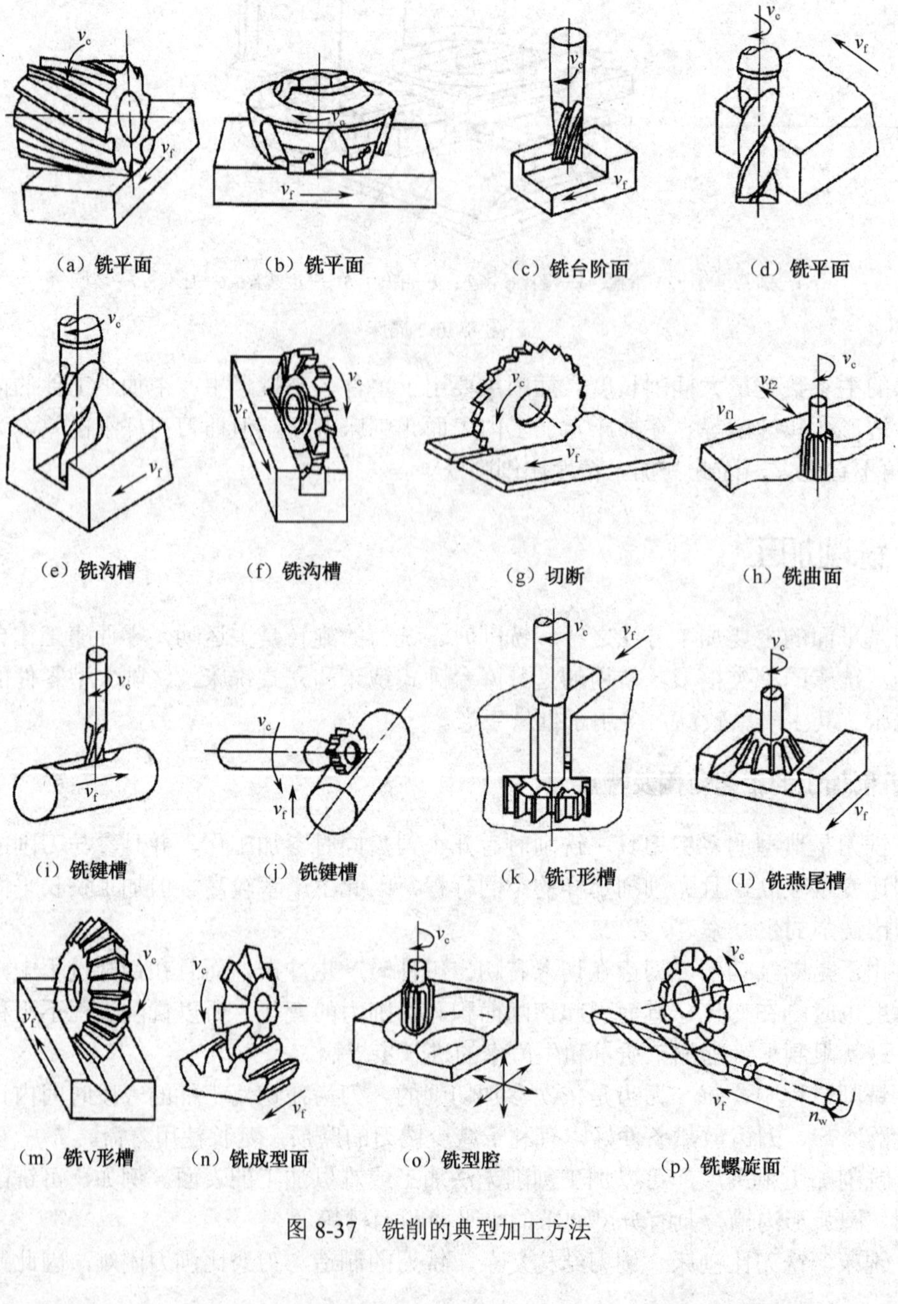

（a）铣平面　（b）铣平面　（c）铣台阶面　（d）铣平面

（e）铣沟槽　（f）铣沟槽　（g）切断　（h）铣曲面

（i）铣键槽　（j）铣键槽　（k）铣T形槽　（l）铣燕尾槽

（m）铣V形槽　（n）铣成型面　（o）铣型腔　（p）铣螺旋面

图 8-37　铣削的典型加工方法

铣床的类型很多，主要类型有卧式升降台铣床、立式升降台铣床、工作台不升降铣床、龙门铣床和工具铣床等；此外，还有仿形铣床、仪表铣床和各种专门化铣床（如键槽铣床、曲轴铣床）等。随着机床数控技术的发展，数控铣床和镗铣加工中心的应用也越来越普遍。

1）万能卧式升降台铣床

万能卧式升降台铣床是指主轴轴线呈水平安置的，工作台可以做纵向、横向和垂直运动，并可在水平平面内调整一定角度的铣床。如图 8-38 所示是一种应用最为广泛的万能卧式升降台铣床的外形图。加工时，铣刀装夹在刀杆上，刀杆一端安装在主轴 3 的锥孔中，另一端由悬梁 4 右端的刀杆支架 5 支撑，以提高其刚度。驱动铣刀做旋转主运动的主轴变速机构 1 安装在床身 2 内。工作台 6 可沿回转盘 7 上的燕尾导轨做纵向运动，回转盘 7 可相对于床鞍 8 绕垂直轴线调整至一定角度（±45°），以便加工螺旋槽等表面。床鞍 8 可沿升降台 9 上的导轨做平行于主轴轴线的横向运动，升降台 9 则可沿床身 2 的侧面导轨做垂直运动。进给变速机构 10 及其操纵机构都置于升降台内。这样，用螺栓、压板、机床用平口虎钳或专用夹具装夹在工作台 6 上的工件，便可以随工作台一起在三个方向实现任一方向的位置调整或进给运动。卧式升降台铣床的结构与万能卧式升降台铣床基本相同，但卧式升降台铣床在工作台和床鞍之间没有回转盘，因此工作台不能在水平面内调整角度。这种铣床除了不能铣削螺旋槽外，可以完成和万能卧式升降台铣床一样的各种铣削加工。万能卧式升降台铣床及卧式升降台铣床的主参数是工作台面宽度。它们主要用于中、小零件的加工。

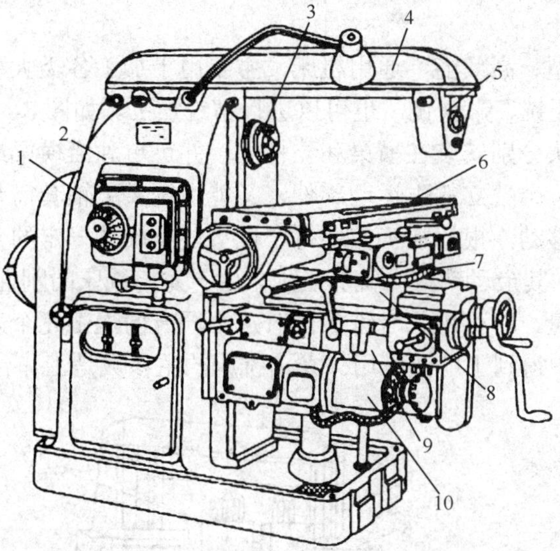

1—主轴变速机构；2—床身；3—主轴；4—悬梁；5—刀杆支架；6—工作台；

7—回转盘；8—床鞍；9—升降台；10—进给变速机构

图 8-38　万能卧式升降台铣床

2）立式升降台铣床

立式升降台铣床与卧式升降台铣床的主要区别仅在于它的主轴是垂直安置的，可用各种端铣刀（也称面铣刀）或立铣刀加工平面、斜面、沟槽、台阶、齿轮、凸轮及封闭的轮廓表面等。如图 8-39 所示为常见的一种立式升降台铣床的外形图，其工作台 3、床鞍 4 及升降台 5 与卧式升降台铣床相同。立铣头 1 可在垂直平面内旋转一定的角度，以扩大加工范围，主轴 2 可沿轴线方向进行调整或做进给运动。

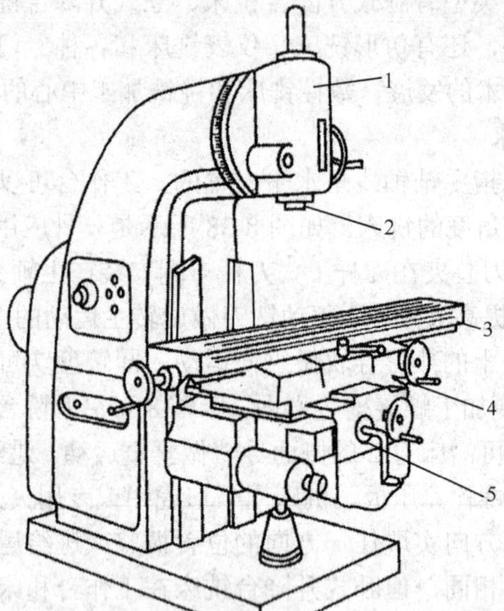

1—立铣头；2—主轴；3—工作台；4—床鞍；5—升降台

图 8-39　立式升降台铣床

3）龙门铣床

龙门铣床是一种大型、高效能、通用机床，主要用于加工各类大型工件上的平面和沟槽，它不仅对工件可以进行粗铣、半精铣，也可以进行精铣加工。如图 8-40 所示为具有四个铣头的中型龙门铣床。四个铣头分别安装在横梁和立柱上，并可单独沿横梁或立柱的导轨做调整位置的移动。每个铣头既是一个独立的主运动部件，又能由铣头主轴套筒带动铣刀主轴沿轴向实现进给运动和调整位置的移动，根据加工需要每个铣头还能旋转一定的角度。加工时，工作台带动工件做纵向进给运动，其余运动均由铣头实现。由于龙门铣床的刚性和抗振性比龙门刨床好，它允许采用较大切削用量，并可用几个铣头同时从不同方向加工几个表面，机床生产效率高，所以在成批和大量生产中得到了广泛应用。龙门铣床的主参数是工作台面宽度。

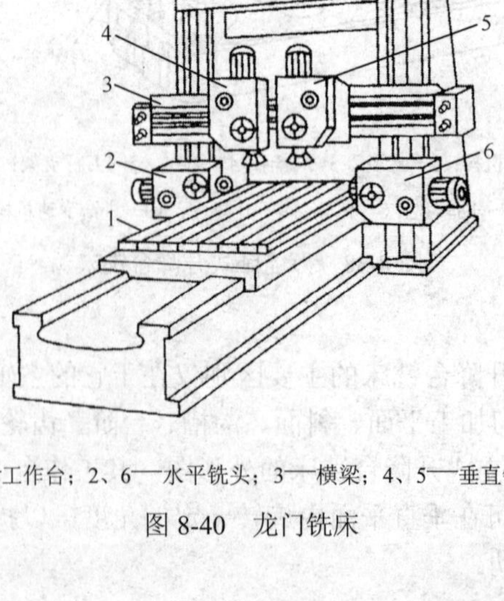

1—工作台；2、6—水平铣头；3—横梁；4、5—垂直铣头

图 8-40　龙门铣床

3. 铣床附件

升降台式铣床配备有多种附件，用来扩大工艺范围。其中回转工作台（圆工作台）和万能分度头是常用的两种附件。

1）回转工作台

回转工作台安装在铣床工作台上，用来装夹工件，以铣削工件上的圆弧表面或沿圆周分度。如图 8-41 所示，用手轮转动方头 5，通过回转工作台内部的蜗杆蜗轮机构，使转盘 1 转动，转盘的中心为圆锥孔，供工件定位用。利用 T 形槽、螺钉和压板将工件夹紧在转盘上。传动轴 3 和铣床的传动装置相连接，可进行机动进给。扳动手柄 4 可接通或断开机动进给。调整挡铁 2 的位置，可使转盘自动停止在所需的位置上。

2）万能分度头

如图 8-42 所示为 FW250 型（夹持工件最大直径为 250mm）万能分度头的外形。万能分度头最基本的功能是使装夹在分度头主轴顶尖与尾座顶尖之间或夹持在卡盘上的工件，依次转过所需的角度，以达到规定的分度要求。它可以完成以下工作：由分度头主轴带动工件绕其自身轴线回转一定角度，完成等分或不等分的分度工作，用以铣削方头、六角头、直齿圆柱齿轮、键槽和花键等的分度工作；通过配备挂轮，将分度头主轴与工作台丝杠联系起来，组成一条以分度头主轴和铣床工作台纵向丝杠为两末端件的内联系传动链，用以铣削各种螺旋表面和阿基米德旋线凸轮等；用卡盘夹持工件，使工件轴线相对于铣床工作台倾斜一定角度，以铣削与工件轴线相交成一定角度的沟槽、平面、直齿锥齿轮和齿轮离合器等。

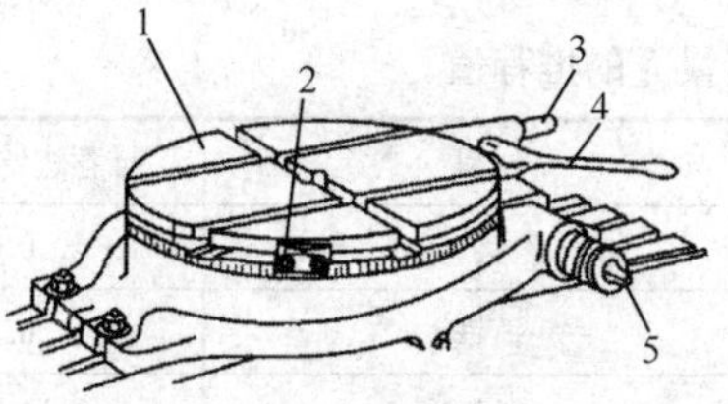

1—转盘；2—挡铁；3—传动轴；4—手柄；5—方头

图 8-41　回转工作台

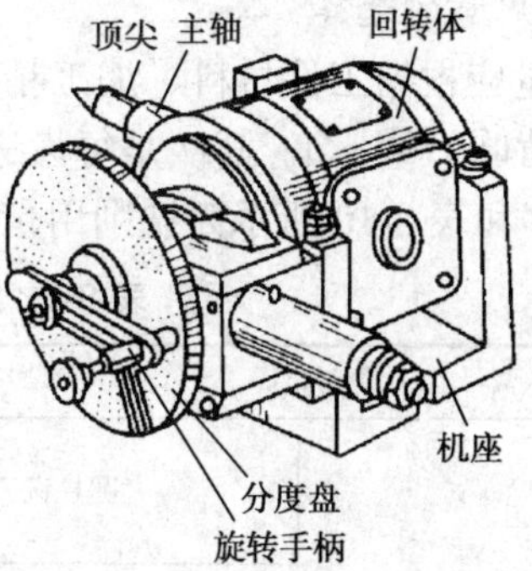

图 8-42　FW250 型万能分度头

4. 铣刀的类型及应用

铣刀为多齿回转刀具，其每一个刀齿都相当于一把车刀固定在铣刀的回转面上。铣刀刀齿的几何角度和切削过程，都与车刀或刨刀基本相同。铣刀的类型很多，结构不一，应用范围很广，是金属切削刀具中种类最多的刀具之一。从铣刀的结构分类，可分为带孔铣刀和带柄铣刀。其中带孔铣刀一般用于卧式铣床，带柄铣刀一般用于立式铣床。

5. 铣削用量

1）铣削用量要素

铣削时调整机床用的参数称为铣削要素，也称为铣削用量要素，其内容包括以下几部分。

（1）铣削速度 v_c：即铣刀在本直径处切削刃的线速度，单位为 m / min。其值为

$$v_c = \frac{\pi dn}{1000}$$

式中　d——铣刀直径，单位是 mm；

n——铣刀转速，单位是 r/min。

（2）进给量：铣削进给量有以下三种表示方法。

每齿进给量 f_z：铣刀每转过一个刀齿时，工件与铣刀沿进给方向的相对位移量，单位是 mm/齿。

每转进给量 f：铣刀每转一转时，工件与铣刀沿进给方向的相对位移量，单位是 mm/r。

进给速度 v_f：单位时间（每分钟）内，工件与铣刀沿进给方向的相对位移量，单位是 mm/min。

f_z、f、v_f三者的关系是

$$v_f = f \cdot n = f_z \cdot z \cdot n$$

式中　z——铣刀刀齿数。

铣削加工规定三种进给量是由于生产的需要，其中 v_f用在机床调整及计算加工时；每齿进给量 f_z 则用来计算切削力和验算刀齿强度。在一般的铣床铭牌上，进给量是用进给速度 v_f标注的。

（3）背吃刀量 a_p：a_p 是指平行于铣刀轴线测量的切削层尺寸，单位为 mm。周铣时 a_p 是已加工表面的宽度，端铣时 a_p 是切削层的深度。

（4）侧吃刀量 a_s：a_s 是指垂直于铣刀轴线测量的切削层尺寸，单位为 mm。周铣时 a_s 是切削层深度，端铣时 a_s 是已加工表面宽度。

2）铣削用量的选择

铣削用量应根据工件材料、加工精度、铣刀耐用度及机床刚度等因素进行选择。首先选定铣削深度（背吃刀量 a_p），其次是每齿进给量 f_z，最后确定铣削速度 v_c。

如表 8-9 和表 8-10 所示为铣削用量的推荐值，供参考。

表 8-9　粗铣每齿进给量 f_z 的推荐值

刀具		材料	推荐进给量/（mm/齿）
高速钢	圆柱铣刀	钢	0.10～0.15
		铸铁	0.12～0.20
	面铣刀	钢	0.04～0.06
		铸铁	0.15～0.20
	三面刃铣刀	钢	0.04～0.06
		铸铁	0.15～0.25
硬质合金铣刀		钢	0.10～0.20
		铸铁	0.15～0.30

表 8-10　铣削速度 v_c 的推荐

工件材料	铣削速度		说明
	高速钢铣刀	硬质合金铣刀	
20	20～40	150～190	粗铣时取小值，精铣时取大值
45	20～35	120～150	
40Cr	15～25	60～90	

续表

工件材料	铣削速度		说明
	高速钢铣刀	硬质合金铣刀	
HT150	14～22	70～100	工件材料强度和硬度高取小值，反之取大值 刀具材料耐热性好取大值，反之取小值
黄铜	30～60	120～200	
铝合金	112～300	400～600	
不锈钢	16～25	50～100	

6．铣削方式

1）周铣

周铣是用铣刀圆周表面上的切削刃铣削零件。铣刀的回转轴线和被加工表面平行，所用刀具称为圆柱铣刀。周铣又可分为逆铣和顺铣。

逆铣：如图 8-43（a）所示，铣削时，铣刀的每一个刀齿在工件切入处的速度方向与工件进给方向相反，这种铣削方式称为逆铣。逆铣时，刀齿的切削厚度从零逐渐增大至最大值。刀齿在开始切入时，由于刀齿刃口有圆弧，所以刀齿在工件表面打滑，产生挤压与摩擦，使这段表面产生冷硬层，滑行一定程度后，刀齿方能切下一层金属层。当下一个刀齿切入时，又在冷硬层上挤压、滑行，这样不仅加速了刀具磨损，同时也使工件的表面粗糙度值增大。

由于铣床工作台纵向进给运动是用丝杠螺母副来实现的，所以螺母固定，丝杠带动工作台移动。由图 8-43（a）可见，逆铣时，铣削力 F 的纵向铣削分力 F_x 与驱动工作台移动的纵向力方向相反，这样使得工作台丝杠螺纹的左侧与螺母齿槽的左侧始终保持良好接触，工作台不会发生窜动现象，铣削过程平稳。但在刀齿切离工件的瞬时，铣削力 F 的垂直铣削分力 F_z 是向上的，对工件夹紧不利，易引起振动。

顺铣：如图 8-43（b）所示，铣削时，铣刀的每一个刀齿在工件切出处的速度方向与工件进给方向相同，这种切削方式称为顺铣。顺铣时，刀齿的切削厚度从最大值逐步递减至零，没有逆铣时的滑行现象，已加工表面的加工硬化程度大为减轻，表面质量较高，铣刀的耐用度比逆铣高。同时，铣削力 F 的垂直分力 F_z 始终压向工作台，避免了工件的振动。

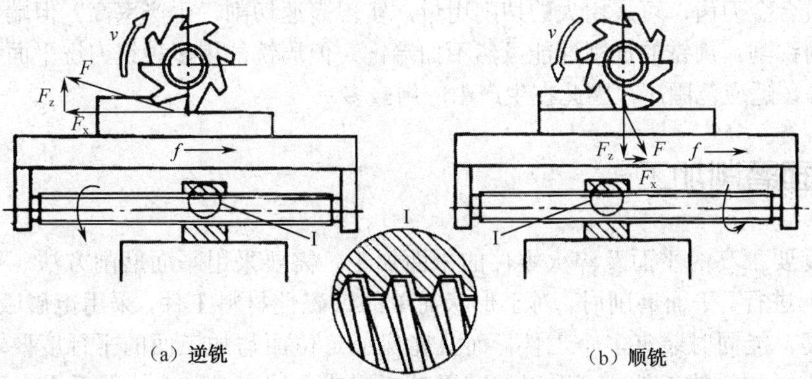

（a）逆铣　　（b）顺铣

图 8-43　周铣方式

顺铣时，切削力 F 的纵向分力 F_x 始终与驱动工作台移动的纵向力方向相同。如果丝杠螺母副存在轴向间隙，当纵向切削力 F_x 大于工作台与导轨之间的摩擦力时，会使工作台带动丝杠出现左右窜动，造成工作台进给不均匀，严重时会出现打刀现象。粗铣时，如果采用顺铣方式加工，则铣床工作台进给丝杠螺母副必须有消除轴向间隙的机构，否则宜采用逆铣方式加工。

2）端铣

用铣刀端面上的切削刃铣削零件的方式称为端铣。铣刀的回转轴线与被加工表面垂直，所用刀具称为端铣刀或面铣刀。根据铣刀和零件相对位置的不同，端铣可分为3种不同的切削方式。

（1）对称铣：如图8-44（a）所示，铣刀轴线位于铣削弧长的对称中心位置，铣刀每个刀齿切入和切离工件时的切削厚度相等，称为对称铣。对称铣具有最大的平均切削厚度，可避免铣刀切入时对工件表面的挤压和滑行，铣刀耐用度高。对称铣适用于工件宽度接近面铣刀的直径，且铣刀刀齿较多的情况。

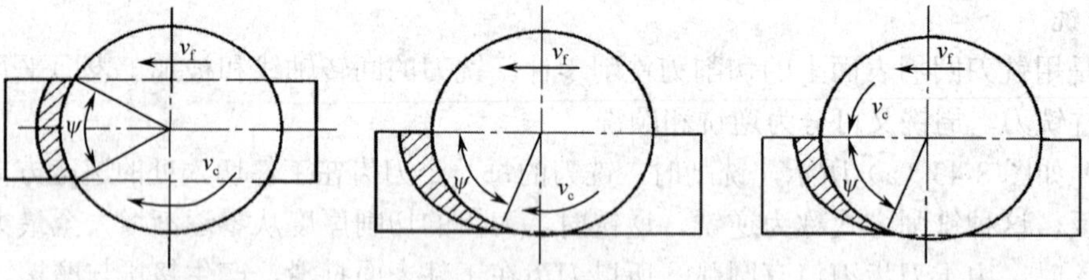

（a）对称铣　（b）不对称逆铣　（c）不对称顺铣

图8-44　端铣方式

（2）不对称逆铣：如图8-44（b）所示，铣刀轴线偏置于铣削弧长的对称位置，且逆铣部分大于顺铣部分的铣削方式，称为不对称逆铣。不对称逆铣切削平稳，切入时切削厚度小，减小了冲击，从而使刀具耐用度和加工表面质量得到提高。它适用于加工碳钢、低合金钢及较窄的工件。

（3）不对称顺铣：如图8-44（c）所示，其特征与不对称逆铣正好相反。这种切削方式一般很少采用，但用于铣削不锈钢和耐热合金钢时，可减少硬质合金刀具的剥落磨损。

3）周铣法与端铣法的比较

上述的周铣和端铣，是由于在铣削过程中采用不同类型的铣刀而产生的不同铣削方式，两种铣削方式相比，端铣具有铣削较平稳，加工质量及刀具耐用度均较高的特点，且端铣用的面铣刀易镶硬质合金刀齿，可采用大的切削用量，实现高速切削，生产率高。但端铣适应性差，主要用于平面铣削。周铣的铣削性能虽然不如端铣，但周铣能用多种铣刀铣平面、沟槽、齿形和成形表面等，适应范围广，因此在生产中应用较多。

8.3.4 平面磨削加工

对于精度要求高的平面及淬火零件的平面加工，需要采用平面磨削方法。平面磨削主要在平面磨床上进行。平面磨削时，对于形状简单的铁磁性材料工件，采用电磁吸盘装夹工件，操作简单方便，能同时装夹多个工件，而且能保证定位面与加工面的平行度要求。对于形状复杂或非铁磁性材料的工件，可采用精密平口虎钳或专用夹具装夹，然后用电磁吸盘或真空吸盘吸牢。

平面磨削的机床，常用的有卧轴、立轴柜台平面磨床和卧轴、立轴圆台平面磨床，其主运动都是砂轮的高速旋转，进给运动是砂轮、工作台的移动，如图8-45所示。

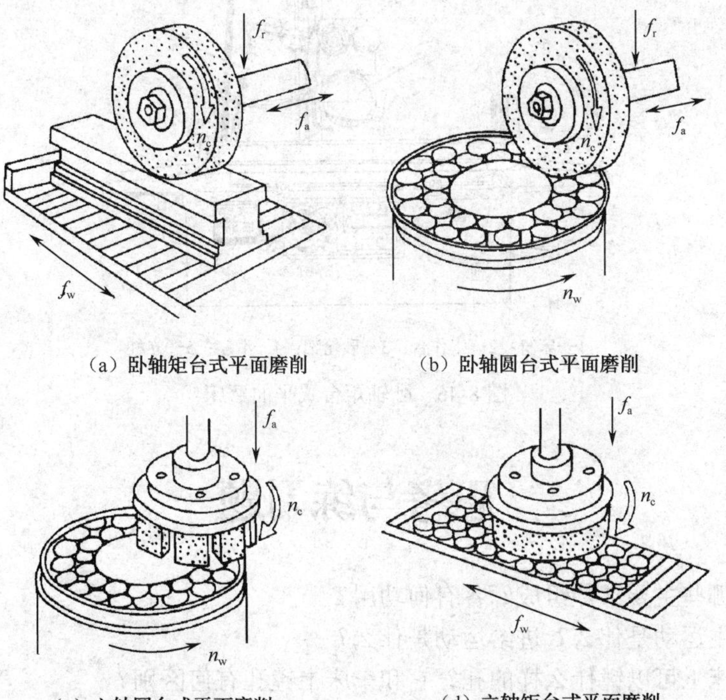

（a）卧轴矩台式平面磨削　（b）卧轴圆台式平面磨削

（c）立轴圆台式平面磨削　（d）立轴矩台式平面磨削

图 8-45　平面磨床加工示意图

与平面铣削类似，根据砂轮工作面的不同，平面磨削分为周磨和端磨两类。周磨是在卧轴平面磨床上利用砂轮的外圆面对工件平面进行磨削的，如图 8-45（a）、（b）所示，砂轮与工件的接触面积小，磨削力小，磨削热小，冷却和排屑条件较好，而且砂轮磨损均匀，因此能获得高的精度和低的表面粗糙度，常用于各种批量生产中对中、小型零件的精加工；端磨则是在立轴平面磨床上利用砂轮的端面进行磨削的，如图 8-45（c）、（d）所示，砂轮与工件的接触面积大，磨削力大，磨削热多，冷却和排屑条件差，工件受热变形大，但是端磨磨头悬伸长度较短，又垂直于工作台面，承受的主要是轴向力，刚度好，加上这种磨床功率较大，因此可采用较大的磨削用量，生产率较高，常用于大批量生产中代替铣削和刨削进行粗加工。

磨削铁磁性零件（如钢、铸铁等）时，多利用电磁吸盘将零件吸住，装卸很方便。对于某些不允许带有磁性的零件，磨完平面后应进行退磁处理。因此，平面磨床附有退磁器，可以方便地将零件的磁性退掉。

如图 8-46 所示是卧轴矩台式平面磨床的外形图。工作台 2 沿床身 1 的纵向导轨的往复直线进给运动由液压传动，也可手动进行调整。工件用电磁吸盘式夹具装夹在工作台上。砂轮架 3 可沿滑座 4 的燕尾导轨做横向间歇进给（或手动或液动）。滑座和砂轮架一起可沿立柱 5 的导轨做间歇的垂直切入运动（手动）。砂轮主轴由内装式异步电动机直接驱动。

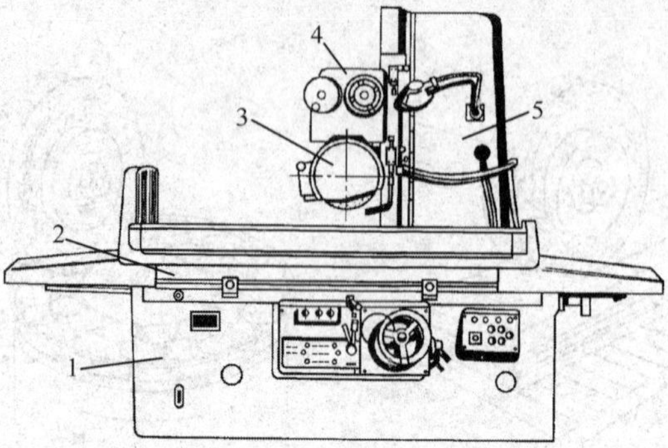

1—床身；2—工作台；3—砂轮架；4—滑座；5—立柱

图 8-46　卧轴矩台式平面磨床

思考与练习题

8-1 车床由哪些主要部件组成？各有何功用？

8-2 铣床的主运动是什么？进给运动是什么？

8-3 卧式镗床上可以镗什么样的孔？它和车床上镗孔有何区别？

8-4 插削与刨削相比有何异同点？插削主要用于加工什么表面？

8-5 简述拉刀的结构组成，拉削加工表面的形状。

8-6 影响砂轮的特性因素有哪些？

8-7 车刀按结构不同有哪几种类型，各有什么特点？

8-8 外圆表面常用的加工方法有哪些？如何选用？

8-9 简述 M1432A 型万能外圆磨床具备哪些运动？

8-10 内圆表面常用的加工方法有哪些？如何选用？

8-11 试分析钻孔、扩孔和铰孔三种孔加工方法的工艺特点，并说明这三种孔加工工艺之间的联系。

8-12 试述内圆磨削的工艺特点及应用范围。

8-13 平面常用的加工方法有哪些？如何选用？

8-14 常用的刨床有哪几种？它们的应用有何不同？

8-15 试述铣削加工的工艺范围及特点。

8-16 铣削为什么比其他切削加工方法容易产生振动？

8-17 试述磨削过程的特点。

8-18 平面磨削方法有哪几种？各有何特点，如何选用？

8-19 何谓刀具磨钝标准？试述制订刀具磨钝标准的原则。

8-20 纵磨外圆时，工件和砂轮需做哪些运动？

第 9 章 机械加工工艺过程的基础知识

在制造生产过程中，零件的制造往往不只是用一种方法就可加工完成的，而是要根据零件的结构特点、尺寸大小、技术要求和生产批量等具体条件，采用不同的加工方案，遵循一定的工艺规律才能完成。因此，在零件的加工制造过程中，必须选择合适的加工方案，制定合理的加工工艺过程，以期获得最佳的加工质量。

9.1 机械加工工艺过程

9.1.1 概述

1．生产过程

从原材料或半成品到成品制造出来的各有关劳动过程的总和称为工厂的生产过程。它不仅包括毛坯制造、零件加工、装配调试、检验出厂，而且还包括生产准备阶段中的生产计划编制、工艺文件制定、刀夹量具准备和生产辅助阶段中的原料与半成品运输和保管，设备维修和保养、刀具刃磨、生产统计与核算等。

2．工艺过程和工艺路线

在生产过程中凡直接改变生产对象的尺寸、形状、性能（包括物理性能、化学性能、机械性能等）及相对位置关系的过程，统称为工艺过程。工艺过程又可分为铸造、锻造、冲压、焊接、机械加工和装配等，本章只研究机械加工工艺过程中的一系列问题。

零件一次通过的全部加工过程称为工艺路线或工艺流程，它表明先做什么、后做什么的工作顺序。工艺路线是制定工艺过程和进行车间分工的重要依据。

3．机械加工工艺过程

机械加工工艺过程是采用机械加工的方法，直接改变毛坯形状、尺寸、相对位置和性质等，使其转变为产品的过程。由于机械加工工艺过程直接决定零件的质量，并且也直接影响生产成本和制造周期，所以是整个工艺过程的重要组成部分。

9.1.2 机械加工工艺过程的组成

机械加工工艺过程是由一个或若干个顺序排列的工序组成的，每一个工序又可分为若干个安装、工位、工步和走刀。

1．工序

工序是指一个（或几个）工人在一个工作地点上连续完成一个（或同时几个）零件的机械加工工艺过程中的某一部分工作，它是工艺过程的基本组成部分。

划分工序的依据是“三不变，一连续”，工人（操作者）、工作地（机床）和工件（加工对象）三个要素中任一要素的变更即构成新的工序；连续是指工序内对一个工件的加工内容必须连续完成，否则即构成另一工序。例如，如图 9-1 所示的阶梯轴，当单件小批生产时，其加工工艺及工序划分如表 9-1 所示。当大批生产时，其工序划分如表 9-2 所示。

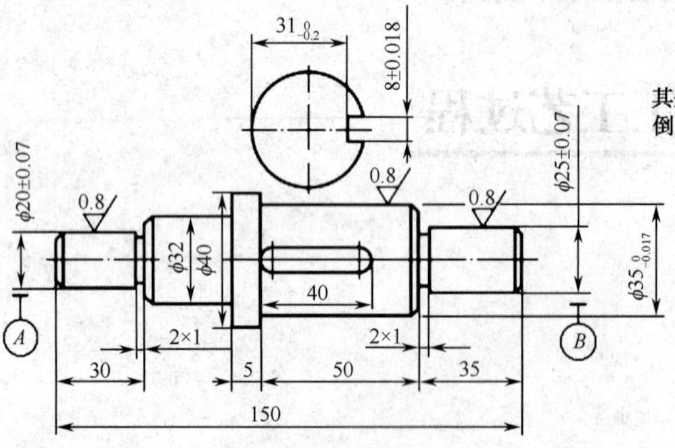

图 9-1　阶梯轴简图

表 9-1　阶梯轴加工工艺过程（单件小批生产）

工 序 号	工 序 名 称	工 作 地 点
1	车端面、钻中心孔、车外圆、切退刀槽和倒角	车床
2	铣键槽	立式铣床
3	磨外圆	磨床
4	去毛刺	钳工台

表 9-2　阶梯轴加工工艺过程（大批生产）

工 序 号	工 序 名 称	工 作 地 点
1	铣端面，钻中心孔	专用机床
2	车外圆、端面、切槽、倒角	车床
3	铣键槽	立式铣床
4	磨外圆	磨床
5	去毛刺	钳工台

工序是工艺过程的基本单元，又是生产计划和成本核算的基本单元。

2．安装

工件加工前，使其在机床或夹具中相对刀具占据正确位置并给予固定的过程，称为装夹（装夹包括定位和夹紧两个过程）。安装是指工件通过一次装夹后所完成的那一部分工序。在一道工序中，工件可能只装夹一次，也可能装夹几次。

例如，在表 9-2 中，工序 3 中进行一次安装即可加工出键槽，而工序 2 中为了车出全部外圆至少需要两次安装。安装次数多，既增加了安装误差，又增加了装夹辅助时间，因此在加工中应尽可能减少安装次数。

3．工位

为了减少工序中的装夹次数，常常采用各种移动或转动工作台、回转夹具或移位夹具，使工件在一次安装中可先后在机床上占据不同的位置进行连续加工。为了完成一定的工序内容，一次装夹工件后，工件（或装配单元）与夹具或设备的可动部分相对刀具或设备的固定部分所占据的每一个位置称为工位。如图 9-2 所示，在三轴钻床上利用回转工作台在一次安装中可连续完成每个工件的装卸、钻孔、扩孔和铰孔四个工位的加工。

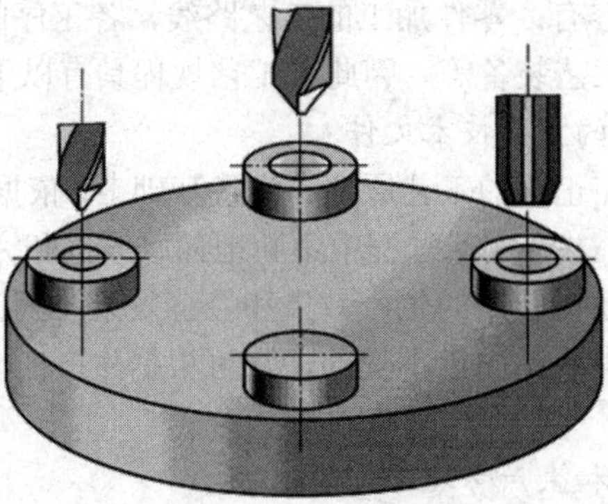

图 9-2　多工位加工

采用多工位加工，可以提高生产率并保证加工表面件的相互位置精度。

4．工步与走刀

在一个工序内，往往需要采用不同的工具对不同的表面进行加工，为了便于分析和描述比较复杂的工序，更好地组织生产和计算工时，工序还可以进一步划分为工步。工步是指在加工表面（或装配时的连接表面）和加工（或装配）工具不变的条件下所完成的那部分工艺过程。一个工序可以包括几个工步，也可以只包括一个工步。例如，在表 9-2 中，工序 2 包括车各外圆面、车槽及倒角等较多工步，而工序 3 只包括铣键槽一个工步。

为了提高生产效率，用几把不同的刀具或复合刀具同时加工一个零件的几个表面的工步，也可看作一个工步，称为复合工步，如图 9-3 所示。

在一个工步内，若被加工表面需要切去的金属层很厚，需要分几次切削，则每进行一次切削就称为一次走刀。一个工步可包括一次或几次走刀。

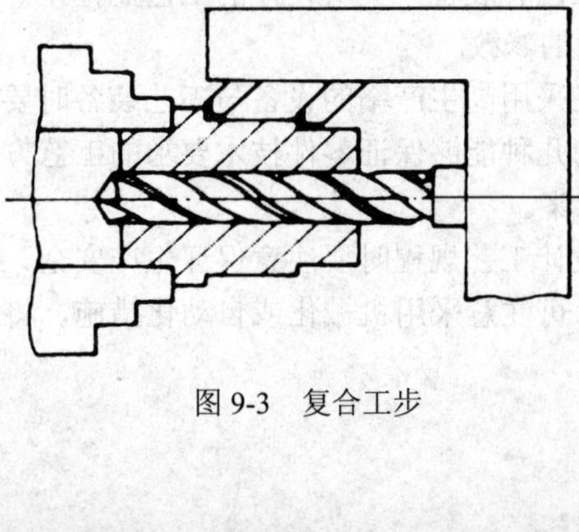

图 9-3　复合工步

9.1.3 工件工艺规程的制定

规定产品或零部件制造工艺过程和操作方法等的工艺文件被称为工艺规程。其中，规定零件机械加工工艺过程和操作方法等的工艺文件称为机械加工工艺规程。

它是在具体的生产条件下，最合理或较合理的工艺过程和操作方法，并且是按规定的形式书写成工艺文件，经审批后用来指导生产的。工艺规程中包括各个工序的排列顺序，加工尺寸、公差及技术要求，工艺设备及工艺措施，切削用量及工时定额等内容。

1. 工艺规程的作用

工艺规程一般包括的内容有：零件加工的工艺路线，各工序的具体加工内容、切削用量、时间定额及所采用的设备和工艺装备等。因此，工艺规程具有以下几方面的作用。

1）工艺规程是指导生产的主要技术文件

合理的工艺规程是建立在正确的工艺原理和实践基础上，依据工艺理论和必要的工艺试验，结合具体的生产条件制定的，并在实践过程中不断地加以改进和完善。按照工艺规程进行生产，可以稳定地保证产品质量和获得较高的生产效果和经济效果。因此，生产中应严格地执行既定的工艺规程。但是工艺规程也不是固定不变的，它可根据生产实际情况进行修改，但必须要有严格的审批手续。

2）工艺规程是生产组织和生产管理工作的依据

从工艺规程所涉及的内容可以看出，在生产组织和管理中，原材料的准备、毛坯的制造、设备和工具的购置、专用工艺装备的设计制造、劳动力的组织、生产进度计划的安排等工作都是依据工艺规程来进行的。

3）工艺规程是新建或扩建工厂或车间的基本资料

在新建、扩建或改造工厂或车间时，需依据产品的生产类型及工艺规程来确定机床和设备的数量及种类，工人工种、数量及技术等级，车间面积及机床的布置等。

2. 工艺规程的制定原则

工艺规程的制定原则是：优质、高效和低成本，即在保证产品质量的前提下，以最快的速度，最少的劳动消耗和最低的费用，可靠地加工出符合设计图纸要求的零件。同时，还应在充分利用本企业现有生产条件的基础上，尽可能保证技术上先进，经济上合理，并且有良好的劳动条件。在设计工艺规程时，应注意以下几个问题。

（1）技术上的先进性：在进行工艺规程设计时，要全面了解国内外本行业工艺技术的发展水平，积极采用适用的先进工艺和装备，使所设计的工艺规程在一定时间内保持相对的稳定性和先进性，而不至于经常做大的修改。

（2）经济上的合理性：在采用高生产率的设备与工艺装备时要注意与生产纲领相适应，对于在一定条件下可能会出现的几种能够保证零件技术要求的工艺方案，应进行经济性分析和对比，从中选出最经济合理的方案。

（3）良好的劳动条件：设计工艺规程时要注意保证生产安全，尽量减轻工人的劳动强度，避免环境污染。在工艺方案上可注意采用机械化或自动化措施，将工人从某些繁重的体力劳动中解放出来。

3．制定工艺规程的原始资料

（1）产品零件图样及装配图样。零件图样标明了零件的尺寸和形位精度，以及其他技术要求，产品的装配图样有助于了解零件在产品中的位置、作用，因此，它们是制定工艺规程的基础。

（2）产品的验收质量和验收标准。

（3）产品的生产纲领。

（4）零件毛坯的生产条件或协作关系。

（5）工厂现有的生产条件和资料。

（6）国内外同类产品的生产情况等。

4．制定工艺规程的步骤及内容

1）计算零件年生产纲领，确定生产类型

2）对零件进行工艺分析

在对零件的加工工艺规程进行制定之前，应首先对零件进行工艺分析。其主要内容包括：

（1）分析零件的作用及零件图上的技术要求；

（2）分析零件主要加工表面的尺寸、形状及位置精度、表面粗糙度及设计基准等；

（3）分析零件的材质、热处理及机械加工的工艺性。

3）确定毛坯

毛坯的选择主要依据以下几方面的因素。

（1）零件的材料及机械性能：零件的材料一旦确定，毛坯的种类就大致确定了。例如，材料为铸铁，就应选铸造毛坯；钢质材料的零件，一般可用型材；当零件的机械性能要求较高时要用锻造；有色金属常用型材或铸造毛坯。

（2）零件的结构形状及尺寸：例如，直径相差不大的阶梯轴零件可选用棒料作为毛坯，直径相差较大时，为节省材料，减少机械加工量，可采用锻造毛坯；尺寸较大的零件可采用自由锻，形状复杂的钢质零件则不宜用自由锻；对于箱体、支架等零件，一般采用铸造毛坯，大型设备的支架可采用焊接结构。

（3）生产类型：大量生产时，应采用精度高、生产率高的毛坯制造方法，如机器造型、熔模铸造、冷轧、冷拔和冲压加工等；单件小批生产则采用木模手工造型、焊接和自由锻等。

（4）毛坯车间现有生产条件及技术水平，以及通过外协获得各种毛坯的可能性。

4）制定零件的机械加工工艺路线

（1）定位基准的选择：正确选择定位基准，特别是主要的精基准，对保证零件加工精度和合理安排加工顺序起决定性的作用。因此，在拟定工艺路线时首先应考虑选择合适的定位基准。基准的选择方法见第 1 章。

（2）零件表面加工工艺方案的选择：由于表面的要求（尺寸、形状、表面质量和机械性能等）不同，往往同一个表面的加工需采用多种加工方法完成。某种表面采用各种加工方法所组成的加工顺序称为表面加工工艺方案。

5）加工阶段的划分

对于那些加工质量要求高或比较复杂的零件，通常将整个工艺路线划分为以下几个阶段。

（1）粗加工阶段：主要任务是切除毛坯的大部分余量，并制出精基准。该阶段的关键问题是如何提高生产率。

（2）半精加工阶段：任务是减小粗加工留下的误差，为主要表面的精加工做好准备，同时完成零件上各次要表面的加工。

（3）精加工阶段：任务是保证各主要表面达到图样规定的要求。这一阶段的主要问题是如何保证加工质量。

（4）光整加工阶段：主要任务是减小表面粗糙度值和进一步提高精度。

划分加工阶段的好处是按先粗后精的顺序进行机械加工，可以合理地分配加工余量及合理地选择切削用量，充分发挥粗加工机床的效率，长期保持精加工机床的精度，并减少工件在加工过程中的变形，避免精加工表面受到损伤；粗、精加工分开，还便于及时发现毛坯缺陷，同时有利于安排热处理工序。

6）加工顺序的安排

加工顺序的安排对保证加工质量，提高生产率和降低成本都有重要作用，是拟定工艺路线的关键之一，可按下列原则进行。

（1）切削加工顺序的安排。

先粗后精——先安排粗加工，中间安排半精加工，最后安排精加工。

先主后次——先安排零件的装配基面和工作表面等主要表面的加工，后安排如键槽、紧固用的光孔和螺纹孔等次要表面的加工。

先面后孔——对于箱体、支架、连杆和底座等零件，其主要表面的加工顺序是先加工用于定位的平面和孔的端面，然后再加工孔。

先基准后其他——即选作精基准的表面应在一开始的工序中就加工出来，以便为后续工序的加工提供定位精基准。

（2）热处理工序的安排。

零件加工过程中的热处理按应用目的，大致可分为预备热处理和最终热处理。

预备热处理：预备热处理的目的是改善机械性能，消除内应力，为最终热处理做准备，它包括退火、正火、调质和时效处理。对于铸件和锻件，为了消除毛坯制造过程中产生的内应力，改善机械加工性能，在机械加工前应进行退火或正火处理；对于大而复杂的铸造毛坯件（如机架、床身等）及刚度较差的精密零件（如精密丝杠），需在粗加工之前及粗加工与半精加工之间安排多次时效处理；调质处理的目的是获得均匀细致的索氏体组织，为零件的最终热处理做好组织准备，同时它也可以作为最终热处理，使零件获得良好的综合机械性能，一般安排在粗加工之后进行。

最终热处理：最终热处理的目的主要是为了提高零件材料的硬度及耐磨性，它包括淬火、渗碳及氮化等。淬火及渗碳淬火通常安排在半精加工之后、精加工之前进行；氮化处理由于变形较小，所以通常安排在精加工之后。

（3）辅助工序的安排。

辅助工序包括检验、清洗、去毛刺、防锈、去磁及平衡去重等。其中检验是最主要的，也是必不可少的辅助工序，零件在加工过程中除了安排工序自检之外，还应在下列场合安排检验工序：粗加工全部结束之后，精加工之前；工件转入、转出车间前后；重要工序加工前后；全部加工工序完成后。

5．工艺文件的编制

零件的机械加工工艺过程确定之后，应将有关内容填写在工艺卡片上，这些工艺卡片总称为工艺文件。生产中常用的工艺文件种类很多，这里只介绍两种最常用的工艺文件。

1）机械加工工艺过程卡片

机械加工工艺过程卡片是以工序为单位，简要说明零件整个加工工艺过程的一种工艺文件，其内容包括工序号、工序名称、工序内容、加工车间、设备及工艺装备、各工序时间定额等，其格式见表 9-3。在单件小批生产中，常以这种卡片直接指导生产。

表 9-3　机械加工工艺过程卡片

（厂名）		机械工艺过程卡片		产品型号		零件图号					
						零件名称		共　页		第　页	
材料牌号		毛坯种类		毛坯外形尺寸		每毛坯可制件数		每台件数		备注	
工序	工序名称	工序内容			车间	工段	设备	工艺装备	工时		
									准终	单件	
标记	处数	更改文件号	签字	日期	标记	处数	更改文件号	签字	设计	审核	标准化

2）机械加工工序卡片

机械加工工序卡片是针对每道工序所编制的，用来具体指导工人进行生产的工艺文件，如表 9-4 所示。它通过工序简图详细说明了该工序的加工内容、尺寸及公差、定位基准、装夹方式、刀具的形状及其位置等，并注明切削用量、工步内容及工时等。工序卡片多用于大批、大量生产中，每个工序都要有工序卡片。成批生产中的主要零件，或一般零件的关键工序，有时也要有工序卡片。工序卡片中工序简图的画法要求为：选操作时观察的位置作为主视图；工件外形用细实线表示；本工序的加工面用粗实线表示；本工序的定位面、夹紧力的位置和方向用符号表示；标注本工序的尺寸、形状、位置和表面粗糙度要求等。

表 9-4　机械加工工序卡片

（厂名）	机械加工工序卡片	产品型号		零件图号					
		产品名称		零件名称			共　页	第　页	
工序简图			车间	工序号		工序名称		材料牌号	
			毛坯种类	毛坯外形尺寸		每毛坯可制件数		每台件数	
			设备名称	设备型号		设备编号		同时加工件数	
			夹具编号		夹具名称			切削液	
			工位器具编号		工位器具名称			工序工时	
								标准	单件
工步号	工步内容	工艺装备	主轴转速 r/min	切削速度 m/min	进给量 mm/r	切削深度 mm	进给次数	工步工时	
								机动	辅助

9.2 零件的机械加工工艺性

9.2.1 切削加工对零件结构的要求

零件的结构工艺性是指零件所具有的结构是否便于制造、装配和拆卸。它是评价零件结构设计好坏的一个重要指标。结构工艺性良好的零件，能够在一定的生产条件下，高效、低耗地制造生产。因此，机械零件结构的工艺性包括零件本身结构的合理性与制造工艺的可能性两个方面的内容。

机械产品设计在满足产品使用要求外，还必须满足制造工艺的要求，否则就有可能影响产品的生产效率和产品成本，严重时甚至无法生产。

由于加工、装配自动化程度的不断提高，机械人、机械手的推广应用，以及新材料、新工艺的出现，出现了不少满足新条件的新结构，与传统的机械加工有较大的差别，这些在设计中应该充分地予以注意与研究。因此，评价机械产品（零件）工艺性的优劣是相对的，它随着科学技术的发展和具体生产条件（如生产类型、设计条件、经济性等）的不同而变化。

切削加工对零件结构的一般要求如下：

（1）加工表面的几何形状应尽量简单，尽量布置在同一平面上、同一母线上或同一轴线上，减少机床的调整次数；

（2）尽量减少加工表面面积，不需要加工的表面，不要设计成加工面，要求不高的面不要设计成高精度、低粗糙度的表面，以便降低加工成本；

（3）零件上必要的位置应设有退刀槽、越程槽，便于进刀和退刀，保证加工和装配质量；

（4）避免在曲面和斜面上钻孔，避免钻斜孔，避免在箱体内设计加工表面，以免造成加工困难；

（5）零件上的配合表面不宜过长，轴头要有导向用倒角，便于装配；

（6）零件上需用成形和标准刀具加工的表面，应尽可能设计成同一尺寸，减少刀具的种类。

9.2.2 机械零件加工工艺性典型实例

零件的结构工艺性直接影响着机械加工工艺过程，使用性能相同而结构不同的两个零件，它们的加工方法和制造成本有较大的差别。在拟定机械零件的工艺规程时，应该充分地研究零件工作图，对其进行认真分析，审查零件的结构工艺是否良好、合理，并提出相应的修改意见。表 9-5 列举了机械零件结构加工工艺性的典型实例，供设计时参考。

表 9-5　机械零件结构工艺性的典型实例

序　号	结构工艺性差（A）	结构工艺性好（B）	说　明
1	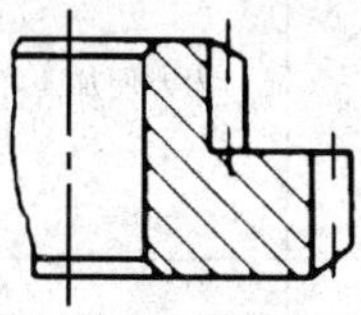	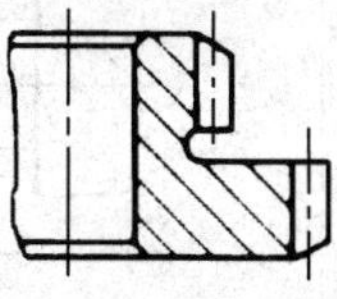	双联齿轮中间必须设计有越程槽，保证小齿轮可以插削
2	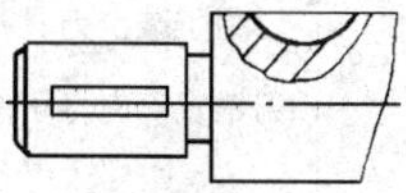	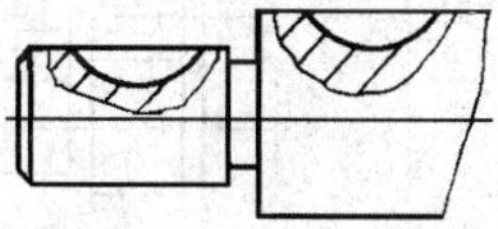	原设计的两个键槽，需要在轴用虎钳上装夹两次，改进后只需要装夹一次
3		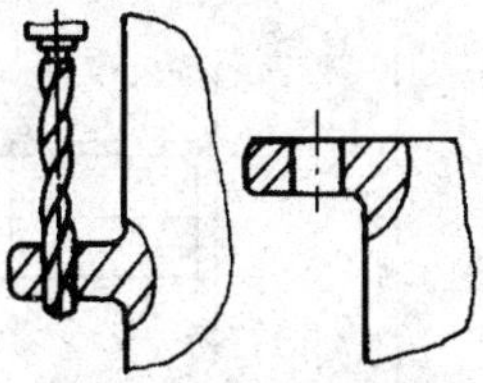	结构 A 底座上的小孔离箱壁太近，钻头向下引进时，钻床主轴碰到箱壁。改进后底板上的小孔与箱壁留有适当的距离
4	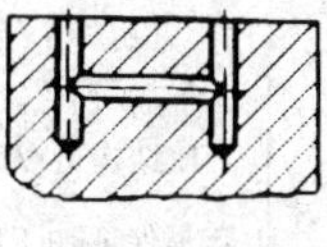	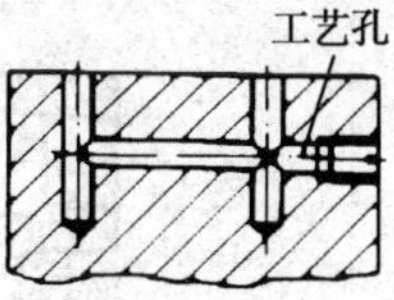	当从功能需要出发设计如图所示的水平孔时，必须增加工艺孔才能加工，打通后再堵上
5	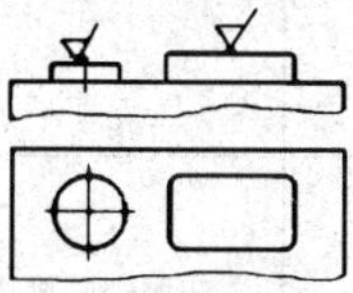	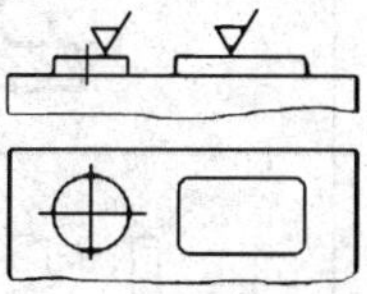	结构凸台表面尽可能在一次走刀中加工完毕，以减少机床的调整次数
6	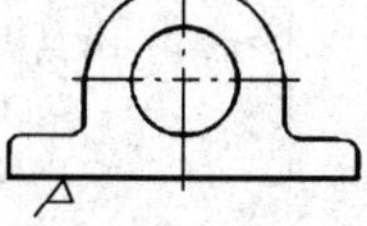		加工面减少，减少材料和切削刀具的消耗，节省工时，且易保证平面度要求
7	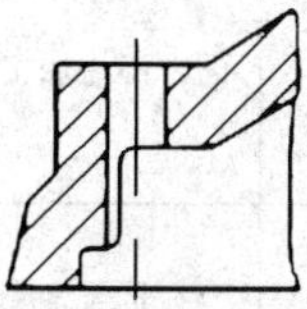	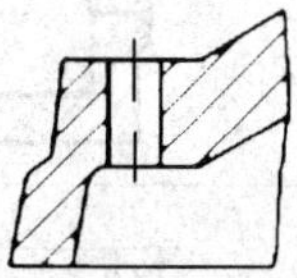	加工结构 A 上的孔时，钻头容易引偏
8	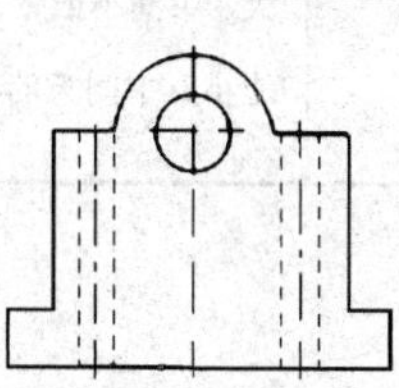	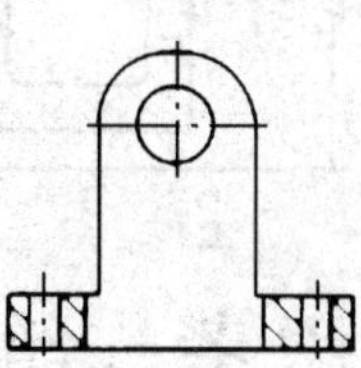	减少孔的加工深度，避免深孔加工，同时也节约了材料

续表

序号	结构工艺性差（A）	结构工艺性好（B）	说明
9	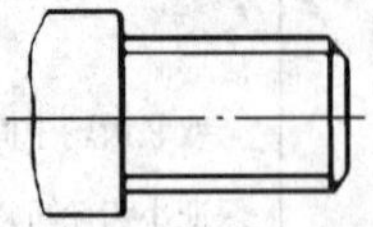	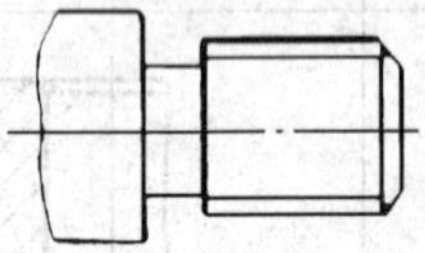	为方便加工，螺纹应有退刀槽
10	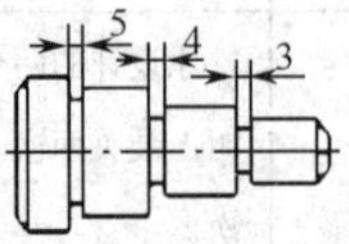	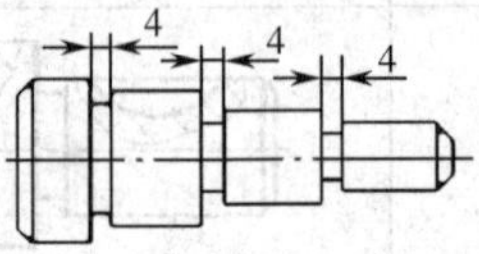	为了减少刀具种类，轴上的砂轮退刀槽宽度应尽可能一致
11	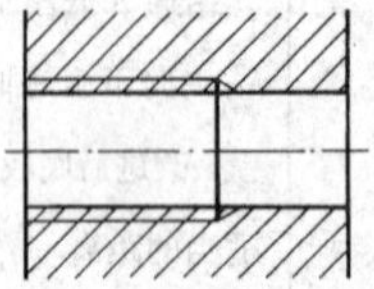	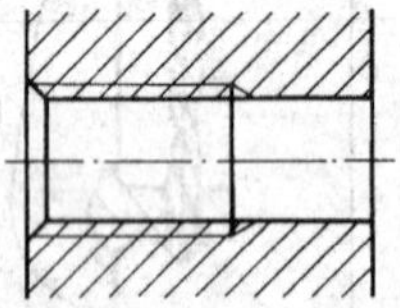	内螺纹的孔口应有倒角，以便顺利引入螺纹刀具
12	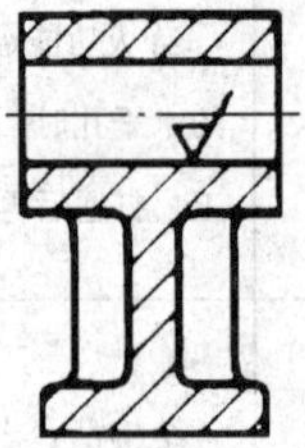	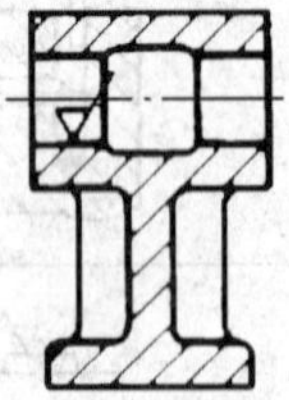	B 结构可以减少加工面积，同时也容易保证加工精度，而 A 结构则不行
13	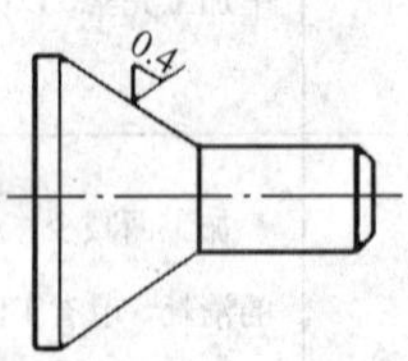	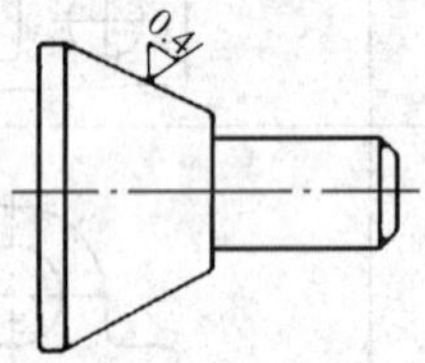	在磨削圆锥面时，A 结构容易碰伤圆柱面，同时也不能在圆锥全长上进行磨削，B 结构则可方便磨削
14	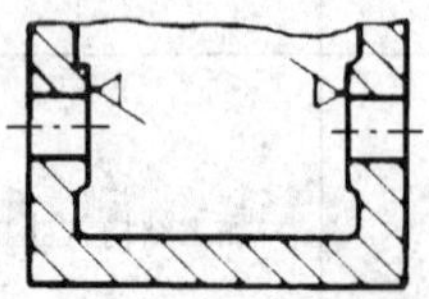	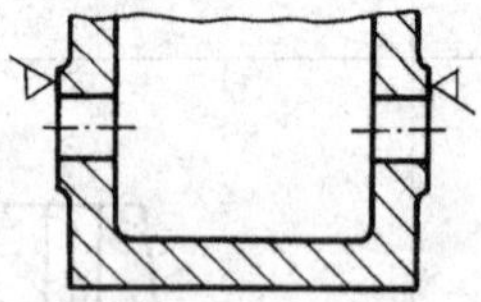	A 结构的加工表面设计在箱体里面，不易加工
15	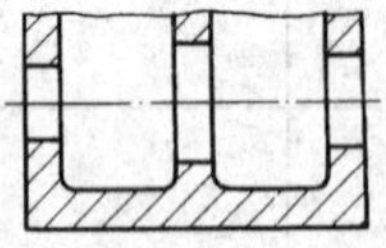	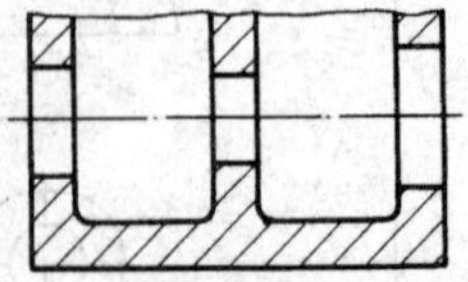	在同一轴线上的孔，孔径要两边大、中间小或依次递减，不能出现两边小、中间大的情况

思考与练习题

9-1 什么叫工序、工步、安装、工位和走刀?

9-2 在制定加工工艺规程中，为什么要划分加工阶段？

9-3 机械加工顺序安排的原则有哪些？如何安排热处理工序？

9-4 工艺规程的制定原则是什么？

9-5 什么是机械零件的机械加工工艺性？它具体包括哪些内容？它在生产中有何重要意义？

9-6 在设计需切削加工的零件时，对零件结构工艺性应考虑的一般原则有哪些？

9-7 各种切削加工方法，对零件的结构工艺性的要求是什么？

9-8 结合生产实际，举例说明结构加工工艺性在实际中的应用。

第10章 现代制造技术

现代制造技术通常指从1950年以来出现的加工方法、制造技术和生产模式，有时也指目前正在应用的包含传统制造技术在内的全部制造技术，内涵十分广泛。与现代制造技术相近的名字叫先进制造技术，它指1980年以来由机械制造技术发展起来的正在发展中的制造技术，目前还没有公认的定义。

通常认为，先进制造技术是在传统机械制造技术基础上不断吸收机械、电子、信息、材料、能源和现代管理等方面的成果，并将其综合应用于产品设计、制造、检测、管理、销售、使用和服务的制造全过程，以实现优质、高效、低耗、清洁和灵活的生产，提高对动态多变的市场的应变能力和竞争力的制造技术总称，也是取得理想技术经济效果的制造技术的总称。本章以简介先进制造技术为主，并对其有所扩展，因此称为现代制造技术。

1994年，美国联邦科学、工程和技术协调委员会将先进技术体系结构分为主体技术群、支撑技术群和管理技术群三个技术群。国内学者在此基础上进行了改进和充实，并将其分为三个主体技术群和一个支撑技术群。先进制造技术的体系结构示意图如图10-1所示。

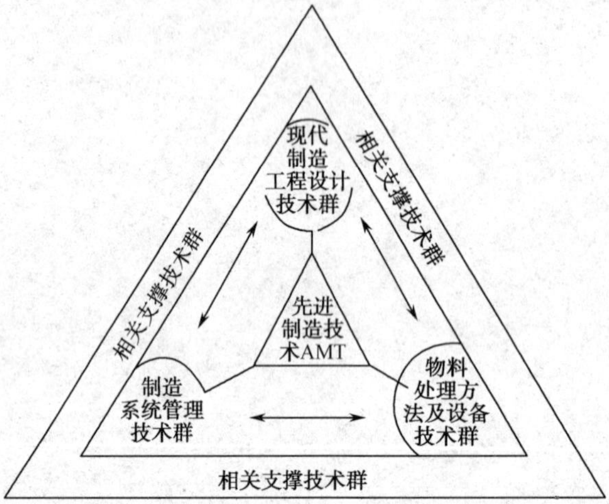

图10-1 先进制造技术的体系结构示意图

（1）现代制造工程设计技术群：包括所有与产品和工艺有关的技术，如CAX技术、DFX技术、可靠性设计、动态设计、疲劳设计、智能优化设计、反求工程、系统建模与仿真、系统集成、并行设计和快速原型制造等。

（2）制造系统管理技术群：包括与企业管理有关的各种技术，强调信息集成，企业生产模式的创新，人、技术和管理的集成等，如成组技术、全面质量管理、制造资源计划、准时生产、计算机集成制造、并行工程、精益生产和敏捷制造等。

（3）物料处理方法与设备技术群：用来研究与物料处理过程和与物流有关的各项技术，如材料生产工艺及设备、加工工艺及设备、少无切削加工、精密工程技术、超高速加工技术、特种加工技术、加工设备及其监控、质量控制技术等。

（4）相关支撑技术群：是制造工程科学的理论基础，是三大主体技术群赖以生存并不断取得进步的相关技术，包括计算机技术、微电子技术、信息技术、自动化技术、系统工程、管理科学和材料科学等。

10.1 特种加工

10.1.1 特种加工方法概述

特种加工方法又称非传统加工方法，指的是那些不主要依靠机械能，而是依靠其他能量（如电、化学、光、声、热等）来去除材料的加工方法。

特种加工方法是第二次世界大战后，特别是 1950 年以来，为满足工业部门，尤其是国防工业部门对机械制造部门的特殊要求而产生的加工方法。这些特殊要求包括以下几方面：

（1）解决各种难切削材料的加工问题，如硬质合金、钛合金、耐热钢、不锈钢、金刚石、宝石、石英、锗和硅等各种高硬度、高强度、高韧性、高脆性的金属及非金属材料的加工问题；

（2）解决各种特殊复杂表面的加工问题，如喷气涡轮机叶片、整体涡轮、发动机机闸、锻压模和注塑模的立体成形表面，各种冲模、冷拔模上的特殊截面的型孔，炮管内膛线、喷油嘴、栅网、喷丝头上的小孔、异形小孔、窄缝等的加工；

（3）解决各种超精、光整或具有特殊要求的零件的加工问题，如对表面质量和精度要求很高的航天航空陀螺仪、伺服阀，以及细长轴、薄壁零件和弹性元件等低刚度零件的加工。

要解决上述一系列工艺问题，仅依靠传统的加工方法很难实现，甚至根本无法实现。为此，人们相继探索、研究新的加工方法。特种加工就是在这种前提下产生和发展起来的。

1．特种加工的特点

特种加工方法与切削加工的不同之处在于以下五点：①主要不是依靠机械能，而是依靠其他能量（如电、化学、光、声、热等）去除材料的；②工具的硬度可以低于被加工材料的硬度；③加工过程中，工具和工件之间不存在显著的机械切削力，如电火花、线切割、电解加工时工具与工件并不直接接触，正因为如此，特种加工对工具和工件的强度、硬度和刚度均没有要求；④可以产生新的工艺方法，这些方法在某些方面具有一定的优势，或能提高生产效率，或能提高加工精度、表面质量，或便于实现自动化，或利于环境保护；⑤几乎每种能量形式，都有对应的特种加工方法。

正因为特种加工工艺具有上述特点，使得特种加工能够加工任何硬度、强度、韧性和塑性的工件材料，能够加工形式复杂、精度极高、表面质量要求特殊、刚度很低的零件。

2．特种加工的分类

特种加工的分类没有明确的规定，一般按能量来源和作用形式及加工原理可分为如表 10-1 所示的各种加工方法。

表 10-1 常用特种加工方法分类表

特种加工方法		能量来源及形式	作用原理	英文缩写
电火花加工	电火花成形加工	电能、热能	熔化、气化	EDM
	电火花线切割加工	电能、热能	熔化、气化	WEDM
电化学加工	电解加工	电化学能	金属离子阳极溶解	ECM
	电解磨削	电化学、机械能	阳极溶解、磨削	EGM（ECG）
	电解研磨	电化学、机械能	阳极溶解、研磨	ECH
激光加工	电铸	电化学能	金属离子阴极沉淀	EFM
	涂镀	电化学能	金属离子阴极沉淀	EPM
	激光切割、打孔	光能、热能	熔化、气化	LBM
	激光打标记	光能、热能	熔化、气化	LBM
	激光处理、表面改性	光能、热能	熔化、气化	LBT
电子束加工	切割、打孔、焊接	电能、热能	熔化、气化	EBM
离子束加工	蚀刻、镀覆、注入	电能、动能	原子撞击	IBM
等离子弧加工	切割（喷镀）	电能、热能	熔化、气化（涂覆）	PAM
超声加工	切割、打孔、雕刻	声能、机械能	磨料高频撞击	USM
化学加工	化学铣削	化学能	腐蚀	CHM
	化学抛光	化学能	腐蚀	CHP
	光刻	光、化学能	光化学腐蚀	PCM

特种加工自问世以来，由于其突出的工艺特点和日益广泛的应用，逐步深化了人们对制造工艺技术的认识。各种特种加工方法不仅给设计师提供了更广阔的结构设计的新天地，而且给工艺师提供了解决各种工艺难题的新手段。根据在生产中的实际应用情况，本节主要介绍电火花加工、超声波加工、激光加工等生产实际中较为广泛的特种加工方法。

10.1.2 典型的特种加工方法

1．电火花加工

电火花加工又称放电加工（EDM），是应用最广泛的一种特种加工方法。它是加工过程中，工具和工件之间不断产生脉冲性的火花放电，靠放电时的局部、瞬时高温蚀除金属，加工出尺寸、形状和表面质量都达到预定技术要求的工件。电火花加工有多种形式，其中电火花成形加工与电火花线切割加工是应用较多的两种。

1）电火花加工的基本原理

电火花加工的原理如图 10-2 所示，工件（被加工物）与电极（工具）分别接在脉冲电源的两个输出端，在电极与工件之间充满绝缘的工作介质（常用煤油、矿物油或去离子水）。自动进给调节装置使电极和工件间经常保持一个很小的放电间隙（0.01～0.05mm）。当脉冲电压加到电极与工件上时，便将极间距离最近处之间的液体介质击穿，形成放电通道。由于放电的截面积很小，所以放电时间极短（0.0 001～0.1s），致使能量高度集中（10^6～10^7W/mm^2），放电区域产生瞬时高温（中心温度可达 10 000℃），致使放电处局部金属迅速熔化甚至气化，在工件上形成一个小凹坑。第一次脉冲放电结束后，经过很短的时间间隔，绝缘恢复。第二次脉冲又在第二个极间最近点击穿放电，如此周而复始高频率地循环下去，电极不断地向工件进给，它的形状最终复制到工件上，形成所需要的加工表面。与此同时，总能量的一小部分也释放到电极上，从而造成电极损耗，但可通过电流强度和电源极性控制其损耗量。

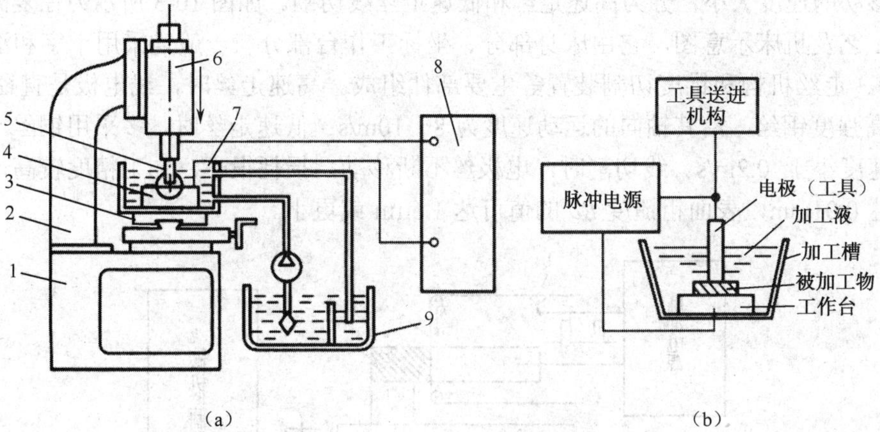

1—床身；2—立柱；3—工作台；4—工件电极；5—工具电极；
6—进给结构及间隙调节器；7—工作液；8—脉冲电源；9—工作液箱

图 10-2　电火花加工的原理示意图

2）电火花的加工条件

由电火花的加工原理可知，进行电火花加工必须具备三个条件：①必须采取脉冲电源，以形成瞬时脉冲放电，且其脉冲频率和脉宽比也要能够调整；②必须采用自动进给的调节装置，以保持电极与工件被加工表面之间有合适的放电间隙；③电极和工件要浸入具有一定绝缘性能的液体介质中。

在电火花加工中，工件的极性效应、电极的形状和材料、放电间隙的大小、脉冲源的电压、脉冲的频率、脉冲的占空比等参数决定加工效率、加工精度和电极损耗速度。

3）电火花加工的特点及应用

电火花加工具有如下优点：①材料的加工性能由其热化学性质（如熔点、气化点、热导率、融化热等）决定，而与其力学、化学、机械性能无关；②加工时无明显机械力，可用于低刚度工件和微细结构的加工；③脉冲参数可依据需要调节，可在同一台机床上进行粗加工、半精加工和精加工，便于实现自动化；④电火花加工后的表面呈现的凹坑，有利于配合表面间润滑油的存储。

电火花加工也存在一定的局限性：材料去除率低；一般只能加工导电材料；工具材料损耗较快。

4）电火花成形加工

电火花成形加工是通过一定形状、尺寸的工具电极相对于工件做进给运动，将电极的形状尺寸复制到工件上，从而加工出所需要的零件。电火花成形加工可分为电火花型腔加工和穿孔加工两种。电火花穿孔加工主要用于型孔（如圆孔、方孔、多边形孔、异形孔等）、曲线孔（如弯孔、螺旋孔等）、小孔和微孔的加工。

5）电火花线切割加工

电火花线切割加工是在电火花加工的基础上发展起来的一种加工工艺（简称 WEDM）。其工具电极为金属丝（钼丝或铜丝），在金属丝与工件间施加脉冲电压，利用脉冲放电对工件进行切割加工，因而也称线切割。

电火花线切割加工是以细金属丝作为工具电极，金属丝沿其轴线移动的同时，按照预定的轨迹沿其径向进行脉冲放电烧蚀工件材料，从而实现对工件的切割的一种加工方法。按金属丝沿其轴线移动的速度大小，分为高速走丝和低速走丝线切割。如图 10-3 所示为往复高速走丝电火花切割工艺及机床示意图，它由床身部分、坐标工作台部分（一般均采用十字和滚动导轨、滚动丝杠）、走丝机构和锥度切割装置等主要部件组成。高速走丝时，线电极是直径为 0.02～0.3mm 的高强度钼丝，沿其轴向的运动速度为 8～10m/s；低速走丝时，多采用铜丝，线电极的轴向运动速度小于 0.2m/s。线切割时，电极丝不断移动，损耗很小，加工精度较高，其平均加工精度可达 0.01mm，表面粗糙度 *Ra* 的值可达 1.6μm 或更小。

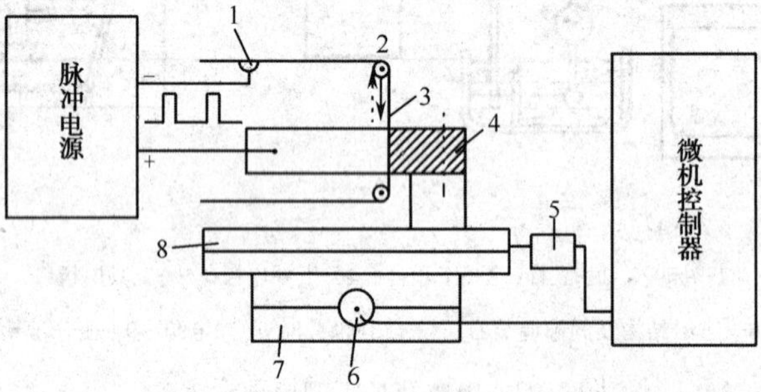

1—进电装置；2—导向轮；3—金属丝；4—工件；5—X 轴步进电机；6—Y 轴步进电机；7—横向工作台；8—纵向工作台

图 10-3　电火花线切割工作原理示意图

与电火花成形相比，电火花线切割加工方式具有如下特点。

（1）不采用成形的工具电极，大大降低了成形工具电极设计的制造费用，用简单的工具电极，靠数控技术实现形状复杂型腔的切割，易于实现 CAD/CAM，缩短了生产准备时间和加工周期。

（2）电极丝比较细，可以加工微细异形孔、窄缝和复杂形状的工件。

（3）由于采用移动的长电极丝进行加工，所以单位长度电极丝的损耗较少，从而对加工精度的影响比较小，特别在低速度走丝线切割时，电极丝一次性使用，电极丝损耗对加工精度的影响更小。

2．超声波加工

人耳能听到的声波频率在 16～1600Hz 范围内。当声波频率超过 1600Hz 时，就是超声波。前面所介绍的电火花加工，只能加工导电材料，而利用超声波振动（简称超声振动）则不但能加工像淬火钢和硬质合金等脆性的导电材料，而且更适合加工像玻璃、陶瓷、宝石和金刚石等硬脆非金属材料。

1）超声波加工的基本原理

超声波加工是利用工具作沿其轴线的超声振动，通过工件与工具之间的悬浮液去除材料的加工方法，如图 10-4 所示，加工时工具以很小的压力作用在工件上，工具做超声振动，造成悬浮磨粒以很高的速度和频率冲击工件，造成工件表面材料的破碎，称为磨粒的撞击和抛磨作用。磨料悬浮液受工具端部的超声振动作用产生液压冲击和空化（局部真空）现象，促使液体渗入被加工材料的裂纹处，加强了机械破坏作用，液压冲击也使工件表面因损坏而蚀除。抛磨和空化作用将工具端面的形状复印到工件表面。

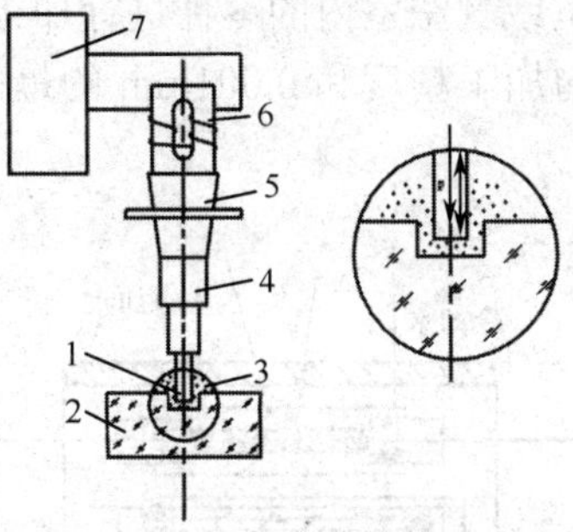

1—工具；2—工件；3—磨料悬浮；4、5—变幅杆；6—换能器；7—超声波发生器

图 10-4　超声波加工的原理示意图

2）超声波加工的特点与应用

超声波的加工具有如下特点：①适用于加工硬脆金属材料和非金属材料，如硬质合金、淬火钢、金刚石、石英、石墨和陶瓷等；②加工过程受力小，热影响小，可加工薄壁、薄片等易变形零件；③可加工各种复杂形状的型孔、型腔和型面，还可进行套料、切割和雕刻等。超声波加工的主要缺点是生产效率低。

超声波加工的应用范围十分广泛。特别是对于脆硬的半导体和非导体材料，超声波加工是一种主要加工方法。常见的加工方法有：①模具生产的型孔、型腔加工；②金刚石、半导体、石英、宝石等脆硬材料的超声波切割加工；③超声波清洗，是一种高效的清洗方法，可使用多种类型的清洗剂，清洗后的零件可得到高清洁度；④超声波复合加工，如超声波与电解复合加工，超声波与机械复合加工等。

3．激光加工

激光加工是 20 世纪 60 年代发展起来的一种新技术，它利用光能经过透镜聚焦后达到很高的能量密度，依靠光热效应来加工各种材料，已广泛用于打孔、切割、焊接、电子器件微调、表面处理及信息存储等许多领域。

1）激光加工的工作原理

激光是一种经过受激辐射产生的单色光，光波的频率和相位相同，具有：①强度高、工件密度大；②单色性好，波长和频率确定；③方向性好，发散角小至 0.1×10^{-3}（立体角单位）等特点。

激光是一束相同频率、相同方向和严格位相关系的高强度平行单色光。由于光束的发散角通常不超过 0.1°，所以在理论上可聚焦到直径与光波波长尺寸相近的焦点上，焦点处的能量密度可达 $10^{8}\sim10^{10}$W/cm^2，温度可高达 1 万摄氏度，从而使任何材料均在瞬时（$<10^{-3}$s）被急剧熔化乃至汽化，并产生强烈的冲击波，冲击波被喷发出去，进而达到切除材料的目的。

常用的激光器按激活介质的种类可分为固体激光器和气体激光器。如图 10-5 所示为固体激光器的结构示意图。

2）激光加工的特点

（1）由于激光加工的功率密度高，所以几乎可以加工任何金属和非金属材料。

（2）激光束可调焦到微米级，其输出功率可以调节，因此，激光可用于精细加工。

（3）激光属非接触式加工，无明显机械切削力，因而具有无工具损耗、加工速度快、热影响区小、热变形、加工变形小和易实现自动化等优点。

（4）能透过透视窗孔对隔离室或真空室内的零件进行加工。

（5）可以达到 0.01mm 的平均加工精度和 0.001mm 的最高加工精度，表面粗糙度值 *Ra* 可达 0.4～0.1μm。

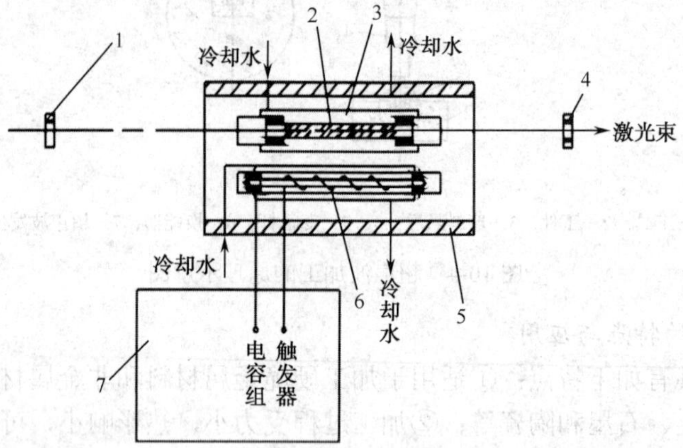

1—全反射镜；2—工作物质；3—玻璃套管；4—部分反射镜；5—聚光镜；6—氙灯；7—电源

图 10-5　固体激光器的结构示意图

3）激光加工的应用范围

激光加工的主要参数为激光的功率密度、波长、输出的脉宽、激光照射在工件上的时间及工件对能量的吸收等。激光对材料的切割、打孔、焊接和表面热处理等都与上述参数有关。

（1）激光打孔。激光打孔是激光加工的重要应用领域之一。激光打孔的功率密度一般为 10^7～10^8W/cm^2，它主要应用于在特殊零件或特殊材料上加工孔，如火箭发动机和柴油机的喷嘴、化学纤维的喷丝板、钟表上的宝石轴承和聚晶金刚石拉丝模等零件上的微细孔加工。激光打孔的效率很高，如直径为 0.12～0.18mm，深为 0.6～1.2mm 的宝石轴承孔，若工件自动传送，每分钟可加工数十件。在聚晶金刚石拉丝模坯料的中间加工直径为 0.04mm 的小孔，仅需十几秒。

（2）激光切割。激光切割所需的功率密度一般为 10^5～10^7W/cm^2，它既可以切割金属、非金属材料，还可以切割无机物、皮革之类的有机物。它还能透过玻璃切割真空管内的灯丝，这是任何机械加工所难以达到的。激光切割切口窄且光洁，无圆角及毛刺；切割速度快，热影响区小，热应力与热变形也小；可以在数控装置控制下切割任意形状、尺寸的板材。

（3）激光焊接。当激光的功率密度为 10^5～10^7W/cm^2，照射时间约为 1/100s 时，即可进行激光焊接。激光焊接一般无须焊料和焊剂，只需将工件的加工区域“热熔”在一起就可以了。激光焊接过程迅速，热影响区小，焊缝质量高，既可以焊接同种材料，也可以焊接异种材料，还可以透过玻璃进行焊接。

（4）激光表面处理。当激光的功率密度为 10^3～10^5W/cm^2 时，便可实现对铸铁、中碳钢，甚至低碳钢等材料进行表面淬火。激光表面淬火层的深度一般为 0.7～1.1mm。淬火层的硬度比常规淬火约高 20%，产生的变形小，能解决低碳钢的表面淬火强度问题。

4．电子束加工

电子束加工（简称 EBM）和离子束加工（简称 IBM）是近年来得到高速发展的新兴特种加工。这两种加工主要用于精细加工领域，尤其是微电子领域。

1）电子束加工的原理

如图 10-6 所示，在真空条件下，利用电流加热阴极发射电子束，经控制栅极初步聚焦及加速阳极加速，并通过聚焦系统进一步聚焦后，使能量密度集中到直径为 5～10μm 的斑点内。高速而能量密集的电子束冲击到工件上，使被冲击部分的材料温度在瞬间（几分之一微秒内）升高到几千摄氏度以上，这时热量还来不及向周围扩散就可以把局部区域的材料瞬时熔化、气化甚至蒸发而除去。

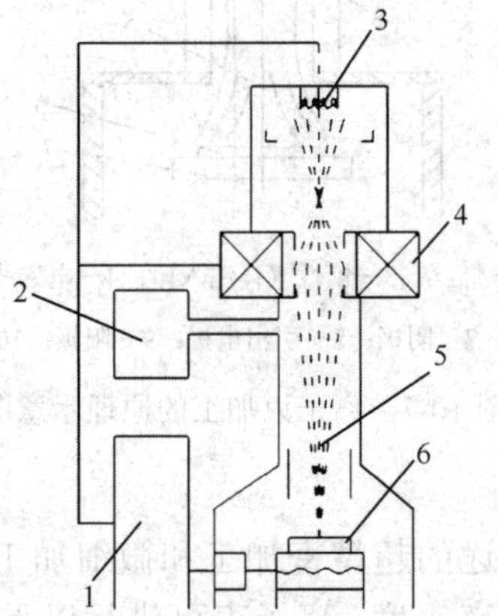

1—电源及控制系统；2—抽真空系统；3—电子枪系统；4—聚焦系统；5—电子束；6—工件

图 10-6　电子束加工的原理示意图

电子束加工必须在真空环境下进行，因此设备昂贵。

2）电子束加工的特点及应用

电子束可在各种材料上打孔、开槽和切割，孔径和槽宽可小至数微米，长径比可达 10∶1。电子束还常用于焊接，其焊接速度快，焊缝深而宽，热变形小。它不仅可焊接一般金属，还可以焊高熔点及活泼金属。其加工特点如下：①属于精细加工；②加工范围广，加工质量好；③生产率高；④加工过程易于实现自动化。

5．离子束加工

1）离子束加工的原理和特点

离子束加工的原理与电子束基本类似，也是在真空条件下进行的。其物理基础是：当离子束打击到材料表面上时，会产生所谓的撞击效应、溅射效应和注入效应，从而达到不同的加工目的。离子束加工主要靠高速离子束的微观机械撞击动能，而不像电子束加工那样主要靠热效应。如图 10-7 所示为离子束加工的原理示意图。懒性气体氩气由入口注入电离室，灼热的灯丝发射电子，电子在阳极的吸引和电磁线圈的偏转作用下，向下高速做螺旋运动。氩在高速电子的撞击下被电离成离子。阳极和阴极各有数百个上下位置对齐，直径为 0.3mm 的小孔，形成数百条较准直的离子束，均匀分布在直径为 50mm 的圆面积上，通过调整加速电压，可以得到不同速度的离子束，以实现不同的加工。

首先，离子束轰击工件材料时，其束流密度和能量可以精确控制，因此可以实现纳米级加工，是当代纳米加工技术的基础。其次，离子束加工在真空中进行，污染少，特别适宜加工易氧化的金属、合金和高纯度的半导体材料。最后，离子束加工的宏观压力小，因此加工应力小，热变形小，加工表面质量非常高。但是离子束加工设备费用高、成本高、加工效率低，其应用范围受到一定的限制。

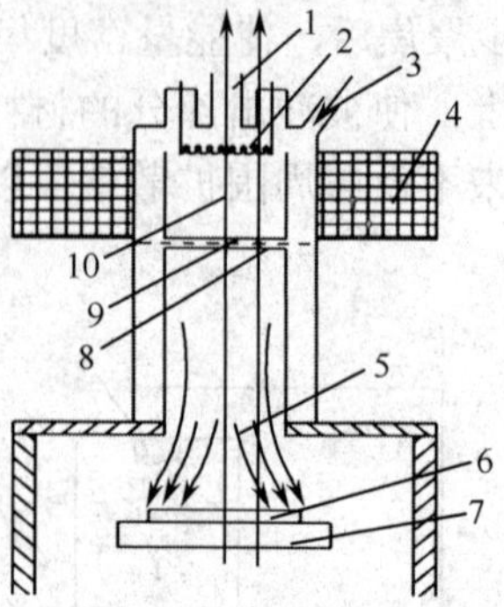

1—真空抽气口；2—灯丝；3—惰性气体注入口；4—电磁线圈；5—离子束流；
6—工件；7—阴极；8—引出电极；9—阳极；10—电离室

图 10-7 离子束加工的原理示意图

2）离子束加工的应用范围

离子束加工被认为是最有前途的超精密加工和微细加工方法，其应用范围很广，可根据加工要求选择离子束斑直径和功率密度。离子束可进行以下加工：①刻蚀加工；②镀膜加工；③离子注入加工（半导体掺杂）；④刃磨加工；⑤切割加工；⑥表面改性加工。

6．电解加工

电解加工（简称 ECM）是电化学加工中的主要加工方法，已成功应用于国防、航空航天、汽车和拖拉机等领域的工业生产。

1）电解加工的原理

电解加工是利用金属在电解液中的电化学阳极溶解原理将工件加工成形的，工件接阳极，工具接阴极，如图 10-8 所示。工具极一般用铜或不锈钢等板材制成，两极间外加直流电压 6～24V。极间间隙保持 0.1～1mm，在空隙处通以 6～60m/s 的高速流动电解液，形成极间导电通路，产生电流，工件阳极表面的材料不断发生溶解，其溶解物被高速流动的电解液及时冲走，工具阴极不断进给，保持极间间隙。电解加工的基本设备包括直流设备、电解加工机床和电解液系统三部分。

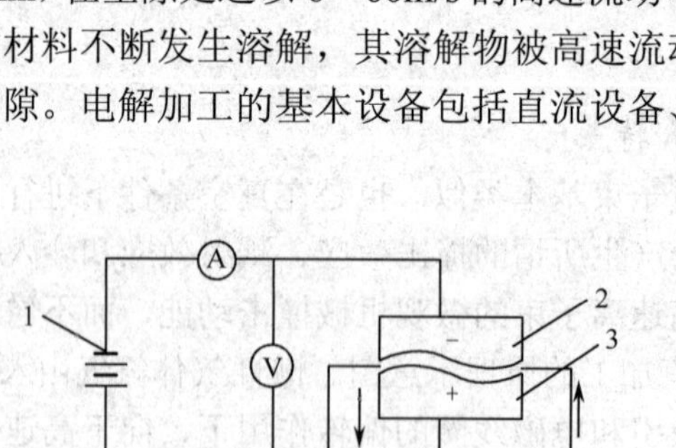

1—直流电源；2—工具阴极；3—工件阳极；4—电解液泵；5—电解液

图 10-8 电解加工示意图

2）电解加工的特点和应用

电解加工的特点与电火花类似，不同之处有以下几个方面：①加工型面、型腔生产率高，比电火花加工高 5～10 倍；②阴极在加工中损耗极小，但加工精度不及电火花加工，棱角和小圆孔很难加工。

电解加工的具体特点：①加工范围广，可加工高硬度、高强度和高韧性的各类导电材料，可加工汽轮机叶片、叶轮等复杂型面；②生产率高；③能以简单的直线进给运动一次完成复杂型腔表面的加工，不产生变形和残余应力，也无飞边、毛刺等；④可获得较好的表面粗糙度，加工精度不高；⑤加工过程中，工具阴极在理论上不会产生损耗，可长期使用。

7. 水射流加工

水射流加工以水作为携带能量的载体，水压达 300～1000MPa，喷嘴直径为 0.1～0.6mm，以 2～3 倍声速喷出，使压力能转变为动能，常用于人造宝石、陶瓷和碳化钨喷嘴等的加工。如图 10-9 所示，水射流切割可分为纯水射流切割和磨料射流切割。

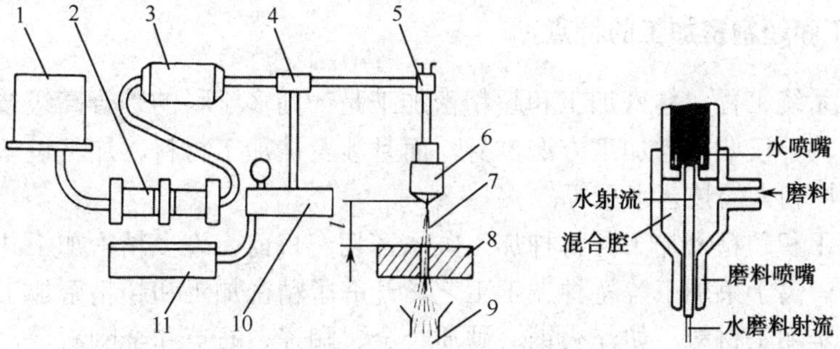

（a）高压水射流切割设备的组成　　（b）磨料射流切割头

1—水箱；2—水泵；3—蓄能器；4—控制器；5—阀；6—蓝宝石喷嘴；

7—射流；8—工件；9—排水器；10—液压机构；11—增压器

图 10-9　水射流加工的原理示意图

水射流的切割速度取决于工件材料，并与所用功率大小成正比，和材料厚度成反比。水射流可以加工很薄、很软的金属和非金属材料，如铜、铝、铅、塑料、木材、橡胶和纸等。所切割材料的厚度少则为几毫米，多则为几百毫米。水射流的加工温度较低，且“切屑”混入液体中，不会产生爆炸或火灾的危险，因而可以用来加工木材和纸品，还能在一些化学加工的零件保护层面上画线。

水射流的特点与分类：①纯水射流切割，喷嘴磨损慢，切割能力较低，适合切割软质材料；②磨料射流切割，喷嘴磨损快，结构复杂，适合切割硬质材料。

10.2 精密和超精密加工

工件的加工精度主要是由工具、工件、加工机械，以及它们之间的相互作用四大因素决定的。由于机床和工具等领域的技术进步，使得切削加工技术得到了突飞猛进的发展，加工精度不断提高，现在已达到纳米级加工境界，并逐渐接近加工精度和表面质量的极限。

10.2.1 精密加工和超精密加工概述

精密加工是指在一定的发展时期内，加工精度与表面质量超过当前社会平均水平的加工工艺。超精密加工则是指在一定的发展时期内，加工精度与表面质量达到目前可实现的最高精度水平的加工工艺。显然，在不同的发展时期，精密与超精密加工有不同的标准。当前，精密加工是指加工精度为 1～0.1μm，表面粗糙度 *Ra* 为 0.1～0.01μm 的加工技术，超精密加工是指加工误差小于 0.1μm，表面粗糙度 *Ra* 小于 0.025μm 的加工技术。

从精密加工和超精密加工的范畴来看，它们应该包括微细加工和超微细加工，光整加工和精整加工等加工技术。微细加工和超微细加工技术是指制造微小尺寸零件的加工技术，由于尺寸微小，所以其精度是用尺寸的绝对数值来表示的，而不是像一般加工那样用尺寸误差在尺寸中所占比例来表示。光整加工技术一般是指降低表面粗糙度值和提高表面层物理、力学及机械性能的加工方法，不强调加工精度的提高。

1．精密加工和超精密加工的特点

（1）形成了系统工程。精密加工和超精密加工是一门多学科的综合高级技术，要达到高精度和高表面质量，不仅要考虑加工方法本身，而且涉及被加工材料、加工设备、工艺装备、检测方法、工作环境和人的技艺水平等。

（2）精密加工和超精密加工与特种加工关系密切。目前，许多精密加工和超精密加工方法采用了激光加工、离子束加工等特种加工工艺，开辟了精密加工和超精密加工的新途径，一些高硬度、脆性的难加工材料，如淬火钢、硬质合金、陶瓷、石英和金刚石等，一些刚度差，在加工中容易变形的零件，如薄壁零件、弹性零件等，在精密加工和超精密加工时，特种加工已是必要手段，甚至是唯一手段，形成了精密特种加工。

（3）加工检测一体化。精密加工和超精密加工的加工精度和表面质量都很高，一定要有相应的检测手段，才能说明是否达到技术要求。因此，在精密加工和超精密加工中，加工和检验都是难题，而且往往检测的难度更大。只有采用加工检测一体化的策略，在加工的同时进行检测，才能保证加工精度。

（4）精密加工和超精密加工与自动化技术联系密切。制造自动化是先进制造技术的重要组成部分，是提高加工精度和表面质量，避免手工操作引起的人为误差，保证加工质量及其稳定性的重要举措。工艺过程优化与适应控制、检测与误差补偿、计算机控制等技术都是提高和保证加工质量的自动化技术。

（5）精密加工和超精密加工的发展与产品需求联系密切。精密加工和超精密加工由于在加工质量上要求高，技术难度大，涉及面广，影响因素多，所以往往投资很大。因此，精密加工和超精密加工的发展与具体的产品需求关系密切。例如，美国加利福尼亚大学 Lawrence Livemor 实验室和 Y-12 工厂在能源部支持下，于 1989 年联合研制成功的 DTM-3 型超精密金刚石车床，就是针对加工激光核聚变用的各种反射镜、大型天体望远镜的天线等而研制的，反映了航天技术的需求。

2．精密加工和超精密加工方法及其分类

精密加工与超精密加工方法非常多，按照加工成形的原理和特点来分类，可分为去除加工、结合加工和变形加工三大类。

（1）去除加工又称分离加工，是从工件上去除部分材料。

（2）结合加工是利用各种方法把工件结合在一起，按结合的机理和方法又可以分为附着、注入和连接三种方法。附着加工（沉积加工）是在工件表面上覆盖一层物质，来改变工件表面性能，如电镀和各种沉积等；注入加工（渗入加工）是在工件表面注入某些元素，使其与基材结合，以改变工件表面的各种性能，如氧化、渗碳和离子注入等；连接加工是把工件通过物理和化学方法连接在一起，如焊接和黏接等。

（3）变形加工又称流动加工，是利用力、热等手段使工件产生变形，改变其尺寸、形状和性能，如锻造、铸造和液晶定向凝固等。

10.2.2　超精密加工环境

为实现超精密加工，必须构建能满足加工精度和表面质量要求的完善的环境。加工所需的支撑环境主要包括热环境、振动环境、空气环境、声环境和磁环境等方面。

1．恒温控制

通常是否达到恒温的标准可用恒温基数和恒温精度两项指标来衡量。恒温基数是希望的目标温度，通常选取测量的温度基数 20℃进行控制；恒温精度是温度变化的范围：一般精密加工级取±2～±1℃；精密级取±0.5～±0.2℃；超精密级取±0.1～±0.01℃。恒温室的控制包括送风方式、地面温度的控制、设备温度的控制及室内布局几方面，对于精度要求更高的恒温室，可以采取多层温度控制和局部温度控制等措施。

2．湿度

精密加工的环境湿度应控制在 45%～50%RH（相对湿度）。这是由于湿度低于 40%RH 时会产生静电，影响加工精度；高于 50%RH 时又易生锈。而湿度的容许范围与温度的容许范围也有关系，10%的湿度控制范围对应±2℃的温度控制范围。

3．防振

微振动是影响超精密加工的又一个重要问题。机床应有良好的隔振地基和空气隔振垫。另外，还应考虑设备运动件的动平衡或振动隔离，消除或减少内部振源，尽量远离外部振源。

4．净化

在超精密加工时，一个直径为 0.3μm 的尘埃即会引起判断错误，致使工件成为废品。可见，超精密加工必须在洁净室内进行。洁净室是指室内空气中的灰尘、微粒、室内气压、温湿度、气流分布及其形状、速度等控制在一定范围内的房间。洁净室因加工对象和要求的不同而有所不同。目前国际上采用的净化标准等级，一般分为 100 级（100 级指每立方英尺空气中，所含直径大于 0.5μm 的尘埃个数不超过 100 个）、1000 级、10 000 级和 100 000 级等几种，美国又提出了 10 级和 1 级的新标准。对于超精密加工车间，$1cm^3$ 的空气中直径大于 0.3μm 以上的尘埃数应少于 100 个。

根据对环境要求的不同，采取除尘净化的措施也不同。从大的恒温、净化厂房和净化室到很小的净化工作台，根据室内允许尘埃的颗粒大小和数量的要求不同应采取不同的措施。对于空气的净化，通常主要是采用空气过滤器或净化器进行过滤的。室内的气压要形成一定的正压，即室内的压力是由洁净度最高的工作室向洁净度低的工作室逐次降低，保证空气朝一个方向流动。为防止外部的空气入侵室内，室内若有粉尘，只能由空气出口外流，而外面没经过净化的空气不能流入室内。生产过程中的设备、工具和人体都是尘埃源，应控制其数量和流动。

5．支撑环境的其他因素

（1）噪声。噪声会妨碍人们的正常工作，特别是对于精密加工和超精密加工而言，操作者长期在洁净室中，其工作质量和效率更容易受噪声的影响。

（2）电磁波。为防止电磁波的干扰和破坏，对某些设备需要建立能屏蔽电磁波的环境。特别是进行尺寸测量时，电磁波对测量仪器的影响很大。

（3）静电。静电会造成半导体元件损坏、胶片感光及黏结灰尘等，为此需要采取措施消除静电。

10.3 快速成形

快速成形（RP）属于离散/堆积成形。其成形原理为：由计算机建立工件的三维立体模型，再对模型进行分层处理，即将模型“切片”得到有一定厚度的、一层一层的层片模型。然后用加工机床将层片信息变成实体材料并层叠在一起形成所需的工件。

10.3.1 快速成形的工艺过程

1．快速成形的工艺过程

快速成形的详细工艺过程如下。

（1）构建产品的三维模型。该三维模型可以利用计算机辅助设计软件（如 Pro/E，UG，Solid Word，I-DEAS 等）直接构建，也可以由已有产品的二维图样进行转换而得到，还可以利用反求工程对实物进行扫描来构造。

（2）对三维模型的近似处理。由于产品存在不规则的自由曲面，不便于计算机的存储与处理，所以要对模型进行近似处理。处理的方法是用一系列小三角形平面来逼近原来的模型表面，每个小三角形用三个顶点坐标和一个向量来描述，三角形的大小可以根据精度要求进行选择。处理后的模型一般采用 STL 格式文件存储，典型 CAD 软件都带有转换和输出 STL 格式文件的功能。

（3）三维模型的切片处理。根据被加工模型的特征选择合适的加工方向，在成形高度方向上用一系列一定间隔的平面切割近似处理后的模型并生成截面的轮廓信息。间隔一般取 0.05～0.5mm，通常为 0.1mm。间隔越小，成形精度越高，但成形时间也越长，效率就越低，反之则精度低，但效率高。

（4）成形加工。根据切片处理的截面轮廓，在计算机控制下，相应的成形头（激光头或喷头）按各截面轮廓信息做扫描运动，在工作台上一层一层地堆积材料，然后将各层相黏结，最终得到原型产品。

（5）成形零件的后处理。从成形系统里取出成形零件，进行打磨、抛光、涂挂，或放在高温炉中进行烧结等后续工作，提高其强度、精度或表面质量。

2．快速成形技术的特点

快速成形技术的具体特点如下。

（1）可以制造任意复杂的三维几何实体。由于采用离散/堆积成形的原理，将一个十分复杂的三维制造过程简化为二维过程叠加，所以可实现对任意复杂形状零件的加工，特别适合于复杂型腔、复杂型面等传统化方法难以制造甚至无法制造的零件。

（2）快速性和高度柔性。只需对一个 CAD 模型的修改或重组就可获得一个新零件的设计和加工信息，无须任何专用夹具或工具即可完成复杂的制造过程，一般几个小时到几十个小时就可制造出零件，具有快速制造的突出特点。

（3）实现了机械工程学科多年来追求的两大先进目标，即材料的提取（气、液、固相）过程与制造过程一体化和计算机辅助设计（CAD）与计算机辅助制造（CAM）一体化。

（4）与反求工程（Reverse Engineering）、CAD 技术、网络技术、虚拟技术和虚拟现实等相结合，成为产品快速开发的有力工具。

其缺点是成形精度较低，工件材料受限。

10.3.2　典型的快速成形工艺方法

1．光敏液相固化（SLA）

此法是一种最早出现的快速成形技术，它的原理如图 10-10 所示。液槽中盛满液态光敏树脂，它在受到激光束照射时可以快速固化。成形开始时，可升降工作台使其处于液面下一定深度的位置。聚焦后的激光束在计算机的控制下按截面轮廓进行扫描，使扫描区域的液态光敏树脂固化，形成该层面的固化层，从而得到该截面轮廓的薄片。然后工作台下降一层的高度，其上覆盖另一层液态光敏树脂，再进行第二层的扫描固化，与此同时，新固化的一层牢固地黏结在前一层上，如此重复直到整个产品完成，一般截面层厚度在 0.076～0.038mm 的范围内。在工作台将工件取下后，将多余的树脂用溶剂清洗后，工件放入专门的后固化装置，经过一段时间的曝光处理后，工件才完全固化，而该段时间的长短视材料、工件的大小和形状的复杂程度而定。最后再对其进行必要的打光、电镀、喷涂和着色等工艺处理。

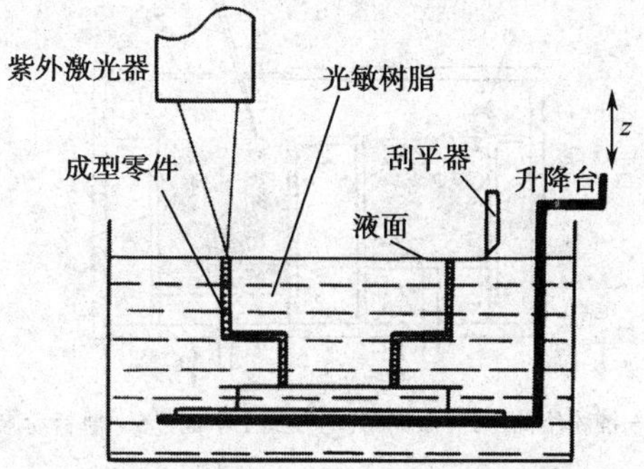

图 10-10　光敏液相固化工艺原理图

SLA 是最早投入商业应用的快速成形技术，比其他成形方法成熟，能制造精度较高的工件，成形精度在一般情况下可控制在 0.1mm 内。

这种方法适合成形小件，能直接得到塑料产品，表面粗糙度质量较好。其缺点是需要设计支撑结构，才能确保在成形过程中制件的每一个结构部分都能可靠定位；成形中有物相变化，翘曲变形较大，可以通过增加支撑结构加以改善；原材料有污染，可能使皮肤过敏。

2．选区片层黏结（LOM）

选区片层黏结也称薄形材料选择性切割，其工艺原理如图 10-11 所示。展开装置，将涂有热熔胶的箔材带（如涂覆纸、涂覆陶瓷箔、金属箔、塑料箔等）经热压辊加热后，一段段送到工作台上方。热压装置将其与前面已成形的部分黏合在一起，激光切割系统根据切片模型将工作台上的箔材沿轮廓线切割成所需的形状，制件轮廓以外的区域被切割成小方块，成为废料。在该层切割完成后，工作台下降相当于一个箔材厚度的距离，开始下一层箔材的层叠与切割。不断重复，形成三维产品。材料的厚度一般在 0.07～0.15mm 之间。

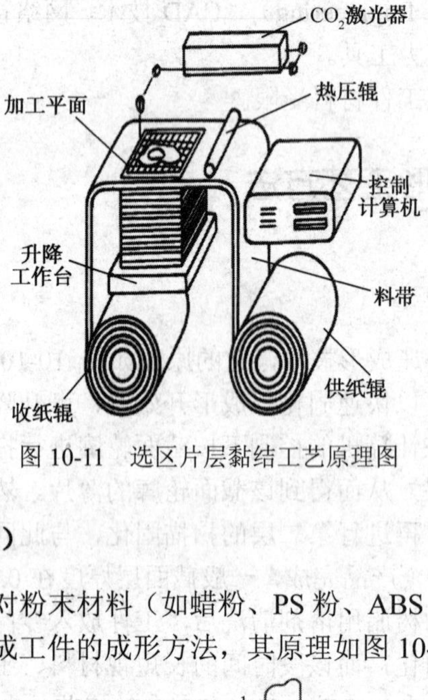

图 10-11　选区片层黏结工艺原理图

3．选择性激光烧结（SLS）

选择性激光烧结是用激光对粉末材料（如蜡粉、PS 粉、ABS 粉、尼龙粉、金属粉和覆膜陶瓷粉等）进行选择性烧结而形成工件的成形方法，其原理如图 10-12 所示。

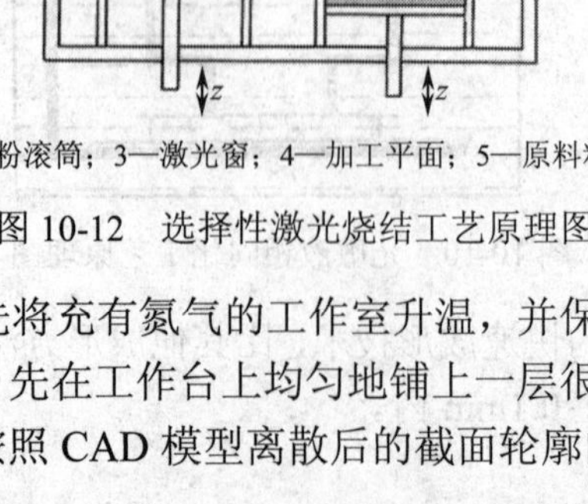

1—激光器；2—铺粉滚筒；3—激光窗；4—加工平面；5—原料粉末；6—生成零件

图 10-12　选择性激光烧结工艺原理图

选择性激光烧结成形时，先将充有氮气的工作室升温，并保持在粉末的熔点之下。成形时，供粉活塞上升，铺粉辊筒移动，先在工作台上均匀地铺上一层很薄的粉末（0.1～0.2mm），然后由激光束在计算机的控制下，按照 CAD 模型离散后的截面轮廓的信息，对制件的实体部分所在区域的粉末进行烧结，使粉末熔化形成一层固化轮廓。一层完成后，工作台面下降一个层厚，再进行后一层的铺粉烧结。如此循环，最终形成三维产品。最后经过 5～10h 的冷却，可取出工件。没有烧结的粉末对正在烧结的工件可起支撑作用，取出工件后未烧结的粉末可重复利用。

这种方法适合成形中、小型零件，能直接制造蜡膜、塑料、陶瓷和金属产品。制件的翘曲变形比 SLA 工艺小。这种工艺要对实心部分进行填充式扫描烧结，因此成形时间较长。零件的表面粗糙度的高低受到粉末颗粒和激光束大小的限制。但因为零件的表面一般是多孔性的，所以后处理比较复杂。

该方法可烧结覆膜陶瓷粉和覆膜金属粉，得到成形件后，将制件置于加热炉中，烧掉其中的黏结剂，并在孔隙中渗入填充物（如铜等）。它的最大特点是使用材料很广泛，几乎所有的粉末都可以使用，因此其应用范围很广。

4．熔丝沉积成形（FDM）

熔丝沉积成形也称丝状材料选择性熔覆，其原理如图 10-13 所示。可实现三维运动的喷头在计算机控制下，根据截面轮廓的信息，做 *X*、*Y*、*Z* 方向的运动。丝材（如塑料丝等）由供丝机构送至喷头，并在喷头中加热、熔化到略高于其熔点的温度，达到半流动状态，然后被选择性涂覆在工作台上，快速冷却后形成一层截面。一层完成后，工作台下降一个层厚，再进行后一层的涂覆，如此循环，最终形成三维产品。每层截面的厚度一般在 0.025～0.762mm 之间。

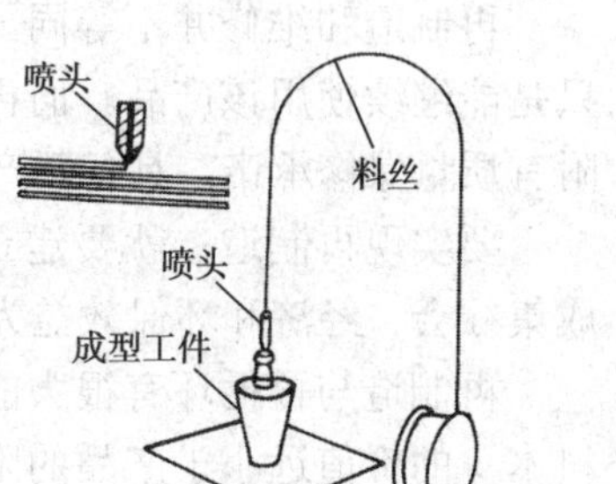

图 10-13　熔丝沉积成形工艺原理图

这种方法的成形速度较慢，适合成形小塑料件，特别是瓶状和中空零件，其工艺简单、费用较低。制件的翘曲变形小，但需要设计支撑结构。该方法的成形精度较低，难以构建结构复杂的零件。为了克服成形速度较慢这一缺点，可采用多个热喷头同时进行涂覆，提高成形效率。

快速成形加工方法还有很多，如利用三维打印技术在粉末上喷洒黏结成形，采用热塑性材料选择性喷洒技术一层层喷洒热塑性材料凝固成形等，这里就不再一一介绍了。

5．快速成形的应用

快速成形技术可快速地将产品设计的 CAD 模型转换成物理实物模型，方便新产品开发过程中的设计验证与功能验证，可制造性、可装配性检验和供货询价、市场宣传；能实现单件、小批量和复杂零件的直接生产；快速模具制造。快速成形应用的领域几乎包括了制造领域的各个行业，在医疗、人体工程和文物保护等行业也得到了越来越广泛的应用。

快速成形技术在各行各业的主要应用状况如下。

汽车、摩托车：外形及内饰件的设计、改型、装配试验，发动机、气缸头试制。

家电：各种家电产品的外形与结构设计，装配试验与功能验证，市场宣传，模具制造。

通信产品：产品外形与结构设计，装配试验，功能验证，模具制造。

航空、航天：叶轮、涡轮、叶片的试制，发动机的试制、装配试验。

轻工业：各种产品的设计、验证、装配，市场宣传，玩具、鞋类模具的快速制造。

医疗：医疗器械的试产、试用，CT 扫描信息的实物化，手术模拟、人体骨关节的配制。

国防：武器零部件的设计、装配、试制，特殊零件的直接制作，地理模型的制作。

10.4 再制造

近年来，以优质、高效、安全、可靠、节能和节材为目标的先进制造技术得到了飞速的发展。以设备、产品零部件维修和再制造为主的研究越来越多，再制造工程作为一种符合可持续发展战略要求的技术得到了越来越多的重视。再制造工程是解决资源浪费、环境污染和废旧设备翻新的最佳方法和途径之一，是符合国家可持续发展战略的一项绿色系统工程。

10.4.1 再制造概述

再制造工程利用废旧零件作为毛坯，进行产业化、规模化的修复，使零部件尺寸、形状和性能恢复到同类新产品的要求，形成再制造产品。

再制造和维修并不等同。维修只是针对在使用年限内且没有全面、严重损坏的产品，目的只是能继续使用该产品。而再制造可使旧的或报废的产品恢复到像新产品一样，且再制造产品附有质量保修承诺，具备新产品同样的售后服务标准。

要实现再制造，就要建立机电产品制造、使用、回收、再制造和再使用的闭环物流链，形成集社会、经济和环保效益为一体的新型资源化产业群。

再制造与再循环有很大的区别。如果将产品的形成价值划分为材料价值与附加价值，则材料本身的价值远小于产品的附加价值（包括加工费用、劳动力等）。再制造能够充分利用并提取产品的附加价值，而再循环只是提取了材料本身的价值。

一个完整的再制造过程可以划分为 3 个阶段：①拆卸阶段，即将装置的单元机构拆散为单一的零部件；②对已拆卸的零部件进行检查，即对不可继续使用的零部件进行再制造维修，并进行相关的测试、升级，使其性能能够满足使用要求；③对维修好的零部件进行重新组装。这 3 个阶段的每 1 个阶段与其他 2 个阶段紧密相连，互相制约。这些都表明了再制造过程与传统的制造过程有着明显的区别，表现出很大的灵活性，传统的制造方法不适应再制造系统。在再制造过程中，每一个零件都有其对应的回收、测试、修复、装配记录，其组织与管理的复杂与难度远远大于普通产品的制造过程，只有在先进制造技术的基础上才有可能进行。

可进行再制造的产品可按以下 7 条标准来衡量，分别是：①耐用产品；②功能失效的产品；③标准化的产品与可互换性的零件；④剩余附加价值较高的产品；⑤获得失效产品的费用低于产品的残余增值；⑥生产技术稳定的产品；⑦再制造产品生成后，能满足消费者要求。当然，在再制造过程中，产品的制造计划与控制受到一些传统因素的影响，如再制造产品与消费者要求的匹配性，再制造产品使用过程中的性能，已使用材料的可回收率等，因此再制造产品的制造计划与控制对于再制造厂家而言，显得更为复杂与重要。

10.4.2 再制造工程的关键技术

废旧产品的再制造是通过各种高新技术来实现的。在这些再制造技术中，有很多是关键技术，如零件内部缺陷探测技术、微裂纹愈合技术、变形矫正技术、破损修补技术、表面工程技术、过时产品的性能升级技术和物料管理技术等。

1．零件内部缺陷探测技术

长期运行的机械零部件不但有表面损伤，而且内部会产生裂纹等内部缺陷。只有具有了对这些缺陷的探测与检测技术，才能对其进行愈合与修复，将废旧零件修复到甚至超过新制造零件的性能指标。此外，还有零件受损检测和几何特征定位技术，产品结构、零部件及表面涂层体系的再制造计算机辅助工程技术等。

2．微裂纹愈合技术

该项技术可使零件内部和表面的微裂纹自行愈合，恢复零件的组织结构。最常用的方法是修复热处理技术。修复热处理技术是通过恢复内部组织结构来恢复零部件的整体使用性能的，例如，采用重新奥氏体化并辅以适当的冷却使显微组织得以恢复，采用合理的重新回火使绝大部分已有微裂纹被碳化物颗粒通过“搭桥”而自行愈合等，这些都是解决长期运转的大型设备零部件内部损伤问题的再制造技术之一。修复热处理技术包括重要零部件在长期使用过程中显微组织结构及力学性能变化规律的实验分析技术，硬度、高温强度和蠕变抗力的测试，碳化物成分结构分析、晶界杂质偏聚分析、TEM 组织分析、SEM 断口分析等；修复热处理工艺包括重新奥氏体化（温度、时间）、冷却（炉、空、油、水）和回火的工艺参数等；修复热处理的计算机模拟技术，以实现大型重要零部件的高效、精密热处理修复。

3．变形矫正技术

变形矫正技术包括变形的热校正、冷校正、应力消除和形状修复等技术。

4．破损修补技术

破损修补技术包括沉积、喷涂、涂覆、变形和快速成形技术等，可对零件的破损进行修补。例如，纳米涂层及纳米减摩自修复技术，这种技术以纳米材料为基础，通过特定的工艺手段，对固体的表面进行强化、改性，或赋予其表面新功能，或对损伤的表面进行自修复。该技术涉及高性能（如均匀性、稳定性、高强度、高韧性、抗疲劳性、抗氧化等）的纳米涂层的制备技术，利用纳米材料的特性在摩擦微损伤表面原位形成自修复膜层的方法及材料，原位自修复膜的控制和模拟技术等。

5．表面工程技术

表面工程技术是改善机械零件、电子电器元件基质材料表面性能的一门科学和技术，包括表面改性、表面处理、表面涂覆、复合表面工程技术和纳米表面工程技术等。例如，纳米工程技术充分利用纳米材料的优异性能，将传统表面工程技术与纳米材料、纳米技术进行交叉、综合、融合，制备出含纳米颗粒的复合覆层或纳米结构的表层。表面工程常用的工艺方法有：电镀、化学镀、化学覆膜、物理气相沉积（PVD）、化学气相沉积（CVD）、离子注入、热喷涂和化学热处理等。

6．过时产品的性能升级技术

为延长废旧产品及零件的技术寿命和经济寿命，要适当对过时产品进行技术改造，用高新技术装备过时产品，实现技术升级。

7. 物料管理技术

对再制造产品的分布、评估、回收、检测、修复、装配、发运、安装和维护等各个阶段都要建立完整的跟踪系统，运用现代物流和资源管理技术，是实现再制造的前提条件。

10.4.3 应急快速维修技术

1. 快速黏接堵漏技术

快速黏接堵漏技术是利用黏接堵漏材料和一定的堵漏工艺对泄漏部位进行快速修复的，其显著优点是在消除泄漏过程中，不影响装备的正常运行，即带压堵漏。

2. 快速贴体封存技术

快速贴体封存技术就是将高分子涂料涂覆于装备（零件）表面，涂料固化后即在零件表面形成有一定黏附强度又可剥离的涂层，利用涂层的屏蔽作用将环境与被保护零件隔离开来，从而有效防止雨水、潮湿空气、污染的大气、盐雾及其他腐蚀性气体等自然环境中的有害介质对零件的侵蚀，达到快速封存和启封的目的。

3. 划伤快速修复技术

根据零件摩擦表面划伤程度不同，可采用不同的修复技术。例如，对比较严重的划伤，可以采用堆焊、微区脉冲点焊等表面技术；对比较轻微的划伤，可采用电刷镀技术；在要求快速简单的工作环境下可使用高分子合金填补技术。

4. 微区脉冲点焊修复技术

微区脉冲点焊修复技术主要适合修复各种复杂型面，精密液压件，轴类零件及孔类零件等。微区脉冲点焊的设备又称工（模）具修补机，其两电极间可输出单点的或连续的高能、适时电脉冲。焊接修补时，将工（模）具修补机的负极接工件，在经预处理的待修表面覆以补材（可以是薄片、细丝、粉末等），手握阳极并施以合适的压力接触补材，工（模）具修补机即输出高能电脉冲，在阳极压点这一微区的补材与工件基体间产生高温并使局部金属熔化，从而实现微区冶金焊接。这一过程是在极短时间（毫秒级）内完成的，放电之后的间隙又使微区的高温快速冷却至室温。这种微区的脉冲热循环是在工件整体始终处于“冷态”下进行的，避免了工件变形。

5. 纳米固体润滑技术

纳米固体润滑技术是利用黏结剂对基体表面优良的黏结能力把分散在黏结体系中的固体润滑剂黏结到摩擦部件的表面上成膜，以降低其摩擦与磨损的一种新型润滑技术。

6. 纳米电刷镀修复技术

纳米电刷镀修复技术是在电刷镀镀液中加入一种或几种纳米颗粒材料，使它们在刷镀过程中与金属离子共沉积，从而获得具有特定优异性能的复合镀层的技术。由于纳米复合电刷镀层中存在大量的硬质纳米颗粒，且组织细小致密，所以其硬度、耐磨性、抗疲劳性能和耐高温性能等均比相应的金属刷镀层好。

7. 高速电弧喷涂技术

电弧喷涂是以两根丝状金属喷涂材料在喷枪端部短路产生的电弧为热源，将熔化的金属丝用压缩空气气流雾化成微熔滴，高速喷射到工件表面形成喷层的一种工艺。高速电弧喷涂丝材包括两类，一类是实芯丝材，另一类是粉芯丝材。实芯丝材主要有锌、铝、铜、钼、镍、碳钢、不锈钢等金属及其合金；粉芯丝材是由金属外皮内包裹着不同类型的金属、合金粉末或陶瓷粉末构成的，因而同时具备丝材和粉末的优点，能够进行柔性加工制造，拓宽了涂层材料的成分范围，并可制造特殊的合金涂层和金属陶瓷复合材料涂层。粉芯丝材的出现，大大拓宽了高速电弧喷涂材料的范围，加上不受拉拔成丝的限制，使得许多优秀的材料，甚至不导电材料（如氧化物、碳化物、陶瓷等）能够采用高速电弧喷涂制备多种用途的涂层。

8. 电子装备快速清洗技术

电子装备快速清洗技术是指对装备进行不拆卸清洗，不需人工擦拭，仅用喷雾清洗剂就能完成的电子装备保养技术。其主要特点是：①采用喷雾清洗，操作简单；②清洗不需要前处理和后处理，能快速清除各种灰尘、油垢、盐分，并且易挥发，不留残渣；③清洗剂对大气和环境无污染；④绝缘性好，可不停机进行清洗操作；⑤清洗设备组装成箱，便于携带，可直接在设备内部作业。

10.5 先进制造生产模式

制造生产模式是制造业为了提高产品质量、市场竞争力、生产规模和生产速度，以完成特定的生产任务而采取的一种有效的生产方式和一定的生产组织形式。现代先进制造生产模式是从传统的制造生产模式中发展、深化和逐步创新而来的。工业化时代的福特大批量生产模式以提供廉价的产品为主要目的；信息化时代的柔性生产模式、精益生产模式、敏捷制造模式等都以快速满足顾客的多样化需求为主要目的；未来的发展趋势是知识化时代的绿色制造生产模式，它以产品的整个生命周期中有利于环境保护、减少能源消耗为主要目的。

在传统制造技术逐步向现代高新技术发展、渗透、交汇和演变的过程中，形成了先进制造技术，同时出现了一系列先进制造模式。根据国际生产工程学会（CIPP）近 10 年的统计，发达国家所涌现的先进制造系统和先进制造生产模式就多达 30 多种。下面简单介绍一些有代表性的制造模式，如并行工程、精益生产、虚拟制造、敏捷制造和绿色制造等。

10.5.1 并行工程

1. 并行工程相关概念、核心问题及系统组成

1）并行工程概念

1998 年，美国国家防御分析研究所（IDA）完整地提出了并行工程（Concurrent Engineering, CE）的概念，即“并行工程是集成地、并行地设计产品及其相关过程（包括制造过程和支持过程）的系统方法”。这种方法要求产品开发人员一开始就考虑产品整个生命周期中从概念形成到产品报废的所有因素，包括质量、成本、进度计划和用户要求。通过集成企业的一切资源，使产品开发人员尽早地考虑产品生命周期中的所有因素（包括设计、分析、制造、装配、检验、维护、成本和质量），以达到提高产品质量、降低成本、缩短开发周期的目的。自并行工程提出以来，所依靠的基础技术，如网络技术、数据库技术和仿真技术等已经有了飞速的发展，其技术手段也在不断改进。

2）并行工程的核心问题

传统制造业的工作方式是产品设计—工艺设计—计划调度—生产制造的串行方式。在这种方式中，设计工程师与制造工程师之间互相不了解，互相不交往，因而造成了设计图样上的技术要求可能不适合于制造工艺，甚至可能根本无法实现；制造工程师若主观做修改，可能会降低产品性能、质量；出现问题时双方互相推诿，影响效率和质量。串行工作方式的产品开发周期长，适应性差。

并行工程的组织是多功能小组。并行工程明确将其目标放在缩短开发时间（包括新产品和用户定制产品的生产）及提高产品质量方面。多功能小组由各个专业、各个部门的人员联合组成，技术设计、工艺设计、加工制造的需求和经验在这里互相交流，取长补短，机械、电子、电气、计算机、液压等各种专业的工程师一起工作，相互配合，用最有效的方法去解决一个又一个问题。多功能小组并行地进行产品的开发，统一考虑产品的设计、工艺及制造等各方面的因素，统一完成设计小组及制造等方面参数的确定，把满足用户需求作为产品开发的最终目标。

并行工程是一个关于设计过程的方法，它需要在设计中全面考虑到相关过程的各种问题。它要求所有设计工作要在生产开始前完成，并不是要求在设计产品的同时就进行生产。并行工程不是指同时或交错地完成设计生产任务，而是指对产品及其下游过程进行并行设计，不能随意消除一个完整工程过程中现存的、顺序的、向前传递信息的任一必要阶段。并行工程是对设计过程的集成，是企业集成的一个侧面，它企图做到的是优化设计，依靠集成各学科专业人员的智慧做到设计和制造周期最短，一次成功。

并行工程的主要任务有：①组织管理与协同工作；②并行进行产品开发，注重早期概念设计阶段，持续地改善产品的开发过程；③信息管理、交流与集成；④各种现代技术的集成及综合运用。

并行工程的关键是在设计产品时考虑相关过程，包括工艺、装配、检验、质量保证和销售维护等。产品开发过程中各个阶段的设计工作交叉、并行进行。通过各项工作的仿真、分析和评价，进行不断地改善。并行工程涉及产品整个生命周期中的方方面面，要使并行工程正常运行，必须集成并综合运用各种现代技术，如计算机技术、信息技术、通信网络技术、CAD/CAM技术、人工智能技术和系统仿真技术等。

3）并行工程的系统组成

并行工程包括 4 个分系统：①管理与质量分系统；②工程设计分系统；③支持环境分系统；④制造分系统。

2．并行工程的实施与应用

并行工程不同于计算机集成制造，却能为计算机集成制造系统提供良好的运行环境。并行工程是一种哲理、指导思想、方法论和工作模式，其本质是：强调在设计阶段考虑制造过程的可行性，包括可制造性、可装配性和可检验性等；注重根据企业的设备和人力资源条件，考虑产品的可生产性；考虑产品的可使用性、可维修性和报废时易于处理等特性。

实现并行工程有两种方式：一种是基于专家协作的并行管理；另一种是基于计算机的并行

设计。

基于专家协作的并行管理的重点是以人为中心的组织管理问题，其实施要点包括三个方面：组织一个一体化的多层次管理体系；建立多功能学科小组；企业组织和文化相应改变。

基于计算机的并行设计是应用计算机技术和人工智能技术等来表达产品生命周期的所有信息，以辅助并行工程的实现。

并行工程的实施的基本要求有：①建立统一的产品模型；②建立分布式设计环境；③提供设计的开放式环境；④提供不同平台间的信息交换渠道。

10.5.2 精益生产

精益生产（Lean Production，LP）是起源于日本丰田汽车公司的一种生产管理方法，也叫精良生产，就是及时制造、消灭故障、消除一切浪费，向零缺陷、零库存进军。精益生产综合了大量生产中实现多品种和高质量产品的低成本生产。精益生产方式既是先进制造技术，又是企业生产要素的配置方式，它是以市场需求为依据，以发挥人的力量为根本，以有效配置和合理使用企业资源、最大限度地为企业谋求利益为目标的一种新型生产方式。

精益生产追求精益求精和不断改善，去掉生产环节中一切无用的东西，精减产品开发设计、生产和管理中一切不产生附加值的工作，并围绕此目标发展了一系列工具和方法，逐渐形成了一套独具特色的生产经营管理模式。

1．精益生产的内涵

1）精益生产以零库存、高柔性、无缺陷为目标，防止过量生产

精益生产方式的最终目标与企业的经营目标一致：利润最大化。实现这个最终目标的方式：一是不断取消那些不增加产品价值的工作，即降低成本；二是快速应对市场需求，这两方面体现到生产中便成为零库存、高柔性、无缺陷。

库存可以掩盖企业存在的各种问题，如设备故障造成停机，计划不周造成生产脱节等，库存的产品可以帮助钝化和缓解生产系统的问题。但库存所掩盖的生产系统中的问题，可能长期得不到解决。精益生产提出“向零库存进军”的口号，直接针对生产系统中的各种问题，寻找解决办法，使整个系统高效、连续地运转起来。

高柔性是指能适应市场需求多样化的要求，及时生产多品种的产品。

精益生产的目标是消除各种引起不合格品的因素，在加工过程中，每一个工序都要达到最好水平，建立“零缺陷”质量控制体系，追求零缺陷的目标。当然，这只是一种理想境界，但永无止境地去追求这一目标，才会使企业永远走在行业的前头。

精益生产在零库存的目标下，采用高柔性的生产组织形式生产零缺陷的产品，通过彻底消除浪费，防止过量生产，来实现企业的利润目标。

2）精益生产以精简为手段，消除一切不增值的活动

精益生产把生产中一切不能增加附加值的活动都视为浪费，彻底消除浪费体现着精益生产方式的精髓。生产、运送、库存和管理等过程中的浪费都给企业增加了成本，减少了利润。为杜绝这些浪费，精益生产要求在生产和组织过程中，取消一切不直接为产品增值的环节和工作岗位。

精益生产以用户为“上帝”，以“人”为中心，强调人的作用。

精益生产体现用户是“上帝”的精神，生产出用户需要的产品，并尽可能地缩短交货期。

精益生产方式把工作任务和责任最大限度地转移到直接为产品增值的员工身上，强调人是一切活动的主体，大力推行独立自主的小组化工作方式。加大员工对生产的自主权和决策权。小组协同工作使员工工作的范围扩大，充分发挥一线职工的积极性和创造性，使一线员工真正成为“零缺陷”生产的主力军，更有利于精益生产的推行。

2．精益生产的特征

精益生产之所以在世界范围引起了强烈反响，关键就在于它将近几十年出现的先进技术和思想都运用到企业的精益改造中，主要表现在以下几方面。

1）拉动式生产（Pull）

拉动式生产强调只生产必须的产品，它既向生产线提供了良好的柔性，又充分挖掘了生产中降低成本的潜力。拉动式生产方式可以保证最小的库存和最少的在制品数。

2）全面质量管理（TQM）

精益生产强调好的质量是生产出来的而非检验出来的，由生产过程中的质量管理来保证最终质量。

3）并行工程（CE）

并行工程是精益生产方式的基础。它要求产品开发人员从设计阶段就考虑产品生命周期的全过程，在考虑质量、成本、进度和用户要求的前提下，将概念设计、结构设计、工艺设计和最终需求等结合起来，保证以最快的速度完成产品开发。

4）成组技术（GT）

成组技术是精益生产方式的集中体现。成组技术按照一定的要求将零件以相似性分组，同组的零件尽量采用相同的工艺方式。

5）团队工作法（Teamwork）

精益生产讲究团队协作性。每位员工不仅要执行上级的命令，还要积极地参与到决策与辅助决策中去，和相关人员组成合作团队。

10.5.3　虚拟制造

1．虚拟制造（Virtual Manufacturing，VM）概念

虚拟制造是虚拟现实技术和计算机仿真技术在制造领域的综合发展和应用，是实际制造过程在计算机上的模拟实现。它通过计算机技术构造一个虚拟但逼真的制造环境，将与产品制造相关的各种过程集成在三维动态的仿真模型之上，实现从设计技术（如制图、有限元分析、原型制作等）到制造技术（如工艺计划、加工控制等）乃至车间布局、车间调度及服务培训等各个方面的模拟和仿真。虚拟制造由计算机群组协同工作，不仅减少了新产品开发的投资，而且还大大缩短了产品的开发周期，从而对不断变化的市场做出快速响应。

虚拟制造技术是CAD、CAE、CAM、CAPP和仿真技术的更高阶段。利用虚拟现实技术、仿真技术等在计算机上建立起虚拟制造环境给产品从开发到生产制造带来了极大的柔性。当产品设计成形时，利用虚拟制造系统模拟生产过程可以让设计者及时发现制造过程中的问题，通过修改方案来解决这些矛盾，设计的效率和可靠性都将大大提高，在提高产品质量的同时也缩短了开发周期。

总之，虚拟制造技术以信息技术、仿真技术和虚拟现实技术为支持，在产品生产出来之前，就使生产者对未来产品的性能或制造过程有整体的把握，从而做出前瞻性的决策与优化方案。

2．虚拟制造特点

由于虚拟制造系统基本上不消耗能量和资源，也不生产实际产品，所以与实际制造相比较，它具有如下主要特征。

1）高度集成化

虚拟制造系统综合运用了系统工程、知识工程和人机工程等多学科先进技术来实现信息集成、智能集成、串并行工作机制集成和人机集成。

2）功能一致性

虚拟制造系统的功能和结构与实际制造系统的功能和结构一致，可以真实地反映制造过程本身的动态特性。

3）支持敏捷制造

产品开发在计算机上完成，使得企业能根据用户需求或市场变化，快速更改设计，快速投入生产，从而大幅度缩短新产品的开发时间、提高产品质量、降低生产成本。同时，无须制造实物样机就可以预测产品性能，及早发现生产中可能存在的问题，及时反馈和改正，提高了设计效率。

4）分布式合作

虚拟制造系统利用网络，使不同地点、不同部门的不同专业人员在同一个产品模型上同时工作，相互交流，信息共享，提高了整个制造活动的并行处理能力，减少了文件生成及传递的时间，并从系统全局的角度寻找全局最优的解决方案，从而使企业可快捷、高效、低耗地响应市场变化。

3．虚拟制造的分类

按照与生产各个阶段的关系，可以把虚拟制造划分为三类：以设计为中心的虚拟制造，以生产为中心的虚拟制造和以控制为中心的虚拟制造。

（1）以设计为中心的虚拟制造，强调将制造信息加入产品设计与工艺设计过程中，在计算机中分别对产品模型的多种制造方案进行仿真、分析和优化，进行产品的结构性能、运动学、动力学、热力学方面的分析，检验其可制造性、可装配性，以获得对产品设计方案的评估结果。

（2）以生产为中心的虚拟制造，将仿真能力加入生产计划模型中，对企业的生产过程进行仿真，对不同的加工过程及其组合进行优化，通过提供精确的生产成本信息对生产计划与调度进行合理化决策，对制造资源和环境进行优化组合。

（3）以控制为中心的虚拟制造，将仿真技术引入控制模型，提供对实际生产过程仿真的环境，来评价产品的设计、生产计划和控制策略，着重于生产过程的规划、组织管理、资源调度、物流、信息流等的建模、仿真与优化，如虚拟企业、虚拟研发中心等。

4．虚拟制造的应用

波音 777 全面采用 VM 技术，其整机设计、部件测试、整机装配及各种环境下的试飞均是在计算机上完成的，使其开发周期从过去的 8 年时间缩短到 5 年，甚至在一架样机都未生产的情况下就获得了订单；福特和克莱斯勒公司与 IBM 合作开发的虚拟制造环境用于其新型车的研制，在样车生产之前，发现其定位系统的控制及其他许多设计缺陷，缩短了研制周期，新型汽车的开发周期由 36 个月缩短至 24 个月。

10.5.4 敏捷制造

1．敏捷制造（Agile Manufacturing，AM）的概念

敏捷制造是“将柔性生产技术，有技术、有知识的劳动力与能够促进企业内部和企业之间合作的灵活管理（三要素）集成在一起，通过所建立的共同基础结构，对迅速改变的市场需求和市场实际做出快速响应”的生产模式。从这一目标中可以看出，敏捷制造实际上主要包括三个要素：生产技术、管理和人力资源。

敏捷制造的优点：生产更快，成本更低，劳动生产率更高，机器利用率高，质量可靠，可靠性好，库存少，适应于CAD/CAM操作。

敏捷制造是指制造系统在满足低成本和高质量的同时，具有对变幻莫测的市场需求的快速反应能力，其敏捷能力应反映在：①市场变化；②竞争力；③柔性；④快速；⑤企业策略；⑥企业日常运作等。

敏捷制造是自主的、虚拟的和可重构的制造系统，强调资源的可重组、可重用和可扩充；是在“竞争—合作—协同”的机制下，实现对市场需求做出灵活快速反应的一种生产制造新模式。

敏捷制造可以使企业间从竞争走向合作，从相互保密走向信息交流。这虽与传统观念不一致，但会给企业带来更大的经济效益。如果市场上出现一个新的机遇，几家本来是竞争对手的大公司，可能立即组成一种合作关系：A公司开发齿轮箱，B公司开发轴及齿轮，C公司负责总装、测试，各家拿出最强手段来共同开发，迅速占领市场。完成这次合作之后，各家还是各自独立的公司，这种方式称为“虚拟企业”(Virtual Enterprise)。

2．敏捷制造的关键技术基础

敏捷性的提高本身并不依赖于高技术或高投入，但适当的技术和先进的管理能使企业的敏捷性达到一个新的高度。敏捷制造的关键技术基础有以下几点。

（1）一个跨企业、跨行业、跨地域的信息技术框架。

（2）一个支持集成化产品过程设计的设计模型和工作流控制系统，包括数据模型定义、过程模型定义、产品数据管理、动态资源管理、开发过程管理、必要的安全措施和分布系统的集中管理等。

（3）供应链管理系统和企业资源管理系统。

（4）各类设备、工艺过程和车间调度的敏捷化。

敏捷性的度量可以看成时间、成本、健壮性和自适应范围的综合度量。但在不同的行业或不同的企业，针对不同的产品和生产过程，具体的评价指标和内容可能都是不一样的。这其中有许多不确定和综合性的因素。敏捷意味着善于把握各种变化的挑战，敏捷赋予企业适时抓住各种机遇及不断通过技术创新来领导潮流的能力。企业在不同时刻对这两种能力的把握决定了它对市场和竞争环境变化的反应能力。

10.5.5 绿色制造

绿色制造是一个综合考虑环境影响和资源消耗的现代制造模式，其目标是使产品从设计、

制造、包装、运输、使用到报废处理的整个生命周期中，对环境的负面影响极小，资源利用率极高，并使企业经济效益和社会效益协调优化。绿色制造涉及三个方面的问题：一是制造问题，包括产品生命周期全过程；二是环境保护问题；三是资源优化利用问题。绿色制造就是这三部分内容的交叉。

1．绿色制造的体系结构

绿色制造的体系结构中包括两个层次的全过程控制，三项具体内容和两个实现目标。

两个层次的全过程控制，一是指具体的制造过程即物料转化过程，是充分利用资源，减少环境污染，实现具体绿色制造的过程；另一个是指在构思、设计、制造、装配、包装、运输、销售、售后服务及产品报废后回收整个产品周期中每个环节均充分考虑资源和环境问题，以实现最大限度地优化利用资源和减少环境污染的广义绿色制造过程。

三项内容是用制造系统工程的观点，综合分析产品生命周期从产品材料的生产到产品报废回收处理的全过程的各个环节的环境及资源问题所涉及的主要内容。三项内容具体包括绿色资源、绿色生产和绿色产品。

三条途径有：①改变观念，树立良好的环保意识，并具体体现在行动上，可通过加强立法、宣传教育来实现；②针对具体产品的环境问题，采取技术措施，即采用绿色设计、绿色生产工艺、产品绿色程度的评价机制等，解决所出现的问题；③加强管理，利用市场机制和法律手段，促进绿色技术、绿色产品的发展和延伸，并加强舆论和市场对绿色产品的正面导向，提倡民众尽量购买通过绿色制造产出的绿色产品，促使企业对其产品绿色化，提升整个行业的绿色制造水平。

两个目标：资源综合利用和环境保护。通过资源综合利用，短缺资源的代用，可再生资源的利用，二次能源的利用及节能降耗措施延缓资源的枯竭，实现持续利用；减少废料和污染物的生成和排放，提高工业产品在生产过程和消费过程中与环境的相容程度，降低整个生产活动给人类和环境带来的风险，最终实现经济效益和环境效益的最优化。

2．绿色制造的相关技术

绿色制造主要涉及“五绿”技术（绿色设计、绿色材料选择、绿色制造工艺、绿色包装和绿色处理），其中绿色设计是关键。

1）绿色设计

这里的“设计”是广义的，它不仅包括产品设计，也包括产品的制造过程和制造环境的设计。绿色设计在很大程度上决定了材料、工艺、包装和产品生命同期终结后处理的绿色性。绿色设计是指在产品及其生命周期全过程的设计中，在充分考虑产品的功能、质量、开发周期和成本的同时，优化各有关设计因素，使得产品及其制造过程对环境的总体影响极小，资源利用率极高。绿色设计又称为面向环境的设计（Design For Environment，DFE），它强调开发绿色产品。

面向环境的产品设计包括的内容很广泛，产品材料选择和产品包装方案设计等环节本来也应包括在其中，但考虑这些环节对资源消耗和环境状况的影响甚大，因而把它们单独作为面向环境的设计问题的一个子项加以专门考虑。因此，此处的面向环境的产品设计重点考虑产品方案设计和产品结构设计中的环境影响问题。

（1）面向环境的产品设计，包括面向环境的产品方案设计和面向环境的产品结构设计。

（2）面向环境的产品材料选择，要考虑到产品材料及其在使用过程中对环境的污染，材料在制造加工过程中对环境的污染，所用材料使用报废后的回收处理和所用材料本身的生产过程对环境的污染。因此，面向环境的产品材料选择就是采用系统分析的方法从材料及其产品生命周期全过程对环境的多方面影响加以考虑，并综合考虑产品功能、质量和产品成本等多方面的因素，要在产品设计中尽可能选用对生态环境影响小的材料，即选用绿色材料。

（3）面向环境的制造环境设计或重组。面向环境的制造环境设计或重组是指应根据产品的制造加工要求，创造出一个清洁、低能耗、低噪声、高效率和优美协调的工作环境。这方面的工作既是一个技术问题，也是一个管理问题，应对两者进行统筹考虑和实施。

（4）面向环境的工艺设计。

（5）面向环境的产品包装方案设计。

（6）面向环境的产品回收处理方案设计，产品生命周期终结后，若不回收处理，将造成资源浪费并导致环境污染。通过各种回收策略，产品的生命周期形成一个闭合回路。寿命终了的产品最终通过回收进入下一个生命周期的循环中。

2）绿色制造工艺技术

绿色制造工艺技术是以传统的工艺技术为基础，并结合材料科学、表面技术和控制技术等新技术的先进制造工艺技术。其目标是对资源的合理利用，节约成本，降低对环境造成的污染。根据这个目标可将绿色制造工艺划分为三种类型：节约资源的工艺技术、节约能源的工艺技术和环保型工艺技术。

（1）节约资源工艺技术是指在生产过程中简化工艺系统组成，节约原材料消耗的工艺技术。它的实现可从设计和工艺两方面着手。在设计方面，通过减少零件数量、减轻零件质量、采用优化设计等方法使原材料的利用率达到最高；在工艺方面，可通过优化毛坯制造技术、优化下料技术、少无切削加工技术、干式加工技术、新型特种加工技术等方法减少材料的消耗。

（2）节约能源的工艺技术是指在生产过程中，降低能量损耗的工艺技术。目前采用的方法主要有减磨、降耗或采用低能耗工艺等。

（3）环保型工艺技术是指通过一定的工艺技术，使生产过程中产生的废液、废渣、废气和噪声等对环境和操作者有影响或危害的物质尽可能减少或完全消除。目前最有效的方法是在工艺设计阶段全面考虑，积极预防污染的产生，同时增加末端治理技术。例如，采用干切削和干磨削技术能够节约资源，从改变刀具、机床的材料选择和结构改进入手，消除切削液的使用需求，降低能耗。就目前来看，其加工的范围还比较有限，有待进一步研究。

思考与练习题

10-1 试简述特种加工的产生与发展，以及对机械制造工艺技术的主要影响。

10-2 试述电火化加工的原理和特点。

10-3 线切割加工的工作原理与电火花成形加工的工作原理有何异同？

10-4 超声波加工的工作原理是什么？有什么特点？主要应用于哪些方面？

10-5 激光加工的工作原理是什么？有什么特点？主要应用于哪些方面？

10-6 水射流加工的工作原理是什么？有什么特点？主要应用于哪些方面？

10-7 试说明电子束加工、离子束加工、电解加工的加工特点和加工范围。

10-8 什么是精密加工和超精密加工？对环境有哪些要求？

10-9 快速成形技术工艺过程是怎样的？与传统成形技术相比有何特点？

10-10 试比较 SLA、LOM、SLS、FDM 的优缺点。

10-11 试说明再制造工程的基本过程及意义。

10-12 并行工程的核心问题是什么？如何实施？

10-13 与实际制造相比，虚拟制造有何特点？

10-14 敏捷制造有何特点？

10-15 精益生产的核心思想是什么？

10-16 绿色制造的基本内涵是什么？

参 考 文 献

[1] 邓文英，等．金属工艺学（上、下册）．北京：高等教育出版社，1999.
[2] 戴曙．金属切削机床．北京：机械工业出版社，2008.
[3] 王运炎，叶尚川．机械工程材料．北京：机械工业出版社，2003.
[4] 盛善权．机械制造．北京：机械工业出版社，1999.
[5] 京玉海．机械制造基础．重庆：重庆大学出版社，2005.
[6] 肖华，王国顺．机械制造基础．北京：中国水利水电出版社，2005.
[7] 胡昭如．机械工程材料．长沙：中南工业大学出版社，1991.
[8] 史美堂．金属材料及热处理．上海：上海科技出版社，1997.
[9] 张木清，于兆勤．机械制造工程训练教材．广州：华南理工大学出版社，2004.
[10] 戴枝荣．工程材料．北京：高等教育出版社，1991.
[11] 赵忠，丁仁亮，周而康．金属材料及热处理．北京：机械工业出版社，2002.
[12] 丁根宝．铸造工艺学．北京：机械工业出版社，1985.
[13] 赵志修．机械制造工艺学．北京：机械工业出版社，1985.
[14] 王隆太．先进制造技术．北京：机械工业出版社，2005.
[15] 刘舜尧．机械工程工艺基础．长沙：中南工业大学出版社，2010.
[16] 周泽华．金属切削原理．上海：上海科技出版社，1993.
[17] 汤酞则，等．材料成型工艺基础．长沙：中南工业大学出版社，2003.
[18] 吴桓文，等．机械制造概论．重庆：重庆大学出版社，1992.